创新型人才培养"十三五"规划教材

自动控制理论及MATLAB实现

张 涛　王 娟　杜海英　主　编
唐建波　马 彪　宋 鹏　副主编

电子工业出版社
Publishing House of Electronics Industry
北京·BEIJING

内 容 简 介

本书系统地介绍了经典控制理论的基本内容，着重于基本概念、基本理论和基本方法的论述。全书共分8章：自动控制系统的基本概念、控制系统的建模、控制系统的时域分析法、控制系统的根轨迹法、控制系统的频率响应法、控制系统的校正、非线性控制系统、离散控制系统。

本书有两个重要特点。一是体现了科学性与实用性。为了科学地验证理论内容，在每章都加入了 MATLAB 的具体应用实例。为了便于读者深入理解书中所述的重要概念，每章都列举了一定数量的例题和习题，供练习之用。二是适合语码转换式双语教学。在每节中都为重要的技术术语加注了英文词汇，每节末都加入了重点概念和专业术语的中英文对照表，便于学生为阅读英文专业文献积累词汇量，进而切实地提高双语教学水平。

本书可作为自动化专业本科生的教科书，也可作为相关专业本科生、研究生及工程技术人员的参考书。

未经许可，不得以任何方式复制或抄袭本书之部分或全部内容。
版权所有，侵权必究。

图书在版编目（CIP）数据

自动控制理论及 MATLAB 实现 / 张涛，王娟，杜海英主编. —北京：电子工业出版社，2016.7
创新型人才培养"十三五"规划教材
ISBN 978-7-121-29337-5

Ⅰ. ①自… Ⅱ. ①张… ②王… ③杜… Ⅲ. ①自动控制理论－高等学校－教材②Matlab 软件－高等学校－教材 Ⅳ. ①TP13②TP317

中国版本图书馆 CIP 数据核字(2016)第 156225 号

策划编辑：曲　昕
责任编辑：康　霞
印　　刷：北京盛通数码印刷有限公司
装　　订：北京盛通数码印刷有限公司
出版发行：电子工业出版社
　　　　　北京市海淀区万寿路 173 信箱　邮编 100036
开　　本：787×1 092　1/16　印张：20.5　字数：524.8 千字
版　　次：2016 年 7 月第 1 版
印　　次：2025 年 8 月第 11 次印刷
定　　价：49.80 元

凡所购买电子工业出版社图书有缺损问题，请向购买书店调换。若书店售缺，请与本社发行部联系，联系及邮购电话：(010) 88254888，88258888。
质量投诉请发邮件至 zlts@phei.com.cn，盗版侵权举报请发邮件至 dbqq@phei.com.cn。
本书咨询联系方式：(010) 88254468，quxin@phei.com.cn，QQ382222503。

前　言

要实现中华民族伟大复兴的中国梦，离不开工业全面现代化的支撑，而工业现代化的基础就是自动化，从而"自动控制理论"就成为高等院校许多学科共同的专业基础，且越来越占有重要的位置。

"自动控制理论"是专门研究有关自动化系统基本概念、基本原理和基本方法的一门课程。本书系统而全面地介绍了经典控制理论的基本内容，主要包括自动控制系统的基础概念、控制系统的建模、控制系统的时域分析法、控制系统的根轨迹法、控制系统的频率响应法、控制系统的校正、非线性控制系统和离散控制系统。这些内容都是被国内外高校公认的关于自动控制理论的基本内容。

本书的一个重要特点是体现了科学性与实用性。为了科学地验证理论内容，在每章都加入了MATLAB的具体应用实例。为了便于读者深入理解书中所述的重要概念，每章都列举了一定数量的例题和习题，供练习之用。

本书的另一个重要特点是适合语码转换式双语教学。在每节中都为重要的技术术语加注了英文词汇，每节末都加入了重点概念和专业术语的中英文对照表，便于教师在课堂上对学生进行专业词汇的渗透，使学生在学习本课程的同时逐步增加专业词汇量，方便学生更好地阅读英文专业文献，进而切实提高双语教学水平。

本书由张涛、王娟和杜海英担任主编，唐建波、马彪和宋鹏担任副主编。全书共分为8章，其中第1、5章由张涛执笔，第2、6章由王娟执笔，第3、4章由杜海英执笔，第7章由唐建波执笔，第8章由马彪执笔，每章的MATLAB应用部分由宋鹏执笔。本书由徐国凯教授担任主审。研究生徐凯、马雪寒和龙雨飞承担了部分绘图和文字处理工作，在此表示感谢。

书中参考和借鉴了同类教科书的精华，为此对原书作者深表谢意。

本书可作为自动化专业本科生的教科书，也可作为电子信息类或其他与控制有关专业的本科生、研究生及工程技术人员的参考书。

由于编者水平有限，书中一定会有一些不妥之处，恳请广大读者和同行专家批评、指正。

编　者

2016年3月

目 录

第1章 自动控制系统的基本概念 ··· 1
   1.1 自动控制系统的定义 ·· 1
   1.2 自动控制系统的分类 ·· 4
      1.2.1 运动与过程控制系统 ··· 4
      1.2.2 开环与闭环控制系统 ··· 4
      1.2.3 定值、随动与程序控制系统 ·· 6
      1.2.4 线性与非线性控制系统 ·· 7
      1.2.5 连续与离散控制系统 ··· 8
   1.3 自动控制系统的性能评价 ··· 8
   1.4 自动控制理论的发展概况 ·· 10
   小结 ·· 13
   习题 ·· 13

第2章 控制系统的建模 ·· 15
   2.1 控制系统微分方程的建立 ·· 16
      2.1.1 简单系统微分方程的建立 ·· 16
      2.1.2 复杂系统微分方程的建立 ·· 18
   2.2 非线性数学模型的线性化 ·· 21
   2.3 传递函数 ·· 24
      2.3.1 传递函数的定义 ··· 24
      2.3.2 传递函数的特点 ··· 25
      2.3.3 传递函数与理想单位脉冲响应的关系 ·································· 26
      2.3.4 系统典型环节的传递函数 ·· 28
   2.4 系统框图与传递函数 ··· 33
      2.4.1 系统框图的组成 ··· 33
      2.4.2 系统框图的建立 ··· 33
      2.4.3 系统框图的等效变换 ·· 35
      2.4.4 控制系统的传递函数 ·· 40
   2.5 信号流图和梅逊公式的应用 ··· 42
      2.5.1 信号流图的概念 ··· 42
      2.5.2 信号流图的术语和性质 ··· 43
      2.5.3 梅逊公式及其应用 ··· 45
   2.6 利用MATLAB建立数学模型 ··· 48

| 小结 | 51 |
| 习题 | 51 |

第3章 控制系统的时域分析法 54

3.1 控制系统的时域评价 54
- 3.1.1 典型输入信号 54
- 3.1.2 控制系统时域性能指标 57

3.2 一阶系统的时域分析 59
- 3.2.1 一阶系统的数学模型 59
- 3.2.2 一阶系统的单位阶跃响应 59
- 3.2.3 一阶系统的单位斜坡响应 61
- 3.2.4 一阶系统的单位抛物线响应 61
- 3.2.5 一阶系统的单位脉冲响应 62

3.3 二阶系统的时域分析 62
- 3.3.1 二阶系统的数学模型 62
- 3.3.2 二阶系统的单位阶跃响应 64
- 3.3.3 欠阻尼二阶系统的性能分析 67
- 3.3.4 二阶系统的单位脉冲响应 71
- 3.3.5 二阶工程最佳参数 72

3.4 高阶系统的时域分析 73
- 3.4.1 高阶系统的单位阶跃响应 74
- 3.4.2 闭环主导极点 75

3.5 线性系统的稳定性分析 75
- 3.5.1 稳定性的基本概念 76
- 3.5.2 线性系统稳定的充分必要条件 77
- 3.5.3 线性系统稳定的必要条件 78
- 3.5.4 劳斯稳定判据 78
- 3.5.5 赫尔维兹稳定判据 81
- 3.5.6 劳斯判据的应用 82

3.6 控制系统的稳态误差 84
- 3.6.1 稳态误差的定义 84
- 3.6.2 系统类型与输入作用下的稳态误差 85
- 3.6.3 扰动作用下的稳态误差 88
- 3.6.4 提高系统稳态精度的方法 90

3.7 MATLAB 在时域分析法中的应用 90
- 3.7.1 单位脉冲响应和单位阶跃响应 90
- 3.7.2 单位斜坡响应 92
- 3.7.3 任意函数作用下系统的响应 93

3.7.4　Simulink 中时域响应举例 ·········· 95
小结 ············ 96
习题 ············ 96

第4章　控制系统的根轨迹法 ············ 99

4.1　根轨迹的介绍 ············ 99
　　4.1.1　根轨迹的基本概念 ············ 99
　　4.1.2　根轨迹与系统性能 ············ 100
　　4.1.3　根轨迹的幅值条件和相角条件 ············ 101
　　4.1.4　根轨迹增益与系统开环增益的关系 ············ 102
4.2　绘制根轨迹的基本法则 ············ 103
4.3　广义根轨迹的绘制 ············ 114
　　4.3.1　参量根轨迹 ············ 114
　　4.3.2　零度根轨迹 ············ 117
4.4　用根轨迹分析闭环控制系统的性能 ············ 120
　　4.4.1　用根轨迹分析系统的稳定性 ············ 120
　　4.4.2　用根轨迹分析系统的动态性能 ············ 121
　　4.4.3　用根轨迹分析系统的稳态性能 ············ 122
　　4.4.4　附加开环零、极点的作用 ············ 124
4.5　MATLAB 在根轨迹法中的应用 ············ 126
小结 ············ 131
习题 ············ 131

第5章　控制系统的频域响应法 ············ 135

5.1　频率特性 ············ 135
　　5.1.1　频率特性的基本概念 ············ 135
　　5.1.2　由传递函数确定系统的频域响应 ············ 137
5.2　对数坐标图 ············ 139
　　5.2.1　典型因子的伯德图 ············ 140
　　5.2.2　绘制开环系统伯德图的一般步骤 ············ 148
　　5.2.3　最小相位系统与非最小相位系统 ············ 149
　　5.2.4　系统的类型与对数幅频特性曲线低频渐近线的对应关系 ············ 151
5.3　极坐标图 ············ 153
　　5.3.1　典型因子的乃氏图 ············ 153
　　5.3.2　极坐标图的一般形状 ············ 157
5.4　频域稳定判据 ············ 160
　　5.4.1　幅角原理 ············ 160
　　5.4.2　乃奎斯特稳定判据 ············ 162

5.4.3 乃奎斯特判据应用于滞后系统 ·· 168
5.5 相对稳定性分析 ··· 170
　　5.5.1 增益裕量 ··· 171
　　5.5.2 相位裕量 ··· 171
　　5.5.3 相对稳定性与对数幅频特性中频段斜率的关系 ······················· 173
5.6 频域性能指标与时域性能指标间的关系 ····································· 175
　　5.6.1 闭环频域特性及其特征量 ·· 175
　　5.6.2 二阶系统时域响应与频域响应的关系 ······························ 177
5.7 传递函数的实验确定 ·· 181
5.8 MATLAB 在频域响应法中的应用 ·· 182
　　5.8.1 用 MATLAB 绘制伯德图 ·· 183
　　5.8.2 用 MATLAB 绘制乃奎斯特图 ····································· 186
小结 ··· 190
习题 ··· 191

第 6 章 控制系统的校正 ·· 195

6.1 系统的设计与校正问题 ··· 195
　　6.1.1 被控对象 ·· 195
　　6.1.2 性能指标 ·· 195
　　6.1.3 系统带宽的确定 ·· 197
　　6.1.4 系统校正方式 ·· 198
6.2 线性系统的基本控制规律 ·· 199
　　6.2.1 比例控制规律 ·· 200
　　6.2.2 比例-微分控制规律 ·· 200
　　6.2.3 积分控制规律 ·· 200
　　6.2.4 比例-积分控制规律 ·· 201
　　6.2.5 比例-积分-微分控制规律 ·· 201
6.3 串联校正 ·· 202
　　6.3.1 超前校正 ·· 203
　　6.3.2 滞后校正 ·· 208
　　6.3.3 滞后-超前校正 ·· 214
6.4 反馈校正 ·· 220
　　6.4.1 利用反馈校正改变局部结构和参数 ······························· 221
　　6.4.2 利用反馈校正取代局部结构 ······································ 222
6.5 复合校正 ·· 223
　　6.5.1 前馈校正与反馈控制组成的复合控制 ···························· 223
　　6.5.2 扰动补偿校正与反馈控制组成的复合控制 ······················ 225
6.6 MATLAB 在串联校正中的应用 ·· 226

小结 ··· 233
习题 ··· 234

第 7 章 非线性控制系统 ·· 236

7.1 非线性控制系统概述 ··· 236
7.1.1 研究非线性控制理论的意义 ··· 236
7.1.2 非线性系统的特征 ··· 238
7.1.3 非线性系统的分析与设计方法 ··· 240
7.2 常见非线性及其对系统运动的影响 ·· 241
7.2.1 非线性特性的等效增益 ·· 241
7.2.2 常见非线性因素对系统运动的影响 ·· 243
7.3 描述函数 ·· 245
7.3.1 描述函数的基本概念 ··· 246
7.3.2 非线性元件描述函数的举例 ··· 247
7.3.3 用描述函数法分析非线性控制系统 ·· 252
7.4 相平面法 ·· 255
7.4.1 相平面的基本概念 ··· 255
7.4.2 线性二阶系统的相轨迹 ·· 256
7.4.3 绘制相平面图的等倾斜线法 ··· 258
7.4.4 非线性系统的相平面分析 ·· 260
7.5 MATLAB 在相平面分析中的应用 ··· 265
小结 ··· 269
习题 ··· 270

第 8 章 离散控制系统 ·· 272

8.1 离散控制系统的概念 ·· 272
8.2 信号的采样与复现 ·· 275
8.2.1 采样过程 ·· 275
8.2.2 采样定理 ·· 276
8.2.3 零阶保持器 ··· 278
8.3 Z 变换与 Z 反变换 ··· 280
8.3.1 Z 变换 ··· 280
8.3.2 Z 变换的基本性质 ··· 283
8.3.3 Z 反变换 ··· 286
8.4 脉冲传递函数 ··· 288
8.4.1 串联环节的脉冲传递函数 ·· 289
8.4.2 闭环系统的脉冲传递函数 ·· 291
8.5 差分方程 ·· 295

8.5.1 差分的定义 … 295
8.5.2 差分方程概述 … 295
8.5.3 用 Z 变换法求解差分方程 … 296
8.5.4 用迭代法求解差分方程 … 297
8.6 离散控制系统的性能分析 … 299
8.6.1 离散控制系统的稳定性分析 … 299
8.6.2 闭环极点与瞬态响应的关系 … 302
8.6.3 离散系统的稳态误差 … 305
8.7 MATLAB 在离散控制系统中的应用 … 307
8.7.1 利用 Simulink 分析和设计离散控制系统 … 307
8.7.2 利用 MATLAB 函数分析和设计离散控制系统 … 312
8.7.3 利用 SISO 分析工具分析和设计离散控制系统 … 312
小结 … 314
习题 … 314

参考文献 … 317

第1章 自动控制系统的基本概念

在实现"两个一百年"的奋斗目标，成就中华民族复兴伟大梦想的过程中，工业的全面现代化是不可逾越的阶段。工业现代化的基础是工业自动化。工业自动化的显著特征是自动控制技术的广泛应用。自动控制技术不仅可以大幅度地提高投入产出比，而且在减轻劳动强度、提高产品质量和降低能源消耗等方面有着不可替代的巨大作用。此外，自动控制技术还在改善生活质量、探索未知世界、提高国防实力等方面发挥着越来越重要的作用。

举例来讲，从家庭的电冰箱、洗衣机到车间的数控机床、焊接机器人；从农村的蔬菜（花卉）种植大棚到制造业的无人工厂；从远洋巨轮、深水潜艇到客机的自动驾驶、巡航导弹的自主飞行；从"机遇"号的火星登陆到"神舟五号"载人飞船的太空返回，都无一例外地采用了自动控制技术。现代计算机技术、互联网技术和云计算技术的发展和应用，使得自动控制的水平和自动控制系统的效能上升到了新的高度。

除了传统的应用领域，自动控制理论和技术已经渗入到诸如生物工程、经济管理、金融风险防范和人口控制等非传统应用领域。所以，相关的工程技术人员和科学工作者都有必要具备一定的自动控制知识，以便根据任务需求来分析、设计或者应用某种自动控制系统。

1.1 自动控制系统的定义

自动控制的理论基础是自动控制理论（或称自动控制原理）。自动控制理论是研究自动控制共同规律的一门科学，是关于自动控制系统的构成、分析和设计的理论。自动控制理论的任务是研究自动控制系统中变量的运动规律和改变这种运动规律的可能性和途径，为建造高性能的自动控制系统提供必要的理论手段。自动控制是指在没有人直接参与的条件下，利用控制器使被控对象（如机器、设备和生产过程）的某些物理量（或工作状态）能自动地按照预定的规律运行（或变化）。自动控制是相对人工控制而言的。

自动控制系统是在无人直接参与下，可使生产过程或其他过程按期望规律或预定程序进行的控制系统。自动控制系统是实现自动化的主要手段，简称自控系统。自动控制技术的载体是自动控制系统。

自动控制系统是由实现自动控制任务所需的、按照一定的规律连接起来的并且能够按照特定要求去控制被控对象的各种部件的组合体。

现实中，自动控制系统的种类较多，被控制的物理量也各种各样，如温度、压力、流量、转速、位移和力等。组成这些控制系统的元（部）件虽然有较大的差异，但是其基本结构却有着共同特点，且一般都是通过机械、电气、液压等手段来控制。为了解自动控制系统的概念，有必要分析一下图1-1所示的人工参与的水池液面控制系统。

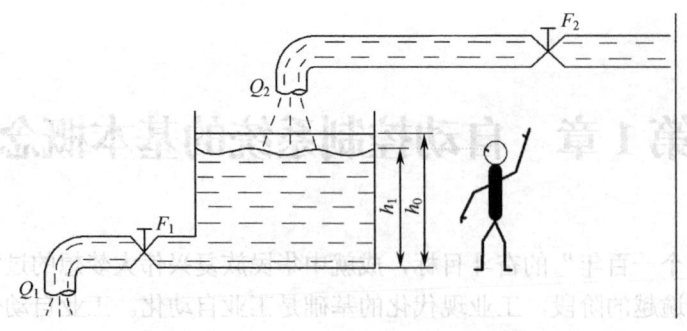

图 1-1 水池液面控制系统

图 1-1 中 F_1 为水池的放水阀，F_2 为水池的进水阀，Q_1 为水池的放水量，Q_2 为水池的进水量。控制任务要求实际的液面高度 h_1 始终保持在希望的液面高度 h_0。当人参与控制时，就要不断地通过观察将实际液面高度 h_1 与希望液面高度 h_0 做比较，根据比较的结果，决定进水阀 F_2 的开度是增大还是减小，以达到维持液面高度不变的目的。

图 1-2 所示为人工参与的水池液面控制系统的结构图（也称框图）。该系统由眼睛、大脑、手与阀 F_2 和水池四部分组成。由该图可见，人在参与液面控制中起了以下三方面的作用。

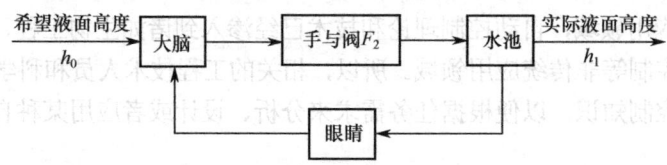

图 1-2 液面人工控制系统框图

（1）测量实际液面高度 h_1——用眼睛。
（2）将测得的实际液面高度 h_1 与希望液面高度 h_0 做比较——用大脑。
（3）根据比较的结果，即按照偏差的正负和大小去决定阀的开度——用手。

显然，如果用自动控制去代替上述的人工控制，那么在自动控制系统中必须具有上述三种职能机构，即测量机构、比较机构和执行机构。不言而喻，用人工控制不能保证系统要求的控制精度（control accuracy），也不能减轻人的劳动强度。如果将图 1-1 改为图 1-3 所示的自动控制系统，当满足放水量小于进水量这个条件时，不论放水阀 F_1 输出的流量如何变化，系统总能自动维持其液面高度在允许的偏差范围（error range）之内。假设水池液面高度因放水阀 F_1 的开度的增大而稍有降低，系统立即产生一个与降落液面成比例的误差电压 u，该电压经放大器放大后供电给进水阀的拖动电动机，使阀 F_2 的开度相应地增大，从而使水池的液面恢复到所希望的高度。

图 1-3 所示的液面自动控制系统由以下五部分组成。
（1）被控对象——水池。
（2）测量元件——浮子。
（3）比较机构——比较浮子的希望位置与实际位置之差。
（4）放大机构——当测量元件测得的信号与给定信号比较后得到的误差信号不足以使执行元件动作时，一般都需要放大元件。

(5) 执行机构——它的作用是直接驱动被控对象,以改变被控制量。

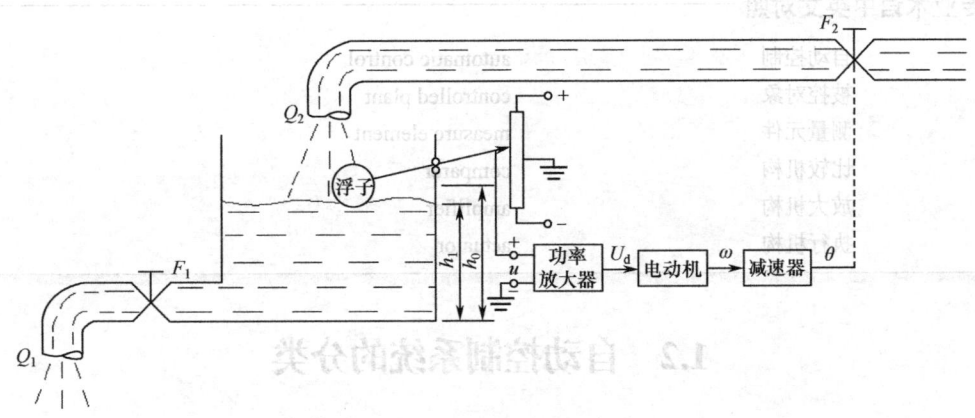

图1-3 液面自动控制系统

以上五部分也是一般自动控制系统的组成单元。此外,为了改善控制系统的动、静态性能,通常还在系统中加上某种形式的校正装置。

为了使控制系统的表示简单明了,一般采用方框来表示系统中的各个组成部件,在每个方框中填入它所表示的部件的名称或函数表达式,不必画出它们的具体机构。根据信号(亦即信息)在系统中传递的方向,用有向线段依次把它们连接起来,就可得到控制系统框图。控制系统框图由以下三个基本单元组成。

(1) 引出点,如图1-4(a)所示。它表示信号的引出,箭头表示信号的方向。

(2) 比较点,如图1-4(b)所示。它表示两个或两个以上信号在该处进行的"±"运算,"+"表示信号相加,"—"表示信号相减。

(3) 部件的方框,如图1-4(c)所示。输入信号置于方框的左端,方框的右端为其输出量,方框内填入部件名称。

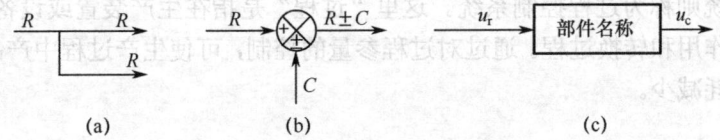

图1-4 系统框图的基本组成单元

据此,可把图1-3所示液面控制系统的原理图改用图1-5所示的框图来表示。显然,后者的表示不仅比前者简单,而且信号在系统中的传递过程也更为清晰。因此,在以后的讨论中控制系统一般均以框图的形式表示。

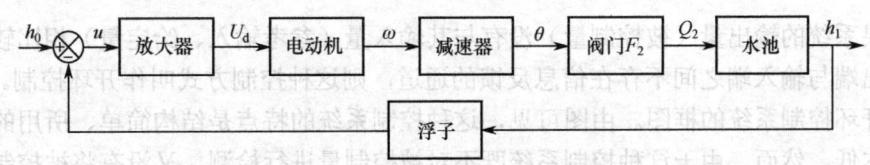

图1-5 液面自动控制系统框图

专业术语中英文对照	
自动控制	automatic control
被控对象	controlled plant
测量元件	measure element
比较机构	comparer
放大机构	amplifier
执行机构	actuator

1.2 自动控制系统的分类

在工程实际中，人们从不同角度对自动控制系统进行了分类。因此，了解控制系统的各种类型，从而分门别类地掌握控制系统的工作原理与相互区别，对于控制系统的分析和设计是很有必要的。

1.2.1 运动与过程控制系统

按照被控制量属性的不同，自动控制系统可以分为运动控制系统和过程控制系统。

1. 运动控制系统

运动控制系统是指被控制量为力、位移、速度、加速度（或力矩、轨迹、角位移、角速度、角加速度）的自动控制系统。

2. 过程控制系统

如果系统的被控制量是温度、流量、压力、液位、成分、浓度等生产过程参量时，这种自动控制系统则称为过程控制系统。这里"过程"是指在生产装置或设备中进行的物质和能量的相互作用和转换过程。通过对过程量的控制，可使生产过程中产品的产量增加、质量提高和能耗减少。

1.2.2 开环与闭环控制系统

按照信息传递路径的不同来分类，控制系统可以分为开环系统、闭环系统和复合系统三种类型。这里只介绍开环控制系统和闭环控制系统。

1. 开环控制系统（又称无反馈系统）

如果系统的输出量（被控制量）没有与其输入量（参考输入、给定量）相比较，即系统的输出端与输入端之间不存在信息反馈的通道，则这种控制方式叫作开环控制。图 1-6 所示为开环控制系统的框图。由图可见，这种控制系统的特点是结构简单、所用的元器件少、成本低。然而，由于这种控制系统既不对被控制量进行检测，又没有将被控制量反馈到系统的输入端和参考输入相比较，所以当系统受到某种扰动作用后，被控制量就会偏离原有的平衡状态，系统没有自行消除或减小误差的功能，这是开环系统的最大缺点。正是这个缺点，大大限制了这种系统的应用范围。

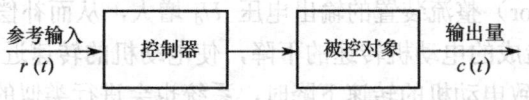

图 1-6 开环控制系统

图 1-7（a）所示为一个开环直流调速系统，图 1-7（b）所示为它的框图。图中 U_g 为给定的参考输入。

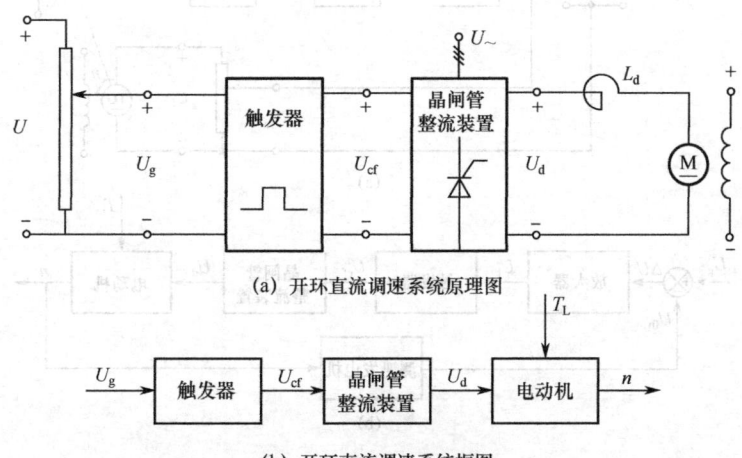

(a) 开环直流调速系统原理图

(b) 开环直流调速系统框图

图 1-7 开环直流调速系统

参考输入电压 U_g 经过触发器控制晶闸管整流装置，将交流电压 $U_\sim$ 转变为相应的直流电压 U_d，并供电给直流电动机，使之产生一个 U_g 所设定的转速 n。但是当系统遇到扰动时，如电动机的负载转矩 T_L、交流电网的电压或者电动机的励磁有变化时，电动机的转速 n 就会随之变化，不能再维持 U_g 所期望的转速。该系统自身没有纠正转速变化的能力。

2．闭环控制系统（又称反馈控制系统）

若把系统的被控制量反馈到它的输入端，并与参考输入相比较，这种控制方式叫作闭环控制。由于这种控制系统中存在着被控制量经反馈环节至比较点的反馈通道，故闭环控制又称反馈控制。闭环系统的特点是：连续不断地对被控制量进行检测，把所测得的值与参考输入作减法运算，求得的误差信号经控制器的变换运算和放大器的放大后，驱动执行元件，以使被控制量能完全按照参考输入的要求去变化。这种系统如果受到来自系统内部或外部的干扰，通过闭环控制系统的作用，能自动地消除或削弱干扰对被控制量的影响。由于闭环控制系统具有良好的抗扰动性能，因而它在控制工程中得到了广泛的应用。

如果把图 1-7 所示的开环调速系统改造为图 1-8（a）所示的闭环系统，则它就具有自动消除扰动影响（即抗扰动）的功能。图 1-8（b）为它的框图。系统自动消除干扰的调节过程如下：当电动机的负载转矩 T_L 增大时，流经电动机电枢中的电流便相应地增大，电枢电阻上的压降也变大,从而导致电动机转速的降低;而转速的降低使测速发电机(TG)的输出电压 U_{fn} 减小,误差电压 Δu 相应地增大,经放大器放大后,使触发脉冲(triggering pulse)前移,晶闸管(thyristor)整流装置的输出电压 U_d 增大,从而补偿了由于负载转矩(load torque)T_L 的增大而造成的电动机转速的下降,使电动机的转速近似地保持不变。当因电网电压 $U_\sim$ 的减小而导致电动机的转速下降时,系统也会进行类似的自动调节。

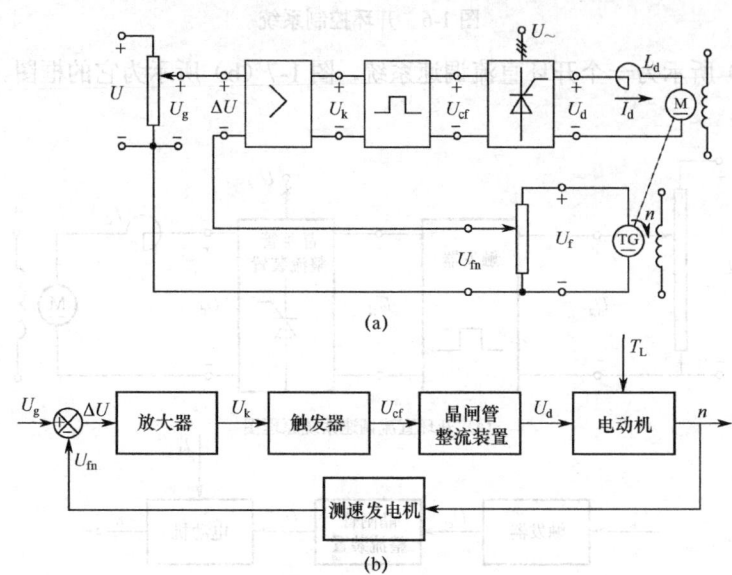

图 1-8 闭环直流调速系统

上述的自动调节过程,也可用图 1-9 所示的因果关系图来表示。

$$\left.\begin{matrix}T_L\uparrow\\U_\sim\downarrow\end{matrix}\right\}\to n\downarrow\to U_{fn}\downarrow\to \Delta U=(U_g-U_{fn})\uparrow\to U_k\uparrow\to U_d\uparrow\to n\uparrow$$

图 1-9 闭环直流调速系统自动调节的因果关系图

1.2.3 定值、随动与程序控制系统

按照输入量随时间变化规律的不同,自动控制系统可以分为定值控制系统、随动系统和程序控制系统三类。

1. 定值控制系统(又称恒值、镇定调节系统)

给定量(参考输入)为常值的控制系统称为定值控制系统。这种系统的任务是保证在任何扰动下,被控参数(输出)均保持恒定的、希望的数值。在过程控制系统中,一般都要求将过程参数(如温度、压力、流量、液位和成分等)维持在工艺给定的数值。

2. 随动系统(又称跟踪系统、伺服系统)

这类控制系统的输入量是预先未知的随时间任意变化的函数,系统的任务是在各种情况下保证系统的输出以一定精度跟随参考输入的变化而变化,所以这种系统又称为跟踪系

统。导弹发射架控制系统、雷达天线控制系统及轮舵位置控制系统等都是典型的随动系统。在随动系统中，如果被控量是机械位置或其导数时，这类系统称之为伺服系统。

3. 程序控制系统

这类控制系统的输入量是按预定规律随时间变化的函数，要求被控量迅速、准确地加以复现。机械加工使用的数控机床便是一例。程序控制系统和随动系统的输入量都是时间函数，不同之处在于前者是已知时间函数，后者则是未知的任意时间函数，而恒值控制系统也可视为程序控制系统的特例。

1.2.4 线性与非线性控制系统

按照描述系统的数学表达式的特性不同来分类，控制系统可以分为线性控制系统和非线性控制系统（或线性系统和非线性系统）两类。

1. 线性控制系统

若组成控制系统的元件都具有线性特征，则称该系统为线性控制系统。这类系统可以用线性微分方程描述，其一般形式为：

$$a_0 \frac{d^n}{dt^n}c(t) + a_1 \frac{d^{n-1}}{dt^{n-1}}c(t) + \cdots + a_{n-1}\frac{d}{dt}c(t) + a_n c(t)$$
$$= b_0 \frac{d^m}{dt^m}r(t) + b_1 \frac{d^{m-1}}{dt^{m-1}}r(t) + \cdots + b_{m-1}\frac{d}{dt}r(t) + b_m r(t)$$

式中，$c(t)$是系统被控量；$r(t)$是系统输入量。

系数$a_0, a_1, \cdots, a_n, b_0, b_1, \cdots, b_m$是常数时，称为定常系统；系数$a_0, a_1, \cdots, a_n, b_0, b_1, \cdots, b_m$随时间变化时，称为时变系统。线性系统的主要特点是具有齐次性（odd）和适用叠加原理。

2. 非线性控制系统

在控制系统中，只要有一个元部件的输入—输出特性是非线性的，则称该系统为非线性控制系统。这时，要用非线性微分（或差分）方程描述其特性。非线性方程的特点是系数与变量有关，或者方程中含有变量及其导数的高次幂或乘积项，例如：

$$\ddot{y}(t) + y(t)\dot{y}(t) + y^2(t) = r(t)$$

非线性系统一般不具有齐次性，也不适用叠加原理，而且它的输出响应与其初始状态有很大的关系。

严格地说，绝对的线性特征（或元件）是不存在的，因为所有的物理系统和元件在不同程度上都具有非线性特性。为了简化系统的分析和设计，在一定条件下，可以对某些非线性特性作线性化处理。这样，非线性系统就近似为线性系统，从而可以用分析线性系统的理论和方法对它进行研究。

工程上有时为了改善控制系统的性能，常常人为地引入某种非线性元件。例如，为了实现最短时间控制，采用开关型的控制方式；又如，在晶闸管组成的整流装置的直流调速系统中，为了改善系统的动态特性和限制电动机的最大电流，人们有意识地把电流调节器和速度调节器设计成具有饱和非线性的特性。

1.2.5 连续与离散控制系统

按照系统中所传输的信号与时间的函数关系来分类，控制系统可以分为连续控制系统和离散控制系统。

1. 连续控制系统

当系统中各组成环节的输入、输出信号都是时间的连续函数时，称此类系统为连续控制系统。连续控制系统的运动状态或特性一般用微分方程来描述。模拟式的工业自动化仪表以及用模拟式仪表实现的过程控制系统都属于连续控制系统。

2. 离散控制系统

在控制系统各部分的信号中只要有一个是时间 t 的离散信号，则称该系统为离散控制系统。显然，脉冲和数码都属于离散信号。连续信号经过采样开关的采样就可以转化成离散信号。一般，在离散系统中既有连续的模拟信号，也有离散的数字信号。图 1-10 所示的计算机控制系统就是一种常见的离散控制系统。离散控制系统的运动状态或特性一般用差分方程来描述，其分析研究方法也不同于连续系统。

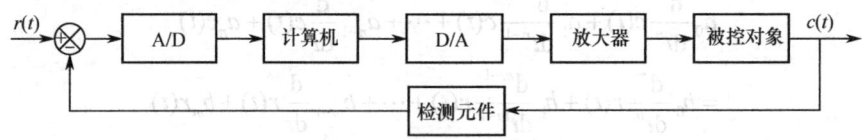

图 1-10 计算机控制系统的框图

专业术语中英文对照	
运动控制系统	motion control system
过程控制系统	process control system
开环控制	open-loop control
闭环控制	closed-loop control
反馈控制	feedback control
线性控制系统	linear control system
非线性控制系统	nonlinear control system
连续控制系统	continuous control system
离散控制系统	discrete control system

1.3 自动控制系统的性能评价

为实现自动控制，必须事先对控制系统提出一定的性能要求。反之，对于一个现成的自动控制系统，也有必要对其工作性能进行客观的评价。性能要求与性能评价是一个事物的两个方面。

对于一个闭环控制系统而言，当输入量和扰动量均不变时，系统输出量也恒定不变，这种状态称为平衡态或静态、稳态。当输入量或扰动量发生变化时，反馈量与输入量之间的偏差由于控制器的调节作用而逐渐趋于零，使输出量最终趋于稳定，即达到一个新的平衡状态。但是由于系统中总存在惯性，故系统从一个平衡点转换到另一个平衡点无法瞬间完成，即存在一个过渡过程，该过程称为动态过程或暂态过程。

尽管自动控制系统有不同的类型，对每个系统都有不同的特殊要求，但对于各类系统来说，在已知系统的结构和参数时，我们感兴趣的都是系统在某种典型输入信号下，其被控量变化的全过程。例如，对恒值控制系统是研究扰动作用引起被控量变化的全过程；对随动系统是研究被控量如何克服扰动影响并跟随输入量的变化全过程。但是，对每一类系统被控量变化全过程提出的共同基本要求都是一样的，且可以归结为稳定性、快速性和准确性，即稳、快、准的要求。

1. 稳定性

稳定性（stability）是保证控制系统正常工作的先决条件，是控制系统的重要特性。所谓稳定性，是指控制系统偏离平衡状态后，自动恢复到平衡状态的能力。在扰动信号的干扰、系统内部参数变化和环境条件改变的情况下，系统状态会偏离平衡状态。如果在随后时间内，系统的输出能够最终回到原先的平衡状态，则系统是稳定的；反之，如果系统的输出逐渐增加趋于无穷，或者进入振荡状态，则系统是不稳定的。

一个稳定的控制系统，其被控量偏离期望值的初始偏差应随时间的增长逐渐减小并趋于零。具体来说，对于稳定的恒值系统，被控量因扰动而偏离期望值后，经过一个过渡过程，被控量应恢复到原来的期望值状态；对于稳定的随动系统，被控量应始终跟踪输入量的变化。反之，不稳定的控制系统，其被控量偏离期望值的初始偏差将随时间的增长而发散，因此，不稳定的控制系统无法实现预定的控制任务。

2. 快速性

为了很好地完成控制任务，控制系统仅仅满足稳定性要求是不够的，还必须对过渡过程的形式和快慢提出要求，这个要求一般称为系统的动态性能。一般情况下，当系统由一个平衡态过渡到另一个平衡态时，通常希望过渡过程既快速又平稳。例如，对于稳定的高射炮射角随动系统，虽然炮身最终能跟踪目标，但如果目标变动迅速，而炮身跟踪目标所需过渡过程时间太长，就不可能击中目标。因此，在设计控制系统时，对控制系统的过渡过程时间（即快速性）和最大振荡幅度（即超调量）都有一定的要求。

3. 准确性

准确性就是要求被控量和设定值之间的误差达到所要求的精度范围。准确性反映了系统的稳态精度，通常控制系统的稳态精度可以用稳态误差来表示。

理想情况下，当过渡过程结束后，被控量达到的稳态值（即平衡状态）应与期望值一致。但实际上，由于系统结构、外作用形式以及摩擦、间隙等非线性因素的影响，被控量的稳态值与期望值之间会有误差存在，称为稳态误差。稳态误差是衡量控制系统精度的重要标志，在技术指标中一般都有具体要求。

根据输入点的不同，一般可以分为参考输入稳态误差和扰动输入稳态误差。对于随动系统或其他对控制轨迹有要求的系统，还应当考虑动态误差。误差越小，控制精度或准确性就越高。

稳定性是系统正常工作的前提，快速性是对稳定系统暂态性能的要求，准确性是对稳定系统稳态性能的要求。总之，只有在系统稳定的前提下，谈论其快速性及准确性才有意义。

专业术语中英文对照	
稳定性	stability
稳态误差	steady state error
动态性能	dynamic performance

1.4 自动控制理论的发展概况

自动控制理论的形成远比人类对自动控制装置的应用为晚，它产生于人们对自动控制技术的长期探索和大量实践，它的发展得到了其他学科，如数学、力学和物理学的推动。近期，包括工业现代化在内的诸多领域对自动控制的程度、速度、范围及其适应能力的要求不断提高，从而推动了自动控制理论和技术的迅速发展。20世纪60年代以来，电子计算机技术的迅速发展奠定了自动控制理论和技术的物质基础，于是逐步形成了一门现代科学分支，即现代控制理论。而近些年互联网技术和云计算技术的相继出现，则为自动控制理论的应用提供了非常有力的支持。

纵观历史，控制理论的发展大体经历了3个阶段。

1. 经典控制理论（18世纪60年代起）

自动控制技术是人类长期以来社会活动的产物，特别是工业生产和军事活动的产物。俄国人波尔祖诺夫（И. И. Ползунов）于1765年发明了控制锅炉水位的自动装置，用浮筒与杠杆操纵蒸汽锅炉的进水阀门以调节锅炉水位。英国人瓦特（J. Watt）于1768年发明了飞球调速器，利用蒸汽机飞轮带动的金属飞球的离心力操纵蒸汽机的进气阀门以控制蒸汽机的转速。1868年，马克斯威尔（J. C. Maxwell）首先在 Proceeding of the Society of London 第16卷上发表了"论调速器"一文。他指出，在控制系统的平衡点的邻域内，运动可以用线性方程描述，因此可以根据特征方程的根的位置判断系统的稳定性。这是目前公认的第一篇以反馈控制为其主要研究内容的经典控制理论论文。劳斯（E. J. Routh）于1877年提出了有关线性系统稳定性的一种代数判据，使自动控制技术前进了一大步。

1892年，俄国伟大的数学力学家李亚普诺夫（А. М. Ляпунов）发表了其具有深远历史意义的博士论文"运动稳定性的一般问题"（The General Problem of the Stability of Motion，1892）。在该论文中，他提出了为当今学术界广为应用且影响巨大的李亚普诺夫方法，也即李亚普诺夫第二方法或李亚普诺夫直接方法。该方法不仅可用于线性系统而且可用于非线性时变系统的分析与设计，已成为当今自动控制理论课程讲授的主要内容之一。

1932 年，乃奎斯特（H. Nyquist）研制了电子管振荡器，提出以传递函数为依据的划时代的稳定性判别准则。乃奎斯特对控制理论的重大贡献大大地推动了各种工业控制工程。乃奎斯特稳定判据的巨大价值在于：它并不要求知道系统的微分方程或特征多项式，只需用仪器测出开环系统的增益对频率的关系，就可以使用这种判据，它是与实验直接挂钩的。不仅如此，奈氏曲线还可以直接提示如何通过调节开环增益与频率的关系来改进系统的稳定性。

20 世纪 30 年代末，美国、日本和苏联的科学家们先后创立了用仅有两种工作状态的继电器组成的逻辑自动机理论，并被迅速用于生产实践。在这一时期前后又出现了关于信息的计量方法和传输理论。1945 年，波特（H. W. Bode）总结了负反馈放大器原理，出版了《网络分析和反馈放大器设计》一书，奠定了经典控制理论（classic control theory）基础，在西方国家开始形成自动控制学科。

在这些科学成就的推动下，曾亲自参加过自动化防空系统研制工作的美国数学家维纳（N. Wiener），于 1948 年把反馈控制的概念和理论应用于动物体内自动调节和控制过程的研究，并把动物和机器中的信息传递和控制过程视为具有相同机制的现象加以研究，发表了著名的《Cybernetics（控制论）》，形成了完整的经典控制理论。1950 年，伊文斯（W. R. Evans）提出了根轨迹法，能简便地寻找特征方程的根，进一步充实了经典控制理论。到 20 世纪 50 年代，频率响应法已经成为控制领域主导地位的方法，框图、传递函数、乃奎斯特图、伯德图、描述函数、根轨迹图等概念和方法，都已是众所熟知的有效又方便的工具，就连随机扰动的作用也已能用频率响应方法表示。频率响应方法的成就达到了高峰。

1954 年，中国学者钱学森所著英文版《Engineering Cybernetics（工程控制论）》一书问世，第一次用"工程控制论"这一名词称呼在工程设计和实验中能够直接应用的关于受控工程系统的理论、概念及方法。这是一部首次把控制论推广到工程技术领域的经典著作。工程控制论的目的是把工程实践中所经常运用的设计原则和试验方法加以整理和总结，取其共性，凝练提升成为科学理论，使科学技术人员获得更广阔的眼界，用更系统的方法去观察技术问题，以指导千差万别的工程实践。该书给这一学科所赋予的含义和研究的范围很快为世界科学技术界所接受。此后，经典控制理论得到了更加深入和广泛的研究与应用。

经典控制理论多半用来解决单输入/单输出的问题，所涉及的系统一般来说是线性定常系统，非线性系统中的相平面法也只含两个变量。如机床和轧钢机中常用的调速系统，发电机的电压自动调节系统以及冶炼炉的温度自动控制系统等，均被当做单输入/单输出的线性定常系统来处理。如果把某个干扰考虑在内，也只是对它们进行线性叠加而已。解决上述问题时，采用频率法、根轨迹法、奈氏稳定判据、期望对数频率特性综合等比较方便，这些方法均属于通常所说的经典控制理论范畴，所得结果在对精确度、准确度要求不高的情况下完全可用。经典控制理论是与生产过程的局部自动化相适应的，它具有明显的依靠手工进行分析和综合的特点，这个特点是和 20 世纪四五十年代生产发展的状况以及电子计算机技术尚处于发展初级阶段密切相关的。

2. 现代控制理论（20 世纪 60 年代起）

生产的发展与社会的需求不断推动科学的进步。空间技术的需要和电子计算机的应用，推动了现代控制理论和技术的产生与发展。20 世纪 50 年代末至 60 年代初，空间技术的发展迫切要求对多输入/多输出、高精度、参数时变的系统进行分析和设计。这是经典控制理论无法有效解决的问题，于是出现了新的自动控制理论，称为"现代控制理论（modern control theory）"。

数学家庞特里亚金（L. S. Pontryagin）于 1963 年提出的极大值原理奠定了最优控制理论的基础。贝尔曼（R. Bellman）于 1957 年进行的动态规划研究属于约束下的动态优化问题，他揭示了状态概念对于许多决策问题与控制问题的重要意义。卡尔曼（R. E. Kalman）于 1960 年发表了"控制系统的一般理论"，基于状态概念深入解决了二次型性能指标下的线性最优控制问题，他的方法是综合性的，避免了此前研究工作的试凑做法。由于研究状态空间模型与传递函数描述之间的关系，因此建立了可控与可观测性这两个基本的系统结构的概念。人们公认卡尔曼奠定了现代控制理论的基础。状态空间方法的重要价值在于：它比频率域的理论更为一般、更为严格、也更为深刻地反映了系统的内在结构。状态空间方法对控制理论发展的影响更为广泛。

现代控制（modern control）理论的主要内容为：状态空间法、系统辨识、最佳估计、最优控制和自适应控制。

3. 大系统理论和智能控制理论（20 世纪 70 年代起）

这些理论是 20 世纪 70 年代后期，控制理论向广度和深度发展的结果。

大系统（large-scale system）理论是关于大系统分析和设计的理论，包括大系统的建模、模型降阶、递阶控制、分散控制和稳定性等内容。大系统的特征是：规模庞大、结构复杂、变量众多、且常带有随机性的信息与控制系统，它涉及生产过程、交通运输、计划管理、环境保护、空间技术等多方面的控制和信息处理问题。随着生产的发展和科学技术的进步，出现了许多大系统，如电力系统、城市交通网、数字通信网、柔性制造系统、生态系统、水源系统和社会经济系统等。这类系统都具有上述特点，因此造成系统内部各部分之间通信的困难，提高了通信的成本，降低了系统的可靠性。原有的控制理论，不论是经典控制理论，还是现代控制理论，都是建立在集中控制的基础上，即认为整个系统的信息能集中到某一点，经过处理，再向系统各部分发出控制信号。这种理论应用到大系统时遇到了困难。这不仅由于系统庞大，信息难以集中，也由于系统过于复杂，集中处理的信息量太大，难以实现。因此人们开始研究大系统理论，用以弥补原有控制理论的不足。

智能控制（intelligent control）是人工智能、运筹学、控制论和信息论等学科交叉的产物，是传统控制理论发展的高级阶段。智能控制是针对系统的复杂性、非线性和不确定性而提出来的，是指驱动智能机器自主地实现其目标的过程。"智能控制"这一概念是傅京孙（K. S. Fu）教授于 20 世纪 70 年代初最先提出的。早在 1965 年，他提出把人工智能领域的启发式规则应用于学习系统，这一时期可以看作"智能控制"思想的萌芽阶段。美国的萨利迪斯（G. N. Saridis）于 1977 年把傅京孙教授的二元结构扩展为三元结构，即人工智能、自动控制和运筹学的交叉；后来中南大学的蔡自兴教授又将三元结构扩展为四元结构，即人工智能、自动控制、信息论和运筹学的交叉，形成和完善了智能控制的理论体系。

专业术语中英文对照	
经典控制理论	classic control theory
现代控制理论	modern control theory
大系统	large-scale system
智能控制	intelligent control

小 结

（1）自动控制理论的任务是研究自动控制系统中变量的运动规律和改变这种运动规律的可能性和途径，为建立高性能的自动控制系统提供必要的理论手段。自动控制系统（automatic control systems）是在无人直接参与下可使生产过程或其他过程按期望规律或预定程序进行的控制系统。自动控制系统是由实现自动控制任务所需的、按照一定的规律连接起来的并且能够按照特定要求去控制被控对象的各种部件的组合体。

（2）开环控制系统结构简单，但是当受到干扰作用后，没有自行消除或减小误差的功能。闭环控制系统具有反馈环节，它能依靠反馈环节进行自动调节，以补偿扰动对系统产生的影响。闭环控制极大地提高了系统的精度。

（3）自动控制系统通常由给定元件、检测元件、比较机构、放大机构、执行机构、控制对象和反馈环节等部件组成。方框图（动态结构图）可以直观地表达各环节的因果关系，可以表达各种作用量和中间量的作用点与传递情况以及它们对输出量的影响。

（4）自动控制系统的性能主要用稳定性、准确性和快速性来评价，必要时需要用相应的量化指标描述，以利于比较。

习 题

1-1 分析比较开环控制与闭环控制的特征、优缺点和应用场合的不同。

1-2 组成自动控制系统的主要环节有哪些？它们各有什么特点？起什么作用？

1-3 锅炉液位控制系统如图 1-11 所示，气动薄膜调节阀设置在给水进水管上，液位检测变送器、调节器、定值器（即给定器）全部采用气动单元组合（QDZ）仪表。

（1）试画出该液位控制系统的原理方框图，要求标出各环节对应的信号。

（2）说明被控量、给定值及可能的干扰量各是什么？

（3）从系统的结构、给定值变化的规律及对象特点来分类，该自动控制系统分别属于哪类控制系统？

1-4 分析液位控制系统（见图 1-12），画出组成系统的方框图。并指出：

（1）哪个是被控对象？调节变量是什么？影响被控量的主扰动量是什么？

（2）哪个是执行元件？

1-5 炉温控制系统的工作原理如图 1-13 所示，指出系统的输入量、输出量、偏差信号和被控对象，画出系统的方框图，并简单说明炉温的调节过程。

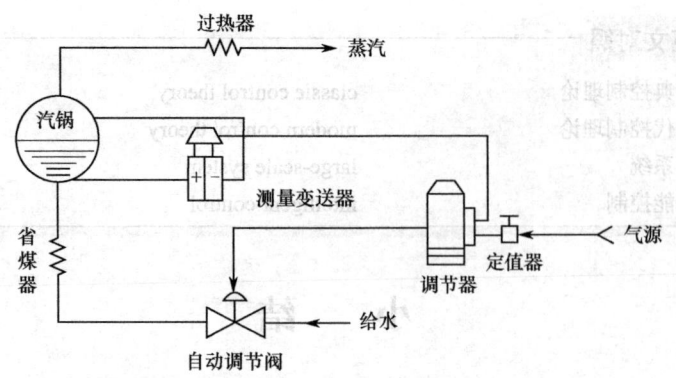

图 1-11 习题 1-3 图

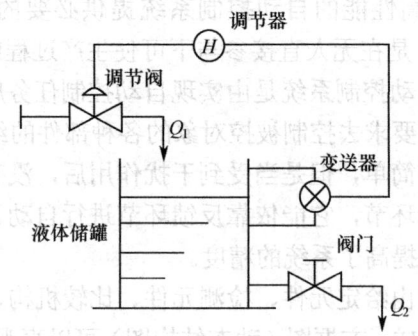

图 1-12 习题 1-4 图

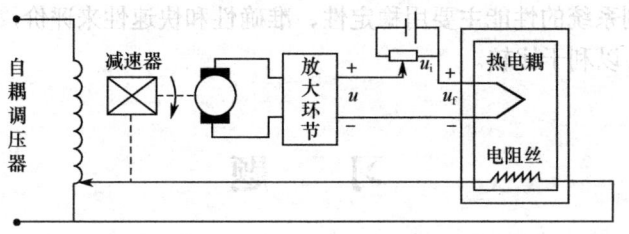

图 1-13 习题 1-5 图

第 2 章 控制系统的建模

控制理论研究的主要问题是：（1）一个给定的控制系统，它的运动具有哪些性质和特征，即系统的性能如何；（2）怎样设计出一个控制系统，使它的运动具有给定性质和特征，即使得所设计的系统的性能满足某种指标的要求。这是两个互为逆向的问题。前一个问题称为控制系统的分析，后一个问题称为控制系统的综合或者设计。它们都离不开对控制系统的运动的研究。

控制科学中的"运动"一词，并非只指物体的位移或旋转，而是泛指一切变量随时间的变化，如速度的加快或减慢，温度的升高或降低，人口的增多或减少等。要研究控制系统的运动，必须把系统中各种变量彼此间互相作用的关系和规律以数学形式表示出来。用工程语言说就是要为研究对象建立数学模型，简称建模。这里所说的"对象"，泛指所研究的一切事物，可以指个别物体，也可以指一个复杂的系统。

为控制系统建模，是控制科学家和工程师首先要面对的问题。有了正确的数学模型，才能全面深入地研究对象的运动。数学模型将形形色色的现实问题归结为相应的数学问题。人们在此基础上可以利用数学的概念、方法和理论进行深入的系统分析和研究，进而从定性或定量的角度来刻画实际问题，并为解决现实问题找到精确的数据或可靠的指导。

描述控制系统输入与输出变量之间或者输入/输出变量与其他变量之间关系的数学表达式（或者图形）叫作控制系统的数学模型。现实中的许多工程控制系统，包括机械系统、流体系统和电气系统等，它们的运动特性都可以用数学模型来描述。在自动控制系统中，数学模型的形式有很多，常用的有微分方程、传递函数、频率特性、描述函数、脉冲传递函数、传递函数矩阵、结构框图和信号流图等。

通常数学模型有两种描述方法，一种是输入/输出描述，又称外部描述。微分方程是这种描述的最基本形式，传递函数、频率特性和结构框图等其他形式的数学模型均由它导出。另一种是状态变量描述，又称内部描述。它不仅描述了系统的输入与输出的关系，而且描述了系统的内部特性，这种描述方法特别适用于多变量控制系统。

从理论上讲，可以为一个控制系统建立起多种形式的数学模型，但是要具体问题具体分析。就一个特定的系统而言，应该采用某种合适的数学模型进行描述，这将更有利于系统的分析和研究。例如，对于求解最优控制问题或多变量控制系统，宜采用状态变量描述（即状态空间表达式）；对于单输入-单输出系统的瞬态响应或频率响应的分析，通常采用输入与输出间的传递函数（或脉冲传递函数）描述更为方便。

数学模型关系到整个系统的分析和研究，建立合理的数学模型是分析和研究控制系统的重要基础。控制系统数学模型的求取，可采用解析法或实验法，本章只讨论解析法。

2.1 控制系统微分方程的建立

控制系统的微分方程是描述系统运动（变化）规律的一种最基本的数学模型。用解析法建立系统数学模型的前提是对系统的工作原理和系统中各元件的属性有深入的了解。另外，为使所建立的数学模型既简单又具有足够的精度，必须对系统作全面的考察，以求能把那些对系统性能影响较小的一些次要因素略去。用这种方法建立系统微分方程式的一般步骤如下：

(1) 根据系统变量之间的相互关系，确定系统和各元件的输入量和输出量，根据基本的物理、化学等定律，列写出描述系统中每个元件的输入与输出关系的微分方程式。

(2) 在所有元件的微分方程中消去中间变量，从而求得描述整个系统输入与输出关系的微分方程式。

在列写每一个元件的微分方程式时，必须注意到它与相邻元件间的关系。下面举例说明建立控制系统微分方程式的步骤与方法。

2.1.1 简单系统微分方程的建立

1. 电路系统

在电路系统中，需要遵循的是元件约束和网络约束。元件约束是指电阻、电容、电感等元件的电压电流关系遵循广义欧姆定律，网络约束指基尔霍夫定律。

例 2-1 图 2-1 所示为一 RLC 电路，试写出输入电压 u_r 与输出电压 u_c 之间的微分方程式。

解：设回路电流为 i，根据基尔霍夫定律（Kirchhoff's law），可写出下列方程组：

$$iR + L\frac{di}{dt} + u_c = u_r$$

$$u_c = \frac{1}{C}\int i dt$$

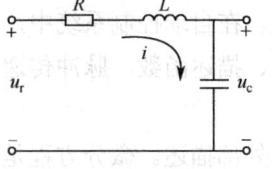

图 2-1 RLC 电路

消去中间变量 i，整理得：

$$LC\frac{d^2 u_c}{dt^2} + RC\frac{du_c}{dt} + u_c = u_r$$

或写作

$$T_L T_C \frac{d^2 u_c}{dt^2} + T_C \frac{du_c}{dt} + u_c = u_r \tag{2-1}$$

式中，$T_L = \dfrac{L}{R}$，$T_C = RC$，式 (2-1) 就是图 2-1 所示电路的数学模型，它描述了该电路在输入电压 u_r 作用下电容两端电压 u_c 的变化规律。

例 2-2 已知 RC 网络如图 2-2 所示，试写出该网络输入电压 u_r 与输出电压 u_c 之间的微分方程式。

解：由基尔霍夫定律写出下列的方程组

$$\frac{1}{C_1}\int(i_1-i_2)dt + i_1R_1 = u_r$$

$$\frac{1}{C_2}\int i_2 dt + i_2R_2 = \frac{1}{C_1}\int(i_1-i_2)dt$$

$$\frac{1}{C_2}\int i_2 dt = u_c$$

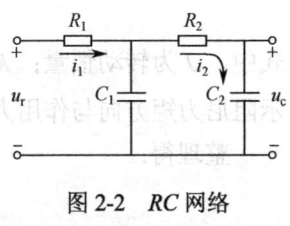

图 2-2　RC 网络

消去中间变量 i_1 和 i_2，得：

$$R_1R_2C_1C_2\frac{d^2u_c}{dt^2} + (R_1C_1 + R_2C_2 + R_1C_2)\frac{du_c}{dt} + u_c = u_r$$

或写为

$$T_1T_2\frac{d^2u_c}{dt^2} + (T_1 + T_2 + T_3)\frac{du_c}{dt} + u_c = u_r \tag{2-2}$$

式中，$T_1 = R_1C_1$，$T_2 = R_2C_2$，$T_3 = R_1C_2$。如果电路中 4 个元件的数值均为常数，则式（2-2）是一个关于输出量 $u_c(t)$ 的二阶线性常系数微分方程。

2. 机械系统

例 2-3　由弹簧、质量块和阻尼器组成的机械运动系统如图 2-3 所示。试列写以外力 $F(t)$ 为输入变量、以质量为 m 的质量块的位移 $y(t)$ 为输出变量的系统运动微分方程式。

解：在机械平移系统中，根据牛顿定律

$$ma = \sum F$$

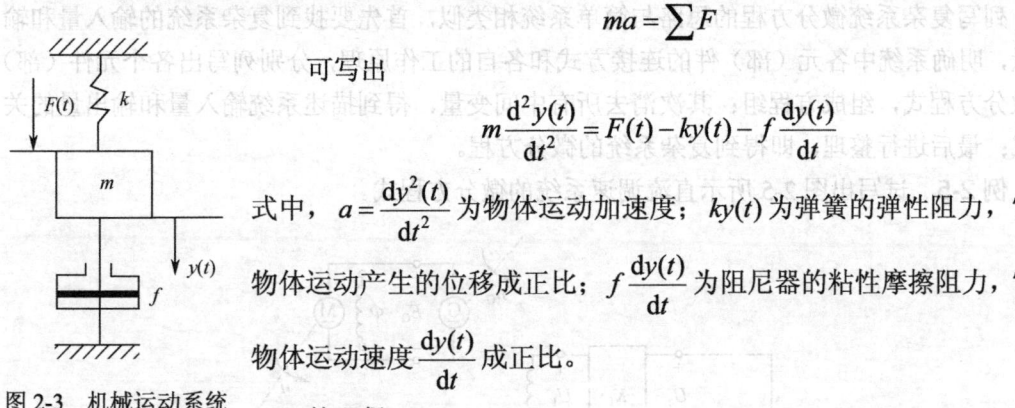

可写出

$$m\frac{d^2y(t)}{dt^2} = F(t) - ky(t) - f\frac{dy(t)}{dt}$$

式中，$a = \frac{dy^2(t)}{dt^2}$ 为物体运动加速度；$ky(t)$ 为弹簧的弹性阻力，它与物体运动产生的位移成正比；$f\frac{dy(t)}{dt}$ 为阻尼器的粘性摩擦阻力，它与物体运动速度 $\frac{dy(t)}{dt}$ 成正比。

图 2-3　机械运动系统

整理得：

$$m\frac{d^2y(t)}{dt^2} + f\frac{dy(t)}{dt} + ky(t) = F(t) \tag{2-3}$$

式中，f 为阻尼系数；k 为弹簧的弹性系数。这是一种描述机械平移运动的方程式，它是一个关于输出量 $y(t)$ 的二阶线性微分方程。

例 2-4　已知由惯性负载和黏性摩擦阻尼器构成的机械转动系统如图 2-4 所示，试列出系统的运动方程。

解：根据牛顿定律可写出

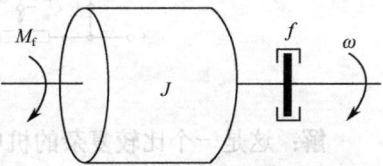

图 2-4　旋转机械系统

$$J\frac{\mathrm{d}\omega}{\mathrm{d}t} = -f\omega + M_f$$

式中，J 为转动惯量；M_f 为作用力矩；$-f\omega$ 为阻尼力矩，其大小与转速成正比，负号表示阻尼力矩方向与作用力矩方向相反。

整理得：

$$J\frac{\mathrm{d}\omega}{\mathrm{d}t} + f\omega = M_f$$

如果以转角 θ 为输出变量，因为

$$\omega = \frac{\mathrm{d}\theta}{\mathrm{d}t}$$

则

$$J\frac{\mathrm{d}^2\theta}{\mathrm{d}t^2} + f\frac{\mathrm{d}\theta}{\mathrm{d}t} = M_f \tag{2-4}$$

式（2-4）是一个关于输出量 $\theta(t)$ 的二阶微分方程。

微分方程有两个要素：阶次和系数。由上面四个例子可知，控制系统微分方程的阶次取决于系统中独立储能元件的数量，微分方程的系数取决于系统中元件的参数值。阶次揭示了系统重要的结构信息。

2.1.2 复杂系统微分方程的建立

列写复杂系统微分方程的思路与简单系统相类似，首先要找到复杂系统的输入量和输出量，明确系统中各元（部）件的连接方式和各自的工作原理，分别列写出各个元件（部）的微分方程式，组成方程组；其次消去所有中间变量，得到描述系统输入量和输出量的关系式；最后进行整理，即得到复杂系统的微分方程。

例 2-5 试写出图 2-5 所示直流调速系统的微分方程式。

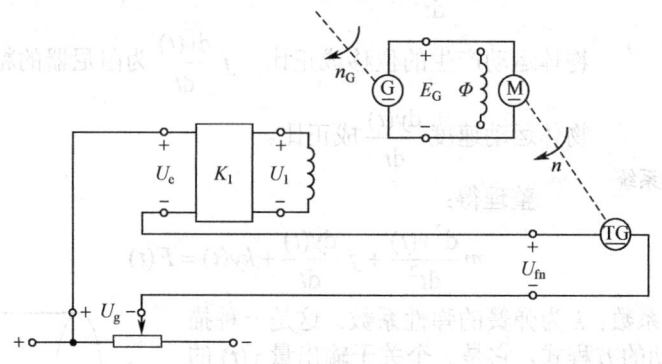

图 2-5 G-M 直流调速系统原理图

解：这是一个比较复杂的机电系统。该系统由放大器 K_1、直流发电机 G、直流电动机 M 和测速发电机 TG 组成，它的系统结构框图如图 2-6 所示。当电动机的负载转矩 T_L 或原动机转数 n_G 变化时，由于系统的自动调节作用，电动机的转速 n 能近似地维持不变。

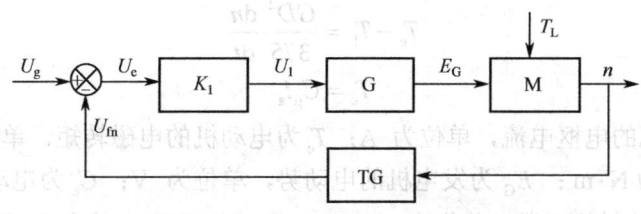

图 2-6 G-M 直流调速系统结构框图

在列写元件和系统方程式前,首先要确定输入量和输出量。通常把与输出量有关的项写在方程式左边,与输入量有关的项写在右边。下面按照上述列写系统微分方程式的步骤,推导该调速系统的运动方程。

1. 元(部)件方程

(1) 放大器。放大器的放大倍数是 K_1,输入量是电压 U_e,经放大后的输出量为电压 U_1。假设该放大器无惯性,则它的输入-输出方程为:

$$U_1 = K_1 U_e$$

(2) 直流他励发电机。图 2-7 所示为直流他励发电机的原理图。发电机的输入量是励磁电压 U_1,输出量为电枢电动势(带负载时为电压)E_G。为建模简便起见,假设:拖动发电机的原动机的转速 n_G 恒定不变;发电机的磁化曲线为一直线,即 $\Phi_1/i_1 = L_1$,其中 L_1 为常数。R_1 和 L_1 分别是电动机励磁绕组的电阻和电感。

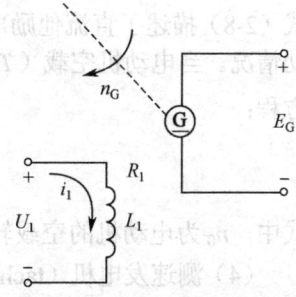

图 2-7 直流他励发电机原理图

由电机学原理得:

$$L_1 \frac{di_1}{dt} + i_1 R_1 = U_1 \tag{2-5}$$

$$E_G = C_1 \Phi_1 = C_2 i_1 \tag{2-6}$$

式中,$C_2 = C_1 L_1$。将式 (2-6) 代入 (2-5) 得:

$$\tau_G \frac{dE_G}{dt} + E_G = K_2 U_1 \tag{2-7}$$

式中,$\tau_G = \frac{L_1}{R_1}$,$K_2 = \frac{C_1 L_1}{R_1}$。式 (2-7) 即描述直流他励发电机动态和静态特性的数学模型。

(3) 直流他励电动机。图 2-8 所示为直流他励电动机的原理图。图中的 R 和 L 分别是电动机电枢绕组的电阻和电感。电动机的转速 n 是部件的输出量,也是系统的最终输出量。转速 n 的变化受发电机电压 E_G 和负载转矩 T_L 的影响,即电动机有两个输入量,分别是 E_G 和 T_L。

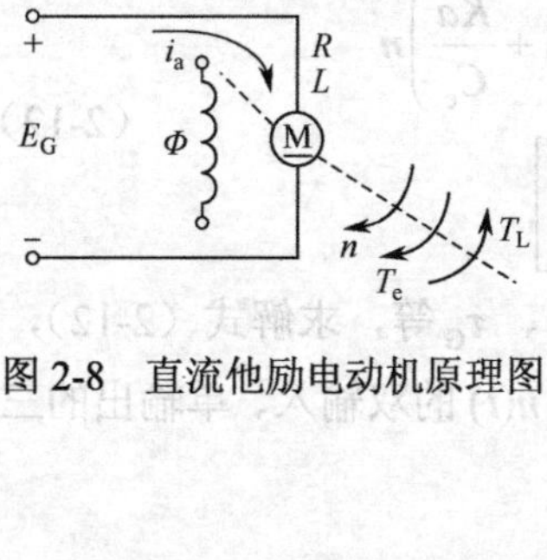

图 2-8 直流他励电动机原理图

由基尔霍夫定律和牛顿第二定律得:

$$i_a R + L \frac{di_a}{dt} + C_e n = E_G$$

$$T_e - T_L = \frac{GD^2}{375}\frac{dn}{dt}$$

$$T_e = C_\mu i_a$$

式中，i_a 为电动机的电枢电流，单位为 A；T_e 为电动机的电磁转矩，单位为 N·m；T_L 为负载转矩，单位为 N·m；E_G 为发电机的电动势，单位为 V；C_e 为电动势系数，单位为 V/(r·min^{-1})；C_μ 为转矩系数，单位为 N·m/A；$R = R_G + R_M$，其中 R_G 和 R_M 分别为发电机和电动机的内阻，单位为 Ω；L 为电动机电枢绕组电感，单位为 mH；GD^2 为飞轮力矩，单位为 N·m^2。由上述三式中消去中间变量 T_e、i_a 后，得：

$$\tau_m \tau_a \frac{d^2 n}{dt^2} + \tau_m \frac{dn}{dt} + n = \frac{1}{C_e} E_G - \frac{R}{C_e C_\mu}\left(T_L + \tau_a \frac{dT_L}{dt}\right) \tag{2-8}$$

式中，$\tau_m = \frac{GD^2 R}{375 C_e C_\mu}$ 称为电动机的机电时间常数；$\tau_a = \frac{L}{R}$ 称为电动机的电气时间常数。

式（2-8）描述了直流他励电动机在同时受到电动机的电枢电压控制和负载转矩干扰时的运动情况。当电动机空载（$T_L = 0$）且运行至稳态时，式（2-8）便蜕化为下列的代数（静态）方程：

$$n_0 = \frac{1}{C_e} E_G \tag{2-9}$$

式中，n_0 为电动机的空载转速。

（4）测速发电机（tachogenerator）。测速发电机的磁场恒定不变，它的输入量是电动机的转速 n，输出量是测速发电机的电枢电压 U_{fn}。由电机学的原理可知，测速发电机发所出的电压与转速成正比，即有：

$$U_{fn} = \alpha n \tag{2-10}$$

其中，α 为电压系数。

（5）比较元件（comparing element）。考虑电压 U_e 与 U_{fn} 要进行比较，有：

$$U_e = U_g - U_{fn} \tag{2-11}$$

2. 系统方程

对整个系统而言，引起系统运动的外部因素是给定电压 U_g 和负载转矩 T_L。U_g 是整个系统的第一个输入量，亦称给定量；T_L 为系统的第二个输入量，也叫扰动量。整个系统的输出量（被控制量）是电动机的转速 n，其余的物理量均为中间变量。经消元后得：

$$\tau_m \tau_a \tau_G \frac{d^3 n}{dt^3} + \tau_m(\tau_a + \tau_G)\frac{d^2 n}{dt^2} + (\tau_m + \tau_G)\frac{dn}{dt} + \left(1 + \frac{Ka}{C_e}\right)n$$

$$= \frac{K}{C_e} U_g - \frac{R}{C_e C_\mu}\left[\tau_a \tau_G \frac{d^2 T_L}{dt^2} + (\tau_a + \tau_G)\frac{dT_L}{dt} + T_L\right] \tag{2-12}$$

式中，$K = K_1 K_2$。如果已知输入量 U_g、T_L 和系统参数 τ_m、τ_a、τ_G 等，求解式（2-12），就可以知道转速 $n(t)$ 的变化规律。式（2-12）是一个关于输出量 $n(t)$ 的双输入、单输出的三阶微分方程。

> **专业术语中英文对照**
>
> | | |
> |---|---|
> | 数学模型 | mathematical model |
> | 建模 | modeling |
> | 单输入-单输出系统 | SISO（single input and single output system） |
> | 直流调速系统 | DC speed control system |
> | 直流他励发电机 | DC separately excited generator |
> | 直流他励电动机 | DC separately excited motor |
> | 测速发电机 | tachogenerator |
> | 比较元件 | comparing element |

2.2 非线性数学模型的线性化

上一节在推导元件或系统的微分方程时，假定它们输出与输入之间的关系都是线性的，所得到的微分方程是线性方程。但是，在实际工程问题中，纯粹的线性元件或系统几乎是不存在的，因为组成系统的元件都存在不同程度的非线性特性。在控制理论中，按元件特性的非线性情况不同把它们分成两类。第一类非线性特性是指在工作点附近可以利用小偏差线性化方法加以处理，从而得到线性方程描述的元件特性，叫作"非本质非线性特性"。第二类非线性特性是指不能够用小偏差线性化方法加以处理的元件特性，叫作"本质非线性特性"，如图 2-9 所示的饱和、死区、滞环、继电等特性。如果系统所包含的非线性特性是"非本质"的，把它进行线性化后，就可以用线性系统理论加以研究，这样可使研究工作大为简化。

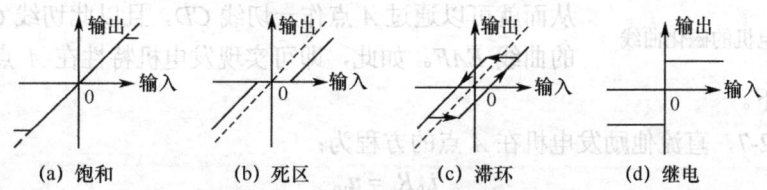

图 2-9 典型的本质非线性特性曲线

所谓小偏差线性化，就是在工作点附近的小范围内，把非线性特性用线性特性来代替。线性化的基本条件是非线性特性必须是非本质的，系统各变量对于工作点仅有微小的偏离。这一点对绝大多数控制系统来说是能够满足的，因为实际系统大多工作在小偏差的情况下。

若非线性函数不仅连续，而且其各阶导数均存在，则由级数理论可知，可在给定工作点邻域内将此非线性函数展开为泰勒级数，略去二阶及二阶以上的各项，用所得的线性化方程代替原有的非线性方程。这种线性化的方法叫作小偏差线性化方法，也叫微偏法。

下面具体讨论这种线性化的方法。设一非线性元件的输入为 x、输出为 y，它们之间的关系如图 2-10 所示，相应的数学

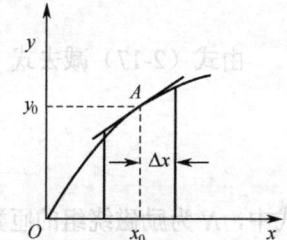

图 2-10 非线性特性的线性化

表达式为:

$$y = f(x) \tag{2-13}$$

在给定工作点 $A(x_0, y_0)$ 附近, 将式 (2-13) 展开为泰勒级数:

$$y = f(x) = f(x_0) + \left.\frac{df}{dx}\right|_{x=x_0}(x-x_0) + \frac{1}{2!}\left.\frac{d^2 f}{dx^2}\right|_{x=x_0}(x-x_0)^2 + \cdots$$

若 $A(x_0, y_0)$ 附近增量 (偏差) $\Delta x = x - x_0$ 很小, 则可忽略掉式中 $(x-x_0)^2$ 项及其后面所有的高阶项。这样, 上式可近似表示为:

$$y = y_0 + K(x - x_0) \tag{2-14}$$

或写成:

$$\Delta y = K \Delta x$$

式中, $y_0 = f(x_0)$, $K = \left.\frac{df}{dx}\right|_{x=x_0}$, $\Delta y = y - y_0$, $\Delta x = x - x_0$。式 (2-14) 即式 (2-13) 的小偏差线性化方程。

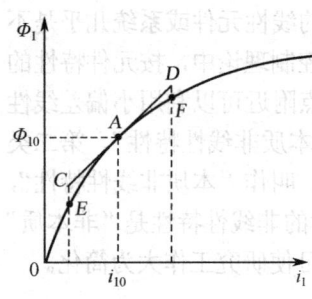

图 2-11 发电机的磁化曲线

在列写上节的直流他励发电机的微分方程式时, 为推导方便起见, 曾假设发电机的磁化曲线为一直线。实际上, 这个假设并不符合发电机的一般情况。真实的磁化曲线如图 2-11 所示。

由图可知, 在工作点 $A(i_{10}, \Phi_{10})$ 附近的磁化曲线不是一条直线, 因而不能在较大的范围内用一条直线近似地代替实际的曲线。然而, 发电机若在小信号励磁电压 (即小增量电压 Δu_1) 的作用下运行, Δi_1 就比较小, 工作点 A 的偏离范围便较小, 从而就可以通过 A 点作一切线 CD, 且以此切线 CD 代替原有的曲线 EAF。如此, 即可实现发电机特性在 A 点的线性化。

具体做法如下。

根据图 2-7, 直流他励发电机在 A 点的方程为:

$$i_{10} R_1 = u_{10} \tag{2-15}$$

$$E_{G0} = C_1 \Phi_{10} \tag{2-16}$$

当励磁电压增加 Δu_1 后, 则有:

$$(i_{10} + \Delta i_1) R_1 + N \frac{d\Delta \Phi_1}{dt} = u_{10} + \Delta u_1 \tag{2-17}$$

$$E_{G0} + \Delta E_G = C_1 (\Phi_{10} + \Delta \Phi_1) \tag{2-18}$$

由式 (2-17) 减去式 (2-15), 式 (2-18) 减去式 (2-16) 后, 分别得:

$$\Delta i_1 R + N \frac{d\Delta \Phi_1}{dt} = \Delta u_1 \tag{2-19}$$

$$\Delta E_G = C_1 \Delta \Phi_1 \tag{2-20}$$

式中, N 为励磁绕组的匝数。

可见, 通过作相减的运算, 消去了原平衡工作点 A 处各变量间的关系, 使得所求得的式 (2-19) 和式 (2-20) 中的变量均为增量, 因而称这两个方程式为增量方程式 (又称动态方程式）。增量方程只描述了发电机在平衡工作点处受到增量励磁电压 Δu_1 作用下的运动过程。对于式（2-19）和（2-20）而言，发电机励磁曲线的坐标原点不是在原点 O 而是移至平衡点 A 处，相当于动态情况下发电机的初始条件变为零了。

这里需要注意的是，在式（2-17）和式（2-19）的第二项中之所以不写作 $L_1 \dfrac{\mathrm{d}\Delta i_1}{\mathrm{d}t}$，而用 $N \dfrac{\mathrm{d}\Delta \varPhi_1}{\mathrm{d}t}$ 表示，原因是那一段磁化曲线不是直线，即 $\dfrac{\mathrm{d}\Delta \varPhi_1}{\mathrm{d}\Delta i_1}$ 不是常量，表示电感 L_1 不是一个常数，因而用反电动势来表示。

把磁化曲线 $\varPhi_1 = f(i_1)$ 在平衡工作点 $A(i_{10}, \varPhi_{10})$ 处展开为泰勒级数：

$$\varPhi_1 = f(i_1) = f(i_{10}) + f'(i_{10})(i_1 - i_{10}) + \frac{1}{2!}f''(i_{10})(i_1 - i_{10})^2 + \cdots \quad (2\text{-}21)$$

式中，$f'(i_{10})$ 为平衡工作点 A 处的正切值，略去式（2-21）中 $(i_1 - i_{10})^2$ 项及其后面所有的高阶项，并令 $\varPhi_1 - f(i_{10}) = \Delta \varPhi_1, i_1 - i_{10} = \Delta i_1$，则式（2-21）便简化为一条直线方程：

$$\Delta \varPhi_1 = f'(i_{10})\Delta i_1$$

或写作

$$\frac{\mathrm{d}\Delta \varPhi_1}{\mathrm{d}\Delta i_1} = f'(i_{10}) \quad (2\text{-}22)$$

根据式（2-22），式（2-19）和式（2-20）可改写为：

$$\Delta i_1 R_1 + L_1 \frac{\mathrm{d}\Delta i_1}{\mathrm{d}t} = \Delta u_1 \quad (2\text{-}23)$$

$$\Delta E_G = C_2 \Delta i_1 \quad (2\text{-}24)$$

式中，$L_1 = Nf'(i_{10})$，$C_2 = C_1 f'(i_{10})$。描述自动控制系统运动的方程式实际上是增量方程式。为了书写简便，在实际应用过程中常把表示增量的符号"Δ"省去。去掉增量符号"Δ"后的上述两式，显然与式（2-5）、式（2-6）具有完全相同的形式。

不难看出，随着发电机平衡工作点的不同，其时间常数 $\tau_G = \dfrac{L_1}{R_1} = \dfrac{N}{R_1}f'(i_{10})$ 和放大倍数 $K_2 = \dfrac{C_1 L_1}{R_1}$ 也不同。因此，在进行线性化之前，必须确定元件的工作点。由线性化引起的误差大小与非线性的程度和工作点偏移的大小有关。严格地说，经过线性化后所得的系统微分方程式，只能够近似地表征系统的运动情况。实践证明，对于绝大多数的控制系统，经过线性化后所得的系统数学模型，能以较高的精度反映系统的实际运动状态，所以线性化方法是很有实际意义的。

专业术语中英文对照

非线性	nonlinearity, nonlinear
线性化	linearization
泰勒级数	Taylor series
小偏差	short error

2.3 传递函数

微分方程是描述系统运动的一种基本形式的数学模型。通过对它的求解，可以得到系统在给定输入信号作用下的输出响应。然而，微分方程式这种系统数学模型在实际应用中会受到一些局限。首先，微分方程式的阶次较高时，求解就有难度，且计算的工作量大。其次，对于控制系统的分析，不仅要了解它在给定信号作用下的输出响应，更要重视系统的结构和参数与其性能间的关系。对于后一个要求，利用微分方程的形式是难以满足的。在控制工程中，一般希望利用较为简便的数学模型和分析方法了解系统是否稳定、系统在动态过程中的主要特征以及某些参数的改变或校正装置的加入对系统性能的影响。传递函数数就是一种可以满足上述要求的简便、高效、适应性强的数学模型。

2.3.1 传递函数的定义

传递函数是描述系统（或元件）运动的另一种形式的数学模型，是线性系统分析的重要工具。

设描述单输入-单输出（SISO）控制系统的动态方程为如下的线性定常微分方程。

$$a_0 \frac{d^n c(t)}{dt^n} + a_1 \frac{d^{n-1} c(t)}{dt^{n-1}} + \cdots + a_{n-1} \frac{dc(t)}{dt} + a_n c(t) \\ = b_0 \frac{d^m r(t)}{dt^m} + b_1 \frac{d^{m-1} r(t)}{dt^{m-1}} + \cdots + b_{m-1} \frac{dr(t)}{dt} + b_m r(t) \quad (2\text{-}25)$$

式中，$r(t)$ 为系统的输入量；$c(t)$ 为系统的输出量；$a_0, a_1, \cdots, a_n$ 和 $b_0, b_1, \cdots, b_m$ 都是常数，并且 $n \geq m$。

又设信号 $r(t)$ 和 $c(t)$ 的初始条件为零。对式（2-25）两侧进行拉普拉斯变换，得：

$$(a_0 s^n + a_1 s^{n-1} + \cdots + a_{n-1} s + a_n) C(s) = (b_0 s^m + b_1 s^{m-1} + \cdots + b_{m-1} s + b_m) R(s)$$

式中，$C(s) = L[c(t)]$，为 $c(t)$ 的拉普拉斯变换，$R(s) = L[r(t)]$，为 $r(t)$ 的拉普拉斯变换。

或写成

$$D(s) C(s) = M(s) R(s)$$

式中，$D(s) = a_0 s^n + a_1 s^{n-1} + \cdots + a_{n-1} s + a_n$，为分母多项式，$a_0, a_1, \cdots, a_n$ 为实数；$M(s) = b_0 s^m + b_1 s^{m-1} + \cdots + b_{m-1} s + b_m$，为分子多项式，$b_0, b_1, \cdots, b_m$ 为实数。

将上式写成：

$$\frac{C(s)}{R(s)} = \frac{M(s)}{D(s)} = \frac{b_0 s^m + b_1 s^{m-1} + \cdots + b_{m-1} s + b_m}{a_0 s^n + a_1 s^{n-1} + \cdots + a_{n-1} s + a_n} \quad (2\text{-}26)$$

的形式，得传递函数的定义：

在零初始条件下，线性定常系统（或元件）输出量 $c(t)$ 的拉氏变换 $C(s)$ 与输入量 $r(t)$ 的拉氏变换 $R(s)$ 之比，称为该系统（或元件）的传递函数，并记为 $G(s) = \dfrac{C(s)}{R(s)}$。式（2-26）

称为传递函数的多项式形式。

如果知道系统的传递函数 $G(s)$ 与输入函数 $r(t)$ 的象函数 $R(s)$，可求得系统输出量的象函数

$$C(s) = G(s)R(s) \qquad (2\text{-}27)$$

式（2-27）表示了系统的输入与输出间的因果关系，即系统的输出 $C(s)$ 是由其输入 $R(s)$ 经过 $G(s)$ 的传递（或转换）而产生的。这就是 $G(s)$ 被称为传递函数的由来。

对比式（2-25）和式（2-26），不难看出，如果把微分方程式中的微分算子 $\dfrac{\mathrm{d}}{\mathrm{d}t}$ 用复变量 s 表示，同时把 $c(t)$ 和 $r(t)$ 分别替换为相应的象函数 $C(s)$ 和 $R(s)$，则不需要做拉氏变换就可直接把微分方程转换为相应的传递函数。反之亦然。

在传递函数 $G(s)$ 中，自变量是复变量 s，称传递函数是系统的复域描述，这时系统中各变量都是以 s 为自变量，称它们处于复域；在微分方程中，自变量是时间 t，称微分方程式为系统的时域描述，这时系统中各变量以时间 t 为自变量，称它们处于时域。

2.3.2 传递函数的特点

由传递函数的定义和式（2-26）可知，传递函数有如下特点：

（1）作为一种数学模型，传递函数只适用于线性定常系统，这是由于传递函数是经拉普拉斯变换导出的，而拉氏变换是一种线性运算。

（2）由于传递函数是由系统的微分方程经拉氏变换后得到的，因而它必然同微分方程一样能够表征系统的固有特性。传递函数只与系统的结构（这里指分母多项式 $D(s)$ 的阶次）和参数有关，而与输出量和输入函数的形式无关。现实的控制系统多是零初始条件，即在输入量作用于系统之前，系统是相对静止的。

（3）传递函数可以是无量纲的，也可以是有量纲的，视系统的输入量、输出量而定。传递函数不能反映系统的物理结构。那些物理结构截然不同的系统只要运动特性相同，它们便可以具有相同形式的传递函数，如例 2-1 的 RLC 电路和例 2-3 的机械平移系统的传递函数就属于这种情况。

（4）实际系统的传递函数总有 $n \geqslant m$，这是由系统的惯性所造成的。它反映了客观物理世界的一个基本属性：能量不能跃变。通常一个物理系统的输出量不能立即完全复现输入信号，只有经过一定的时间过程后，输出量才能达到输入量所要求的数值。

（5）传递函数一般都是 s 的有理真分式，可以把分子多项式与分母多项式用式（2-28）所示的因式连乘积的形式表示，即

$$G(s) = \frac{M(s)}{D(s)} = \frac{K_0(s+z_1)(s+z_2)\cdots(s+z_m)}{(s+p_1)(s+p_2)\cdots(s+p_n)} \qquad (n \geqslant m) \qquad (2\text{-}28)$$

称 $-z_1, -z_2, \cdots, -z_m$ 为传递函数 $G(s)$ 的零点（zero）；$-p_1, -p_2, \cdots, -p_n$ 为 $G(s)$ 的极点。K_0 为常数。式（2-28）称为传递函数的零极点形式。由于多项式及各项系数均为实数，所以传递函数若具有复数零点或复数极点，则它们必为共轭。显然，系统的零、极点完全取决于系统的结构和参数。

不难看出，传递函数分母多项式 $D(s) = a_0 s^n + a_1 s^{n-1} + \cdots + a_{n-1} s + a_n$ 即相应微分方程的特征多项式，而 $D(s) = 0$ 称为系统的特征方程。特征方程的根称为系统的特征根。传递函数的极点就是相应微分方程的特征根。传递函数的零、极点对系统的性能都有影响，但它们所产生的影响是不同的。

(6) 传递函数只能描述单输入-单输出（SISO）系统，对多输入-多输出（MIMO）系统，可用传递函数矩阵去表征系统的输入与输出间的关系。例如，对于图 2-12 所示的系统，它们的输出与输入间的关系应由下面所求得的传递函数矩阵来描述。

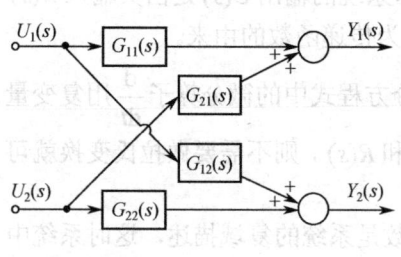

图 2-12 多输入-多输出系统

由图 2-12 得：
$$Y_1(s) = G_{11}(s)U_1(s) + G_{12}(s)U_2(s)$$
$$Y_2(s) = G_{21}(s)U_1(s) + G_{22}(s)U_2(s)$$

把上述的方程组改写成用向量、矩阵形式来表示：
$$\begin{bmatrix} Y_1(s) \\ Y_2(s) \end{bmatrix} = \begin{bmatrix} G_{11}(s) & G_{12}(s) \\ G_{21}(s) & G_{22}(s) \end{bmatrix} \begin{bmatrix} U_1(s) \\ U_2(s) \end{bmatrix}$$

即
$$\boldsymbol{Y}(s) = \boldsymbol{G}(s)\boldsymbol{U}(s)$$

式中
$$\boldsymbol{Y}(s) = \begin{bmatrix} Y_1(s) \\ Y_2(s) \end{bmatrix}, \quad \boldsymbol{U}(s) = \begin{bmatrix} U_1(s) \\ U_2(s) \end{bmatrix}, \quad \boldsymbol{G}(s) = \begin{bmatrix} G_{11}(s) & G_{12}(s) \\ G_{21}(s) & G_{22}(s) \end{bmatrix}$$

$\boldsymbol{G}(s)$ 就是系统的传递函数矩阵。

2.3.3 传递函数与理想单位脉冲响应的关系

在式（2-27）里，若系统的输入函数是一个理想单位脉冲函数，即 $r(t) = \delta(t)$ 时，由于 $R(s) = L[\delta(t)] = 1$，于是可求得输出 $C(s) = G(s)$。据此求得系统的理想单位脉冲响应为：
$$g(t) = L^{-1}[C(s)] = L^{-1}[G(s)R(s)] = L^{-1}[G(s)]$$

这里，$L^{-1}[\cdot]$ 表示函数的拉氏反变换。

这个结果表明，系统的理想单位脉冲响应 $g(t)$ 等于其传递函数 $G(s)$ 的拉氏反变换。或者说，系统的理想单位脉冲响应与传递函数的关系是时间域 t 到复数域 s 的单值变换关系。

如果已知系统的理想单位脉冲响应 $g(t)$，就可以根据卷积积分求解系统在任意输入 $r(t)$ 作用下的输出响应，即

$$c(t) = g(t) * r(t) = \int_0^t g(t-\tau)r(\tau)\mathrm{d}\tau = \int_0^t g(\tau)r(t-\tau)\mathrm{d}\tau \tag{2-29}$$

因为 $L[g(t)*r(t)] = G(s)R(s)$，所以时域中的卷积 $c(t) = g(t)*r(t)$ 对应于复数域中的乘积 $C(s) = G(s)R(s)$。

下面以一个简单的 RC 电路为例，说明卷积积分的应用。

例 2-6 已知一 RC 电路如图 2-13 所示，输入为电压 $u_r(t)$，输出为电容两端的电压

$u_c(t)$。试求取该电路在输入信号 $u_r(t)$ 分别为单位阶跃（unity step）、单位斜坡和正弦信号时的输出响应 $u_c(t)$。

解：由基尔霍夫定律得：

$$iR + u_c = u_r$$

因为 $i = C\dfrac{\mathrm{d}u_c}{\mathrm{d}t}$，于是可得该电路的微分方程式：

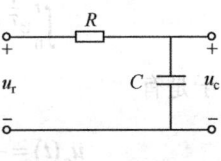

图 2-13 *RC* 电路

$$RC\dfrac{\mathrm{d}u_c}{\mathrm{d}t} + u_c = u_r$$

把微分方程式中的微分算子 $\dfrac{\mathrm{d}}{\mathrm{d}t}$ 用复变量 s 表示，把 $u_c(s)$ 和 $u_r(t)$ 换为相应的象函数 $U_c(s)$ 和 $U_r(s)$，有：

$$RCsU_c(s) + U_c(s) = U_r(s)$$

得到与微分方程对应的传递函数为：

$$G(s) = \dfrac{U_c(s)}{U_r(s)} = \dfrac{1}{Ts+1}$$

式中，$T = RC$，时间常数。现应用此传递函数和式（2-29），分别求取该电路在单位阶跃、单位斜坡和正弦输入时的响应。

（1）单位阶跃输入 $u_r = 1(t)$

由于该电路的理想单位脉冲响应为：

$$g(t) = L^{-1}[G(s)] = \dfrac{1}{T}\mathrm{e}^{-\frac{1}{T}t}$$

则由式（2-29）得：

$$\begin{aligned}u_c(t) &= \int_0^t g(t-\tau)u_r(\tau)\mathrm{d}\tau \\ &= \int_0^t \dfrac{1}{T}\mathrm{e}^{-\frac{1}{T}(t-\tau)}\mathrm{d}\tau = \dfrac{1}{T}\mathrm{e}^{-\frac{1}{T}t}\int_0^t \mathrm{e}^{\frac{\tau}{T}}\mathrm{d}\tau \\ &= 1 - \mathrm{e}^{-\frac{1}{T}t}\end{aligned}$$

（2）单位斜坡输入 $u_r(t) = t$

$$u_c(t) = \int_0^t \dfrac{1}{T}\mathrm{e}^{-\frac{1}{T}(t-\tau)}\tau\mathrm{d}\tau = \dfrac{1}{T}\mathrm{e}^{-\frac{1}{T}t}\int_0^t \mathrm{e}^{\frac{\tau}{T}}\tau\mathrm{d}\tau = t - T + T\mathrm{e}^{-\frac{1}{T}t}$$

（3）正弦输入 $u_r(t) = \sin\omega t$

$$\begin{aligned}u_c(t) &= \int_0^t \dfrac{1}{T}\mathrm{e}^{-\frac{1}{T}(t-\tau)}\sin\omega\tau\mathrm{d}\tau = \dfrac{1}{T}\mathrm{e}^{-\frac{1}{T}t}\int_0^t \mathrm{e}^{\frac{\tau}{T}}\sin\omega\tau\mathrm{d}\tau \\ &= \dfrac{1}{T}\mathrm{e}^{-\frac{1}{T}t}\left(-\dfrac{1}{\omega}\mathrm{e}^{\frac{1}{T}t}\cos\omega t + \dfrac{1}{\omega T} + \dfrac{1}{\omega^2 T}\mathrm{e}^{\frac{1}{T}t}\sin\omega t\right) + \\ & \quad \dfrac{1}{T}\mathrm{e}^{-\frac{1}{T}t}\left(-\dfrac{1}{T^2\omega^2}\int_0^t \mathrm{e}^{\frac{\tau}{T}}\sin\omega\tau\mathrm{d}\tau\right)\end{aligned}$$

在上式中

$$\int_0^t e^{\frac{\tau}{T}} \sin\omega\tau d\tau = \frac{-T^2\omega}{1+T^2\omega^2} e^{\frac{1}{T}t} \cos\omega t + \frac{T}{1+T^2\omega^2} e^{\frac{1}{T}t} \sin\omega t + \frac{T\omega}{1+T^2\omega^2}$$

于是有

$$u_c(t) = \frac{1}{1+T^2\omega^2}\sin\omega t - \frac{T\omega}{1+T^2\omega^2}\cos\omega t + \frac{\omega}{1+T^2\omega^2} e^{-\frac{1}{T}t}$$

$$= \frac{1}{\sqrt{1+T^2\omega^2}}\left(\sin\omega t \frac{1}{\sqrt{1+T^2\omega^2}} - \frac{T\omega}{\sqrt{1+T^2\omega^2}}\cos\omega t\right) + \frac{\omega}{1+T^2\omega^2} e^{-\frac{1}{T}t}$$

$$= \frac{1}{\sqrt{1+T^2\omega^2}}\sin(\omega t - \varphi) + \frac{\omega}{1+T^2\omega^2} e^{-\frac{1}{T}t}$$

式中，$\varphi = \arctan T\omega$。

2.3.4 系统典型环节的传递函数

由于自动控制系统是由若干元（部）件按一定方式组合而成，所以在研究系统的运动特性时，首先研究组成系统的元（部）件的运动特性是必要的。组成控制系统的元（部）件种类繁多，不论其性质、结构还是其用途都有着很大的差异。按什么原则对它们进行分类更有利于控制系统的研究呢？由上面的讨论知道，不同物理结构的元（部）件可以有形式上完全相同的微分方程式和传递函数。由此受到启发，对于性质不同、数量众多的自动控制元（部）件，若按形式相同的微分方程或传递函数来分类，可以分为下列六种典型环节。通常接触到的自动控制系统都是由这些典型环节组合而成的。

1. 比例环节

这是一种最基本且经常遇到的环节，这种环节的特点是输出不失真、不延迟、能够成比例地复现输入信号。其输入量与输出量之间的关系为一代数方程（可视为零阶的微分方程）

$$c(t) = Kr(t)$$

式中，$c(t)$是环节的输出量；$r(t)$是环节的输入量；K为常数，称为增益或放大系数。

比例环节的传递函数为：

$$G(s) = \frac{C(s)}{R(s)} = K \tag{2-30}$$

无弹性变形的杠杆、不计非线性和惯性的电子放大器、测速发电机（输出为电压、输入为转速）等都可认为是比例环节。

2. 积分环节

积分环节的特点是输出量与输入量的积分成正比。其运动方程为：

$$c(t) = K\int r(t)dt$$

相应的传递函数为：

$$G(s) = \frac{C(s)}{R(s)} = \frac{K}{s}$$

如图 2-14 所示的调节器，其输入与输出间的关系可近似地视为积分关系，即：

$$u_c(t) = -\frac{1}{RC}\int u_r(t)\mathrm{d}t$$

其传递函数为：

$$G(s) = \frac{U_c(s)}{U_r(s)} = -\frac{1}{RCs}$$

又如，电动机的角位移 θ 等于其角速度 ω 对时间的积分，即：

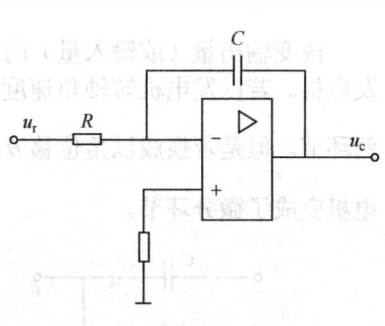

图 2-14 积分调节器

$$\theta(t) = \int \omega(t)\mathrm{d}t$$

其传递函数为：

$$G(s) = \frac{\Theta(s)}{\Omega(s)} = \frac{1}{s}$$

3．惯性环节

惯性环节的特点是其输出量缓慢地反映输入量的变化。它的运动方程是一阶的微分方程，即

$$T\frac{\mathrm{d}c(t)}{\mathrm{d}t} + c(t) = Kr(t)$$

其传递函数为：

$$G(s) = \frac{C(s)}{R(s)} = \frac{K}{Ts+1} \tag{2-31}$$

式中，T 是时间常数，表明惯性环节含有一个储能元件，输出响应是有惯性的。

不难看出，图 2-13 所示 RC 电路的输入/输出方程与例 2-5 中的直流他励发电机的微分方程的形式完全相似，它们都是一阶常系数非齐次微分方程，因而它们的传递函数属于惯性环节。如果输入为阶跃函数，则它们的输出都将按指数规律上升到稳态值。

4．微分环节

理想的微分环节，其输出与输入信号对时间的微分成正比，即有：

$$c(t) = K\frac{\mathrm{d}r(t)}{\mathrm{d}t}$$

对应的传递函数为：

$$G(s) = \frac{C(s)}{R(s)} = Ks$$

理想微分环节在实际中是不容易实现的，因此需要研究一下实际微分环节。图 2-15 所示的高通滤波电路是最常见的微分环节，其输入与输出间的传递函数为：

$$G(s) = \frac{U_c(s)}{U_r(s)} = \frac{Ts}{Ts+1} \tag{2-32}$$

式中，$T = RC$。由式（2-32）可知，该电路不是理想的微分环节，而相当于一个微分环节与一个惯性环节的串联组合。具有这种传递形式的环节，称为实际微分环节。因为，当这个电路的 $T = RC \ll 1$ 时，式（2-32）可近似为 $G(s) \approx Ts$。

改变输出量(或输入量)的意义,可以改变环节的性质。比如图 2-16 所示的直流测速发电机。若以发电机转轴角速度 ω 作为输入量,以端电压作为输出量,有 $u_{fn}=K\omega$,是比例环节。但是若换成以角位移 θ 作为输入量,输出量不变,则有 $u_{fn}=K\omega=K\dfrac{\mathrm{d}\theta}{\mathrm{d}t}$,测速发电机变成了微分环节。

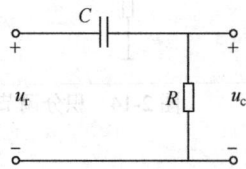

图 2-15　RC 实际微分环节

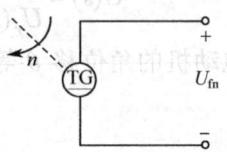

图 2-16　直流测速发电机

5. 振荡环节

振荡环节的微分方程和传递函数分别为:

$$T^2\dfrac{\mathrm{d}^2c(t)}{\mathrm{d}t^2}+2\xi T\dfrac{\mathrm{d}c(t)}{\mathrm{d}t}+c(t)=Kr(t)$$

$$G(s)=\dfrac{C(s)}{R(s)}=\dfrac{K}{T^2s^2+2\xi Ts+1} \tag{2-33}$$

式中,T 为时间常数;K 为放大系数;ξ 为阻尼比,其值为 $0<\xi<1$。由于该传递函数有一对位于 s 左半平面的共轭极点,因而这种环节在阶跃信号作用下,其输出必然会呈现出振荡性质。若令上式中的 $K=1$,$R(s)=\dfrac{1}{s}$,利用拉氏变换,不难求出振荡环节的输出响应,即:

$$c(t)=1-\dfrac{1}{\sqrt{1-\xi^2}}e^{-\xi\frac{1}{T}t}\sin\left(\dfrac{1}{T}\sqrt{1-\xi^2}\,t+\arctan\dfrac{\sqrt{1-\xi^2}}{\xi}\right) \tag{2-34}$$

具有式(2-33)形式的传递函数在实际控制系统中经常会碰到。比如例 2-1 中的 RLC 电路,式(2-1)的传递函数为:

$$\dfrac{U_c(s)}{U_r(s)}=\dfrac{1}{LCs^2+RCs+1}$$

又如例 2-3 中的弹簧-质量-阻尼器系统,式(2-3)的传递函数为:

$$\dfrac{Y(s)}{F(s)}=\dfrac{1}{ms^2+fs+1}$$

再如例 2-5 中的直流他励电动机,式(2-8)在空载时的传递函数为:

$$\dfrac{N(s)}{E_G(s)}=\dfrac{1/C_e}{\tau_m\tau_a s^2+\tau_m s+1}$$

上述三个传递函数在化成式(2-33)所示的形式时,虽然它们的阻尼比 ξ 和 T 所包含的具体内容各不相同,但只要满足 $0<\xi<1$,则它们都是振荡环节。

6. 纯滞后环节

在实际的控制过程中,有许多系统具有信息传递滞后的特征,特别是液压、气动和机械传动系统。对于计算机控制系统，由于计算机进行运算需要一定的时间，因而这类系统也有着控制滞后的特征。在有滞后作用的系统中，其输出信号与输入信号的形状完全相同，只是延迟一段时间 τ 后重现输入函数。其动态方程为：

$$c(t) = r(t-\tau) \tag{2-35}$$

相应的传递函数为：

$$G(s) = \frac{C(s)}{R(s)} = \mathrm{e}^{-\tau s} \tag{2-36}$$

图 2-17 所示是一个将两个不同浓度的液体按一定比例进行混合的装置。为了能测得混合后溶液的均匀浓度，要求测量点离开混合点一定的距离，这样在混合点和测量点之间就存在着传递的滞后。设混合溶液的流速为 v，混合点与测量点之间的距离为 d，则混合溶液浓度的变化要经过时间 $\tau = d/v$ 后，才能被检测元件所测量。这种在测量中的滞后、控制过程中的滞后以及在执行机构中的滞后，均称为传递滞后。具有这种信息传递滞后性质的环节，称为纯滞后环节。

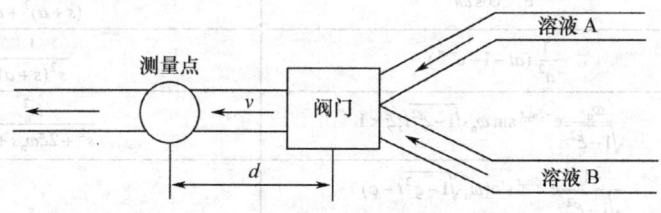

图 2-17 具有传递滞后的装置

必须指出，组成系统的元件与这里引入的典型环节的概念不同。一个系统由若干个元件组成，每一个元件的传递函数可以是一个典型环节，也可以包括几个典型环节。相反地，一个典型环节也可以由许多部件或一个系统的传递函数所组成。熟悉和掌握这些典型环节，有助于分析研究复杂的控制系统。

为方便学习，表 2-1 列出了常见时间函数的拉氏变换对照表。应用这个对照表，就可以方便地查找到常见时间函数的拉氏变换式；反之，由已知的拉氏变换式可查得相应的时间函数。

表 2-1 常见时间函数的拉氏变换对照表

序　号	$f(t)$	$F(s)$
1	单位脉冲 $\delta(t)$	1
2	单位阶跃 $1(t)$	$\dfrac{1}{s}$
3	单位斜坡 t	$\dfrac{1}{s^2}$
4	e^{-at}	$\dfrac{1}{s+a}$
5	$t\,\mathrm{e}^{-at}$	$\dfrac{1}{(s+a)^2}$
6	$\sin \omega t$	$\dfrac{\omega}{s^2+\omega^2}$

(续)

序号	$f(t)$	$F(s)$
7	$\cos \omega t$	$\dfrac{s}{s^2+\omega^2}$
8	$t^n \;(n=1,2,3,\cdots)$	$\dfrac{n!}{s^{n+1}}$
9	$t^n \mathrm{e}^{-at} \;(n=1,2,3,\cdots)$	$\dfrac{n!}{(s+a)^{n+1}}$
10	$\dfrac{1}{a-b}(\mathrm{e}^{-bt}-\mathrm{e}^{-at})$	$\dfrac{1}{(s+a)(s+b)}$
11	$\dfrac{1}{a-b}(b\mathrm{e}^{-bt}-a\mathrm{e}^{-at})$	$\dfrac{s}{(s+a)(s+b)}$
12	$\dfrac{1}{ab}\left[1+\dfrac{1}{a-b}(b\mathrm{e}^{-at}-a\mathrm{e}^{-bt})\right]$	$\dfrac{1}{s(s+a)(s+b)}$
13	$\mathrm{e}^{-at}\sin \omega t$	$\dfrac{\omega}{(s+a)^2+\omega^2}$
14	$\mathrm{e}^{-at}\cos \omega t$	$\dfrac{s+a}{(s+a)^2+\omega^2}$
15	$\dfrac{1}{a^2}(at-1+\mathrm{e}^{-at})$	$\dfrac{1}{s^2(s+a)}$
16	$\dfrac{\omega_\mathrm{n}}{\sqrt{1-\xi^2}}\mathrm{e}^{-\xi\omega_\mathrm{n}t}\sin \omega_\mathrm{n}\sqrt{1-\xi^2}\,t;\;\xi<1$	$\dfrac{\omega_\mathrm{n}^2}{s^2+2\xi\omega_\mathrm{n}s+\omega_\mathrm{n}^2}$
17	$\dfrac{-1}{\sqrt{1-\xi^2}}\mathrm{e}^{-\xi\omega_\mathrm{n}t}\sin(\omega_\mathrm{n}\sqrt{1-\xi^2}\,t-\varphi)$ $\varphi=\arctan\dfrac{\sqrt{1-\xi^2}}{\xi};\;\xi<1$	$\dfrac{s}{s^2+2\xi\omega_\mathrm{n}s+\omega_\mathrm{n}^2}$
18	$1-\dfrac{1}{\sqrt{1-\xi^2}}\mathrm{e}^{-\xi\omega_\mathrm{n}t}\sin(\omega_\mathrm{n}\sqrt{1-\xi^2}\,t+\varphi)$ $\varphi=\arctan\dfrac{\sqrt{1-\xi^2}}{\xi};\;\xi<1$	$\dfrac{\omega_\mathrm{n}^2}{s(s^2+2\xi\omega_\mathrm{n}s+\omega_\mathrm{n}^2)}$

专业术语中英文对照

微分方程式	differential equation
阶次	order
传递函数	transfer function
零初始条件	zero initial condition
拉氏变换	Laplace transform
特征多项式	characteristic polynomial
特征根	characteristic root
卷积	convolution
单位阶跃	unity step
单位斜坡	unity ramp
比例环节	proportional element
积分环节	integral element
惯性环节	inertia element
微分环节	differential element
振荡环节	oscillation element
纯滞后环节	delay element

2.4 系统框图与传递函数

在求取控制系统的传递函数时，需要消去系统中所有的中间变量，如果方程组的子方程数较多，消元将是一项较为烦琐的工作。在消元后，由于传递函数仅剩下系统的输入（或扰动）和输出两个变量，因而无法反映系统内部信息的传递情况。采用框图（block diagram）表示的控制系统，不仅简明地表示了系统中各环节的关系和信号的传递函数，而且框图既适用于线性控制系统，也适用于非线性控制系统。因此，它在自动控制中得到了广泛的应用。

2.4.1 系统框图的组成

框图又称方框图或动态结构图，是系统数学模型的图解形式，可以形象直观地描述系统中各元件间的连接关系及其功能以及信号在系统中的传递、变换过程。控制系统的框图一般由以下几部分组成。

（1）信号线：带有箭头的直线，箭头表示信号传递方向，信号线旁标有信号的名称（原函数或象函数），如图 2-18（a）所示。

（2）方框：方框中为元（部）件的传递函数，方框的左侧为输入量信号线，右侧为输出量信号线，输出量等于输入量乘以传递函数，如图 2-18（b）所示，$C(s) = G(s)U(s)$。

（3）分支点（引出点）：表示信号分支或引出位置，从同一点引出的信号完全相同，如图 2-18（c）所示。

（4）相加点（综合点，比较点）：对两个或两个以上信号进行加减运算，"+"表示相加，"–"表示相减，如图 2-18（d）所示。

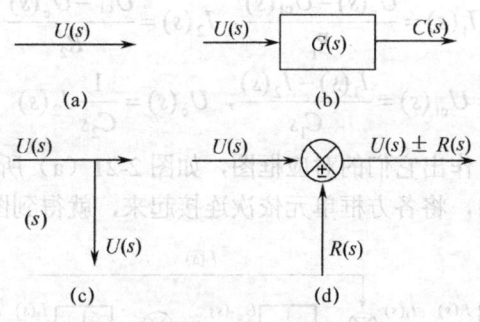

图 2-18 组成框图的基本结构

2.4.2 系统框图的建立

建立系统框图的步骤如下：

（1）写出系统中每一个部件的运动方程。在列写每一个部件的运动方程时，必须考虑相邻元件间的负载效应影响。

（2）对各运动方程在零初始条件下进行拉氏变换，写出相应的传递函数，并作出各个

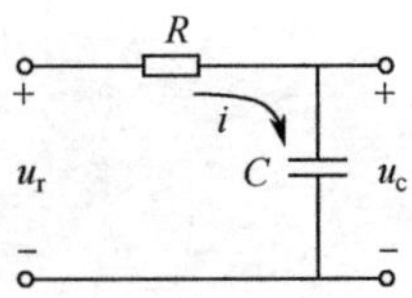

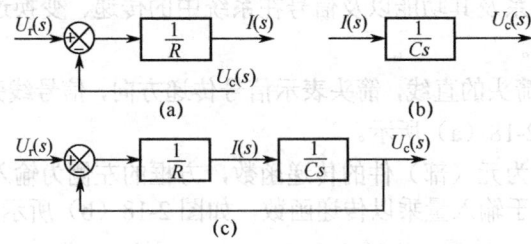

图 2-19 RC 网络

元件的方框图。

(3) 根据信号的流向和名称，将各方框单元依次连接起来，并把系统的输入量置于系统框图的最左端，输出量置于最右端，便得到系统的框图。

例 2-7 绘制图 2-19 所示 RC 网络（R-C network）的框图。

解：(1) 列写该网络的运动方程式，得：

$$I(s) = \frac{U_r(s) - U_c(s)}{R}$$

$$U_c(s) = \frac{1}{Cs} I(s)$$

(2) 分别画出与上述两式相对应的框图，如图 2-20（a）和图 2-20（b）所示。

(3) 将各单元框图按信号的流向和名称依次连接（名称相同的信号要连接在一起），就得到图 2-20（c）所示的该网络的框图。

图 2-20 图 2-19 的框图

例 2-8 试绘制图 2-2 所示的两级 RC 网络的框图。

解：(1) 根据例 2-2 中所示的运动方程式，写出相应的拉氏变换式：

$$I_1(s) = \frac{U_r(s) - U_{c1}(s)}{R_1}, \quad I_2(s) = \frac{U_{c1} - U_c(s)}{R_2}$$

$$U_{c1}(s) = \frac{I_1(s) - I_2(s)}{C_1 s}, \quad U_c(s) = \frac{1}{C_2 s} I_2(s)$$

(2) 根据上述四式，作出它们的对应框图，如图 2-21（a）所示。

(3) 根据信号的流向，将各方框单元依次连接起来，就得到图 2-21（b）所示的框图。

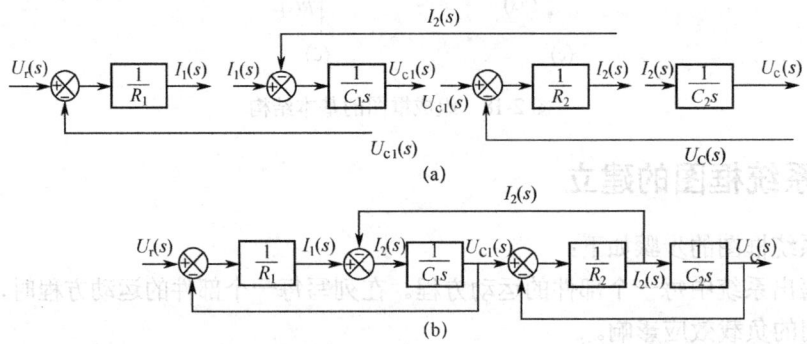

图 2-21 图 2-2 的框图

由图 2-21（b）清楚地看到后一级 R_2C_2 网络作为负载对前级 R_1C_1 网络的输出电压 u_{c1} 产生了影响，这就是负载效应。如果在这两级 RC 网络之间接入一个输入阻抗很大而输出阻抗很小的隔离放大器，如图 2-22 所示，则此电路的框图就可用图 2-23 来表示，从而消除了两个网络之间的负载效应。当 $K=1$ 时，两级 RC 网络的传递函数等价于两个一级 RC 网络的传递函数的连乘积。

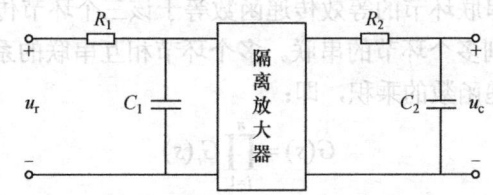

图 2-22 带隔离放大器的两级 RC 网络

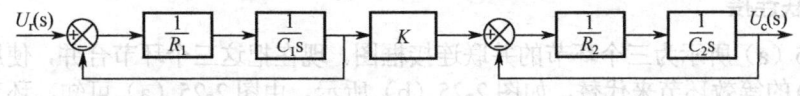

图 2-23 图 2-22 的框图

2.4.3 系统框图的等效变换

为了由控制系统的框图写出系统的闭环传递函数，通常需要对框图进行变换。框图变换必须遵守一个基本的原则：等效变换，即变换前后各变量之间的传递函数保持不变。在控制工程中，任何复杂系统的框图通常都由相应的方框经串联、并联和反馈这三种基本形式连接而成。掌握这三种基本连接形式的等效变换法则，对简化系统的框图和求取闭环传递函数是十分有益的。

1. 串联连接

在控制系统中，常见几个环节按照信号的流向相互串联连接，图 2-24 所示是三个环节相串联的情况。串联连接的特点是，前一环节的输出量就是后一环节的输入量。

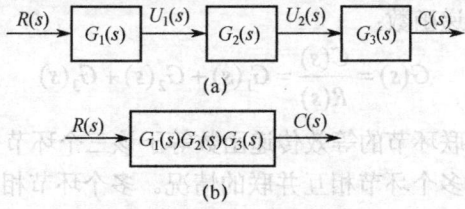

图 2-24 环节的串联连接

将图 2-24（a）的三个相串联的环节合并，使用一个传递函数为 $G(s)$ 的等效环节来代替，如图 2-24（b）所示。由图 2-24（a）得：

$$U_1(s) = G_1(s)R(s)$$
$$U_2(s) = G_2(s)U_1(s)$$
$$C(s) = G_3(s)U_2(s)$$

消去上述诸式中的中间变量 $U_1(s)$ 和 $U_2(s)$，求得：
$$C(s) = G_1(s)G_2(s)G_3(s)R(s)$$
即
$$G(s) = \frac{C(s)}{R(s)} = G_1(s)G_2(s)G_3(s)$$

上式表明，三个相串联环节的等效传递函数等于该三个环节传递函数的乘积。

上述结论可以推广到多个环节的串联。多个环节相互串联的系统，其等效传递函数等于所有相串联环节的传递函数的乘积，即：
$$G(s) = \prod_{i=1}^{n} G_i(s) \tag{2-37}$$

式中，n 为相串联的环节数。

2. 并联连接

图 2-25（a）所示为三个环节的并联连接框图。现在把这三个环节合并，使用一个传递函数为 $G(s)$ 的等效环节来代替，如图 2-25（b）所示。由图 2-25（a）可知，环节并联连接的特点是各环节的输入信号是同一个 $R(s)$，输出 $C(s)$ 为各环节的输出之和，即：
$$\begin{aligned}C(s) &= C_1(s) + C_2(s) + C_3(s) \\ &= G_1(s)R(s) + G_2(s)R(s) + G_3(s)R(s) \\ &= [G_1(s) + G_2(s) + G_3(s)]R(s)\end{aligned}$$

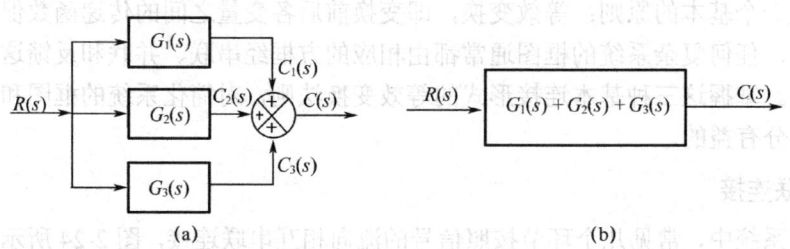

图 2-25 环节的并联连接

于是得系统的等效传递函数：
$$G(s) = \frac{C(s)}{R(s)} = G_1(s) + G_2(s) + G_3(s)$$

上式表明，三个相并联环节的等效传递函数等于该三个环节传递函数之和。

上述结论可以推广到多个环节相互并联的情况。多个环节相互并联的系统，其等效传递函数等于所有相并联环节的传递函数之和，即：
$$G(s) = \sum_{i=1}^{n} G_i(s) \tag{2-38}$$

式中，n 为并联环节的个数。

3. 反馈连接

图 2-26（a）所示为反馈连接系统的一般形式。图中反馈端的"—"号表示为负反馈连

接；反之，若为"+"号，则为正反馈连接。由图 2-26（a）得：

$$C(s) = G(s)E(s)$$
$$E(s) = R(s) - B(s)$$
$$B(s) = H(s)C(s)$$

消去上述等式中的中间变量 $E(s)$、$B(s)$ 后，求得系统等效传递函数：

$$\frac{C(s)}{R(s)} = \frac{G(s)}{1 + G(s)H(s)} \tag{2-39}$$

根据式（2-39），画出负反馈连接系统的等效框图，如图 2-26（b）所示。若把图 2-26（a）变为正反馈连接，用上述完全相同的方法，可求得其等效传递函数为：

$$\frac{C(s)}{R(s)} = \frac{G(s)}{1 - G(s)H(s)} \tag{2-40}$$

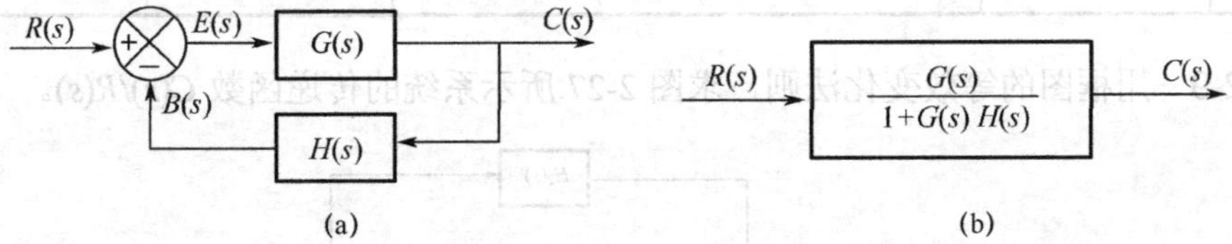

图 2-26 环节的反馈连接

对于简单系统的框图，利用上述三种等效的变换法则，就可以比较方便地求出系统的闭环传递函数。由于实际系统一般较为复杂，在系统的框图中常出现传输信号的相互交叉，这样就不能直接应用上述三种等效法则对系统进行简化。解决的办法是先把引出点和综合点作合理的等效移动，其目的是去掉框图中的信号交叉。然后，再应用上述的等效法则对系统的框图进行简化。在对比较点或引出点作等效移动时，同样需要遵守各变量间传递函数保持不变的原则。

表 2-2 列出了框图变换的基本法则，应用这些基本法则就能将一个复杂的框图简化为图 2-26（a）所示的简单形式。

表 2-2 框图的等效变换法则

序 号	法 则	原来的框图	等效的法则
1	框图的串联	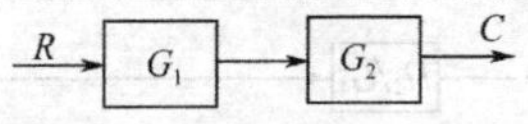 $R \to G_1 \to G_2 \to C$	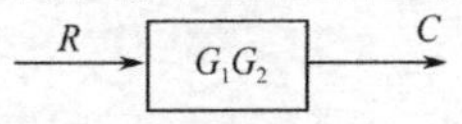 $R \to G_1G_2 \to C$
2	框图的并联	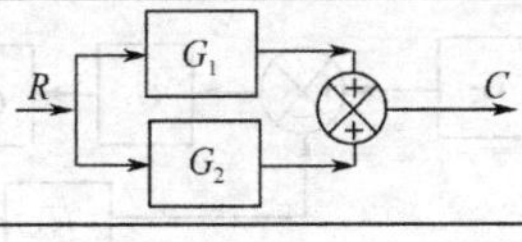 $R \to G_1, G_2 \to \otimes \to C$	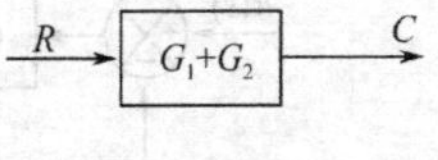 $R \to G_1+G_2 \to C$
3	比较点的后移	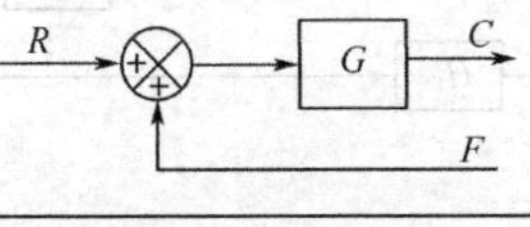 $R \to + \otimes \to G \to C$，$F$ 进入比较点	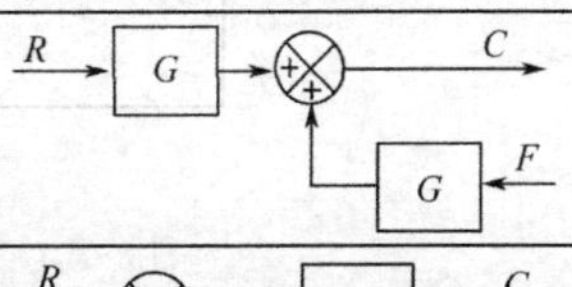 $R \to G \to \otimes \to C$，$F \to G \to \otimes$
4	比较点的前移	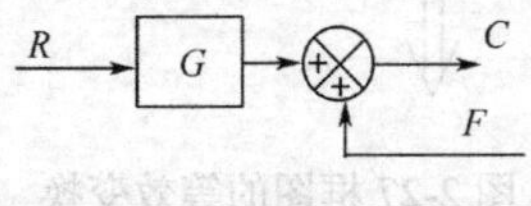 $R \to G \to \otimes \to C$，$F$ 进入比较点	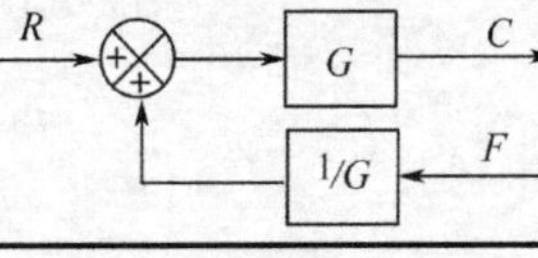 $R \to \otimes \to G \to C$，$F \to 1/G \to \otimes$

序号	法则	原来的框图	等效的法则
5	引出点的后移	R → G → C, R 引出	R → G → C, C 经 1/G → R
6	引出点的前移	R → G → C, C 引出	R → G → C, R 经 G → C
7	化简反馈回路	R → ⊕ → G → C, C 经 H 反馈	R → $\dfrac{G}{1 \pm GH}$ → C

例 2-9 用框图的等效变化法则，求图 2-27 所示系统的传递函数 $C(s)/R(s)$。

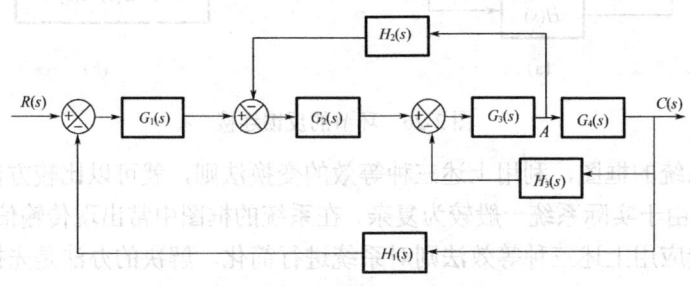

图 2-27 多回路系统的框图

解： 这是一个具有交叉反馈的多回路系统，如果不对它作适当的变换，就难以应用表 2-2 中的串联和反馈连接的等效公式进行简化。本题的求解方法之一是把图中的点 A 后移，然后从内环到外环逐步化简，其简化过程如图 2-28 所示。最后求得该系统的传递函数为：

$$\frac{C(s)}{R(s)} = \frac{G_1(s)G_2(s)G_3(s)G_4(s)}{1 + G_1(s)G_2(s)G_3(s)G_4(s)H_1(s) + G_2(s)G_3(s)H_2(s) + G_3(s)G_4(s)H_3(s)}$$

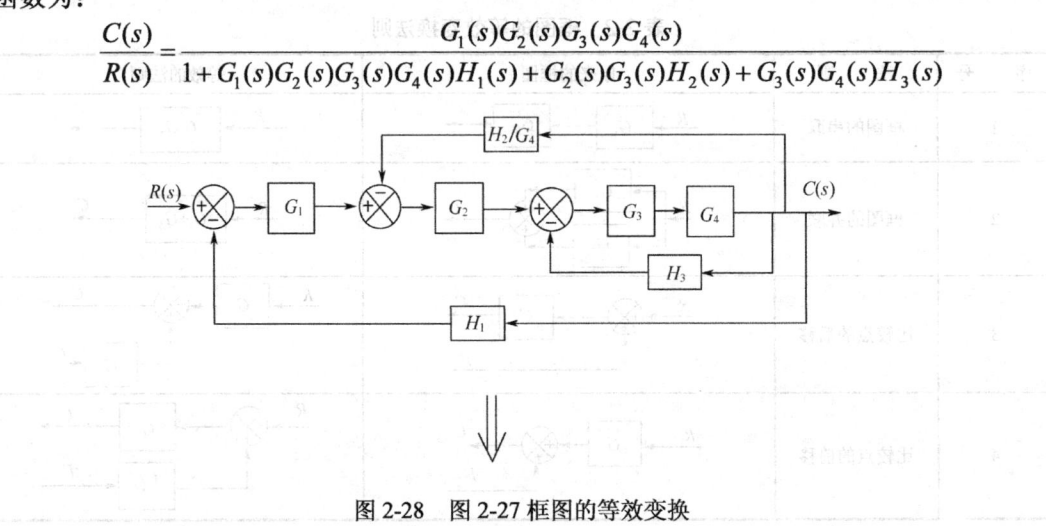

图 2-28 图 2-27 框图的等效变换

第 2 章 控制系统的建模

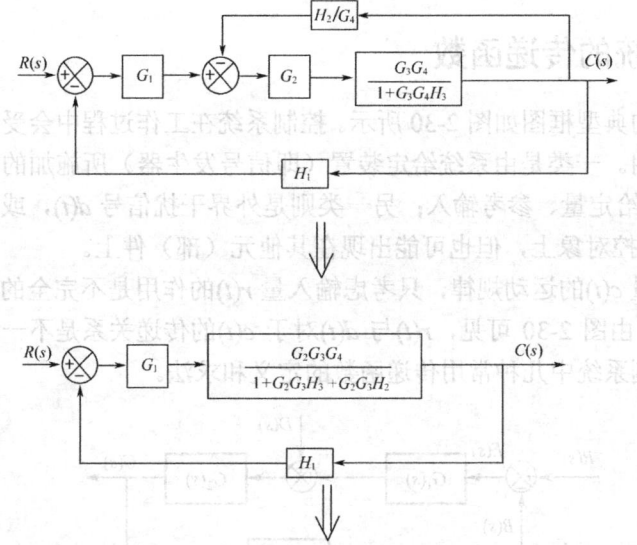

图 2-28 图 2-27 框图的等效变换（续）

例 2-10 求图 2-21（b）所示的网络框图的传递函数。

解：由于该系统中有信号交叉，因此需要把相加点作适当的交换位置，才能写出其传递函数，其简化过程如图 2-29 所示。由图 2-29（d）可知，该网络的传递函数为：

$$\frac{U_c(s)}{U_r(s)} = \frac{1}{R_1R_2C_1C_2s^2 + (R_1C_1 + R_2C_2 + R_1C_2)s + 1}$$

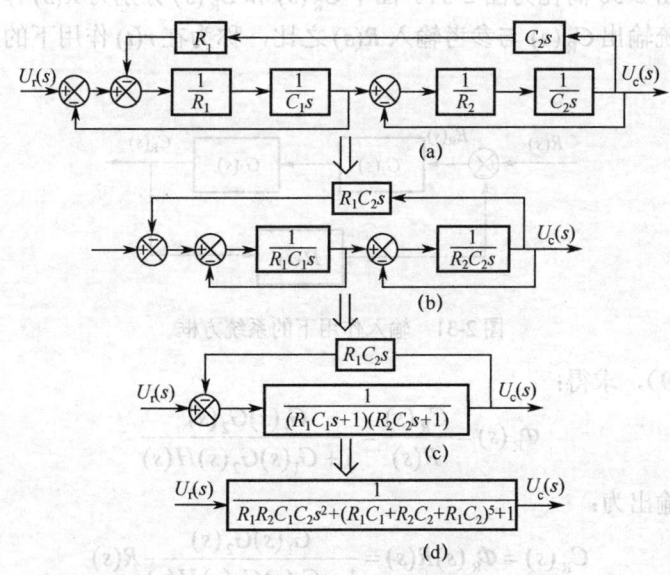

图 2-29 图 2-21（b）的框图化简

2.4.4 控制系统的传递函数

自动控制系统的典型框图如图 2-30 所示。控制系统在工作过程中会受到两类外部信号的作用，常称外作用。一类是由系统给定装置（即信号发生器）所施加的代表控制指令的输入信号 $r(t)$、或称给定量、参考输入；另一类则是外界干扰信号 $d(t)$，或称扰动输入。干扰 $d(t)$ 一般作用在受控对象上，但也可能出现在其他元（部）件上。

研究系统输出量 $c(t)$ 的运动规律，只考虑输入量 $r(t)$ 的作用是不完全的，往往还需要考虑干扰 $d(t)$ 的影响。由图 2-30 可见，$r(t)$ 与 $d(t)$ 对于 $c(t)$ 的传递关系是不一样的。下面参照该图，分别给出控制系统中几种常用传递函数的定义和求法。

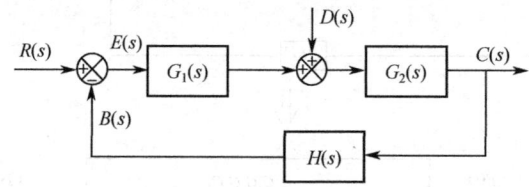

图 2-30 控制系统的框图

1. 开环传递函数

$D(s)=0$ 时系统的主反馈量 $B(s)$ 与参考输入 $R(s)$ 的比，称为闭环系统的开环传递函数，记为 $G(s)$，由图 2-30 求得：

$$G(s) = \frac{B(s)}{R(s)} = G_1(s)G_2(s)H(s) \tag{2-41}$$

2. $r(t)$ 作用下系统的闭环传递函数

令 $D(s)=0$，图 2-30 简化为图 2-31。图中 $C_R(s)$ 和 $E_R(s)$ 分别为 $R(s)$ 作用时的系统输出和控制误差。系统输出 $C_R(s)$ 与参考输入 $R(s)$ 之比，称为在 $r(t)$ 作用下的闭环传递函数，记为 $\Phi_R(s)$。

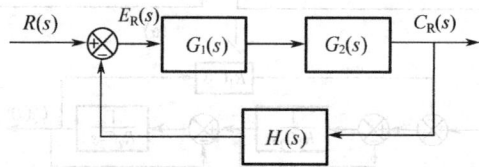

图 2-31 输入作用下的系统方框

根据式（2-39），求得：

$$\Phi_R(s) = \frac{C_R(s)}{R(s)} = \frac{G_1(s)G_2(s)}{1 + G_1(s)G_2(s)H(s)} \tag{2-42}$$

系统相应的输出为：

$$C_R(s) = \Phi_R(s)R(s) = \frac{G_1(s)G_2(s)}{1 + G_1(s)G_2(s)H(s)} R(s) \tag{2-43}$$

可见，当系统中只有 $r(t)$ 作用时，系统的输出完全取决于闭环传递函数 $\Phi_R(s)$ 及 $r(t)$ 的形式。

如果 $H(s)=1$，则称图 2-31 所示的系统为单位反馈系统，它的闭环传递函数为：

$$\Phi_R(s) = \frac{C_R(s)}{R(s)} = \frac{G_1(s)G_2(s)}{1+G_1(s)G_2(s)} = \frac{G(s)}{1+G(s)}$$

式中，$G(s) = G_1(s)G_2(s)$，称为前向通道传递函数。

3. $d(t)$ 作用下系统的闭环传递函数

为研究干扰对系统的影响，需要求出 $c(t)$ 对于 $d(t)$ 之间的传递函数。这时，令 $R(s)=0$，于是，图 2-30 所示的框图就可简化为图 2-32 所示的框图。图中 $C_D(s)$ 表示由扰动作用引起的系统输出。$C_D(s)$ 与 $D(s)$ 的比 $\Phi_D(s)$，称为扰动作用下的闭环传递函数。

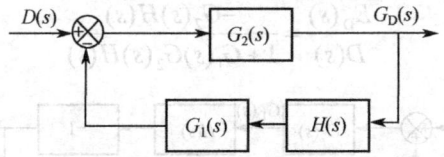

图 2-32 扰动作用下系统的方框图

由图 2-32 求得：

$$\Phi_D(s) = \frac{C_D(s)}{D(s)} = \frac{G_2(s)}{1+G_1(s)G_2(s)H(s)} \tag{2-44}$$

进而，由扰动引起的输出为：

$$C_D(s) = \Phi_D(s)D(s) = \frac{G_2(s)}{1+G_1(s)G_2(s)H(s)}D(s) \tag{2-45}$$

可见，当系统中只有 $d(t)$ 作用时，系统的输出完全取决于闭环传递函数 $\Phi_D(s)$ 及 $d(t)$ 的形式。

4. 系统的总输出

当系统同时受到 $R(s)$ 和 $D(s)$ 作用时，由叠加原理可知，系统总的输出为它们单独作用于系统所引起的输出之和，即：

$$C(s) = C_R(s) + C_D(s) = \frac{G_1(s)G_2(s) \cdot R(s)}{1+G_1(s)G_2(s)H(s)} + \frac{G_2(s) \cdot D(s)}{1+G_1(s)G_2(s)H(s)} \tag{2-46}$$

5. 系统的误差传递函数

在进行系统分析时，除要了解输出量的变化规律之外，还要关心控制过程中误差量的变化规律。在图 2-30 中：

$$E(s) = R(s) - B(s) \tag{2-47}$$

称为系统的误差（象函数）。相应的原函数为：

$$e(t) = r(t) - b(t) \tag{2-48}$$

因为误差的大小直接反映了系统工作的精度，故寻求误差 $e(t)$ 和系统的控制信号 $r(t)$ 及干扰作用 $d(t)$ 之间的数学模型非常有必要。

(1) $r(t)$ 作用下系统的误差传递函数

只有参考输入作用时($D(s)=0$),系统的误差记为 $E_R(s)$,如图 2-31 所示。这时式(2-42)可改写为:

$$\frac{C_R(s)}{R(s)} = \frac{G_1(s)G_2(s)}{1+G_1(s)G_2(s)H(s)}$$

图中 $C_R(s) = E_R(s)G_1(s)G_2(s)$,将其代入上式,求得参考输入与误差之间的传递函数为:

$$\frac{E_R(s)}{R(s)} = \frac{1}{1+G_1(s)G_2(s)H(s)} \tag{2-49}$$

(2) $d(t)$ 作用下系统的误差传递函数

只有扰动作用时($R(s)=0$),图 2-30 所示的系统框图就变为图 2-33。误差 $E_D(s)$ 与扰动 $D(s)$ 之比,称为扰动与误差之间的传递函数。根据式(2-40),求得扰动误差的传递函数为:

$$\frac{E_D(s)}{D(s)} = \frac{-G_2(s)H(s)}{1+G_1(s)G_2(s)H(s)} \tag{2-50}$$

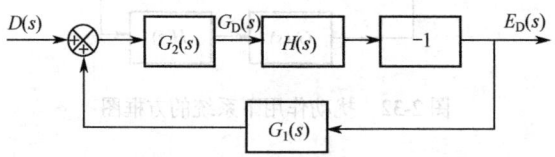

图 2-33 扰动作用下系统的框图

最后,可求得在 $R(s)$ 和 $D(s)$ 共同作用下系统总的误差 $E(s)$ 为:

$$E(s) = E_R(s) + E_D(s) = \frac{R(s)}{1+G_1(s)G_2(s)H(s)} + \frac{-G_2(s)H(s)}{1+G_1(s)G_2(s)H(s)}D(s) \tag{2-51}$$

专业术语中英文对照

框图	block diagram
等效变换	equivalent transform
串联连接	series link
并联连接	parallel link
反馈连接	feedback link
开环传递函数	open-loop transfer function
闭环传递函数	closed-loop transfer function
误差传递函数	error transfer function

2.5 信号流图和梅逊公式的应用

2.5.1 信号流图的概念

框图是描述控制系统的一种很有用的图示法。然而,对于复杂的控制系统,框图的简化过程仍较繁杂，且易于出错。由梅逊（S. J. Mason）提出的信号流图（signal flow graph），不仅具有框图表示系统的特点，而且还能直接应用梅逊公式方便地写出系统的传递函数。因此，信号流图在自动控制中也被广泛应用。信号流图是控制系统数学模型的形态之一。

信号流图是线性方程组中变量关系的另一种图示法。它和框图的主要不同之处在于用节点（表示为小圆圈，以替代信号以及分点、合点）表示变量，而在节点间有向的支路上标注传递函数的增益，又称传输系数。

考虑一个线性系统的方程为：

$$x_2 = a_{12} x_1 \tag{2-52}$$

式中，x_1 是输入变量，x_2 是输出变量，a_{12} 是这两个变量间的增益（gain）。图 2-34 所示即为与式（2-52）对应的信号流图。图中，输出量 x_2 等于输入量 x_1 与增益 a_{12} 的乘积。

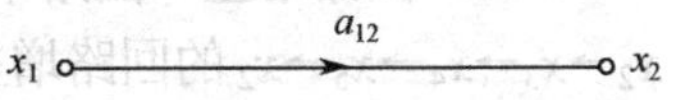

图 2-34　式（2-52）的信号流图

下面以式（2-53）给出的线性系统方程组为例，说明信号流图的绘制步骤。

$$\left. \begin{array}{l} x_2 = a_{12}x_1 + a_{32}x_3 + a_{42}x_4 + a_{52}x_5 \\ x_3 = a_{23}x_2 \\ x_4 = a_{34}x_3 + a_{44}x_4 \\ x_5 = a_{35}x_3 + a_{45}x_4 \end{array} \right\} \tag{2-53}$$

式中，x_1 是输入变量，x_5 是输出变量。绘制这一系统信号流图的步骤如图 2-35 所示。

（1）确定各节点的位置，如图 2-35（a）所示。

（2）分别画出每一个方程式的信号流图。式（2-53）的第一个方程中变量 x_2 等于 4 个信号之和，对应的信号流图如图 2-35（b）所示。同理，画出方程式组中其余 3 个方程式的信号流图，分别如图 2-35（c）、2-35（d）和 2-35（e）所示。

（3）将上述五个图形合在一起，得到图 2-35（f），即为与式（2-53）对应系统的信号流图。

2.5.2　信号流图的术语和性质

1. 术语定义

（1）节点。节点是用小圆圈表示变量或信号的点，其值等于所有流入该节点的信号之和。自节点流出的信号不影响该节点变量的值。图 2-35 中的 $x_1 \sim x_5$ 都是节点。

（2）支路。支路是连接两个节点间的有向线段。信号在支路上按箭头的指向由一个节点流向另一个节点。支路将一点信号按一定增益传输到另一点。

（3）输入节点或源点。只有输出支路的节点叫作输入节点或源点，它对应于自变量。图 2-35（f）中的 x_1 就是一个输入节点。

（4）输出节点或阱点。只有输入支路的节点叫作输出节点或阱点，它对应于因变量。例如，图 2-35（f）中的节点 x_5。

（5）通路。沿支路的箭头方向形成的途径叫作通路。如果通路与任一节点相交不多于一次，则称为开通路。如果通路的终点就是通路的起点，并且与任何其他节点相交不多于一次，则叫作闭通路。如果通路通过某一节点不止一次，或其起点和终点不在同一节点上，这种通路既不是开通路，也不是闭通路。

（6）前向通路。如果从输入节点到输出节点的通路上，通过任何节点不多于一次，则称该通路为前向通路。例如，图 2-35（f）中的 $x_1 \to x_2 \to x_3 \to x_4 \to x_5 \to x_5$ 便是一条前向通路。

（7）回路。回路就是闭通路。

（8）不接触回路。如果一些回路间没有任何公共节点，则称之为不接触回路。

（9）前向通路增益。在前向通路中，各支路增益的乘积叫作前向通路增益。例如，图 2-35（f）中的前向通路增益为 $a_{12}a_{23}a_{34}a_{45}$。

（10）回路增益。回路中各支路增益的乘积叫作回路增益。例如，图 2-35（f）中回路 $x_2 \to x_3 \to x_4 \to x_5 \to x_2$ 的回路增益为 $a_{23}a_{34}a_{45}a_{52}$。

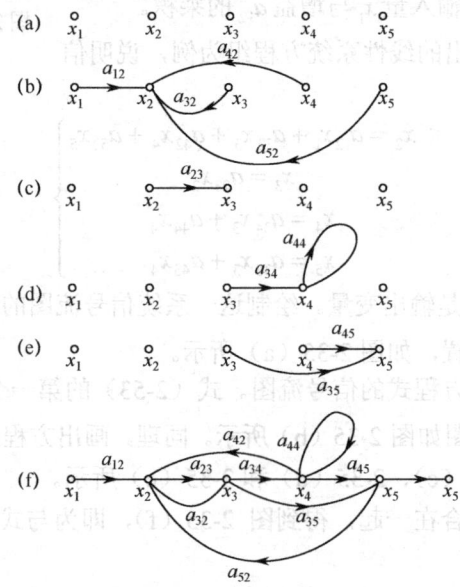

图 2-35 方程组（2-53）的信号流图

2．信号流图的主要性质

（1）信号流图只适用于线性系统。

（2）信号流图可以根据微分方程绘制，也可以从系统结构图按照对应关系得到。当系统由微分方程描述时，首先应通过拉氏变换将其变成代数方程。

（3）节点把所有输入支路的信号叠加（代数和），并把相加后的信号传送到所有的输出支路。

（4）具有输入和输出支路的混合节点，通过增加一个具有单位增益的支路，可以把它作为输出节点来处理，如图 2-35（f）中的 x_5 节点。但须明确，这种方法不能把混合节点改变成源点。

（5）对于一个给定的系统，其信号流图不是唯一的，可以绘成不同的信号流图。

图 2-36 列举了一些常见控制系统的框图和相应的信号流图。对于这些简单的系统，其闭环传递函数不难求得。但是，对于复杂控制系统的信号流图或框图，用解析法求其输出

与输入间的关系,通常也是一项较为烦琐的工作。若用下述的梅逊公式,只要仔细地观察,就能直接求出信号流图中输出与输入的关系。

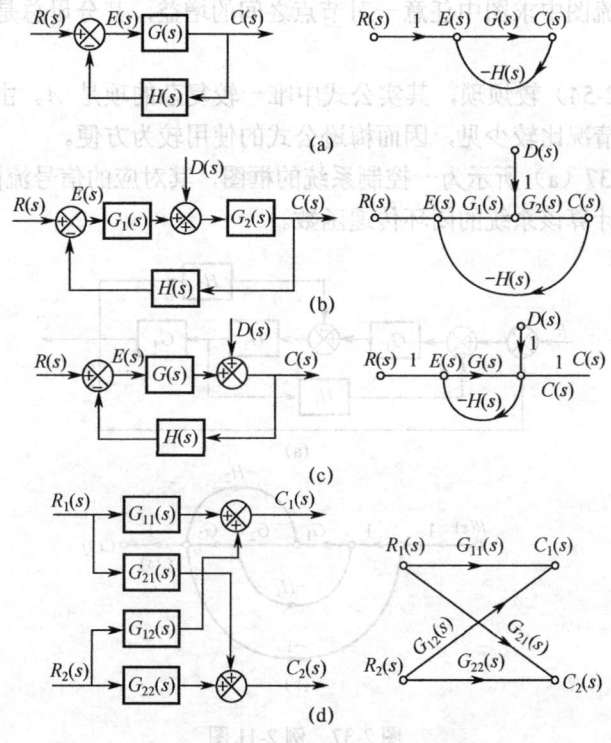

图 2-36 框图与相应的信号流图

2.5.3 梅逊公式及其应用

对回路较多的信号流图来说,利用梅逊公式(Mason formula)可以直接求出系统的总增益或总传输,公式表述如下:

$$T = \frac{1}{\Delta}\sum_{k=1}^{n}\Delta_k P_k$$

$$\Delta = 1 - \sum L_a + \sum L_a L_b - \sum L_a L_b L_c + \cdots \tag{2-54}$$

式中,T 为系统的总增益(或称为总传输);Δ 为信号流图的特征式,它是信号流图所表示的方程组系数矩阵的行列式;n 为从输入节点到输出节点前向通路的总条数;P_k 为从输入节点到输出节点第 k 条前向通路的总增益或总传输;L_a 为信号流图中第 n 个回路的增益;$L_a L_b$ 为任意两个互不接触回路的增益的乘积;$L_a L_b L_c$ 为任意三个互不接触回路的增益的乘积;Δ_k 为第 k 条前向通路的特征式的余因子,即把特征式 Δ 中除去与该通道 P_k 相接触的回路增益项以后所得的余因式。

式(2-54)的特征式,可以记忆如下:

特征式=1−所有不同回路的传递函数之和
　　　　+每两个互不接触的回路的传递函数的乘积之和

—每三个互不接触的回路的传递函数的乘积之和
+⋯

在同一个信号流图中求图中任意一对节点之间的增益，其分母总是 Δ，变化的只是其分子。

初看起来式（2-54）较烦琐，其实公式中唯一较复杂的项是 Δ。由于实际系统中具有大量不接触回路的情况比较少见，因而梅逊公式的使用较为方便。

例 2-11 图 2-37（a）所示为一控制系统的框图，其对应的信号流图如图 2-37（b）所示。试用梅逊公式计算该系统的闭环传递函数。

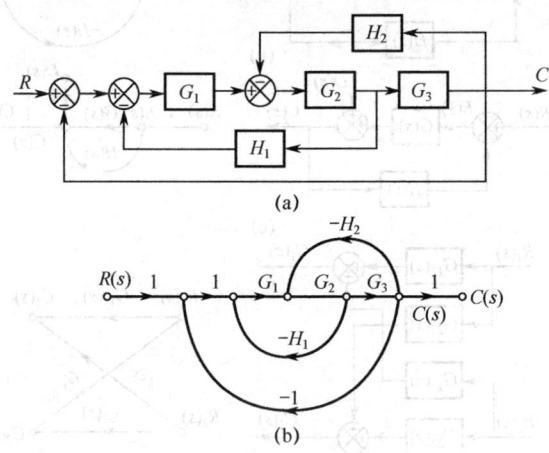

图 2-37 例 2-11 图

解：该系统有三个独立的回路：$L_1=-G_1G_2H_1$，$L_2=-G_2G_3H_2$，$L_3=-G_1G_2G_3$，由于三个回路具有一条公共支路，因而该系统没有互不相接触的回路，所以：
$$\Delta=1-\sum L_a=1+G_1G_2H_1+G_2G_3H_2+G_1G_2G_3$$

$R(s)$ 和 $C(s)$ 之间只有一条前向通路，$P_1=G_1G_2G_3$。由图可见，前向通路 P_1 与三个回路都有接触，因而特征式的余因子 $\Delta_1=1$。

由梅逊公式可得传递函数为：
$$\frac{C(s)}{R(s)}=T=\frac{P_1\Delta_1}{\Delta}=\frac{G_1G_2G_3}{1+G_1G_2H_1+G_2G_3H_2+G_1G_2G_3}$$

例 2-12 设某控制系统的方框图如图 2-38 所示。试绘制该系统的信号流图，并由信号流图应用梅逊公式计算系统的闭环传递函数 $C(s)/R(s)$。

解：根据图 2-38 所示系统框图绘制的信号流图如图 2-39 所示。

从图 2-39 看出，该信号流图共有五条通路，它们的通路增益分别为：
$$P_1=G_1G_2G_3G_4G_5G_6$$
$$P_2=G_1G_2G_8$$
$$P_3=G_1G_7G_4G_5G_6$$
$$P_4=G_1G_2G_3G_4G_9G_6$$
$$P_5=G_1G_7G_4G_9G_6$$

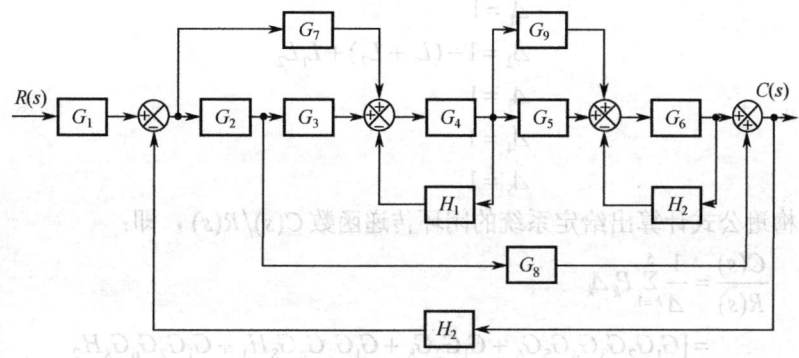

图 2-38　例 2-12 图

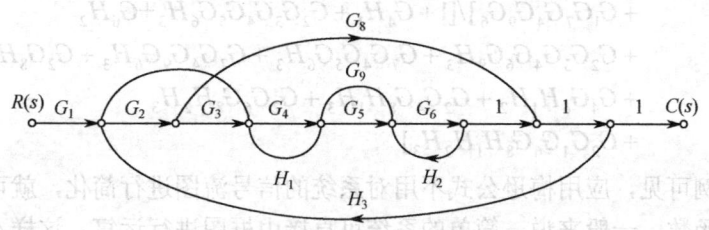

图 2-39　例 2-12 信号流图

信号流图共有 7 个回路，各回路的增益分别为：

$$L_1 = -G_4H_1$$
$$L_2 = -G_6H_2$$
$$L_3 = -G_2G_3G_4G_5G_6H_3$$
$$L_4 = -G_2G_3G_4G_6G_9H_3$$
$$L_5 = -G_7G_4G_5G_6H_3$$
$$L_6 = -G_7G_4G_9G_6H_3$$
$$L_7 = -G_2G_8H_3$$

信号流图含有每两个互不接触回路的增益乘积为：

$$L_1L_2 = G_4G_6H_1H_2$$
$$L_1L_7 = G_2G_4G_8H_1H_3$$
$$L_2L_7 = G_2G_6G_8H_2H_3$$

信号流图含有每 3 个互不接触回路的增益乘积为：

$$L_1L_2L_7 = G_2G_4G_6G_8H_1H_2H_3$$

根据 Δ 及 Δ_k 的定义，由上列各项数据求得给定系统信号流图的特征式及其各前向通路特征式的余因子如下：

$$\Delta = 1-(L_1+L_2+L_3+L_4+L_5+L_6+L_7)+L_1L_2+L_1L_7+L_2L_7-L_1L_2L_7$$
$$= 1+G_4H_1+G_6H_2+G_2G_3G_4G_5G_6H_3+G_2G_3G_4G_5G_9H_3+G_7G_4G_5G_6H_3$$
$$+G_7G_4G_9G_6H_3+G_2G_8H_3+G_4G_6H_1H_2+G_2G_4G_8H_1H_3$$
$$+G_2G_6G_8H_2H_3+G_2G_4G_6G_8H_1H_2H_3$$

$$\Delta_1 = 1$$
$$\Delta_2 = 1 - (L_1 + L_2) + L_1 L_2$$
$$\Delta_3 = 1$$
$$\Delta_4 = 1$$
$$\Delta_5 = 1$$

最后，应用梅逊公式计算出给定系统的闭环传递函数 $C(s)/R(s)$，即：

$$\frac{C(s)}{R(s)} = \frac{1}{\Delta} \sum_{k=1}^{5} P_k \Delta_k$$

$$= [G_1 G_2 G_3 G_4 G_5 G_6 + G_1 G_2 G_8 + G_1 G_2 G_4 G_8 H_1 + G_1 G_2 G_6 G_8 H_2$$
$$+ G_1 G_2 G_4 G_6 G_8 H_1 H_2 + G_1 G_7 G_4 G_5 G_6 + G_1 G_2 G_3 G_4 G_9 G_6$$
$$+ G_1 G_7 G_4 G_9 G_6]/[1 + G_4 H_1 + G_2 G_3 G_4 G_5 G_6 H_3 + G_6 H_2$$
$$+ G_2 G_3 G_4 G_6 G_9 H_3 + G_7 G_4 G_5 G_6 H_3 + G_7 G_4 G_9 G_6 H_3 + G_2 G_8 H_3$$
$$+ G_4 G_6 H_1 H_2 + G_2 G_4 G_8 H_1 H_3 + G_2 G_6 G_8 H_2 H_3$$
$$+ G_2 G_4 G_6 G_8 H_1 H_2 H_3]$$

从前面两例可见，应用梅逊公式不用对系统的信号流图进行简化，就可以直接写出系统的闭环传递函数。一般来说，简单的系统可直接由框图进行运算，这样不仅各变量间的关系清楚，运算也不麻烦。对于复杂的系统，显然按梅逊公式计算较为方便，但在应用该公式时，必须要考虑周到，即不能遗漏或重复所需要计算的回路和前向通路，不然易得出错误的结果。

专业术语中英文对照

信号流图	signal flow graph
增益	gain
定义	definition
节点	node
支路	branch
源点	source
阱点	sink
通路	path
前向通路	forward path
回路	loop
不接触回路	non-touching loop
公共节点	common node
前向通路增益	forward-path gain
回路增益	loop gain

2.6 利用 MATLAB 建立数学模型

MATLAB 是 MATrix LABoratory 的缩写，它是由美国 MathWorks 公司推出的一套高性

能的数值计算和可视化软件,集数值分析、矩阵运算、信号处理和图形显示于一体。MATLAB 的推出得到了各个领域的广泛关注,其强大的扩展功能为各个领域的应用提供了基础。MATLAB 除了一些内置的函数外,针对一些特殊的应用领域也设计了专门的工具箱(一些.m 文件的函数),其中就包含用于控制系统分析、设计与仿真的 Control System 工具箱。为应用 MATLAB 进行系统分析与设计,首先介绍一下控制系统的 MATLAB 表示。

在 MATLAB 中,自动控制系统的数学模型常常用以下两种模型表示:

(1)传递函数模型

$$G(s) = \frac{\text{num}(s)}{\text{den}(s)} = \frac{b_1 s^m + b_2 s^{m-1} + \cdots + b_{m+1}}{a_1 s^n + a_2 s^{n-1} + \cdots + a_{n+1}}$$

(2)零、极点增益模型

$$G(s) = k \frac{(s-z_1)(s-z_2)\cdots(s-z_m)}{(s-p_1)(s-p_2)\cdots(s-p_n)}$$

这里需要说明两点,首先,MATLAB 中的传递函数模型本质上就是书中 2.3 节中多项式形式的传递函数,唯一的区别是两者多项式的下标略有差别,2.3 节中多项式形式的下标从 0 开始,MATLAB 中传递函数模型的下标是从 1 开始。另外,MATLAB 中的零极点增益模型本质上是 2.3 节中零极点形式的传递函数,二者的区别在于零极点前的是加号还是减号,书中统一取为加号,但要注意,在 MATLAB 中使用的是减号形式。

同一个系统在 MATLAB 中可用两种不同的模型表示:

(1)传递函数模型

$$\text{num} = [b_1, b_2, \cdots, b_{m+1}]$$
$$\text{den} = [a_1, a_2, \cdots, a_{n+1}]$$
$$\text{sys} = \text{tf}(\text{num}, \text{den})$$

(2)零、极点增益模型

$$z = [z_1, z_2, \cdots, z_m]$$
$$p = [p_1, p_2, \cdots, p_n]$$
$$k = [k]$$
$$\text{sys} = \text{zpk}(z, p, k)$$

为分析系统的特性,有必要在两种模型之间进行转换。MATLAB 的信号处理和控制系统工具箱中,都提供了模型转换的函数 tf2zp 和 zp2tf。

(1)tf2zp

功能:变系统传递函数形式为零、极点增益形式。

格式:$[z, p, k] = \text{tf2zp}(\text{num}, \text{den})$

说明:tf2zp 函数可找出多项式传递函数的系统的零点、极点和增益。

(2)zp2tf

功能:变系统零、极点增益形式为传递函数形式。

格式:$[\text{num}, \text{den}] = \text{zp2tf}(z, p, k)$

说明:$[\text{num}, \text{den}] = \text{zp2tf}(z, p, k)$ 可将 z, p, k 表示的零、极点增益形式变换成传递函数形式。

例 2-13 在 MATLAB 环境下建立传递函数为

$$G(s) = \frac{2s^2 + 7s + 3}{s^3 + 6s^2 + 11s + 6}$$

的系统。利用函数 *tf2zp* 求出系统的零、极点增益模型。

解：求解系统模型的 MATLAB 程序如下：

```
%,----------------Root-locus plot---------------
num=[0 2 7 3];
den=[1 6 11 6];
sys=tf(num,den)
[z,p,k]=tf2zp(num, den)
sys=zpk(z,p,k)
```

该程序执行结果如下：

```
Transfer function:
   2 s^2 + 7 s + 3
---------------------------
s^3 + 6 s^2 + 11 s + 6

z =
    -3.0000
    -0.5000

p =
    -3.0000
    -2.0000
    -1.0000

k =
     2

Zero/pole/gain:
    2 (s+3) (s+0.5)
  -------------------
  (s+3) (s+2) (s+1)
```

专业术语中英文对照

传递函数模型	transfer function model
零、极点增益模型	zero-pole-gain model

小　结

（1）控制系统的数学模型是描述其动（静）态特性的数学表达式，它是对系统进行分析研究的基本依据。用解析法建立数学模型，必须要深入了解系统及其元部件的工作原理，然后根据基本的物理、化学等定律，写出它们的运动方程。在列写各元（部）件的运动方程式时要舍去一些次要因素，保留体现其特征和特性的主要因素，并对可以线性化的非线性特性进行线性化处理，以使所求元部件和系统的数学模型既简单又具有一定的精度。

（2）在零初始条件下系统（或元部件）输出量与输入量的拉氏变换之比，叫作传递函数。传递函数一般为 s 的有理分式，它和微分方程式一样能反映系统的固有特性。传递函数只与系统的结构和参数有关，与外施信号的大小和形式无关。传递函数在控制系统的分析与设计中具有基础性作用。

（3）框图（动态结构图）和信号流图是控制系统的数学模型两种图形表示方式，它们都能直观地反映系统中信号传递与变换的特征。熟悉框图的等效变换和梅逊公式，能较快地求得系统的传递函数。

习　题

2-1　一系统在输入 $r(t)=1(t)$ 时，在零初始条件下的输出响应为 $c(t)=1-2\mathrm{e}^{-2t}+\mathrm{e}^{-3t}$。试求该系统的传递函数和脉冲响应。

2-2　用运算放大器组成的有源电网络如图 2-40 所示，求传递函数 $U_o(s)/U_i(s)$。

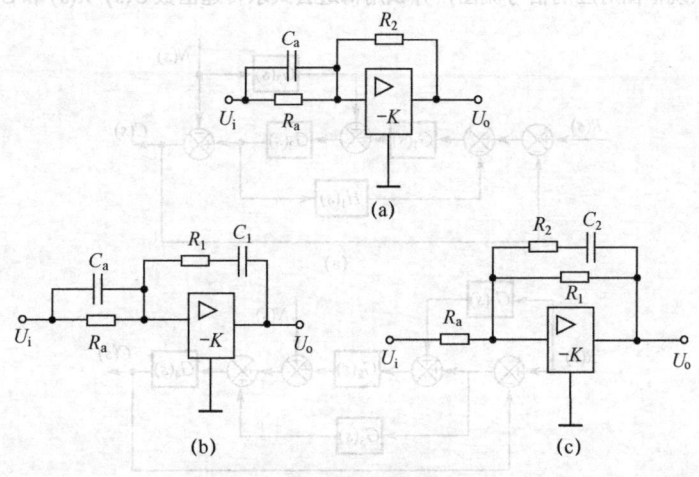

图 2-40　有源电网络

2-3　试求图 2-41 所示各无源电网络的传递函数 $U_c(s)/U_r(s)$。

2-4　质量-弹簧-阻尼系统如图 2-42 所示，其中 $f(t)$ 为输入的作用力，$y_1(t)$ 和 $y_2(t)$ 都表示位移。试求：

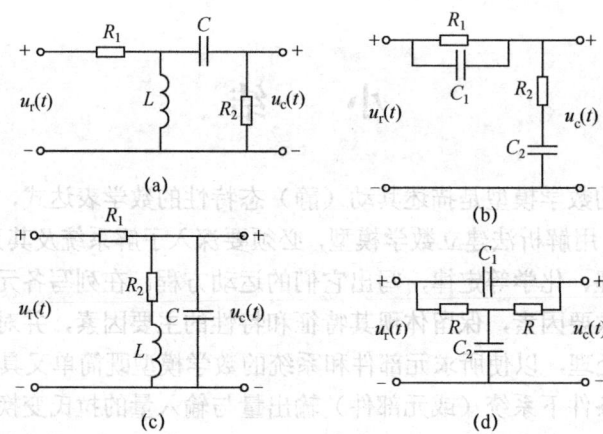

图 2-41 无源电网络

(1) 建立该系统的动力学方程。
(2) 若质量 m_1 可忽略不计,求系统传递函数 $Y_2(s)/F(s)$。

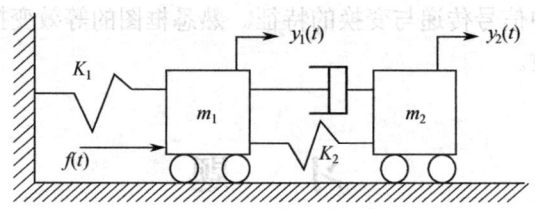

图 2-42 质量-弹簧-阻尼系统

2-5 控制系统框如图 2-43 中所示;
(1) 化简方框图,写出系统传递函数 $C(s)/R(s)$ 和 $C(s)/N(s)$。
(2) 绘制图系统框图对应的信号流图,并试用梅逊公式求传递函数 $C(s)/R(s)$ 和 $C(s)/N(s)$。

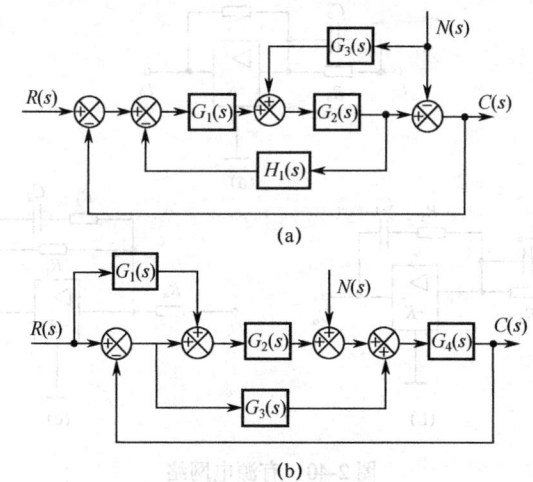

图 2-43 习题 2-5 图

2-6 试求图 2-45 所示各系统的传递函数 $C(s)/R(s)$。

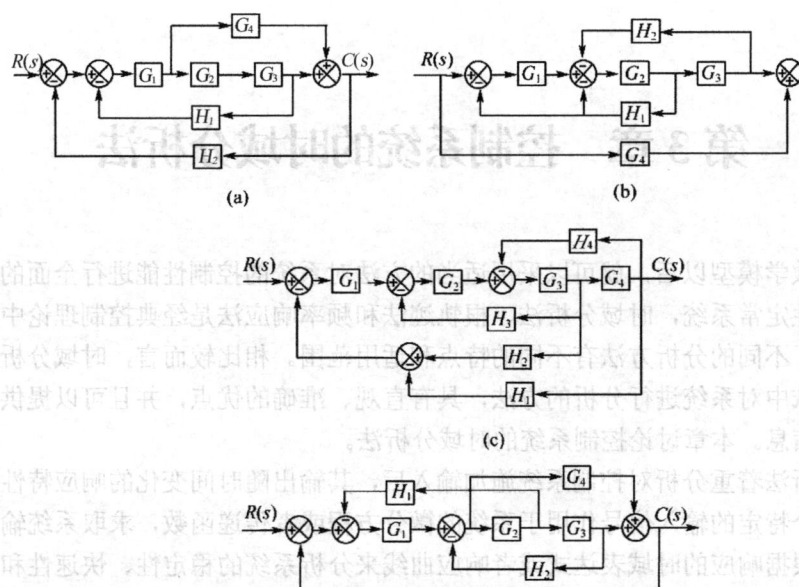

图 2-44 习题 2-6 图

2-7 系统框图如图 2-45 所示。

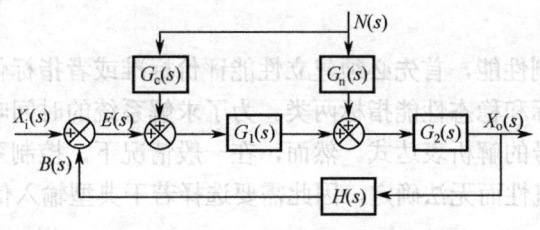

图 2-45 习题 2-7 图

试求：
（1）输出对输入信号的传递函数 $X_o(s)/X_i(s)$。
（2）输出对扰动的传递函数 $X_o(s)/N(s)$。
（3）要消除扰动对系统的影响，$G_c(s)$ 应如何选取？

2-8 一直流调速系统如图 2-46 所示，画出系统的框图并求系统的闭环传递函数 $N(s)/U_g(s)$。

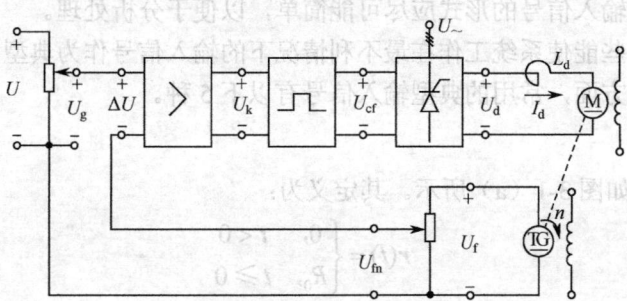

图 2-46 直流调速系统

第3章 控制系统的时域分析法

建立起数学模型以后,就可以采用适当的方法对系统的控制性能进行全面的分析和计算。对于线性定常系统,时域分析法、根轨迹法和频率响应法是经典控制理论中三种常用的分析方法。不同的分析方法有不同的特点和适用范围。相比较而言,时域分析法是一种直接在时间域中对系统进行分析的方法,具有直观、准确的优点,并且可以提供系统时间响应的全部信息。本章讨论控制系统的时域分析法。

时域分析法着重分析对控制系统施加输入后,其输出随时间变化的响应特性。具体来说是使用一个特定的输入信号作用于系统的微分方程或者传递函数,求取系统输出的时间响应。然后根据响应的时域表达式或者响应曲线来分析系统的稳定性、快速性和稳态精度等性能。

3.1 控制系统的时域评价

要评判系统的控制性能,首先必须建立性能评价标准或者指标体系。控制系统的性能指标分为动态性能指标和稳态性能指标两类。为了求解系统的时间响应,进而分析系统性能,必须了解输入信号的解析表达式。然而,在一般情况下,控制系统的外加输入信号形式复杂且有时具有随机性而无法确定,因此需要选择若干典型输入信号进行研究。

3.1.1 典型输入信号

为了便于进行分析和设计,同时也为了便于对各种控制系统的性能进行比较,需要选取一些典型输入信号。所谓典型输入信号,是指根据系统经常遇到的输入信号形式,在数学描述上加以理想化的一些基本输入函数。选取这些输入信号时应注意以下三个方面。

(1) 选取的输入信号的典型性应反映系统工作的大部分实际情况。
(2) 选取外加输入信号的形式应尽可能简单,以便于分析处理。
(3) 应选取那些能使系统工作在最不利情况下的输入信号作为典型的试验信号。

考虑到以上三方面,常用的典型输入信号有以下 5 种。

1. 阶跃信号

阶跃信号 $r(t)$ 如图 3-1(a)所示。其定义为:

$$r(t) = \begin{cases} 0, & t < 0 \\ R_0, & t \geq 0 \end{cases} \tag{3-1}$$

式中,R_0 为一常量。若 $R_0 = 1$,则称 $r(t)$ 为单位阶跃信号,记为 $r(t) = 1(t)$,其拉氏变换为:

$$L[r(t)] = \frac{1}{s} \tag{3-2}$$

在有些场合将阶跃信号称为位置信号。阶跃信号是评价系统动态性能时应用较多的一种典型输入信号。在实际工作中,最经常采用的输入信号就是阶跃信号,如室温调节系统和水位控制系统的输入信号。

2. 斜坡信号

斜坡信号是指由零值开始随时间作线性增长的信号,如图 3-1(b)所示。它的定义为:

$$r(t) = \begin{cases} 0, & t < 0 \\ v_0 t, & t \geq 0 \end{cases} \tag{3-3}$$

式中,v_0 为一常量。由于这种信号的一阶导数为常量 v_0,相当于位置信号,故斜坡信号又名等速度输入信号。若 $v_0=1$,则称 $r(t)$ 为单位斜坡信号,其拉氏变换为:

$$L[r(t)] = \frac{1}{s^2} \tag{3-4}$$

大型船闸的升降系统和跟踪通信卫星的天线控制系统的输入信号都可以看成斜坡信号。

3. 抛物线信号

抛物线函数可以看成是一种随时间作加速增长的信号,但加速过程中加速度保持恒定,故抛物线信号又称为等加速度信号。它的定义为:

$$r(t) = \begin{cases} 0, & t < 0 \\ \frac{1}{2} a_0 t^2, & t \geq 0 \end{cases} \tag{3-5}$$

式中,a_0 为一常量。这种信号的特点是函数值随时间以等加速不断增长,如图 3-1(c)所示。当 $a_0=1$ 时,则称 $r(t)$ 为单位加速度信号,其拉氏变换为:

$$L[r(t)] = \frac{1}{s^3} \tag{3-6}$$

宇宙飞船控制系统的输入信号可以看成加速度信号。

4. 脉冲信号

脉冲信号可视为一个持续时间极短的信号,如图 3-1(d)所示。它的定义为:

$$r(t) = \begin{cases} 0, & t < 0, t > \varepsilon \\ H/\varepsilon, & 0 \leq t \leq \varepsilon \end{cases} \tag{3-7}$$

式中,H 为一常量,ε 为趋于 0 的正数。当 $H=1$ 时,记为 $\delta_\varepsilon(t)$,叫作单位脉冲信号。脉冲电压、脉搏跳动和冲击力等都可以近似看成脉冲信号。

如果令 $\delta_\varepsilon(t)$ 中的 $\varepsilon \to 0$,则称 $r(t)$ 为理想单位脉冲函数,用 $\delta(t)$ 表示,如图 3-1(e)所示,即:

$$\delta(t) = \lim_{\varepsilon \to 0} \delta_\varepsilon(t) \tag{3-8}$$

理想单位脉冲函数的面积(又称脉冲强度)为

$$\int_{-\infty}^{\infty} \delta(t) dt = 1 \tag{3-9}$$

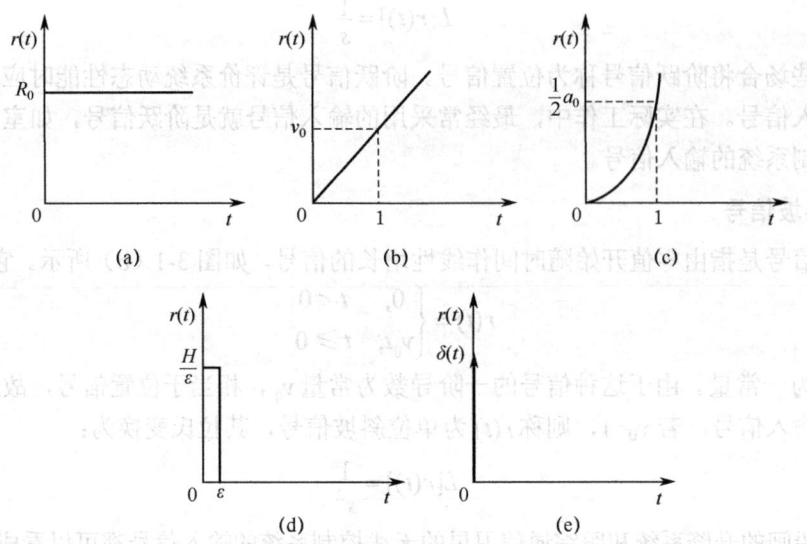

图 3-1 控制系统的典型输入信号

显然，$\delta(t)$ 所描述的脉冲信号实际上是无法获得的，只有数学意义，但它却是一个重要的数学工具。在工程实践中，当 ε 远小于被控制对象的时间常数时，这种单位窄脉冲信号就可近似地当作 $\delta(t)$ 函数。根据定义，$\delta(t)$ 的拉氏变换为：

$$L[\delta(t)] = \int_0^\infty \delta(t)\mathrm{e}^{-st}\mathrm{d}t = \lim_{\varepsilon\to 0}\int_0^\varepsilon \frac{1}{\varepsilon}\mathrm{e}^{-st}\mathrm{d}t$$

$$= \lim_{\varepsilon\to 0}\left[\frac{1}{\varepsilon}\frac{-\mathrm{e}^{-st}}{s}\right]_0^\varepsilon = \lim_{\varepsilon\to 0}\frac{1}{\varepsilon s}\left[1-\left(1-\varepsilon s+\frac{1}{2!}\varepsilon^2 s^2-\cdots\right)\right]=1 \tag{3-10}$$

理想单位脉冲函数 $\delta(t)$ 可以认为是在间断点上单位阶跃函数对时间的一阶导数，即：

$$\delta(t) = \frac{\mathrm{d}}{\mathrm{d}t}1(t)$$

5．正弦信号

正弦信号的数学表达式为：

$$r(t) = A\sin\omega t \tag{3-11}$$

式中，A 为振幅，ω 为角频率。正弦信号主要用于求取系统的频率响应。正弦信号的拉氏变换为：

$$L[r(t)] = \frac{A\omega}{s^2+\omega^2}$$

在实际工程中，机床产生的振动和海浪对船体的冲击等都可以看成正弦信号。

从以上五种时间函数可以看出，它们都具有形式简单的特点，选它们作为系统的典型输入信号，对系统响应的数学分析和实验研究都是很容易的。在分析控制系统时，究竟选用哪一种输入信号作为系统的实验信号，则应根据所研究系统的实际输入信号而定。如果系统输入信号是一个突变的量，则应选取阶跃信号；如果系统输入信号是一个瞬时冲击的函数，显然选取脉冲信号最合适；如果系统输入信号是随时间逐渐增加的函数，则应选取斜坡信号。

3.1.2 控制系统时域性能指标

在典型输入信号的作用下，任何控制系统的时间响应都由动态响应和稳态响应两部分组成。

动态响应又称为过渡过程或暂态过程，是指系统在典型输入信号的作用下，系统输出量从初始状态到最终状态的响应过程。由于实际控制系统受惯性、摩擦等因素影响，所以系统输出量不可能完全复现输入量的变化。根据系统结构和参数的选择情况，动态过程表现为衰减、发散或等幅震荡的形式。显然一个可以实际运行的控制系统其动态过程必须是衰减的，也就是说必须是稳定的。动态过程包含了输出响应的各种运动特性，这些特性用动态性能指标来描述。

稳态响应又称为稳态过程，是指系统在典型输入信号作用下，当时间趋于无穷大时系统的输出响应状态。稳态过程反映了系统输出量最终复现输入信号的程度，包含了输出响应的稳态性能。从理论上讲，只有当时间趋于无穷大时系统才进入稳态过程。但这在工程应用中是无法接受的，因此在工程上只讨论典型输入信号加入后有限时间内的动态过程，过了这段时间，就认为系统进入了稳态过程。

由此可见，控制系统在典型输入信号作用下的响应性能由动态性能和稳态性能两部分组成，由于稳定是控制系统能够正常运行的首要条件，因此只有当动态过程收敛时，研究系统的动态性能和稳态性能才有意义。在工程上，通常使用阶跃信号作为输入信号，来计算系统在时间域的动态和稳态性能指标。

1. 动态性能指标

描述稳定系统在阶跃信号作用下时间响应的过渡过程指标，称为动态性能指标。设控制系统的阶跃响应曲线如图 3-2 所示。结合此图，定义如下动态性能指标。

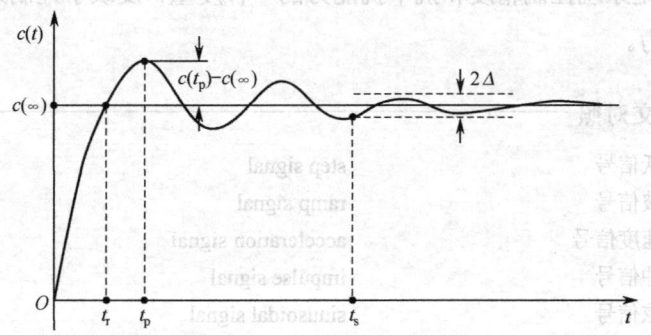

图 3-2 控制系统阶跃响应曲线与性能指标定义

（1）上升时间 t_r：指阶跃响应曲线 $c(t)$ 从零时刻起到首次到达稳态值 $c(\infty)$ 所用的时间。

（2）峰值时间 t_p：指阶跃响应曲线 $c(t)$ 从零时刻起到超过稳态值到达第一个峰值 $c(t_p)$ 所用的时间。

(3) 最大超调量 $\sigma\%$：指阶跃响应曲线 $c(t)$ 的最大峰值 $c(t_p)$ 与稳态值 $c(\infty)$ 之差相对于稳态值的百分比，即：

$$\sigma\% = \frac{c(t_p) - c(\infty)}{c(\infty)} \times 100\% \tag{3-12}$$

若系统输出响应最大峰值小于稳态值，则无超调量。

(4) 调整时间 t_s：指阶跃响应曲线 $c(t)$ 从零时刻起到达并保持在终值 $c(\infty)$ 的允许偏差范围 $\pm\Delta$（通常为终值 $c(\infty)$ 的 $\pm 2\%$ 或 $\pm 5\%$，见图 3-2）内所需的最短时间。这里，Δ 为允许偏差，是一个关于终值 $c(\infty)$ 的相对量。通常，允许偏差范围 $\pm\Delta$ 也叫偏差带或误差带。

调整时间又称为过渡过程时间。调整时间过后，即认为系统进入稳态过程。

(5) 振荡次数 N：在调整时间 t_s 内响应曲线 $c(t)$ 振荡的次数。即：

$$N = \frac{t_s}{t_f} = \frac{t_s}{2\pi/\omega_d} = \frac{\omega_d t_s}{2\pi} \tag{3-13}$$

这里，$t_f = \dfrac{2\pi}{\omega_d}$，叫作响应曲线 $c(t)$ 振荡的周期时间。

在以上性能指标中，上升时间 t_r、峰值时间 t_p 和调整时间 t_s 反映系统响应的快慢程度；最大超调量 $\sigma\%$ 和振荡次数 N 反映系统响应的平稳程度。

有些系统（如一阶系统或二阶过阻尼系统）的时间响应没有超调现象，故不需要计算上升时间、峰值时间、最大超调量和振荡次数，而只需要计算调整时间。

2. 稳态性能指标

当响应时间大于调整时间时，系统即进入稳态过程。稳态误差 e_{ss} 是描述系统稳态性能的指标。系统输出响应的期望值 $r(t)$ 与实际值 $c(t)$ 之差 $e(t)$ 在时间 $t \to \infty$ 时的极限，定义为系统的稳态误差 e_{ss}，即：

$$e_{ss} = \lim_{t \to \infty}[e(t)] = \lim_{t \to \infty}[r(t) - c(t)] \tag{3-14}$$

稳态误差 e_{ss} 是系统控制精度和抗干扰能力的一种度量，反映了控制系统输出复现或跟踪输入信号的能力。

专业术语中英文对照

阶跃信号	step signal
斜坡信号	ramp signal
加速度信号	acceleration signal
脉冲信号	impulse signal
正弦信号	sinusoidal signal
上升时间	rise time
峰值时间	peak time
最大超调量	percentage overshoot
调整时间	setting time

3.2 一阶系统的时域分析

由于求取高阶微分方程的时域解析解相当困难，因此时域分析法通常只适用于分析一、二阶系统。另外在工程上，许多高阶系统通常具有与一、二阶系统相类似的时间响应，导致高阶系统也常常被简化为低阶系统。因此，深入研究一、二阶系统的响应特性有着重要而实际的意义。

用一阶微分方程描述的控制系统称为一阶系统。一阶系统在控制工程实际中应用广泛。一些控制元部件及简单的系统，如 RC 滤波器、直流他励发电机、空气加热器和液位控制系统等都是一阶系统。

3.2.1 一阶系统的数学模型

图 3-3 所示为一阶 RC 滤波电路，其微分方程为：

$$RC\frac{dc(t)}{dt} + c(t) = r(t) \quad (3\text{-}15)$$

式中，$r(t)$ 为输入电压，$c(t)$ 为输出电压。令时间常数 $T = RC$，则得：

$$T\frac{dc(t)}{dt} + c(t) = r(t)$$

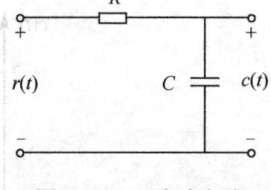

图 3-3 RC 滤波电路

在初始条件为零的情况下，与其对应的传递函数为：

$$G(s) = \frac{C(s)}{R(s)} = \frac{1}{1+Ts} \quad (3\text{-}16)$$

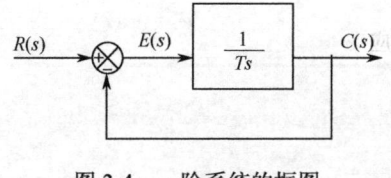

图 3-4 一阶系统的框图

其对应的方框图如图 3-4 所示。式（3-16）和图 3-4 可以看成是一阶系统的一般形式。

下面分别分析一阶系统对单位阶跃信号、单位斜坡信号、单位加速度信号和理想单位脉冲信号的响应。分析过程中，设初始条件等于零。

3.2.2 一阶系统的单位阶跃响应

因为单位阶跃函数的拉氏变换为 $R(s) = \frac{1}{s}$，所以式（3-16）系统的输出为：

$$C(s) = \frac{1}{s(1+Ts)} = \frac{1}{s} - \frac{T}{Ts+1} \quad (3\text{-}17)$$

对上式取拉氏反变换，得一阶系统的单位阶跃响应为：

$$c(t) = 1 - e^{-\frac{t}{T}} \quad (t \geq 0) \quad (3\text{-}18)$$

比较式（3-17）和（3-18）可知，$R(s)$ 的形式决定了系统响应的稳态分量，传递函数的极点决定了系统响应的瞬态分量。这一结论不仅适用于一阶线性定常系统，而且也适用于高阶线性定常系统。

根据式（3-18）可计算出表 3-1 所示的一阶系统单位阶跃响应数据。

表 3-1 一阶系统的单位阶跃响应数据

t	0	T	$2T$	$3T$	$4T$	$5T$	…	∞
$c(t)$	0	0.632	0.865	0.950	0.982	0.993	…	1

借助表 3-1 的数据，可以画出如图 3-5 所示的一阶系统单位阶跃响应曲线。这是一条由零开始按指数规律上升并最终趋近于 1 的曲线。当时间 $t=T$ 时，响应曲线 $c(t)$ 达到其终值的 63.2%，这是一阶系统阶跃响应的一个重要特征量，T 值的大小反应系统的惯性。T 值小，惯性就小，响应速度就快；T 值大，惯性就大，响应速度就慢。由式（3-18）和图 3-5 可知，响应曲线在 $t=0$ 时的斜率（初始斜率）为 $1/T$，如果系统输出响应的速度恒为 $1/T$，则只要 $t=T$ 时，输出 $c(t)$ 就能达到其终值。

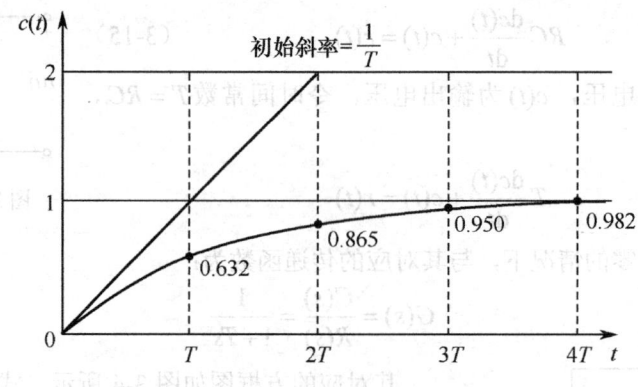

图 3-5 一阶系统的单位阶跃响应

下面分析一阶系统的性能指标。

1. 调整时间 t_s

由表 3-1 和图 3-5 可见，经过时间 $3T$ 和 $4T$，响应曲线 $c(t)$ 分别达到了稳态值 $c(\infty)$ 的 95% 和 98%，可以认为其调整过程已完成，故一般取 $t_s=3T$ 或 $4T$。

2. 稳态误差 e_{ss}

根据式（3-14）和式（3-18），一阶系统的实际输出 $c(t)$ 在时间 t 趋于无穷大时，接近输入值 1，则

$$e_{ss} = \lim_{t \to \infty} e(t) = \lim_{t \to \infty} [r(t) - c(t)] = \lim_{t \to \infty} \left[e^{-\frac{t}{T}} \right] = 0$$

这表明，一阶系统的输出最终能够完全复现单位阶跃信号。

3.2.3 一阶系统的单位斜坡响应

令输入为 $R(s)=1/s^2$,则系统的输出为:

$$C(s)=\frac{1}{s^2(1+Ts)}=\frac{1}{s^2}-\frac{T}{s}+\frac{T^2}{1+Ts} \tag{3-19}$$

对上式取拉氏反变换,得系统响应:

$$c(t)=t-T(1-\mathrm{e}^{-\frac{t}{T}}) \quad (t \geqslant 0) \tag{3-20}$$

因为

$$e(t)=r(t)-c(t)=T(1-\mathrm{e}^{-\frac{t}{T}})$$

所以,一阶系统跟踪单位斜坡信号的稳态误差为:

$$e_{ss}=\lim_{t\to\infty}e(t)=T$$

上式表明,一阶系统的输出可以跟踪单位斜坡输入信号,但是二者纵坐标之间存在着恒定的误差 T。这是由于系统存在惯性所致。显然,减小时间常数 T 不仅可以加快系统瞬态响应的速度,而且还能减小系统跟踪斜坡信号的稳态误差。图 3-6 所示为一阶系统的单位斜坡响应曲线。

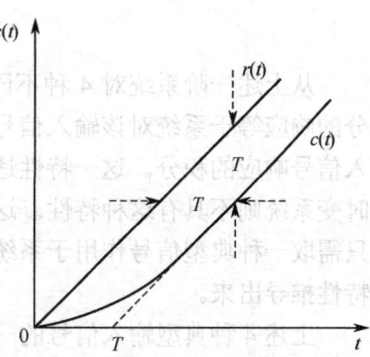

图 3-6 一阶系统的单位斜坡响应

3.2.4 一阶系统的单位抛物线响应

当输入信号 $r(t)=\dfrac{t^2}{2}$ 时,系统输出 $c(t)$ 为单位加速度响应。因为 $R(s)=\dfrac{1}{s^3}$,系统的输出为:

$$C(s)=\frac{1/T}{s+1/T}\cdot\frac{1}{s^3} \tag{3-21}$$

对上式取拉氏反变换,得其单位加速度响应为:

$$c(t)=\frac{1}{2}t^2-Tt-T^2(1-\mathrm{e}^{-\frac{1}{T}t}) \quad (t \geqslant 0) \tag{3-22}$$

因为

$$e(t)=r(t)-c(t)=Tt-T^2(1-\mathrm{e}^{-\frac{1}{T}t})$$

所以,一阶系统跟踪单位斜坡信号的稳态误差为:

$$e_{ss}=\lim_{t\to\infty}e(t)=\infty$$

上式表明当 $t \to \infty$ 时,系统跟踪误差达到无穷大,由此得到一阶系统无法跟踪加速度信号的结论。

3.2.5 一阶系统的单位脉冲响应

当系统输入信号为理想单位脉冲函数 $\delta(t)$ 时,系统的响应为理想单位脉冲响应。令输入 $r(t) = \delta(t)$,则系统的输出响应 $c(t)$ 就是其脉冲响应。为了区别于其他的响应,把理想单位脉冲响应记作 $g(t)$。因为 $L[\delta(t)] = 1$,所以系统理想单位脉冲响应的拉氏变换为

$$C(s) = G(s) = \frac{1/T}{s + 1/T}$$

对应的时域脉冲响应为

$$g(t) = \frac{1}{T} e^{-\frac{1}{T}t} \quad (t \geqslant 0) \tag{3-23}$$

从上述一阶系统对 4 种不同典型输入信号的响应,可以得出结论:系统对输入信号微分的响应等于系统对该输入信号响应的微分;系统对输入信号积分的响应等于系统对该输入信号响应的积分。这一特性适用于任何阶次的线性定常连续系统,而非线性系统及线性时变系统则不具有这种特性。这样,研究线性定常连续系统对于不同信号的时间响应时,只需取一种典型信号作用于系统并求取其响应。而系统对于其他信号的响应可以根据上述特性推导出来。

上述 4 种典型输入信号的一阶系统时间响应表达式列于表 3-2 中。

表 3-2 一阶系统对典型输入信号的响应表达式

输入信号	输出信号
$\delta(t)$	$\frac{1}{T} e^{-\frac{1}{T}t} \quad t \geqslant 0$
$1(t)$	$1 - e^{-\frac{1}{T}t} \quad t \geqslant 0$
t	$t - T(1 - e^{-\frac{1}{T}t}) \quad t \geqslant 0$
$t^2/2$	$\frac{1}{2}t^2 - Tt + T^2(1 - e^{-\frac{1}{T}t}) \quad t \geqslant 0$

3.3 二阶系统的时域分析

用二阶微分方程描述的系统,称为二阶系统。它是控制系统的一种基本组成形式,许多高阶系统在一定的条件下可近似地用二阶系统来表征。二阶系统在控制工程中的应用极为广泛,典型的例子到处可见,如 RLC 串联网络、空载的直流电动机等。

3.3.1 二阶系统的数学模型

图 3-7 所示是 RLC 振荡电路,其运动方程为:

$$LC \frac{d^2 c(t)}{dt^2} + RC \frac{dc(t)}{dt} + c(t) = r(t) \tag{3-24}$$

式中，$r(t)$ 为输入电压，$c(t)$ 为输出电压。

式（3-24）为线性二阶微分方程，所以图 3-7 所示系统为二阶系统。令初始条件为零，对式（3-24）求拉式变换，可得 RLC 电路系统的传递函数

$$\frac{C(s)}{R(s)} = \frac{1}{LCs^2 + RCs + 1} \quad (3\text{-}25)$$

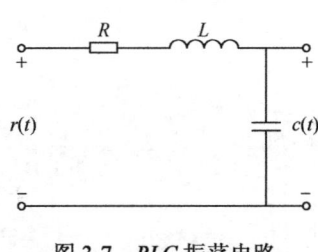

图 3-7 RLC 振荡电路

为了使研究具有普遍意义，引入二阶系统传递函数的标准形式

$$\frac{C(s)}{R(s)} = \frac{\omega_n^2}{s^2 + 2\xi\omega_n s + \omega_n^2} \quad (3\text{-}26)$$

式中，ω_n 和 ξ 为系统的特征参数。其中，ω_n 为自振频率（或无阻尼自然振荡频率），单位为 rad/s；ξ 为阻尼比（damping ratio），或相对阻尼系数，其量纲为 1，其值大于等于 0。

对照标准形式，可求得式（3-25）电路的 $\omega_n = 1/\sqrt{LC}$，$\xi = \dfrac{R}{2}\sqrt{\dfrac{C}{L}}$。

与式（3-26）对应的系统开环传递函数为：

$$\frac{B(s)}{R(s)} = G(s)H(s) = \frac{\omega_n^2}{s(s + 2\xi\omega_n)}$$

与式（3-26）对应的系统结构框图如图 3-8 所示。显然，任何一个具有类似于图 3-8 结构的二阶系统，它们的闭环传递函数都可以化为式（3-26）的标准形式。这样，只要分析出标准二阶系统的性能与其特征参数 ξ、ω_n 间的关系，就能较方便地求得任何二阶系统的响应性能。

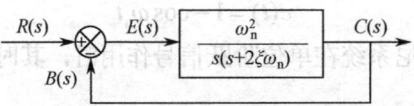

图 3-8 标准二阶系统结构图

由式（3-26）可知，二阶系统的闭环极点，即特征方程式 $s^2 + 2\xi\omega_n s + \omega_n^2 = 0$ 的根为：

$$s_{1,2} = -\xi\omega_n \pm \omega_n\sqrt{\xi^2 - 1} \quad (3\text{-}27)$$

随着 ξ 取值的不同，闭环系统的特征根和响应也有很大的差异。图 3-9 给出了 $\xi \geq 0$ 时二阶系统闭环极点在根平面[s]上的 4 种可能分布。图中，三角形 S_1OB 叫作阻尼三角形；角 β 叫作阻尼角；线段 OS_1 叫作等阻尼比线，即在此线段上，阻尼比处处相同。这里，显然有：

$$\beta = \arctan\frac{\omega_n\sqrt{1-\xi^2}}{\xi\omega_n} = \arctan\frac{\sqrt{1-\xi^2}}{\xi} \quad (3\text{-}28)$$

由式（3-28）可知，阻尼比增加时，阻尼角会减小。

下面分析在不同 ξ 值和不同输入信号时标准二阶系统的响应特性。

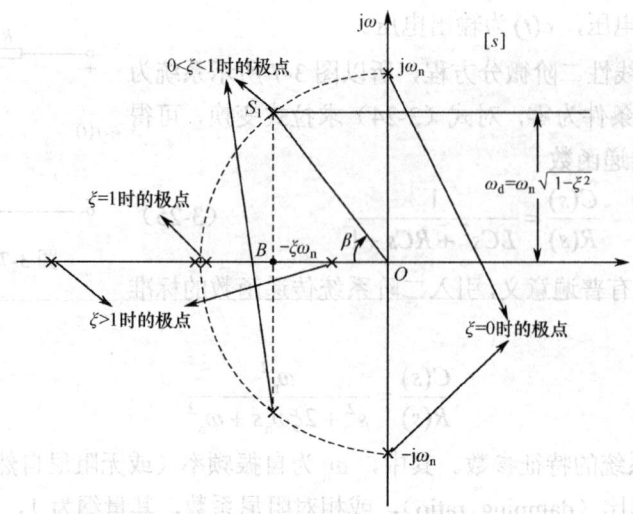

图 3-9 二阶系统的极点分布

3.3.2 二阶系统的单位阶跃响应

1. 无阻尼（$\xi=0$）

由式（3-27）可知，当$\xi=0$时，系统具有一对共轭虚根$s_{1,2}=\pm j\omega_n$。由式（3-26）得单位阶跃响应的象函数：

$$C(s)=\frac{\omega_n^2}{s(s^2+\omega_n^2)}=\frac{1}{s}-\frac{s}{s^2+\omega_n^2}$$

对应的原函数为：

$$c(t)=1-\cos\omega_n t \tag{3-29}$$

式（3-29）表明，二阶无阻尼系统在单位阶跃信号作用时，其时域响应呈等幅振荡形式。

2. 欠阻尼（$0<\xi<1$）

当$0<\xi<1$时，系统的特征根为一对共轭复根，即：

$$s_{1,2}=-\xi\omega_n\pm j\omega_n\sqrt{1-\xi^2}=-\xi\omega_n\pm j\omega_d$$

式中，$\omega_d=\omega_n\sqrt{1-\xi^2}$称为系统阻尼振荡频率。

当输入为单位阶跃函数时，$R(s)=\dfrac{1}{s}$，则系统输出的拉氏变换为：

$$C(s)=\frac{\omega_n^2}{s(s+\xi\omega_n-j\omega_d)(s+\xi\omega_n+j\omega_d)}$$

分解为部分分式为：

$$C(s)=\frac{\omega_n^2}{s[(s+\xi\omega_n)^2+\omega_d^2]}=\frac{1}{s}-\frac{s+2\xi\omega_n}{(s+\xi\omega_n)^2+\omega_d^2}$$

$$=\frac{1}{s}-\frac{s+\xi\omega_n}{(s+\xi\omega_n)^2+\omega_d^2}-\frac{\xi\omega_n}{(s+\xi\omega_n)^2+\omega_d^2}$$

求上式的拉氏反变换，得系统时间响应：

$$c(t) = 1 - e^{-\xi\omega_n t}\left(\cos\omega_d t + \frac{\xi}{\sqrt{1-\xi^2}}\sin\omega_d t\right), \quad t \geq 0 \tag{3-30}$$

对应的响应曲线示于图 3-10。

据式（3-28），可将式（3-30）改写为如下形式：

$$c(t) = 1 - \frac{1}{\sqrt{1-\xi^2}}e^{-\xi\omega_n t}\sin\left(\omega_d t + \arctan\frac{\sqrt{1-\xi^2}}{\xi}\right), \quad t \geq 0 \tag{3-31}$$

$$= 1 - \frac{1}{\sqrt{1-\xi^2}}e^{-\xi\omega_n t}\sin(\omega_d t + \beta)$$

由式（3-31）可以看出，欠阻尼二阶系统的单位阶跃响应由稳态分量和瞬态分量组成。等号右方第一项为响应的稳态分量，为常数 1。等号右方第二项为响应的瞬态分量，是一个幅值按指数规律衰减的正弦振荡，其振荡频率为 ω_d。

3．临界阻尼（$\xi=1$）

当 $\xi=1$ 时，系统具有两个相等的实根，即 $s_{1,2}=-\omega_n$。此时系统在单位阶跃函数作用下输出的拉氏变换为：

$$C(s) = \frac{\omega_n^2}{s(s+\omega_n)^2} = \frac{1}{s} - \frac{\omega_n}{(s+\omega_n)^2} - \frac{1}{s+\omega_n}$$

取其拉氏反变换得：

$$c(t) = 1 - (1+\omega_n t)e^{-\xi\omega_n t}, \quad t \geq 0 \tag{3-32}$$

式（3-32）所示的响应是一条单调上升的指数曲线，如图 3-10 所示。由于 $\xi=1$ 是振荡与单调过程的分界，所以称为临界阻尼状态。

4．过阻尼（$\xi>1$）

当 $\xi>1$ 时，系统有两个相异的负实根，即：

$$s_{1,2} = -\xi\omega_n \pm \omega_n\sqrt{\xi^2-1}$$

对应系统的输出为：

$$C(s) = \frac{\omega_n^2}{s(s^2+2\xi\omega_n s+\omega_n^2)} \tag{3-33}$$

$$= \frac{A_1}{s} + \frac{A_2}{s+\xi\omega_n-\omega_n\sqrt{\xi^2-1}} + \frac{A_3}{s+\xi\omega_n+\omega_n\sqrt{\xi^2-1}}$$

式中

$$A_1 = 1$$

$$A_2 = \frac{-1}{2\sqrt{\xi^2-1}(\xi-\sqrt{\xi^2-1})}$$

$$A_3 = \frac{1}{2\sqrt{\xi^2-1}(\xi+\sqrt{\xi^2-1})}$$

由式（3-33）得系统时间响应：

$$c(t) = 1 - \frac{1}{2\sqrt{\xi^2-1}(\xi-\sqrt{\xi^2-1})}e^{-(\xi-\sqrt{\xi^2-1})\omega_n t} + \frac{1}{2\sqrt{\xi^2-1}(\xi+\sqrt{\xi^2-1})}e^{-(\xi+\sqrt{\xi^2-1})\omega_n t}$$

$$= 1 + \frac{e^{-t/T_1}}{T_2/T_1-1} + \frac{e^{-t/T_2}}{T_1/T_2-1} \quad (3\text{-}34)$$

式中

$$T_1 = \frac{1}{\omega_n(\xi-\sqrt{\xi^2-1})}, \quad T_2 = \frac{1}{\omega_n(\xi+\sqrt{\xi^2-1})}$$

其中，T_1 和 T_2 称为过阻尼二阶系统的时间常数，且 $T_1 > T_2$。

显然，$\xi > 1$ 时，二阶系统的单位阶跃响应含有两个单调衰减的指数项，其代数和不会超过稳态值 1，响应是非振荡的。

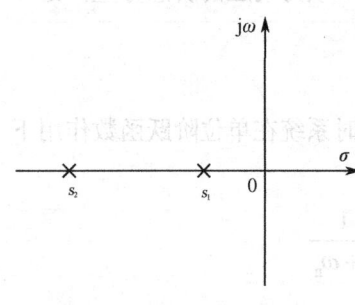

图 3-10 二阶系统的实极点

分析式（3-34）可知，二阶系统在过阻尼时单位阶跃响应也是一条单调上升的曲线，但其响应速度比临界阻尼时缓慢。随着 ξ 值的增大，极点 s_1 向虚轴靠近，极点 s_2 则远离虚轴，如图 3-10 所示。这样，极点 s_2 所对应瞬态分量的衰减速度快，极点 s_1 所对应瞬态分量的衰减速度慢，即此时二阶系统的瞬态响应基本上由极点 s_1 所确定，因而系统可用具有极点 s_1 的一阶系统来近似表示。为了使这种近似能保持原系统瞬态响应的初值和终值，需将二阶系统的传递函数近似地用下式表示。

$$\frac{C(s)}{R(s)} = \frac{-s_1}{s-s_1} = \frac{\xi\omega_n - \omega_n\sqrt{\xi^2-1}}{s+\xi\omega_n - \omega_n\sqrt{\xi^2-1}}$$

设 $R = 1/s$，于是得：

$$C(s) = \frac{\xi\omega_n - \omega_n\sqrt{\xi^2-1}}{s(s+\xi\omega_n - \omega_n\sqrt{\xi^2-1})} = \frac{1}{s} - \frac{1}{s+\xi\omega_n - \omega_n\sqrt{\xi^2-1}}$$

解得：

$$c(t) = 1 - e^{-(\xi-\sqrt{\xi^2-1})\omega_n t} \quad (3\text{-}35)$$

若令 $\omega_n = 1$，$\xi = 2$，则按式（3-34）计算得：

$$c(t) = 1 + 0.077e^{-3.73t} - 1.077e^{-0.27t} \quad (3\text{-}36)$$

如按近似算式（3-35）去计算，则得：

$$c(t) = 1 - e^{-0.27t} \quad (3\text{-}37)$$

对应于式（3-36）和（3-37）的瞬态响应曲线示于图 3-11 所示。由该图可知，越到过渡过程的后期，两条曲线间的差异越小。

图 3-12 集中给出了二阶系统在 4 种不同 ξ 值时的时间响应曲线。

基于上述的讨论和图 3-12 可知，标准二阶系统随着阻尼比 ξ 取值的不同，其闭环极点的位置和阶跃响应曲线都有较大的差异。在过阻尼和临界阻尼响应曲线中,临界阻尼响应具有最短的上升时间。在欠阻尼响应曲线中,阻尼比 ξ 越大,超调量越小,上升时间越长,响应的平稳性越好;反之阻尼比 ξ 越小,超调量越大,上升时间越短,平稳性越差。

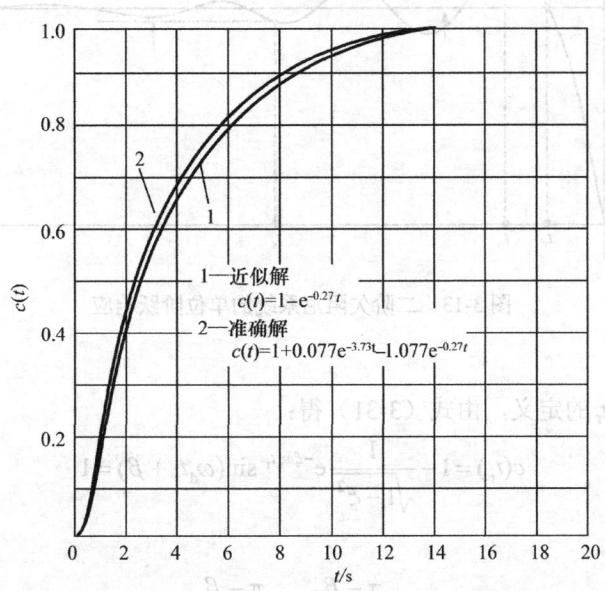

图 3-11 过阻尼二阶系统的单位阶跃响应

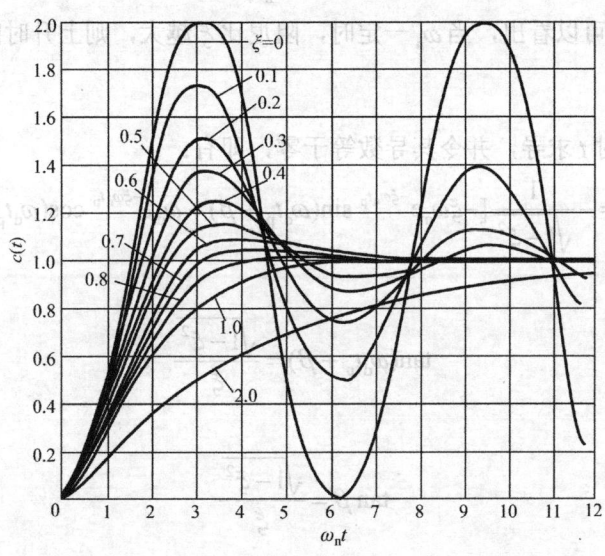

图 3-12 二阶系统在不同 ξ 值时的响应曲线

3.3.3 欠阻尼二阶系统的性能分析

图 3-13 所示为系统在欠阻尼时的单位阶跃响应曲线。下面所求取的性能指标,定量地描述了系统时间响应的性能。

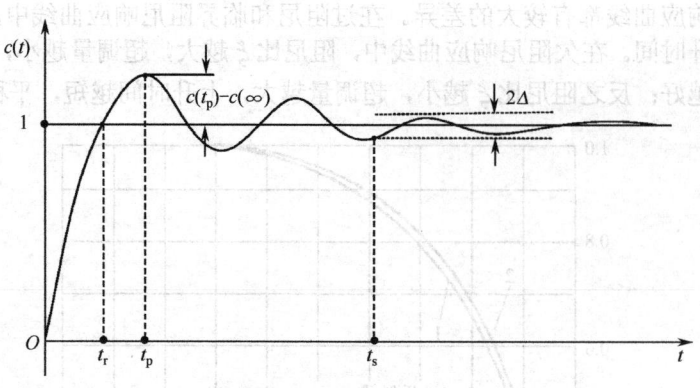

图 3-13 二阶欠阻尼系统的单位阶跃响应

1. 上升时间 t_r

根据上升时间 t_r 的定义，由式（3-31）得：

$$c(t_r) = 1 - \frac{1}{\sqrt{1-\xi^2}} e^{-\xi\omega_n t_r} \sin(\omega_d t_r + \beta) = 1$$

由上式求得：

$$t_r = \frac{\pi - \beta}{\omega_d} = \frac{\pi - \beta}{\omega_n \sqrt{1-\xi^2}} \tag{3-38}$$

由此式结合图 3-10 可以看出，当 ω_n 一定时，阻尼比 ξ 越大，则上升时间 t_r 越长。

2. 峰值时间 t_p

将式（3-31）对 t 求导，并令其导数等于零，即有：

$$\left.\frac{dc(t)}{dt}\right|_{t=t_p} = -\frac{1}{\sqrt{1-\xi^2}}[-\xi\omega_n e^{-\xi\omega_n t_p} \sin(\omega_d t_p + \beta) + \omega_d e^{-\xi\omega_n t_p} \cos(\omega_d t_p + \beta)] = 0$$

化简上式，求得：

$$\tan(\omega_d t_p + \beta) = \frac{\sqrt{1-\xi^2}}{\xi}$$

因为

$$\tan\beta = \frac{\sqrt{1-\xi^2}}{\xi}$$

则有

$$\omega_d t_p = 0, \pi, 2\pi, \cdots$$

由图 3-13 可知，系统第一个峰值（亦即最大的峰值）出现在 $\omega_d t_p = \pi$ 处，因而得：

$$t_p = \frac{\pi}{\omega_d} \tag{3-39}$$

显然 t_r 和 t_p 都与系统的阻尼振荡频率 ω_d 成反比。

3. 超调量 $\sigma\%$

超调量是描述系统响应平稳程度的一个动态指标。由式（3-31）和（3-39）得：

$$\sigma\% = \left[c(t_p)-1\right] \times 100\% = e^{-\frac{\pi\xi}{\sqrt{1-\xi^2}}} \times 100\% \tag{3-40}$$

式（3-40）表明超调量 $\sigma\%$ 仅与阻尼比 ξ 有关，随着 ξ 的增大，$\sigma\%$ 单调地减小。当 $\xi=1$ 时，$\sigma\%=0$，此时系统没有超调，呈临界阻尼状态。

4. 调整时间 t_s

在推导 t_s 的算式前，应先指定允许偏差 Δ 的值。根据式（3-31），二阶系统的单位阶跃响应在过渡过程中的偏差为：

$$\Delta = \frac{1}{\sqrt{1-\xi^2}} e^{-\xi\omega_n t} \sin(\omega_d t + \beta)$$

当指定 $\Delta = 0.05$（或 0.02）时，得：

$$\frac{1}{\sqrt{1-\xi^2}} e^{-\xi\omega_n t_s} \sin(\omega_d t + \beta) = 0.05 \text{（或 0.02）}$$

由此可见，在 $0 \sim t_s$ 时间范围内，满足上述条件的 t_s 值有多个，其中最大的值即为调整时间 t_s。由于正弦函数的存在，t_s 值与阻尼比 ξ 之间的函数关系是不连续的。为简单起见，可以采用近似的计算方法，忽略正弦函数的影响，认为指数项衰减到 $\Delta = 0.05$（或 0.02）时，过渡过程即进行完毕。于是有：

$$\frac{e^{-\xi\omega_n t}}{\sqrt{1-\xi^2}} = \Delta$$

由上式求得调整时间为：

$$t_s = \frac{1}{\xi\omega_n}\left(\ln\frac{1}{\Delta} + \ln\frac{1}{\sqrt{1-\xi^2}}\right) \tag{3-41}$$

如取 $\Delta = 0.05$，则

$$t_s = \frac{1}{\xi\omega_n}\left(\ln\frac{1}{0.05} + \ln\frac{1}{\sqrt{1-\xi^2}}\right) = \frac{1}{\xi\omega_n}\left(3 - \frac{1}{2}\ln(1-\xi^2)\right) \tag{3-42}$$

当 $0 < \xi < 0.9$ 时，式（3-42）可近似为：

$$t_s \approx \frac{3}{\xi\omega_n} = 3T \tag{3-43}$$

式中，$T = 1/\xi\omega_n$ 为标准二阶系统的时间常数。

同理，当 $\Delta = 0.02$，且 $0 < \xi < 0.9$ 时，

$$t_s = \frac{1}{\xi\omega_n}\left(\ln\frac{1}{0.02} + \ln\frac{1}{\sqrt{1-\xi^2}}\right) = \frac{1}{\xi\omega_n}\left(4 - \frac{1}{2}\ln(1-\xi^2)\right)$$

调整时间近似为：

$$t_s \approx \frac{4}{\xi\omega_n} = 4T \tag{3-44}$$

如果考虑正弦项 $\sin(\omega_d t + \beta)$，由于 t_s 与 ξ 之间的复杂函数关系，只能用数值计算求取 $t_s = f(\xi)$ 的函数曲线，再由曲线上测出于±5%或±2%允许误差相对应的调整时间。

通过上述分析可知，调整时间 t_s 近似与 $\xi\omega_n$ 成反比关系。在设计系统时，ξ 通常由要求的最大超调量 $\sigma\%$ 决定，所以调整时间 t_s 由自然振荡角频率 ω_n 所决定。也就是说，在不改变最大超调量 $\sigma\%$ 的条件下，通过改变 ω_n 的值可以改变调整时间 t_s。

5. 振荡次数 N

根据式（3-13），有：

$$N = \frac{\omega_d t_s}{2\pi} = \frac{\omega_n \sqrt{1-\xi^2} t_s}{2\pi}$$

当取±5%的误差带时，考虑式（3-43），有：

$$N = \frac{3\sqrt{1-\xi^2}}{2\pi\xi} \tag{3-45}$$

当取±2%的误差带时，考虑式（3-44），有：

$$N = \frac{2\sqrt{1-\xi^2}}{\pi\xi} \tag{3-46}$$

通常 N 取整数。

6. 稳态误差

由式（3-14）和（3-31）得：

$$e_{ss} = \lim_{t\to\infty} e(t) = \lim_{t\to\infty}[r(t) - c(t)] = \lim_{t\to\infty}\left[\frac{1}{\sqrt{1-\xi^2}} e^{-\xi\omega_n t} \sin(\omega_d t + \beta)\right] = 0 \tag{3-47}$$

说明欠阻尼二阶系统在阶跃信号作用下的稳态误差为零，即系统的输出量最终能够完全复现输入信号。

上面分析所得到的一些重要关系式（3-38）～（3-47），揭示了二阶欠阻尼系统的性能指标与自身参数之间的定量联系，具有重要的应用价值。

结合图 3-10 和上述性能指标的计算，可以得到关于二阶系统性能分析的以下结论：

（1）系统上升时间 t_r 和峰值时间 t_p 都与系统的阻尼振荡频率 ω_d 成反比，它们反映了系统的快速性；超调量 $\sigma\%$ 和振荡次数 N 仅仅由阻尼比决定，它们反映了系统的平稳性（即平稳程度）。

（2）调整时间 t_s 也是系统快速性的度量。当阻尼比 ξ 为常数时，ω_n 越大，调整时间 t_s 就越短，系统快速性就越好。

（3）上升时间 t_r 和超调量 $\sigma\%$ 这两个动态性能指标不能同时获得满意的结果，只能兼顾。比如在图 3-7 所示的电路系统中，$\omega_n = \frac{1}{\sqrt{LC}}$，$\xi = \frac{R}{2}\sqrt{\frac{C}{L}}$，L 是一个不可调的常值参数。当减小 C 值时，可以加大自然频率 ω_n，提高了系统的响应速度，但同时减小了阻尼比，使得系统的平稳程度降低。因此，对于既要增强系统的平稳性，又要系统具有较高响应速度的二阶系统设计，需要采取合理的折中方案或补偿方案，才能达到设计目的。

（4）在工程实际中，二阶系统多数设计成 $0<\xi<1$ 的欠阻尼情况，且常取 ξ 在 0.4~0.8 之间，这时阶跃响应的超调量将在 1.5%~25% 之间。当取 $\xi=0.707$ 时，系统超调量 $\sigma\%<5\%$，调整时间 t_s 最短，即平稳性和快速性均最佳，故称 $\xi=0.707$ 为最佳阻尼比。

例 3-1 设控制系统如图 3-14 所示，要求系统 $\xi=0.6$，试确定参数 K 值，并计算动态性能指标：峰值时间 t_p、调节时间 t_s 和超调量 $\sigma\%$。

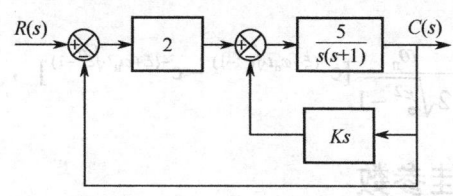

图 3-14 例 3-1 控制系统结构图

解：系统的闭环传递函数 $\Phi(s) = \dfrac{10}{s^2+(1+5K)s+10}$

与标准二阶系统数学模型式（3-26）对照，可得：

$$\omega_n^2 = 10 \qquad 2\xi\omega_n = 1+5K$$

故特征参数为：

$$\omega_n = \sqrt{10} \qquad \xi = \frac{1+5K}{2\sqrt{10}}$$

要使 $\xi=0.6$，由上式解得 $K=0.56$。

下面计算性能指标：

峰值时间： $t_p = \dfrac{\pi}{\omega_n\sqrt{1-\xi^2}} = 1.24\text{s}$

调节时间： $t_s = \dfrac{3}{\xi\omega_n} = 1.59\text{s}$（取 $\pm 5\%$ 误差带）

超调量： $\sigma\% = e^{-\frac{\xi\pi}{\sqrt{1-\xi^2}}} \times 100\% = 9.48\%$

3.3.4 二阶系统的单位脉冲响应

当系统输入信号为理想单位脉冲函数 $\delta(t)$ 时，系统的响应为理想单位脉冲响应。输入信号 $r(t)=\delta(t)$，则 $R(s)=1$，图 3-8 所示系统的输出为：

$$C(s) = \frac{\omega_n^2}{s^2+2\xi\omega_n s+\omega_n^2}$$

在分别代入 4 种特殊的 ξ 值后对上式取拉氏反变换，得到系统的理想单位脉冲响应如下。

1. 无阻尼 ($\xi=0$)

$$c(t) = \omega_n \sin\omega_n t \,, \quad t \geqslant 0 \tag{3-48}$$

2. 欠阻尼 $(0 < \xi < 1)$

$$c(t) = \frac{\omega_n}{\sqrt{1-\xi^2}} e^{-\xi\omega_n t} \sin \omega_d t, \quad t \geq 0 \qquad (3\text{-}49)$$

3. 临界阻尼 $(\xi = 1)$

$$c(t) = \omega_n^2 t e^{-\omega_n t}, \quad t \geq 0 \qquad (3\text{-}50)$$

4. 过阻尼 $(\xi > 1)$

$$c(t) = \frac{\omega_n}{2\sqrt{\xi^2-1}} [e^{-(\xi-\omega_n t\sqrt{\xi^2-1})} - e^{-(\xi+\omega_n t\sqrt{\xi^2-1})}], \quad t \geq 0 \qquad (3\text{-}51)$$

3.3.5 二阶工程最佳参数

目前，在某些控制系统中常常采用所谓二阶工程最佳参数作为设计依据。这种系统的参数取

$$\xi = \frac{1}{\sqrt{2}} = 0.707$$

称为最佳阻尼比。

令 $T_0 = \frac{1}{2\xi\omega_n} = \frac{1}{\sqrt{2}\omega_n}$。将这一参数带入二阶系统标准式，得开环传递函数为：

$$G(s) = \frac{1}{2T_0 s(T_0 s+1)} = \frac{K_k}{s(T_0 s+1)}$$

式中，$K_k = 1/2T_0$。

对应的闭环传递函数为：

$$\Phi(s) = \frac{1}{2T_0^2 s^2 + 2T_0 s + 1} = \frac{K_k/T_0}{s^2 + s/T_0 + K_k/T_0}$$

这一系统的单位阶跃响应动态性能指标如下：

上升时间 $\quad t_r = \dfrac{\pi - \beta}{\omega_d} = 4.7 T_0$

最大超调量 $\quad \sigma\% = e^{-\frac{\xi\pi}{\sqrt{1-\xi^2}}} \times 100\% = 4.3\%$

调节时间 $\quad t_s(2\%) = 8.43 T_0$（用近似公式求得为 $8T_0$）

$\quad\quad\quad\quad t_s(5\%) = 4.14 T_0$（用近似公式求得为 $6T_0$）。

显然，这是一种以获取比较小的超调量为目标来设计系统的工程方法。

例 3-2 有一位置随动系统，其结构图如图 3-15 所示，其中 $K_k=4$。求该系统的：（1）自然振荡角频率；（2）系统的阻尼比；（3）超调量和调节时间；（4）如果要求 $\xi=0.707$，应怎样改变系统参数 K_k？

解：系统的闭环传递函数为：

$$\Phi(s) = \frac{K_k}{s^2 + s + K_k}, \quad K_k = 4$$

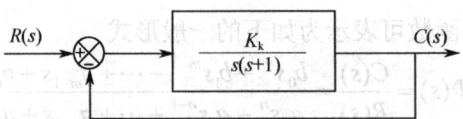

图 3-15 例 3-2 随动系统结构图

写成标准形式:

$$\Phi(s) = \frac{\omega_n^2}{s^2 + 2\xi\omega_n s + \omega_n^2}$$

由此得:

(1) 自然振荡角频率 $\omega_n = \sqrt{K_k} = 2$

(2) 阻尼比 $\xi = \dfrac{1}{2\omega_n} = 0.25$

(3) 超调量 $\sigma\% = e^{-\frac{\xi\pi}{\sqrt{1-\xi^2}}} \times 100\% = 44\%$

(4) 调整时间 $t_s(5\%) = \dfrac{3}{\xi\omega_n} = 6s$

当要求 $\xi = 0.707$ 时,$\omega_n = \dfrac{1}{\sqrt{2}} = 0.707$,$K_k = \omega_n^2 = 0.5$

所以必须降低开环放大系数 K_k,才满足二阶工程最佳参数的要求。但应注意到,降低开环放大系数将使系统稳态误差增大。

专业术语中英文对照

一阶系统	first-order system
二阶系统	second-order system
阻尼比	damping ratio
无阻尼	undamped
欠阻尼	underdamping
临界阻尼	critical damping
过阻尼	overdamp/overdamping

3.4 高阶系统的时域分析

在控制工程中,几乎所有的控制系统都是高阶系统,即用高于二阶的微分方程描述的系统。但是高阶系统的分析一般是比较复杂的。因此,通常希望分析高阶系统时,能够抓住主要矛盾,忽略次要因素,使分析过程得到简化。同时希望将分析二阶系统的方法应用于高阶系统的分析中去。

3.4.1 高阶系统的单位阶跃响应

高阶系统的闭环传递函数可表示为如下的一般形式

$$\Phi(s) = \frac{C(s)}{R(s)} = \frac{b_0 s^m + b_1 s^{m-1} + \cdots + b_{m-1} s + b_m}{a_0 s^n + a_1 s^{n-1} + \cdots + a_{n-1} s + a_n}$$

为了求解高阶系统的阶跃响应,将分子和分母分解成因式,则上式可写成

$$\Phi(s) = \frac{C(s)}{R(s)} = \frac{K(s+z_1)(s+z_2)\cdots(s+z_m)}{(s+p_1)(s+p_2)\cdots(s+p_n)}$$

式中,$-z_1, -z_2, \cdots, -z_m$ 称为系统闭环传递函数的零点,又称为系统的零点;$-p_1, -p_2, \cdots, -p_n$ 称为系统闭环传递函数的极点,又称为系统的极点。为讨论方便,这里假设全部的极点和零点都互不相同。

如果系统是稳定的,并且极点中包含有共轭复数极点,则当输入量为单位阶跃函数时,系统输出量的拉氏变换为:

$$C(s) = G(s)R(s) = \frac{K\prod_{i=1}^{m}(s+z_i)}{s\prod_{j=1}^{q}(s+p_j)\prod_{k=1}^{r}(s^2 + 2\xi\omega_{nk}s + \omega_{nk}^2)}$$

式中,$n = q + 2r$;q 为实数极点的个数;r 为共轭复数极点的对数。

取上式的拉氏反变换,得高阶系统的单位阶跃响应

$$c(t) = A_0 + \sum_{j=1}^{q} A_j e^{-p_j t} + \sum_{k=1}^{r} B_k e^{-\xi_k \omega_{nk} t} \cos\sqrt{1-\xi_k^2}\,\omega_{nk} t$$

$$+ \sum_{k=1}^{r} \frac{C_k - \xi_k \omega_{nk} B_k}{\sqrt{1-\xi_k^2}\,\omega_{nk}} e^{-\xi_k \omega_{nk} t} \sin\sqrt{1-\xi_k^2}\,\omega_{nk} t$$

分析上式可以看出高阶系统时间响应的特点:

(1)高阶系统的动态响应部分是由曾经分析过的一阶系统和二阶系统的动态响应组合而成的。各个暂态分量由其系数 A_j、B_k、C_k 及其指数衰减因数 $-p_j$、$-\xi_k \omega_{nk}$ 决定。

(2)在实际控制系统中,所有的闭环极点通常都不相同。如果所有闭环极点都分布在 s 平面左侧,即所有的极点都具有负实部,那么由上式可知,随时间的增长,式中的指数项都会趋近于零,系统响应 $c(t)$ 将收敛于常数 A_0,这时称该高阶系统是稳定的。显然,对于稳定的高阶系统,闭环极点负实部的绝对值越大,即系统闭环传递函数极点的实部在 s 平面左侧离虚轴距离越远,其对应的响应分量衰减得越迅速;反之,则衰减缓慢。应当指出,系统时间响应的类型虽然取决于闭环极点的性质和大小,然而时间响应的形状却与闭环零点有关。

(3)高阶系统的动态响应与系统闭环零极点的位置有关。如果某极点 $-p_j$ 的位置距离原点很远,那么相应的系数 A_j 很小。所以离原点很远的极点的暂态分量幅值小,衰减快,对系统的动态响应影响很小。如果某极点 $-p_j$ 靠近一个闭环零点,而远离原点及其他极点,

则相应项的系数 A_j 比较小,该暂态分量的影响也就比较小。如果极点和零点靠得很近,则该极点对动态响应几乎没有影响。如果某极点 $-p_j$ 远离闭环零点,但与原点相距较近,则相应的系数 A_j 比较大。因此离原点很近并且附近没有闭环零点的极点,其暂态分量项不仅幅值大,而且衰减慢,对系统动态响应的影响很大。

3.4.2 闭环主导极点

对于稳定的高阶系统而言,其闭环极点和零点在左半 s 开平面上虽有各种分布模式,但就其距虚轴的距离来说,却只有远近之别。如果在所有的闭环极点中,距虚轴最近的极点周围没有闭环零点,而其他闭环极点又远离虚轴,那么距虚轴最近的闭环极点所对应的响应分量,随时间的推移衰减缓慢,无论从衰减指数还是从暂态分量的系数来看,在系统的过渡过程中起主导作用,这样的闭环极点就称为闭环主导极点。闭环主导极点可以是实数极点,也可以是复数极点,或者是它们的组合。除闭环主导极点外,所有其他闭环极点由于其对应的响应分量随时间的推移而迅速衰减,对系统的过渡过程影响甚微,因而统称为非主导极点。

在控制工程实践中,通常要求控制系统既具有较高的响应速度,又具有一定的阻尼程度。此外,还要求减少死区、间隙和库仑摩擦等非线性因素对系统性能的影响。因此高阶系统的增益常常调整到使系统具有一对闭环共轭主导极点。这时,可以用二阶系统的动态性能指标来估算高阶系统的动态性能。但是,事实上高阶系统毕竟不是二阶系统,因而在用二阶系统性能进行估算时,还需要考虑其他非主导闭环零极点对系统动态性能的影响。

应用闭环主导极点的概念,可以导出高阶系统单位阶跃响应的近似表达式。但是这个近似表达式与欠阻尼二阶系统的单位阶跃响应式(3-31)是不完全相同的。

工程上是这样选定闭环系统的主导极点的:如果高阶系统中距离虚轴最近的某些极点其实部的绝对值小于其他极点实部绝对值的 1/5,并且附近不存在零点,可以认为是闭环系统的主导极点,这样的极点经常以共轭复数对的形式出现。

如果能够找到一对共轭复数主导极点,那么,高阶系统就可以近似地当做二阶系统来分析,并可以用二阶系统的动态性能指标来评价系统的动态特性。反过来,在设计一个高阶控制系统时,常常利用主导极点这一概念选择系统参数,使系统具有一对共轭复数主导极点,这样就可以近似地用二阶系统的指标来设计系统。

3.5 线性系统的稳定性分析

稳定是控制系统能够正常工作的先决条件。控制系统在实际运行过程中,总会受到外界和内部一些因素的扰动,例如负载和能量源的波动、系统参数的变化、环境条件的改变等。如果系统不稳定,就会在任何微小的扰动作用下偏离原来的平衡状态,并随着时间的推移而发散。因此研究系统的稳定性、稳定条件、稳定措施是控制理论的重要内容。控制理论中判断一个线性系统是否稳定有很多方法,几种常用的稳定判据有代数判据(Routh

与 Hurwitz 判据）和 Nyquist 稳定判据，本节只介绍代数判据。

3.5.1 稳定性的基本概念

任何系统在扰动作用下都会偏离原平衡状态，产生初始偏差。所谓稳定性，是指系统在扰动消失后，由初始偏差状态恢复到原平衡状态的性能。

为了便于说明稳定性的基本概念，先看一个直观示例。图 3-16 是一个单摆的示意图，其中 o 点为支点。设在外界扰动力的作用下，单摆由原平衡点 a 偏离到新的位置 b，偏摆角为 Φ_1。当外界扰动力撤除后，单摆在重力作用下由点 b 回到原平衡点 a，但是由于惯性作用，单摆会经过点 a 继续运动到点 c。此后，单摆经来回几次减幅摆动，可以回到原平衡点 a，故称 a 为稳定平衡点。反之，若图 3-16 所示单摆处于另一平衡点 d，则一旦受到外界扰动力的作用偏离了原平衡位置后，即使外界扰动力消失，无论经过多长时间，单摆也不可能再回到原平衡点 d。这样的平衡点，称为不稳定平衡点。

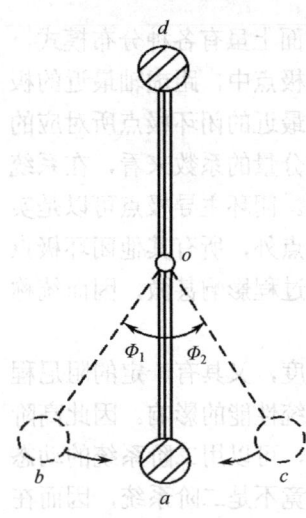

图 3-16 单摆的示意图

单摆的这种稳定概念，可以推广到控制系统。假设系统具有一个平衡工作状态，如果系统受到外界扰动作用偏离了原平衡状态，不论扰动引起的初始偏差有多大，当扰动消失后，系统都能以足够的准确度恢复到初始平衡状态，则这种系统称为大范围稳定的系统；如果系统受到外界扰动作用后，只有当扰动引起的初始偏差小于某一范围时，系统才能在取消扰动后恢复到初始平衡状态，则这样的系统称为小范围稳定的系统。对于稳定的线性系统，必然在大范围内和小范围内都能稳定；只有非线性系统才可能存在小范围稳定而大范围不稳定的情况。

其实，关于系统的稳定性有多种定义方法。上面所阐述的稳定性概念，实际上是指平衡状态稳定性，由俄国学者李亚普诺夫于 1892 年首先提出，一直沿用至今。在分析线性系统的稳定性时，我们关心的是系统的运动稳定性，即系统方程在不受任何外界输入作用下，系统方程的解在时间 t 趋于无穷时的渐近行为。毫无疑问，这种解就是系统齐次微分方程的解，而"解"通常称为系统方程的一个"运动"，因而叫作运动稳定性。严格地说，平衡状态稳定性与运动稳定性并不是一回事，但是可以证明，对于线性系统而言，运动稳定性与平衡状态稳定性是等价的。

按照李亚普诺夫分析稳定性的观点，首先假设系统具有一个平衡工作点，在该平衡工作点上，当输入信号为零时，系统的输出信号亦为零。一旦扰动信号作用于系统，系统的输出量将偏离原平衡工作点。若取扰动信号的消失瞬间作为计时起点，则 $t=0$ 时刻系统的输出量增量及其各阶导数，便是研究 $t \geqslant 0$ 时系统输出量增量的初始偏差。于是，$t \geqslant 0$ 时的系统输出量增量的变化过程，可以认为是控制系统在初始扰动影响下的动态过程。因而，根据李亚普诺夫稳定性理论，线性控制系统稳定性的定义为：

线性控制系统在初始扰动影响下，若其动态过程随时间推移逐渐衰减（decay）并趋于零（或原平衡工作点），则称系统是渐近稳定，简称稳定；若在初始扰动下，其动态过程随时间推移而发散，则称系统不稳定；若在初始扰动下，其动态过程随时间的推移虽不能回到原平衡点，但可以保持在原工作点附近的某一有限区域内运动，则称系统临界稳定。稳定性是表征系统在扰动撤除后自身的一种恢复能力，因而它是系统的一种固有的特性。

3.5.2 线性系统稳定的充分必要条件

由于稳定性研究的问题是扰动作用撤除后的运动情况，它与系统的输入信号无关，只取决于系统本身的特性，因而可以用系统的理想单位脉冲响应函数 $g(t)$ 来描述。如果理想单位脉冲响应函数是收敛的，即有：

$$\lim_{t \to \infty} g(t) = 0 \tag{3-52}$$

表示系统能回到原来的平衡状态，因而系统是稳定的。由此可见，系统的稳定性与其理想单位脉冲响应函数收敛是一致的。如果：

$$\lim_{t \to \infty} g(t) = \infty \tag{3-53}$$

则系统是不稳定的。如果：

$$\lim_{t \to \infty} g(t) = k \tag{3-54}$$

k 为不等于零的常数，则系统是临界稳定的。

由于理想单位脉冲函数的拉氏变换等于 1，所以系统的复域脉冲响应函数 $C(s)$ 就是系统闭环传递函数 $\Phi(s)$。令系统的闭环传递函数含有 q 个实数极点和 r 对复数极点，则其输出可写为：

$$C(s) = \frac{K \prod_{i=1}^{m}(s+z_i)}{\prod_{j=1}^{q}(s+p_j) \prod_{k=1}^{r}(s^2 + 2\xi_k \omega_{nk} s + \omega_{nk}^2)} \tag{3-55}$$

式中，$q + 2r = n$。式（3-55）用部分分式展开，得：

$$C(s) = \sum_{j=1}^{q} \frac{A_j}{s+p_j} + \sum_{k=1}^{r} \frac{B_k(s+\xi_k \omega_{nk}) + C_k \omega_{nk} s \sqrt{1-\xi_k^2}}{s^2 + 2\xi_k \omega_{nk} s + \omega_{nk}^2}$$

对上式取拉氏反变换，求得系统的理想单位脉冲响应函数为：

$$g(t) = \sum_{j=1}^{q} A_j \mathrm{e}^{-p_j t} + \sum_{k=1}^{r}(B_k \mathrm{e}^{-\xi_k \omega_{nk} t} \cos \omega_{nk}\sqrt{1-\xi_k^2}\, t + C_k \mathrm{e}^{-\xi_k \omega_{nk} t} \sin \omega_{nk}\sqrt{1-\xi_k^2}\, t) \quad t \geq 0$$

$$\tag{3-56}$$

由式（3-56）可见，若系统的特征根全部为负实部根，则式（3-52）成立，系统稳定；若系统有一个或一个以上的正实根或实部为正的共轭复根，则式（3-53）成立，系统不稳定；若系统有一个或一个以上的零实部根，其余的特征根具有负实部，则式（3-54）成立，系统临界稳定。在经典控制理论中，只有渐进稳定的系统才称为稳定系统，否则，称为不稳定系统。

综上所述，线性系统稳定的充分必要条件是：闭环系统特征方程的所有根均具有负实

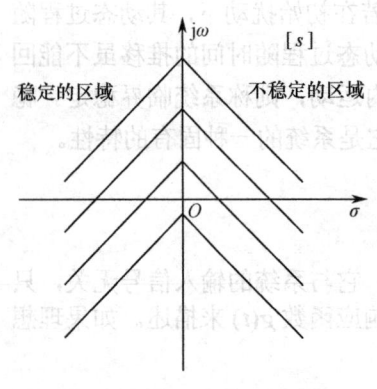

图 3-17 系统特征根的分布区域

部。或者说,闭环传递函数的极点均严格位于 s 平面的左半平面。图 3-17 分别给出了系统稳定和不稳定特征根的分布区域。

应当指出,由于我们所研究的系统实质上都是线性化的系统,在建立系统线性化模型的过程中略去了许多次要因素,同时系统的参数又处于不断地微小变化之中,所以临界稳定现象实际上是观察不到的。对于稳定的线性系统而言,当输入信号为有界函数时,由于响应过程中的动态分量随时间推移最终衰减至零,故系统输出必为有界函数;对于不稳定的线性系统而言,在有界输入信号作用下,系统的输出信号将随时间的推移而发散,但也不意味会无限增大。实际控制系统的输出量只能增大到一定程度,此后或者受到机械止动装置的限制,或者使系统遭到破坏,或者其运动形态进入非线性工作状态,产生大幅度的等幅振荡。

3.5.3 线性系统稳定的必要条件

线性系统稳定的必要条件是这样表述的:

若线性系统的特征方程为:

$$a_0 s^n + a_1 s^{n-1} + \cdots + a_{n-1} s + a_n = 0, \quad a_0 > 0 \tag{3-57}$$

则系统稳定的必要条件是系统的闭环特征方程式(3-57)的各项系数均为正值。

这一必要条件的证明可以根据代数方程的基本理论来完成。

设 $-p_1、-p_2、\cdots$ 为实数根。$-\alpha_1 \pm j\beta_1$、$-\alpha_2 \pm j\beta_2$、$\cdots$ 为复数根。其中,$p_1、p_2、\cdots$ 和 α_1、α_2、$\cdots$ 都为正值,则式(3-57)可改写为

$$a_0 \{(s+p_1)(s+p_2)\cdots[(s+\alpha_1-j\beta_1)(s+\alpha_1+j\beta_1)] \times [(s+\alpha_2-j\beta_2)(s+\alpha_2+j\beta_2)]\cdots\} = 0$$

即

$$a_0[(s+p_1)(s+p_2)\cdots(s^2+2\alpha_1 s+\alpha_1^2+\beta_1^2)\times(s^2+2\alpha_2 s+\alpha_2^2+\beta_2^2)\cdots] = 0 \tag{3-58}$$

因为上式等号左方所有因式的系数都为正值,所以它们相乘后 s 项必然仍为正值且不会有系数为零项。反之,若方程式中有一个根为正实根,或一对实部为正的复数根,则由式(3-58)可知,对于方程式 s 的各次项的系数不会全为正值,即一定会有负系数项或缺项出现。

然而,上述判据关于特征方程系数的条件仅是系统稳定的必要条件,不具备充分性,因为各项系数为正数的系统特征方程完全有可能拥有正实部的根。

不难证明,对于一阶和二阶线性定常系统,其特征方程式的各项系数全为正值是系统稳定的充分和必要条件。但是对三阶以上的系统,特征方程式的各项系数均为正值仅是系统稳定的必要条件,而非充分条件。

3.5.4 劳斯稳定判据

由于控制系统稳定的充分必要条件是其特征根均需具有负实部,因而对系统稳定性的

判别就变成求解特征方程式的根，并检验所求的根是否都具有负实部的问题。由于求解高阶系统根的工作量很大，所以人们希望有一种方法不用求解特征方程的根，而是根据特征方程式的根与其系数间的关系去判别特征根实部的符号。劳斯（E. J. Routh）和赫尔维兹（A. Hurwitz）分别于 1877 年和 1895 年独立提出判断系统稳定性的代数判据。本节介绍劳斯稳定判据有关的结论。

设系统的特征方程式为：

$$a_0 s^n + a_1 s^{n-1} + a_2 s^{n-2} + \cdots + a_{n-1} s + a_n = 0$$

将上式中的各项系数按下面的格式排成劳斯表

s^n	a_0	a_2	a_4	a_6	$\cdots$
s^{n-1}	a_1	a_3	a_5	a_7	$\cdots$
s^{n-2}	$b_1 = \dfrac{a_1 a_2 - a_0 a_3}{a_1}$	$b_2 = \dfrac{a_1 a_4 - a_0 a_5}{a_1}$	$b_3 = \dfrac{a_1 a_6 - a_0 a_7}{a_1}$	b_4	$\cdots$
s^{n-3}	$c_1 = \dfrac{b_1 a_3 - a_1 b_2}{b_1}$	$c_2 = \dfrac{b_1 a_5 - a_1 b_3}{b_1}$	$c_3 = \dfrac{b_1 a_7 - a_1 b_4}{b_1}$		$\cdots$
$\vdots$					
s^2	d_1	d_2	d_3		
s^1	e_1	e_2			
s^0	f_1				

由劳斯表的结构可知，劳斯表有 $(n+1)$ 行，第一、二行各元素是特征方程的系数，以后各元素按劳斯表的规律求取。劳斯稳定判据是根据所列劳斯表第一列系数符号的变化，去判别特征方程式的根在 s 平面上的具体分布。劳斯稳定判据的结论是：

（1）如果劳斯表中第一列系数严格为正，则其特征方程式的根都在 s 的左半平面，相应的系统是稳定的。

（2）如果劳斯表中第一列系数的符号有变化，则系统不稳定，且符号变化的次数等于该特征方程式的根在 s 的右半平面上的个数。

例 3-3 已知三阶系统特征方程为 $as^3 + bs^2 + cs + d = 0$，判断系统稳定的充要条件。

解：列劳斯表为：

s^3	a	c	0
s^2	b	d	0
s^1	$\dfrac{bc - ad}{b}$	0	
s^0	d	0	

根据劳斯判据系统稳定要求，劳斯表第一列系数均为正值，所以系统稳定的充要条件是各系数大于零，且 $bc>ad$。

例 3-4 设系统特征方程为 $s^4 + 2s^3 + 3s^2 + 4s + 5 = 0$，使用劳斯判据判断系统的稳定性，如果不稳定，则求出该特征方程的正实部根的数目。

解：列劳斯表如下：

s^4	1	3	5
s^3	2	4	
s^2	1	5	
s^1	-6		
s^0	5		

因劳斯列表第一列元素符号变化两次，所以该系统不稳定，有两个正实部根。

在应用劳斯判据时，有可能会碰到两种特殊情况影响计算，使得劳斯表中的计算无法进行到底，因此需要做相应的数学处理，处理的原则是不影响劳斯稳定判据的判别结果。

（1）劳斯表中某行第一项元素等于零，而该行的其余各项不等于零或没有余项，这种情况的出现会使计算下一行第一元素时出现无穷现象。解决的办法是以一个很小的正数 ε 代替为零的该项，继续劳斯表的列写。如果劳斯表第一列的系数符号有变化，其变化的次数就等于该方程在 s 右半平面上根的数目，相应的系统为不稳定；如果第一列 ε 上面的系数与其下面的系数符号相同，则表示该方程有一对共轭虚根存在，相应的系统为临界稳定。

例 3-5 设系统的特征方程为：

$$s^3 - 3s + 2 = 0$$

试用劳斯判据确定该方程的根在平面上的具体分布。

解：基于方程中 s^2 项的系数为零，s 一次项的系数为负值。由稳定的必要条件可知，该方程至少有一个根位于 s 的右半平面，相应的系统为不稳定。为了确定该方程的根在 s 平面上的具体分布需应用劳斯判据。根据方程排出下列劳斯表：

s^3	1	-3	0
s^2	$0(\varepsilon)$	2	0
s^1	$\dfrac{-3\varepsilon-2}{\varepsilon}$		
s^0	2		

由劳斯表可见，其第一列 ε 项上面与下面的符号变化了两次。根据劳斯判据，可知该方程有两个根在 s 的右半平面。

若用因式分解的方法，把原方程改写为：

$$s^3 - 3s + 2 = (s-1)^2(s+2) = 0$$

由上式解得 $s_{1,2}=1$，$s_3=-2$，从而验证了上式用劳斯判据所得结论的正确性。

（2）如果劳斯表中出现全零行，则表示相应的方程中含有一些大小相等、符号相反的实根和（或）共轭虚根，相应的系统属于不稳定或临界稳定。对于这种情况，解决的办法是利用系数全零行的上一行系数构造一个辅助多项式，并将这个辅助多项式求导，用导数的系数来代替表中系数为全零的行。如此，继续计算其余的项，完成劳斯表的排列。辅助多项式的阶次通常为偶数，它表明大小相等、符号相反的根的个数，而且这些根可利用辅助多项式求出。

例 3-6 系统的特征方程为 $s^6 + s^5 - 2s^4 - 3s^3 - 7s^2 - 4s - 4 = 0$，使用劳斯判据判断系统的稳定性，如果不稳定，则求出该特征方程的根。

解：列劳斯表如下：

s^6	1	-2	-7	-4
s^5	1	-3	-4	
s^4	1	-3	-4	辅助多项式$P(s) = s^4 - 3s^2 - 4$
s^3	0	0	0	
$s^{3'}$	4	-6	0	求导$P(s)' = 4s^3 - 6s$
s^2	$-\dfrac{3}{2}$	-4		
s^1	$-\dfrac{50}{3}$			
s^0	-4			

由于 s^3 这一行的元素全为 0，致使劳斯表无法继续往下排列。现用它上一行的系数组成如下的辅助多项式：

$$P(s) = s^4 - 3s^2 - 4$$

上式对 s 求导，得：

$$\frac{\mathrm{d}P(s)}{\mathrm{d}s} = 4s^3 - 6s$$

用系数为 4 和 6 代替 s^3 这行中相应的 0 元素，并继续往下计算其他行的元素，完成劳斯表的排列。由劳斯列表第一列元素符号变化一次，可知系统不稳定，有一个正实部根，由 $P(s)=0$ 得：

$$s^4 - 3s^2 - 4 = 0$$
$$s_{1,2} = \pm 2 , \quad s_{3,4} = \pm j$$

求得两对大小相等、符号相反的根为 ± 2、$\pm j$，显然，这个系统处于不稳定状态。

3.5.5 赫尔维兹稳定判据

该判据也是根据特征方程的系数来判别系统的稳定性。设系统的特征方程为：

$$a_0 s^n + a_1 s^{n-1} + a_2 s^{n-2} + \cdots + a_{n-1} s + a_n = 0$$

以特征方程式的各项系数组成如下行列式：

$$\Delta = \begin{vmatrix} a_1 & a_0 & 0 & 0 & 0 & 0 & \cdots \\ a_3 & a_2 & a_1 & a_0 & 0 & 0 & \cdots \\ a_5 & a_4 & a_3 & a_2 & a_1 & a_0 & \cdots \\ a_7 & a_6 & a_5 & a_4 & a_3 & a_2 & \cdots \\ \vdots & \vdots & \vdots & \vdots & \vdots & & \ddots \\ & & & & & & & a_n \end{vmatrix}$$

赫尔维兹判据的内容是：系统稳定的充分必要条件是在 $a_0 > 0$ 的情况下，上述行列式的各阶主子式 Δ 均大于零，即

$$\Delta_1 = a_1 > 0$$

$$\Delta_2 = \begin{vmatrix} a_1 & a_0 \\ a_3 & a_2 \end{vmatrix} = a_1 a_2 - a_0 a_3 > 0$$

$$\Delta_3 = \begin{vmatrix} a_1 & a_0 & 0 \\ a_3 & a_2 & a_1 \\ a_5 & a_4 & a_3 \end{vmatrix} > 0$$

$$\vdots$$

$$\Delta_n = \Delta > 0$$

例 3-7 系统的特征方程为 $3s^4 + 10s^3 + 5s^2 + s + 2 = 0$，判断系统的稳定性。

解：系统行列式

$$\Delta_4 = \begin{vmatrix} 10 & 3 & 0 & 0 \\ 1 & 5 & 10 & 3 \\ 0 & 2 & 1 & 5 \\ 0 & 0 & 0 & 2 \end{vmatrix}$$

$$\Delta_1 = 10 > 0 \quad \Delta_2 = \begin{vmatrix} 10 & 3 \\ 1 & 5 \end{vmatrix} = 47 \quad \Delta_3 = \begin{vmatrix} 10 & 3 & 0 \\ 1 & 5 & 10 \\ 0 & 2 & 1 \end{vmatrix} = -153 < 0$$

由赫尔维兹判据可知，该系统不稳定。

例 3-8 系统的特征方程为 $a_0 s^2 + a_1 s + a_2 = 0$，判断系统的稳定性。

解：系统行列式

$$\Delta_2 = \begin{vmatrix} a_1 & a_0 \\ 0 & a_2 \end{vmatrix}$$

由赫尔维兹判据可知系统稳定的充要条件为：

$$a_1 > 0 \qquad a_1 a_2 > 0$$

由上式可知，二阶系统稳定的充要条件是特征方程的所有系数均大于零。

3.5.6 劳斯判据的应用

在线性控制系统中，劳斯判据主要用来判断系统的稳定性。如果系统不稳定，则这种判据并不能直接指出使系统稳定的方法；如果系统稳定，则该判据也不能保证系统具令人满意的动态性能。换句话说，劳斯判据不能保证系统的特征根在 s 平面上相对于虚轴的距离。由关于高阶系统单位阶跃响应的讨论可知，若负实部特征根紧靠虚轴，则由于 $|s_j|$ 或 $\xi_k \omega_{nk}$ 的值很小，系统动态过程将具有缓慢的非周期特性或强烈的振荡特性。为了使稳定的系统具有良好的动态响应，常常希望在 s 左半平面上系统特征根的位置与虚轴之间有一定的距离，即要留出来一定的稳定裕量。

劳斯判据可以用来解决此类相对稳定性的问题，即可以用来判别代数方程式中位于平

面上给定垂线 $s=-\sigma_1$ 右侧根的数目。只要令 $s=z-\sigma_1$ 并代入原方程中,得到以 z 为变量的新特征方程式,然后用劳斯判据去判别该方程中是否有根位于垂直线 $s=-\sigma_1$ 的右侧。如此,就可以估计一个稳定系统的各个根中最靠近右侧的根距虚轴有多远,从而了解系统稳定的相对程度。

例 3-9 用劳斯判据检验下列特征方程

$$2s^3+10s^2+13s+4=0$$

是否有根在 s 的右半平面上,并检验有几个根在垂直线 $s=-1$ 的右方。

解:列劳斯表

$$\begin{array}{c|cc} s^3 & 2 & 13 \\ s^2 & 10 & 4 \\ s^1 & 61/5 & \\ s^0 & 4 & \end{array}$$

由于劳斯表的第一列系数全为正值,因而该特征方程式的根全部位于 s 的左半平面,相应的系统是稳定的。

令 $s=z-1$ 代入特征方程,经化简后得:

$$2z^3+4z^2-z-1=0$$

因为上式中的系数有负号,所以方程必然有根位于直线 $s=-1$ 的右方。列出以 z 为变量的劳斯表

$$\begin{array}{c|ccc} z^3 & 2 & -1 & 0 \\ z^2 & 4 & -1 & 0 \\ z^1 & -\dfrac{1}{2} & 0 & \\ z^0 & -1 & & \end{array}$$

由劳斯表可见,第一列的符号变化了一次,表示原方程有一个根在垂直线 $s=-1$ 的右方,说明该系统的相对稳定裕量不足一个单位。

专业术语中英文对照

衰减	decay
虚部	imaginary part
充要条件	sufficient and necessary condition
负实部	negative real part
劳斯稳定判据	Routh's stability criterion
左半平面	left-half plane
右半平面	right-half plane
共轭虚根	complex-conjugate root
实根	real root
临界稳定	marginally stable/critical stable

3.6 控制系统的稳态误差

控制系统在稳态过程中，输出量的期望值与稳态值之间的偏差，称为稳态误差。稳态误差的大小是衡量系统稳态性能的重要指标。

稳态误差具有不可避免性。根据造成系统产生稳态误差的因素，可以将稳态误差分为两类。第一类，由于系统结构、输入量（控制量、扰动量）或者输入函数的形式不同（阶跃、斜坡或加速度）引起的稳态误差，叫作原理性稳态误差。第二类，由于系统中存在的元件不灵敏区、老化、零点漂移等非线性因素引起的稳态误差，叫作附加稳态误差，或结构性稳态误差。本节只讨论原理性稳态误差的求取方法。

在阶跃函数作用下没有原理性稳态误差的系统称为无差系统。在阶跃函数作用下具有原理性稳态误差的系统称为有差系统。控制系统的任务之一，就是尽量减小稳态误差，或者使稳态误差小于某一个允许值。

一个符合工程要求的系统，其稳态误差必须控制在允许范围之内。例如，工业加热炉的炉温误差若超过其允许的限度，就会降低产品的质量。又如，造纸厂中卷取机的纸张恒张力控制系统，要求在卷纸过程中纸张张力的误差保持在某一个允许的范围之内，若张力过小，就会出现松卷现象，而张力过大，就会造成纸张的断裂。这些例子都说明了稳态误差是控制系统的一个重要的性能指标，它和系统的动态性能具有同样的重要性。

讨论稳态误差的前提是系统必须稳定。因为一个不稳定的系统不存在稳态，所以讨论其稳态误差就变得毫无意义。

3.6.1 稳态误差的定义

控制系统的结构图如图 3-18 所示，输入信号 $R(s)$ 为系统的控制规律，亦即期望的系统输出。当系统的主反馈量不等于给定量 $R(s)$，即输出 $C(s)$ 不等于期望值时，比较装置的输出量 $E(s)$ 为：

$$E(s) = R(s) - B(s) = R(s) - H(s)C(s) \tag{3-59}$$

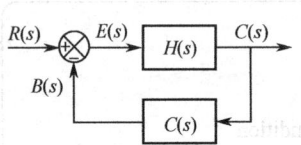

图 3-18 控制系统的结构图

系统在 $E(s)$ 信号的作用下，使输出量 $C(s)$ 趋于期望值。$E(s)$ 被称为误差信号，简称误差。关于误差有两种不同的定义：一种是从系统的输入端定义，如式（3-59），这种方法在实际系统中可以测量，具有一定的物理意义；另一种是从系统的输出端定义，如式（3-14），即系统输出量的期望值与实际值的差。第二种误差定义在系统性能指标的提法中经常使用，但在实际系统中不可测量，因而只具有数学意义。

由图 3-18 可得误差传递函数

$$G_e(s) = \frac{E(s)}{R(s)} = \frac{1}{1+G(s)H(s)} \tag{3-60}$$

给定 $R(s)$ 时,误差的象函数为:

$$E(s)=G_e(s)R(s)=\frac{R(s)}{1+G(s)H(s)} \tag{3-61}$$

对应的误差的原函数为:

$$e(t)=L^{-1}[G_e(s)R(s)] \tag{3-62}$$

由拉氏变换终值定理可得稳态误差表达式为:

$$e_{ss}=\lim_{s\to 0}sE(s)=\lim_{s\to 0}\frac{sR(s)}{1+G(s)H(s)} \tag{3-63}$$

式(3-63)表明,系统的稳态误差,不仅与开环传递函数 $G(s)H(s)$ 的结构有关,还与输入 $R(s)$ 形式密切相关。对于一个给定的稳定系统,当输入信号形式一定时,系统是否存在稳态误差取决于开环传递函数所描述的系统结构。因此,按照控制系统跟踪不同输入信号的能力来进行系统分类是必要的。

3.6.2 系统类型与输入作用下的稳态误差

令图 3-18 系统的开环传递函数为:

$$G(s)H(s)=\frac{K\prod_{i=1}^{m}(\tau_i s+1)}{s^\nu \prod_{j=1}^{n-\nu}(T_j s+1)},\quad n\geqslant m \tag{3-64}$$

式中,K 为系统的开环增益;ν 为系统中含有的积分环节数,称为系统的类型数,或无差度。按 ν 的数值不同,系统分类如下:

$\nu=0$,称为 0 型系统,或有差系统;

$\nu=1$,称为 I 型系统,或一阶无差系统;

$\nu=2$,称为 II 型系统,或二阶无差系统;

$\nu>2$,除非采用复合控制,否则系统难以稳定,在此不作探讨。

为便于讨论,令:

$$G_0(s)H_0(s)=\frac{\prod_{i=1}^{m}(\tau_i s+1)}{\prod_{j=1}^{n-\nu}(T_j s+1)} \tag{3-65}$$

当 $s\to 0$ 时,有 $G_0(s)H_0(s)\to 1$,则式(3-64)可表示为:

$$G(s)H(s)=\frac{K}{s^\nu}G_0(s)H_0(s) \tag{3-66}$$

将上式代入稳态误差的表达式(3-63)可得:

$$e_{ss}=\lim_{s\to 0}\frac{sR(s)}{1+\dfrac{K}{s^\nu}G_0(s)H_0(s)}$$

或者

$$e_{ss} = \lim_{s \to 0} \frac{s^{v+1} R(s)}{s^v + KG_0(s)H_0(s)}$$

整理得:

$$e_{ss} = \frac{\lim_{s \to 0}[s^{v+1} R(s)]}{K + \lim_{s \to 0} s^v} \tag{3-67}$$

式（3-67）说明系统的型数、开环增益、输入信号的形式和幅值决定了稳态误差的数值。因为实际输入多为阶跃函数、斜坡函数和加速度函数或这些典型输入信号的组合，所以下面分别对不同输入信号作用下形成的稳态误差进行讨论。

1. 阶跃输入

令 $r(t) = R_0$，R_0 为常量，则 $R(s) = R_0/s$。由式（3-63）可得系统稳态误差为：

$$e_{ss} = \lim_{s \to 0} s \cdot \frac{1}{1 + G(s)H(s)} \cdot \frac{R_0}{s} = \frac{R_0}{1 + K_p} \tag{3-68}$$

式中，$K_p = \lim_{s \to 0} G(s)H(s) = \lim_{s \to 0} \frac{K}{s^v}$ 为系统的静态位置误差系数，v 取值不同对应不同的系统类型。对应的不同静态位置误差系数为：

$$K_p = \begin{cases} K & v = 0 \\ \infty & v \geq 1 \end{cases} \tag{3-69}$$

从而得到阶跃信号作用下，各种类型系统的稳态误差为：

$$e_{ss} = \begin{cases} \dfrac{R_0}{1 + K} & v = 0 \\ 0 & v \geq 1 \end{cases} \tag{3-70}$$

上述结果表明，在阶跃输入作用下，只有 0 型系统有稳态误差，其大小与阶跃输入的幅值成正比，与系统的开环增益成反比。理论上 I 型和 II 型系统稳态误差均为零，所以，如果要求系统对于阶跃函数的作用不产生稳态误差，则必须选用 I 型及 I 型以上的系统。

2. 斜坡输入

令 $r(t) = v_0 t$，v_0 为常数，$R(s) = \dfrac{v_0}{s^2}$，则由式（3-63）得：

$$e_{ss} = \lim_{s \to 0} s \cdot \frac{1}{1 + G(s)H(s)} \cdot \frac{v_0}{s^2} = \frac{v_0}{K_v} \tag{3-71}$$

式中，$K_v = \lim_{s \to 0} sG(s)H(s) = \dfrac{K}{s^{v-1}}$ 为静态速度误差系数。各型系统的静态速度误差系数为：

$$K_v = \begin{cases} 0 , & v = 0 \\ K , & v = 1 \\ \infty , & v \geq 2 \end{cases} \tag{3-72}$$

从而得到阶跃信号作用下，各种类型系统的稳态误差为：

$$e_{ss} = \begin{cases} \infty, & v=0 \\ v_0/K, & v=1 \\ 0, & v \geq 2 \end{cases} \quad (3-73)$$

显然，0 型系统稳态时不能跟踪斜坡输入。Ⅰ型系统稳态时能跟踪斜坡输入，但存在一个稳态位置误差。在稳态时，系统的输出信号与输入信号虽以同一个速度变化，但前者在位置上要落后于后者一个常量，这个常量就是系统的稳态误差。Ⅱ型及Ⅱ型以上的系统，稳态时能准确跟踪斜坡输入信号，不存在稳态误差。

3. 抛物线输入

令 $r(t) = \frac{1}{2}a_0 t^2$，$a_0$ 为常数，$r(t)$ 的拉氏变换为 $R(s) = a_0/s^3$。由式（3-63）求得稳态误差为：

$$e_{ss} = \lim_{s \to 0} s \cdot \frac{1}{1+G(s)H(s)} \cdot \frac{a_0}{s^3} = \frac{a_0}{K_a} \quad (3-74)$$

式中，$K_a = \lim_{s \to 0} s^2 G(s)H(s) = \frac{K}{s^{v-2}}$ 为静态加速度误差系数。各型系统的静态加速度误差系数为：

$$K_a = \begin{cases} 0, & v=0,1 \\ K, & v=2 \\ \infty, & v \geq 3 \end{cases} \quad (3-75)$$

从而得到阶跃信号作用下，各种类型系统的稳态误差为：

$$e_{ss} = \begin{cases} \infty, & v=0,1 \\ a_0/K, & v=2 \\ 0, & v \geq 3 \end{cases} \quad (3-76)$$

上述表明，0 型和Ⅰ型系统都不能跟踪等加速度输入信号，只有Ⅱ型系统能跟踪，但有稳态误差存在。即在稳态时，系统的输出信号和输入信号都以相同的加速度和速度在变化，但前者在位置上要滞后于后者。

图 3-18 的系统在各种输入信号作用下的稳态误差见表 3-3。

表 3-3　各种输入信号作用下的稳态误差

系统类型	静态误差系数			稳态误差		
	K_p	K_v	K_a	$r(t)=R_0$	$r(t)=v_0 t$	$r(t)=\frac{1}{2}a_0 t^2$
0 型	K	0	0	$\frac{R_0}{1+K}$	∞	∞
Ⅰ型	∞	K	0	0	$\frac{v_0}{K}$	∞
Ⅱ型	∞	∞	K	0	0	$\frac{a_0}{K}$
Ⅲ型	∞	∞	∞	0	0	0

例 3-10 单位负反馈系统传递函数为 $G(s) = \dfrac{10}{s+1}$，已知系统稳定，控制信号 $r(t) = 1(t)$，试计算系统的稳态误差。

解：系统稳态误差函数为：

$$E(s) = \frac{R(s)}{1+G(s)H(s)} = \frac{1}{1+\dfrac{10}{s+1}} \cdot \frac{1}{s} = \frac{s+1}{s+11} \cdot \frac{1}{s}$$

由终值定理得：

$$e_{ss} = \lim_{s \to 0} sE(s) = \lim_{s \to 0} \frac{s+1}{s+11} = \frac{1}{11}$$

例 3-11 一单位负反馈控制系统，若要求：（1）跟踪单位斜坡输入时系统的稳态误差为 2；（2）设该系统为三阶，其中一对复数闭环极点为 $-1 \pm j$。求满足上述要求的开环传递函数。

解：根据（1）和（2）的要求，令其开环传递函数为：

$$G(s) = \frac{K}{s(s^2 + bs + c)}$$

因为

$$e_{ss} = \frac{1}{K_v} = 2 \Rightarrow K_v = 0.5$$

按定义

$$K_v = \lim_{s \to 0} sH(s)G(s) = \frac{K}{c}$$

则

$$K_v = \frac{K}{c} = 0.5, K = 0.5c$$

相应的闭环传递函数为：

$$\Phi(s) = \frac{K}{s^3 + bs^2 + cs + K} = \frac{K}{(s^2 + 2s + 2)(s + p)} = \frac{K}{s^3 + (p+2)s^2 + (2p+2)s + 2p}$$

此式分母对应项的系数应该相等，故有：

$$\begin{cases} p + 2 = b \\ 2p + 2 = c \\ 2p = K = 0.5c \end{cases} \Rightarrow \begin{cases} p = 1 \\ c = 4 \\ b = 3 \\ K = 2 \end{cases}$$

于是，所求开环传递函数为：

$$G(s) = \frac{2}{s(s^2 + 3s + 4)}$$

3.6.3 扰动作用下的稳态误差

以上讨论了系统在参考输入作用下的稳态误差。实际上，控制系统除了受到参考输入的作用外,还会受到来自外部各种扰动的影响。例如,负载力矩的变化、电网电压的波动和环境温度的变化等,这些都会引起系统的稳态误差。这种误差称为扰动稳态误差,它的大小反映了系统抗扰动能力的强弱。对于扰动稳态误差的计算,可以采用上述对参考输入引起的稳态误差的计算方法。但是由于参考输入和扰动输入作用于系统不同位置,因而有可能会产生在某种形式的参考作用下,系统的稳态误差为零,而在同一形式的扰动作用下,系统的稳态误差就未必为零的现象。因此,就有必要研究由扰动作用引起的稳态误差和系统结构的关系。

扰动信号 $n(t)$ 作用下的系统结构图如图 3-19 所示。考虑 $R(s)=0$,此时的扰动误差函数为:

$$E_n(s) = \frac{-G_2(s)H(s)}{1+G_1(s)G_2(s)H(s)}N(s) \tag{3-77}$$

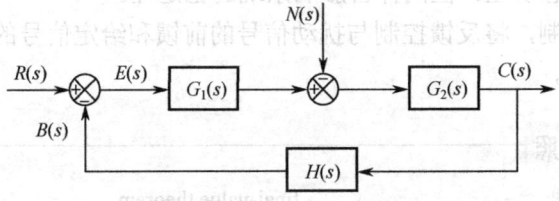

图 3-19 有扰动的闭环控制系统

扰动稳态误差:

$$e_{ssn} = \lim_{s\to 0}sE_n(s) = \lim_{s\to 0}s\frac{-G_2(s)H(s)}{1+G_1(s)G_2(s)H(s)}N(s) \tag{3-78}$$

若 $\lim_{s\to 0}G_1(s)G_2(s)H(s) \gg 1$,则上式可近似为:

$$e_{ssn} = \lim_{s\to 0}\frac{-s}{G_1(s)}N(s)$$

可知扰动信号作用下产生的扰动稳态误差 e_{ssn} 除了与扰动信号的形式有关外,还与扰动作用点之前(扰动点与误差点之间)的传递函数及参数有关,但与扰动作用点之后的传递函数无关。

例如,若 $G_1(s)=K_1$, $G_2(s)=\dfrac{K_2}{s(Ts+1)}$, $H(s)=1$, $N(s)=\dfrac{1}{s}$,则稳态误差:

$$e_{ssn} = \lim_{s\to 0}s\frac{-G_2(s)H(s)}{1+G_1(s)G_2(s)H(s)}N(s) = -\frac{1}{K_1}$$

可见扰动作用点之前的增益越大,扰动产生的稳态误差越小,而稳态误差与扰动作用点之后的增益无关。

若 $G_1(s)=\dfrac{K_1}{s}$, $G_2(s)=\dfrac{K_2}{Ts+1}$, $H(s)=1$, $N(s)=\dfrac{1}{s}$,则稳态误差:

$$e_{ssn} = \lim_{s\to 0}s\frac{-G_2(s)H(s)}{1+G_1(s)G_2(s)H(s)}N(s) = 0$$

比较可以看出,扰动信号作用下的稳态误差与扰动信号作用点之后的积分环节无关,与误差信号到扰动点之间的前向通道中的积分环节有关,要想消除稳态误差,应在误差信号到扰动点之间的前向通道中增加积分环节。

3.6.4 提高系统稳态精度的方法

由前面的讨论可知，采用以下方法可以改善系统的稳态精度。

（1）提高系统的开环增益和增加系统的类型数是减小和消除系统稳态误差的有效方法。但是这两种方法在其他条件不变时，一般会影响系统的动态性能，乃至系统的稳定性。由表 3-3 可见，提高系统的开环增益以后，对于 0 型系统，可以减小系统在阶跃输入时的位置误差；对于 I 型系统，可以减小系统在斜坡输入时的速度误差；对于 II 型系统，可以减小系统在加速度输入时的加速度误差。

（2）增大误差信号与扰动作用点之间前向通道的开环增益和积分环节的个数，可以减小扰动信号引起的稳态误差。但同样会影响系统的稳定性。

（3）采用复合控制，将反馈控制与扰动信号的前馈和给定信号的顺馈相结合。这部分内容将在第 6 章介绍。

专业术语中英文对照	
终值定理	final-value theorem
系统类型	type of system

3.7 MATLAB 在时域分析法中的应用

下面介绍 MATLAB 在控制系统时域分析中的应用。

3.7.1 单位脉冲响应和单位阶跃响应

MATLAB 控制系统工具箱提供了一组求解系统时域响应的函数，利用这些函数可以方便快捷地求出系统对应的单位脉冲、单位阶跃、单位斜坡、单位加速度以及对任意输入信号的响应。单位脉冲响应的调用格式为：

$$[y, x, t] = \text{impulse}(num, den) \text{ 或 impulse}(num, den, t) \tag{3-79}$$

式中，t 为仿真时间；y 为时间 t 的输出响应；x 为时间 t 的状态响应。

说明：

（1）第一种调用格式 $[y, x, t] = \text{impulse}(num, den)$ 命令，将在系统中产生输出量、状态响应及时间向量，此时不画出波形。若需图形，用 plot(t, y) 命令即可。

（2）impulse(num, den) 命令将在屏幕上画出波形。

当输入为单位阶跃信号时，只要将函数改为 step( ) 即可。

例 3-12 已知控制系统的闭环传递函数：

$$\frac{C(s)}{R(s)} = \frac{10}{s^2 + s + 10}$$

试用 MATLAB 求系统的单位脉冲、单位阶跃响应。

解:求解系统单位脉冲响应的 MATLAB 程序如下:

```
%,----------------impulse---------------
t=[0:0.1:20];
num=[10];
den=[1,1,10];
impulse(num,den,t);
grid on;
title('unit- impulse Response of G(s)=10/(s^2+s+10)');
xlabel('t/s');
ylabel('c(t)')
```

求解系统单位阶跃响应的 MATLAB 程序如下:

```
%,----------------step---------------
t=[0:0.1:20];
num=[10];
den=[1,1,10];
step(num,den,t);
grid on;
title('unit-step Response of G(s)=10/(s^2+s+10)');
xlabel('t/s');
ylabel('c(t)')
```

程序中的指令 grid 是画网格标度线的切换指令,grid on 在图上标出直线网格标度线,指令 title 给出的是本图形的标题名,xlabel 和 ylabel 给出横坐标和纵坐标。程序被执行后产生的单位脉冲和阶跃响应曲线分别如图 3-20 和图 3-21 所示。

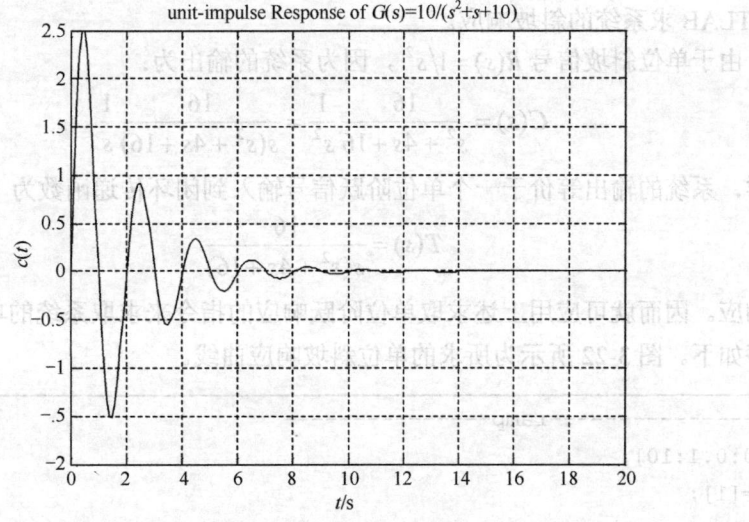

图 3-20 单位脉冲响应

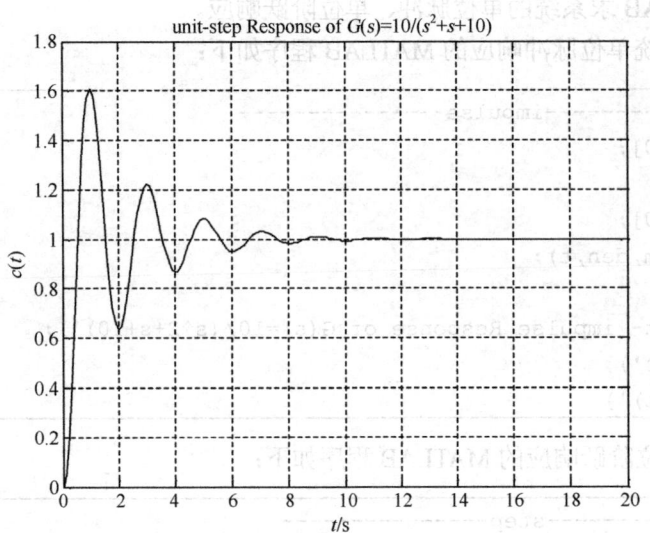

图 3-21 单位阶跃响应

3.7.2 单位斜坡响应

MATLAB 没有直接调用求系统斜坡响应的功能指令。在求取斜坡响应时，通常利用阶跃响应的指令。基于单位阶跃信号的拉氏变换为 $1/s$，而单位斜坡信号的拉氏变换为 $1/s^2$。因此，当求系统 $G(s)$ 的单位斜坡响应时，可先用 s 除 $G(s)$，得到一个新的系统 $G(s)/s$。然后再用阶跃指令，就能求出系统的斜坡响应。

例 3-13 已知系统的闭环传递函数

$$\frac{C(s)}{R(s)} = \frac{16}{s^2 + 4s + 16}$$

试用 MATLAB 求系统的斜坡响应。

解：由于单位斜坡信号 $R(s) = 1/s^2$，因为系统的输出为：

$$C(s) = \frac{16}{s^2 + 4s + 16} \frac{1}{s^2} = \frac{16}{s(s^2 + 4s + 16)} \frac{1}{s}$$

这样，系统的输出等价于一个单位阶跃信号输入到闭环传递函数为

$$T(s) = \frac{16}{s(s^2 + 4s + 16)}$$

的系统响应。因而就可应用上述求取单位阶跃响应的指令来求取系统的单位斜坡响应，求解的程序如下。图 3-22 所示为所求的单位斜坡响应曲线。

```
%,---------------ramp---------------
t=[0:0.1:10];
num=[1];
den=[1,0.3,1,0];
```

```
c=step(num,den,t);
plot(t,c,'.',t,t,'-');
grid on;
xlabel('t/s');
ylabel('r(t),c(t)');
title('Input and Output')
```

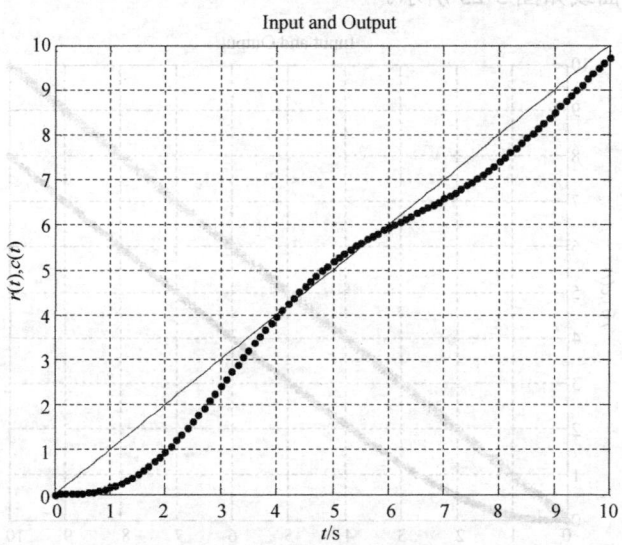

图 3-22 单位斜坡响应曲线

3.7.3 任意函数作用下系统的响应

在许多情况下，需要求取在任意已知函数作用下系统的响应，此时可用线性仿真函数 lsim( ) 来实现。其调用格式为：

$$[y,x] = \text{lsim}(\text{num}, \text{den}, u, t) \tag{3-80}$$

式中，y 为系统输出响应；x 为系统状态响应；u 为系统输入信号；t 为仿真时间。

例 3-14 系统的闭环传递函数为：

$$\frac{C(s)}{R(s)} = \frac{16}{s^2 + 4s + 16}$$

试用 lsim( ) 求系统的单位斜坡响应和单位加速度响应曲线。

解：程序如下：

```
%,---------------ramp---------------
num=[1];
den=[1,2,1];
t =[0:0.1:10];
r=t;
y=lsim(num,den,r,t) ;
```

```
plot(t,y,'.',t,r,'*');
grid on;
xlabel('t/s');
ylabel('r(t),c(t)');
title('Input and Output')
```

单位斜坡响应曲线如图 3-23 所示。

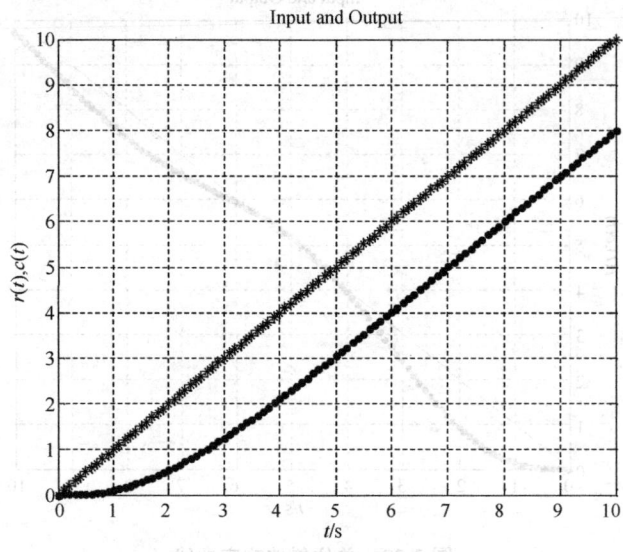

图 3-23　单位斜坡响应曲线

将上述程序中的 $r = t$ 替换为 $r = 0.5.*t.*t$ 就可以得到单位加速度响应曲线，如图 3-24 所示。

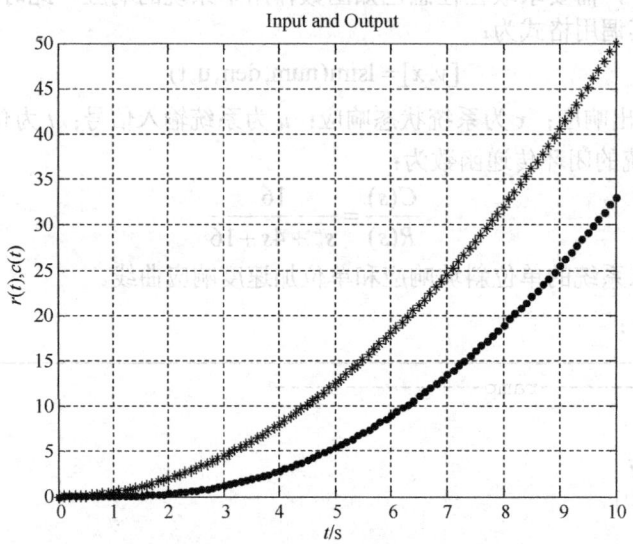

图 3-24　单位加速度响应曲线

3.7.4 Simulink 中时域响应举例

Simulink 是 MATLAB 最重要的组件之一，它提供一个动态系统建模、仿真和综合分析的集成环境。在该环境中，无须书写大量的程序，而只是通过简单直观的鼠标操作，就可以构造出复杂的仿真模型。这里仅通过一个例子介绍 Simulink 中系统时域响应分析。

例 3-15 图 3-25 所示的 Simulink 仿真框图演示了在阶跃输入下系统的响应曲线，如图 3-26 所示。

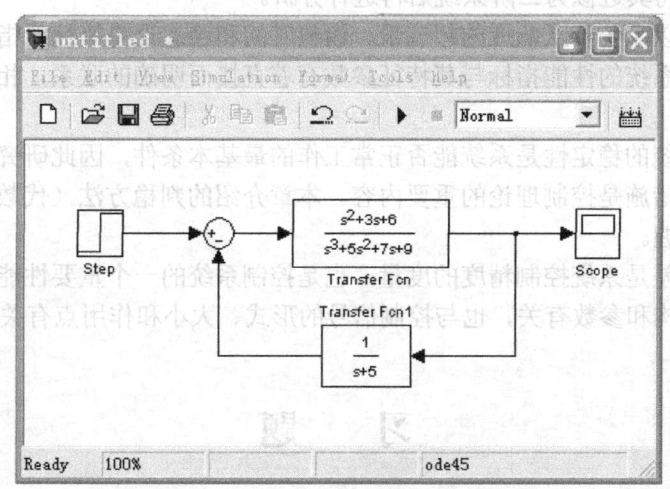

图 3-25 仿真框图

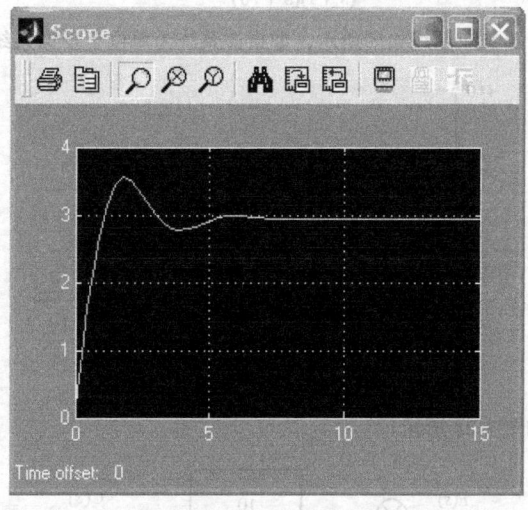

图 3-26 阶跃响应曲线

专业术语中英文对照	
工程计算	engineering computation

小 结

（1）时域分析法是通过直接求解系统在典型输入信号作用下的时间响应来分析系统的性能。时域分析法是控制系统最基本的分析方法。

（2）本章重点介绍了一阶系统和二阶系统的时域响应。对于高阶系统的分析，可以通过主导极点概念将其近似为二阶系统后再进行分析。

（3）通常是以系统阶跃响应的超调量、调整时间和稳态误差等性能指标来评价系统性能的优劣。二阶系统的性能指标与其特征参数有着直接而明确的联系，相应的关系式应该加以牢记。

（4）控制系统的稳定性是系统能否正常工作的最基本条件，因此研究系统的稳定性、稳定条件、稳定措施是控制理论的重要内容。本章介绍的判稳方法（代数判据）简单而实用，应该熟练掌握。

（5）稳态误差是系统控制精度的度量，也是控制系统的一个重要性能指标。系统的稳态误差既与其结构和参数有关，也与控制信号的形式、大小和作用点有关。

习 题

3-1 已知系统闭环传递函数为 $\Phi(s) = \dfrac{10(0.8s+1)}{(s+1)(s+10)}$，求其单位阶跃响应。

3-2 二阶系统单位阶跃响应曲线如图所示，如果该系统为单位负反馈系统，确定其开环传递函数。

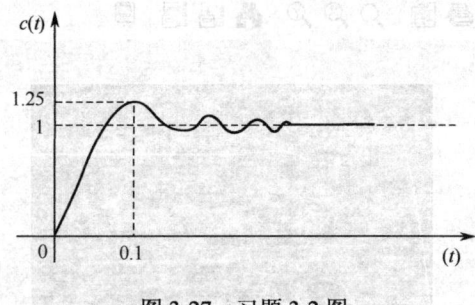

图 3-27 习题 3-2 图

3-3 已知系统框图如图 3-28 所示。

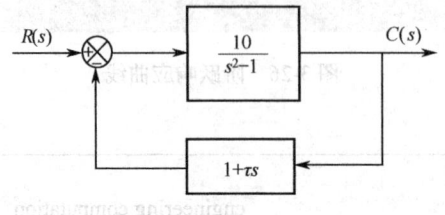

图 3-28 习题 3-3 图

（1）当 $\tau=0$ 时，求系统的单位冲击响应函数；

（2）为使系统具有阻尼比 $\xi=0.5$，试确定 τ 的值，并计算单位阶跃输入时的 $\sigma\%$、t_r、t_s 和 e_{ss}。

3-4　单位反馈控制系闭环传递函数为 $\varPhi(s)=\dfrac{K}{s^2+38s+K}$

（1）当系数 $K=1000$ 时，求系统的单位阶跃响应 $y(t)$ 和性能指标 t_r、t_p、t_s、$\sigma\%$、e_{ss}；

（2）当 K 分别等于 9000 和 100 时，系统的性能指标如何变化？

3-5　试求出如图 3-29 所示系统的单位阶跃响应曲线及性能指标。

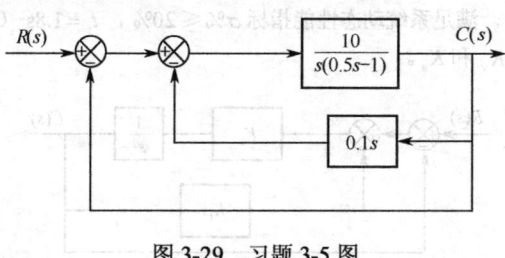

图 3-29　习题 3-5 图

3-6　控制系统特征方程如下，试用稳定判据判断其稳定性。

（1）$s^3+20s^2+9s+100=0$

（2）$s^4+3s^3+3s^2+2s+1=0$

（3）$s^4+2s^3+2s^2+4s+5=0$

（4）$s^5+6s^4+3s^3+2s^2+s+1=0$

3-7　已知控制系统特征方程如下，试判断系统稳定性。如不稳定，求出系统在右半平面根的个数，并求出对称于 s 平面原点的根。

（1）$s^4+7s^3+25s^2+42s+30=0$

（2）$2s^5+s^4+6s^3+3s^2+s+1=0$

（3）$s^6+4s^5-4s^4+4s^3-7s^2-8s+10=0$

3-8　单位负反馈系统开环传递函数如下，确定使系统稳定的 K 的范围。

$$G(s)=\dfrac{K(0.5s+1)}{s(s+1)(0.5s^2+s+1)}$$

3-9　单位负反馈系统开环传递函数为 $G(s)=\dfrac{K}{s(s+4)(s+10)}$。

（1）确定系统稳定时 K 的范围；

（2）若系统闭环极点实部不大于–1，确定 K 的范围。

3-10　系统如图 3-30 所示，填写表 3-4。

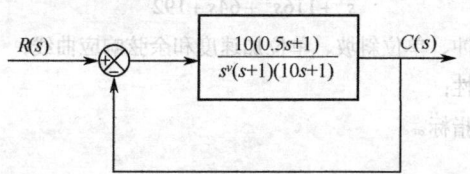

图 3-30　习题 3-10 图

3-11　控制系统结构图如图 3-31 所示，要求：

表 3-4 习题 3-10 表

类型 稳态误差\输入信号	$u(t)$	$2tu(t)$	$3t^2u(t)$
$v=0$			
$v=1$			
$v=2$			

(1) 选择参数 K_i 和 K_t，满足系统动态性能指标 $\sigma\% \leqslant 20\%$，$t_s=1.8s$（±5%的误差带）的要求；
(2) 求出系统的 K_p、K_v 和 K_a。

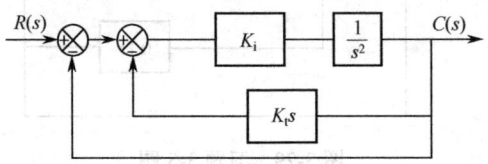

图 3-31 习题 3-11 图

3-12 已知单位负反馈二阶系统的单位阶跃响应为 $y(t)=1-10te^{-10t}-e^{-10t}$，试求：
(1) 系统闭环传递函数的表达式；
(2) ξ 和 ω_n 的值；
(3) 求出系统的 K_p、K_v 和 K_a，当输入信号为 $r(t)=10\cdot1(t)+20t$ 时系统的稳态误差。

3-13 单位负反馈控制系统如图 3-32 所示。
(1) 试确定使系统闭环稳定的反馈系数的 K_b 的取值范围；
(2) 若已确定系统的一个闭环极点为 −5，试求 K_b 的取值和其余的闭环极点；
(3) 根据第（2）问得到的极点配置，采用时域方法分析系统的瞬态性能和稳态性能。

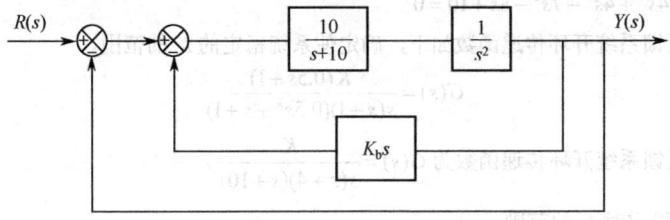

图 3-32 习题 3-13 图

3-14 系统闭环传递函数为 $\varPhi(s)=\dfrac{192}{s^3+116s^2+64s+192}$，利用 MATLAB 软件：
(1) 绘制该系统单位脉冲、单位斜坡、单位加速度和余弦响应曲线；
(2) 判断该系统的稳定性；
(3) 求出系统动态性能指标。

第 4 章 控制系统的根轨迹法

一个控制系统的稳定性完全由它的特征方程的根所确定，而特征方程的根又与系统参数密切相关。在第 3 章中，曾经多次讨论过为保证系统稳定而对系统中某一参数的取值范围进行限定。现在反过来问，如果系统中某个参数（如开环增益）发生变化，特征方程的根会发生什么变化，从而导致系统稳定性发生怎样的改变？显然，反复计算高阶代数方程的根是完全不现实的。即使采用劳斯-赫尔维兹判据也需要反复计算，其过程也很复杂。

伊文斯（W. R. Evans）于 1948 年提出了一种求解闭环特征方程根的简便的图解方法，这就是根轨迹法。它根据系统开环传递函数极点和零点的分布，依照简单规则，用作图的方法求出闭环极点的分布，从而避免了复杂的数学计算，而且系统中某个参数的变化对闭环极点的分布会产生什么影响，可以很容易地从图上看出来。因此，这是一种分析控制系统的简便方法。

本章主要讨论根轨迹法的基本概念及绘制根轨迹法的一般规则，并用这种方法去分析控制系统。有关用根轨迹法进行系统综合的内容将在第 6 章中介绍。

4.1 根轨迹的介绍

4.1.1 根轨迹的基本概念

根轨迹是开环系统某一参数从零变化到无穷大时，闭环系统特征根在 s 平面上变化的轨迹。

下面以一个低阶系统为例具体说明根轨迹的概念。

例 4-1 设有一单位反馈控制系统如图 4-1 所示，其开环传递函数为：

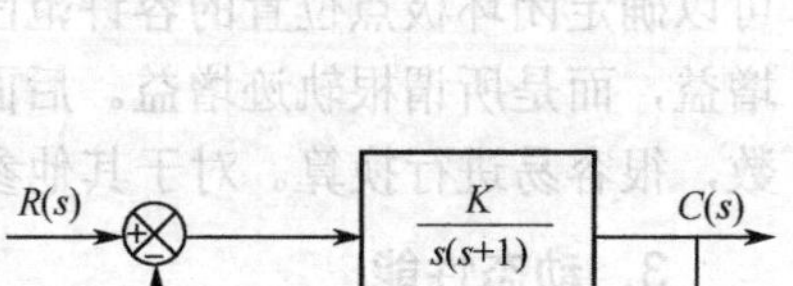

$$G(s)H(s) = \frac{K}{s(s+1)}$$

图 4-1 二阶系统

于是，求得系统的闭环特征方程式为：

$$s^2 + s + K = 0$$

显然，特征方程式的根是：

$$s_{1,2} = -\frac{1}{2} \pm \frac{1}{2}\sqrt{1-4K} \tag{4-1}$$

由式（4-1）可见，特征根 s_1 和 s_2 都将随着参变量 K 的变化而变化。表 4-1 列出了当参变量 K 由零变化到无穷大时，特征根 s_1 和 s_2 相应的变化关系。

表 4-1 特征方程式的根与参变量 K 的关系

K	0	0.25	0.5	1	...	∞
s_1	0	−0.5	−0.5+j0.5	−0.5+j0.87	...	−0.5+j∞
s_2	−1	−0.5	−0.5−j0.5	−0.5−j0.87	...	−0.5−j∞

以 K 为参变量，把表 4-1 中所示的闭环特征方程式的根 s_1 和 s_2 画在 s 平面上，并分别把它们连成曲线，就得到该系统的根轨迹，如图 4-2 所示。图中箭头的指向表示 K 增大时根的移动方向。而标注的数值则代表与闭环极点位置相应的开环增益 K 的数值。根轨迹图表示了系统参数从零变至无穷时闭环极点在 s 平面上所有可能的分布。因此，根轨迹图全面说明了系统参数对闭环极点分布的影响。

4.1.2 根轨迹与系统性能

有了根轨迹图，可以立即分析系统的各种性能。下面以图 4-2 为例进行说明。

1. 稳定性

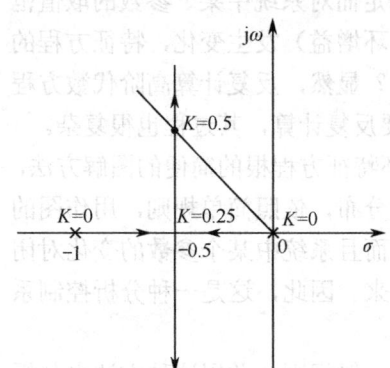

图 4-2 系统的根轨迹图

当开环增益从零变到无穷时，图 4-2 上的根轨迹不会越过虚轴进入右半 s 平面，由系统稳定的充分必要条件可知系统对所有的 K 值都是稳定的。如果绘制的是高阶系统的根轨迹图，那么根轨迹就有可能越过虚轴进入 s 平面右半部，此时根轨迹与虚轴交点处的 K 值就是临界开环增益。

2. 稳态性能

由图 4-2 可见，开环系统在坐标原点有一个极点，所以系统属Ⅰ型系统，因而根轨迹上的点对应的 K 值就是静态速度误差系数。如果给定系统的稳态误差要求，则由根轨迹图可以确定闭环极点位置的容许范围。在一般情况下，根轨迹图上标注出来的参数不是开环增益，而是所谓根轨迹增益。后面会指出，开环增益和根轨迹增益之间仅相差一个比例常数，很容易进行换算。对于其他参数变化的根轨迹图，情况是类似的。

3. 动态性能

由图 4-2 可见，当 $0 < K < 0.25$ 时，所有闭环极点位于实轴上，系统为过阻尼系统，单位阶跃响应为非周期过程；当 $K = 0.25$ 时，两个闭环实数极点重合，系统为临界阻尼系统，单位阶跃响应仍为非周期过程，但响应速度较 $0 < K < 0.25$ 情况更快；当 $K > 0.25$ 时，闭环极点为复数极点，系统为欠阻尼系统，单位阶跃响应为阻尼振荡过程，且超调量将随 K 值的增大而增大，但调节时间的变化不显著。

上述分析表明，根轨迹与系统性能之间有着比较密切的联系。然而，对于高阶系统，用解析的方法绘制系统的根轨迹图是不适用的。为此，伊文斯提出了绘制根轨迹的一套基本规则。应用这些规则，根据开环传递函数零、极点在 s 平面上的分布，能较方便地画出闭环特征方程式根的轨迹，进而可以分析出随着参变量的变化，系统的稳定性、稳态性能以及动态性能会发生怎样的变化。

4.1.3 根轨迹的幅值条件和相角条件

设单闭环控制系统的一般结构如图 4-3 所示。该闭环系统的特征方程式为:

$$1 + G(s)H(s) = 0 \qquad (4\text{-}2)$$

由式（4-2）可知，凡是满足方程

$$G(s)H(s) = -1 \qquad (4\text{-}3)$$

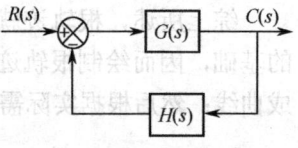

图 4-3 控制系统的框图

的 s 值，就是该方程式的根，或者说是根轨迹上的一点，我们把式（4-3）称为根轨迹方程。由于式（4-3）等号的左侧是复变函数，故等号的右端也必是复数，则该式可改写为:

$$|G(s)H(s)| e^{j\{\arg[G(s)H(s)]\}} = e^{\pm j(2k+1)\pi}, k = 0,1,2,\cdots$$

于是得:

$$|G(s)H(s)| = 1 \qquad (4\text{-}4)$$

$$\arg[G(s)H(s)] = \pm(2k+1)\pi, k = 0,1,2,\cdots \qquad (4\text{-}5)$$

式（4-4）和式（4-5）分别称为根轨迹的幅值条件和相角条件。显然，满足式（4-3）的 s 值必同时满足式（4-4）和式（4-5）。为了把幅值条件和相角条件写成更具体的形式，假设系统的开环传递函数为如下形式:

$$G(s)H(s) = \frac{K^*(s+z_1)(s+z_2)\cdots(s+z_m)}{(s+p_1)(s+p_2)\cdots(s+p_n)} \qquad (4\text{-}6)$$

式中，$K^* > 0$，为绘制根轨迹的可变参数，称其为根轨迹增益，它与开环增益仅相差一个比例常数，4.1.4 节会详细推导。$-z_1, -z_2, \cdots, -z_m$ 为开环传递函数的零点，$-p_1, -p_2, \cdots, -p_n$ 为开环传递函数的极点。在 s 平面上，它们分别用符号 "O" 和 "×" 表示。若将式（4-6）中分子、分母的各因式以极坐标形式来表示，即令:

$$s + z_i = \rho_i e^{j\phi_i}, i = 1,2,\cdots,m;$$
$$s + p_l = \gamma_l e^{j\theta_l}, l = 1,2,\cdots,n$$

则式（4-6）改写为:

$$G(s)H(s) = K^* \frac{\prod_{i=1}^{m} \rho_i}{\prod_{l=1}^{n} \gamma_l} e^{j\left(\sum_{i=1}^{m} \phi_i - \sum_{l=1}^{n} \theta_l\right)} \qquad (4\text{-}7)$$

于是求得根轨迹具体形式的幅值条件和相角条件为:

$$K^* \frac{\prod_{i=1}^{m} \rho_i}{\prod_{l=1}^{n} \gamma_l} = 1 \qquad (4\text{-}8)$$

$$\sum_{i=1}^{m} \phi_i - \sum_{l=1}^{n} \theta_l = \pm(2k+1)\pi, k = 0,1,2,\cdots \qquad (4\text{-}9)$$

由上述两式可见，幅值条件与 K^* 有关，而相角条件与 K^* 无关。因此，把满足相角条件的 s 值代入幅值条件中，一定能求得一个与之相对应的 K^* 值。这就是说，相角条件是确定 s 平面上的根轨迹的充分必要条件。

综上所述，根轨迹就是 s 平面上满足相角条件点的集合。由于相角条件是绘制根轨迹的基础，因而绘制根轨迹的一般步骤是：先找出 s 平面上满足相角条件的点，并把它们连成曲线；然后根据实际需要，用幅值条件确定相关点对应的 K^* 值。

4.1.4 根轨迹增益与系统开环增益的关系

假若根轨迹的参变量由系统的开环增益来决定，则式（4-6）中的 K^* 和开环增益 K 的关系推导如下。

已知反馈系统的开环传递函数具有如下标准形式

$$G(s)H(s) = \frac{K(\tau_1 s+1)\cdots(\tau_m s+1)}{s^\nu(T_1 s+1)\cdots(T_{n-\nu} s+1)} \quad (4-10)$$

其中，ν 是积分单元的数目，ν 可以是 0。K 就是开环比例系数（开环增益）。比较式（4-6）和式（4-10）可知根轨迹增益 K^* 与开环增益 K 的关系：

$$K = \frac{K^* \prod_{i=1}^{m} z_i}{\prod_{l=1}^{n-\nu} p_l} = \frac{K^* \prod_{l=1}^{n-\nu} T_l}{\prod_{i=1}^{m} \tau_i} \quad (4-11)$$

式中，$-z_i = -\frac{1}{\tau_i}(i=1,2,\cdots,m)$ 为 $G(s)H(s)$ 的零点；$-p_l = -\frac{1}{T_l}(l=1,2,\cdots,n-\nu)$ 为 $G(s)H(s)$ 中不为零的极点。

若把式（4-6）代入式（4-2），则闭环特征方程就变为：

$$\frac{K^* \prod_{i=1}^{m}(s+z_i)}{\prod_{l=1}^{n}(s+p_l)} = -1 \quad (4-12)$$

式（4-12）表示了系统的闭环极点与其开环零、极点间的关系。基于这种关系，就可以根据开环零、极点的分布确定相应闭环极点的位置。由于根轨迹是根据系统的开环零、极点所绘制的，因而开环传递函数以式（4-6）所示的零极点形式表示，将便于对根轨迹的绘制。本章下面所述的开环传递函数均以这种形式表示。

专业术语中英文对照

特征方程	characteristic equation
极点	pole
零点	zero
根轨迹	root locus
幅值和相角条件	the magnitude and angle conditions

4.2 绘制根轨迹的基本法则

本节讨论绘制概略根轨迹的基本法则，重点放在基本法则的叙述和说明上。这些基本法则非常简单，熟练地掌握它们，对于分析和设计控制系统是非常有益的。

在下面的讨论中，假定所研究的变化参数是根轨迹增益 K^*，这些基本规则同样也适用于其他参数为可变的情况。

规则 1 根轨迹的对称性

实际系统的开环零极点以及闭环零极点总是实数或共轭复数对。实根位于实轴上，复根在 s 平面上的分布是关于实轴对称的。因此，根轨迹也是关于实轴对称的。利用对称的特点，只需绘制实轴上半平面的根轨迹，然后利用对称关系就可以画出实轴下半平面的根轨迹。

规则 2 根轨迹的分支数、起点和终点

设系统的开环传递函数由式（4-6）所示，则相应的闭环特征方程式为：

$$\prod_{l=1}^{n}(s+p_l)+K^*\prod_{i=1}^{m}(s+z_i)=0 \tag{4-13}$$

由于 $n \geqslant m$，所以特征方程是 n 阶的。当 K^* 取任何数值时，它总有 n 个根，由此便知根轨迹共有 n 条分支。

根轨迹的起点是指当 $K^*=0$ 时，根轨迹的位置。由式（4-13）可知，当 $K^*=0$ 时，该方程便蜕化为开环特征方程，即

$$\prod_{l=1}^{n}(s+p_l)=0 \tag{4-14}$$

式（4-14）表明了根轨迹的起点就是开环传递函数的极点 $s=-p_l(l=1,2,\cdots,n)$。

根轨迹的终点是指当根轨迹增益 $K^* \to \infty$ 时根轨迹的位置，由式（4-13）得：

$$\frac{1}{K^*}\prod_{l=1}^{n}(s+p_l)+\prod_{i=1}^{m}(s+z_i)=0 \tag{4-15}$$

当 $K^* \to \infty$ 时，它将蜕化成为 m 次方程，且 $m \leqslant n$。为了避免丢失方程的根，我们在式（4-15）中做置换：

$$s=\frac{1}{q}$$

则式（4-15）化为：

$$\frac{1}{K^*}\left(\frac{1}{q}+p_1\right)\cdots\left(\frac{1}{q}+p_n\right)+\left(\frac{1}{q}+z_1\right)\cdots\left(\frac{1}{q}+z_m\right)=0$$

将两端同乘以 q^n，便得：

$$\frac{1}{K^*}(1+qp_1)\cdots(1+qp_n)+q^{n-m}(1+qz_1)\cdots(1+qz_m)=0$$

当 $K^* \to \infty$ 时，它化为：
$$q^{n-m}(1+qz_1)\cdots(1+qz_m)=0$$

这仍是 n 次方程，它有 n 个根：
$$q=0(n-m\text{重}),-\frac{1}{z_1},\cdots,-\frac{1}{z_m}$$

可见方程（4-13）在 $K^* \to \infty$ 时 n 个根应是：
$$s=\infty(n-m\text{重}),-z_1,\cdots,-z_m$$

所以，总数为 n 条的根轨迹中，有 m 条的终点就是开环零点，其余 $n-m$ 条的终点在无穷远点。

规则 3　根轨迹在实轴上的分布

在实轴上任取一实验点 s_i，若该点右方实轴上开环极点数和零点数之和为奇数，则点 s_i 是根轨迹上的一个点，该点所在的线段就是实轴上的根轨迹。

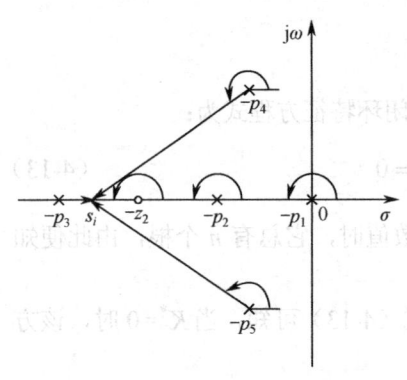

图 4-4　实轴上根轨迹的确定

下面用相角条件说明这个规则。设系统的开环零、极点分布如图 4-4 所示。在实轴上任取一试验点 s_i，连接所有的开环极点和零点。由图 4-4 可得出以下结论。

（1）位于点 s_i 右方实轴上的每一个开环极点和零点指向该点的矢量，它们的相角分别为 $-\pi$ 或 π；而位于点 s_i 左方实轴上的开环极点和零点指向该点的矢量，由于其与实轴正向的指向一致，因而它们的相角都为 0。

（2）一对共轭极点（或共轭零点）指向点 s_i 的矢量的相角和分别为 -2π（或 2π），因而不会影响实轴根轨迹的确定。

由上所述，实轴上根轨迹的确定完全取决于点 s_i 右方实轴上开环极点数与零点数之和的数目。由相角条件得：
$$\arg[G(s)H(s)]_{s=s_i}=(m_r-n_r)\pi=\pm(2k+1)\pi,\quad k=0,1,2,\cdots$$

式中，m_r 为点 s_i 右方实轴上的开环零点数；n_r 为点 s_i 右方实轴上的开环极点数。

由上式可知，只要 m_r+n_r 为奇数，则此试验点 s_i 就满足相角条件，表示该点是根轨迹上的一点。

规则 4　根轨迹的渐近线

基于上述，当 $n>m$ 时，应有 $n-m$ 条根轨迹分支的终点趋向于无限远。这些趋向于无限远处根轨迹分支的方位是由下述的渐近线确定的。

1．渐近线的倾角

设试验点 s_i 在 s 平面的无限远处，则各开环极点和零点到它的矢量与实轴正方向的夹角可视为都是相等的，记为 θ。这样，m 个开环零点指向 s_i 点矢量所产生的相角 $m\theta$ 被 m 个开环极点指向 s_i 点矢量所产生的相角 $-m\theta$ 所抵消。余下 $n-m$ 个开环极点指向 s_i 点的矢量实质上是同一条直线，这条直线就是根轨迹的渐近线。如果点 s_i 是位于无限远处根轨迹上

的一点，则其应满足相角条件，即
$$-(n-m)\theta = \pm(2k+1)\pi$$
于是得：
$$\theta = \frac{\pm(2k+1)\pi}{n-m}, \quad k=0,1,2,\cdots,(n-m-1) \tag{4-16}$$

式（4-16）表示由 $n-m$ 个开环极点出发的根轨迹分支，当 $K^* \to \infty$ 时，将按式（4-16）所示角度的渐近线趋向于无穷远。显然，渐近线的数目等于趋向无穷远根轨迹的分支数，即为 $n-m$。

2. 渐近线与实轴的交点

根据规则1可知这些渐近线必相交于实轴上。现在来求渐近线与实轴的交点。

将式（4-6）的分子和分母分别写成多项式形式，得：

$$G(s)H(s) = \frac{K^*\left(s^m + \sum_{i=1}^{m} z_i s^{m-1} + \cdots + \prod_{i=1}^{m} z_i\right)}{s^n + \sum_{l=1}^{n} p_l s^{n-1} + \cdots + \prod_{l=1}^{n} p_l}$$

$$= \frac{K^*}{s^{n-m} + \left(\sum_{l=1}^{n} p_l - \sum_{i=1}^{m} z_i\right)s^{n-m-1} + \cdots} \tag{4-17}$$

当 $s \to \infty$ 时，式（4-17）近似地用下式表示：

$$G(s)H(s) = \frac{K^*}{s^{n-m} + \left(\sum_{l=1}^{n} p_l - \sum_{i=1}^{m} z_i\right)s^{n-m-1}}$$

由 $G(s)H(s) = -1$ 得渐近线方程：

$$s^{n-m}\left(1 + \frac{\sum_{l=1}^{n} p_l - \sum_{i=1}^{m} z_i}{s}\right) = -K^*$$

或

$$s\left(1 + \frac{\sum_{l=1}^{n} p_l - \sum_{i=1}^{m} z_i}{s}\right)^{\frac{1}{n-m}} = (-K^*)^{\frac{1}{n-m}} \tag{4-18}$$

根据二项式定理有：

$$\left(1 + \frac{\sum_{l=1}^{n} p_l - \sum_{i=1}^{m} z_i}{s}\right)^{\frac{1}{n-m}} = 1 + \frac{\sum_{l=1}^{n} p_l - \sum_{i=1}^{m} z_i}{(n-m)s} + \frac{1}{2!} \times \frac{1}{n-m}\left(\frac{1}{n-m} - 1\right)\left(\frac{\sum_{l=1}^{n} p_l - \sum_{i=1}^{m} z_i}{s}\right)^2 + \cdots$$

在 s 值很大时，近似有：

$$\left(1+\frac{\sum_{l=1}^{n}p_l-\sum_{i=1}^{m}z_i}{s}\right)^{\frac{1}{n-m}}=1+\frac{\sum_{l=1}^{n}p_l-\sum_{i=1}^{m}z_i}{(n-m)s} \tag{4-19}$$

将式（4-19）代入式（4-18），渐近线方程可表示为：

$$s\left(1+\frac{\sum_{l=1}^{n}p_l-\sum_{i=1}^{m}z_i}{(n-m)s}\right)=(-K^*)^{\frac{1}{n-m}}=K^{*\frac{1}{n-m}}\mathrm{e}^{\mathrm{j}\frac{2k+1}{n-m}\pi} \tag{4-20}$$

现在以 $s=\sigma+\mathrm{j}\omega$ 代入式（4-20），得：

$$\left(\sigma+\frac{\sum_{l=1}^{n}p_l-\sum_{i=1}^{m}z_i}{n-m}\right)+\mathrm{j}\omega=\sqrt[n-m]{K^*}\left[\cos\frac{(2k+1)\pi}{n-m}+\mathrm{j}\sin\frac{(2k+1)\pi}{n-m}\right],\quad k=0,1,\cdots,n-m-1$$

令实部和虚部分别相等，有：

$$\sigma+\frac{\sum_{l=1}^{n}p_l-\sum_{i=1}^{m}z_i}{n-m}=\sqrt[n-m]{K^*}\cos\frac{(2k+1)\pi}{n-m}$$

$$\omega=\sqrt[n-m]{K^*}\sin\frac{(2k+1)\pi}{n-m}$$

从最后两个方程中解出：

$$\sqrt[n-m]{K^*}=\frac{\omega}{\sin\theta}=\frac{\sigma-\sigma_\mathrm{a}}{\cos\theta} \tag{4-21}$$

$$\omega=(\sigma-\sigma_\mathrm{a})\tan\theta \tag{4-22}$$

式中

$$\theta=\frac{(2k+1)\pi}{n-m},k=0,1,\cdots,n-m-1 \tag{4-23}$$

$$\sigma_\mathrm{a}=-\left(\frac{\sum_{l=1}^{n}p_l-\sum_{i=1}^{m}z_i}{n-m}\right)=\frac{\sum_{l=1}^{n}(-p_l)-\sum_{i=1}^{m}(-z_i)}{n-m} \tag{4-24}$$

在 s 平面上，式（4-22）代表直线方程，它与实轴的交角为 θ，交点为 σ_a。当 k 取不同值时，可得 $n-m$ 个 θ 角，而 σ_a 不变，因此根轨迹渐近线是 $n-m$ 条与实轴交点为 σ_a、交角为 θ 的一组射线，而交角正是渐近线的倾角。

由于开环复数极点和零点总是成对出现，虚部相互抵消，因而 σ_a 总是一个实数。为了便于记忆，也可把式（4-24）简化为：

$$\sigma_a = \frac{\text{开环极点的实部之和} - \text{开环零点实部之和}}{\text{开环极点数} - \text{开环零点数}}$$

下面举例说明根轨迹渐近线的做法。

例 4-2 设单位反馈控制系统的开环传递函数为：

$$G(s) = \frac{K^*(s+2)}{s(s+1)(s+4)}$$

试根据已知的 4 条基本规则，确定绘制根轨迹的有关数据。

解：首先确定开环传递函数的零点和极点，并将其标注在 s 平面的直角坐标系上。然后按下述步骤确定绘制概略根轨迹的有关数据。

（1）由规则 1、2，根轨迹起于 $G(s)$ 的极点（0，-1，-4），终止于 $G(s)$ 的零点-2 以及无穷远处。根轨迹的分支数有 3 条，且对称于实轴。

（2）由规则 3 确定实轴上的根轨迹。实轴上[-1,0]，[-4,-2]区域必为根轨迹。

（3）由规则 4 确定根轨迹的渐近线。由于 $n - m = 2$，故有 2 条根轨迹渐近线，其与正实轴的夹角分别为：

$$\theta = \frac{(2k+1)\pi}{2} = \frac{\pi}{2}, \frac{3\pi}{2}, \pi, k = 0, 1$$

渐近线与实轴的交点为：

$$\sigma_a = \frac{0 + (-1) + (-4) - (-2)}{2} = -1.5$$

开环传递函数 $G(s)$ 的实轴上根轨迹分布与渐进线如图 4-5 所示。

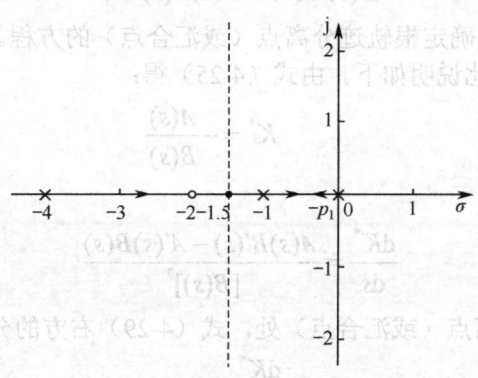

图 4-5 开环传递函数 $G(s)$ 的实轴上根轨迹分布与渐近线

规则 5 根轨迹的分离点和汇合点

根据规则 2，根轨迹必始于开环极点，而终于开环零点。在一般情况下，如果实轴上两相邻极点间的线段属于根轨迹，那么根轨迹从这两个极点出发并在某点相遇后，就必然要分开，即离开实轴而移向 s 复平面。在这种情况下，它们相遇并离开实轴的点称作分离点。如图 4-6 中的 a 点就是分离点。

同理，如果实轴上两相邻零点之间的线段属于根轨迹（这两个零点可能都是有限零点，也可能一个是有限零点，另一个是无穷远零点），则它们之间必有汇合点。

常见的分离点和汇合点一般都位于实轴上,但也有可能以共轭复数形式成对出现在复平面中,如图4-7所示。

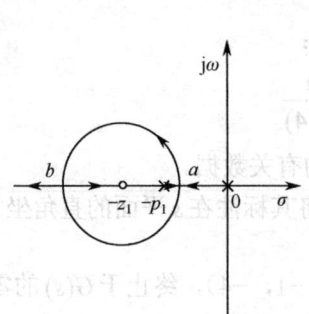

图4-6 根轨迹的分离点和汇合点

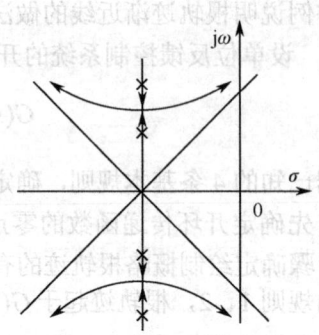

图4-7 根轨迹的复数分离点

把开环传递函数改写为:

$$G(s)H(s) = \frac{K^* B(s)}{A(s)}$$

由代数方程式解的性质可知,特征方程式出现重根的条件是s值必须满足下列方程,即

$$D(s) = A(s) + K^* B(s) = 0 \tag{4-25}$$

$$D'(s) = A'(s) + K^* B'(s) = 0 \tag{4-26}$$

消去上述两式中的K,求得:

$$A(s)B'(s) - A'(s)B(s) = 0 \tag{4-27}$$

式(4-27)就是用于确定根轨迹分离点(或汇合点)的方程。除此以外,还可以用方程$dK/ds = 0$来求取,对此说明如下。由式(4-25)得:

$$K^* = -\frac{A(s)}{B(s)} \tag{4-28}$$

对s进行求导,得:

$$\frac{dK^*}{ds} = \frac{A(s)B'(s) - A'(s)B(s)}{[B(s)]^2} \tag{4-29}$$

由于在根轨迹的分离点(或汇合点)处,式(4-29)右方的分子应等于零,于是得:

$$\frac{dK^*}{ds} = 0 \tag{4-30}$$

综上所述,式(4-27)或式(4-30)可确定根轨迹分离点和汇合点的值,用σ_b来表示。这里需要注意的是,按式(4-27)或式(4-30)所求的根并非都是实际的分离点或汇合点,只有位于根轨迹上的那些重根才是实际的分离点或汇合点。

规则6 根轨迹的出射角和入射角

根轨迹离开开环复数极点处的切线与实轴正方向的夹角,称为根轨迹的出射角,如图4-8中的角θ_4和θ_5。根轨迹进入开环复数零点处的切线与正实轴的夹角,称为根轨迹的入射角,以φ标记。计算根轨迹的出射角和入射角的目的在于了解复数极点或零点附近根

轨迹的变化趋向，便于绘制根轨迹。

设一控制系统的开环零、极点分布如图 4-8 所示。取试验点 s_i，并使之十分靠近开环复数极点 $-p_4$，因而可以认为开环的零点和其他极点指向 s_i 点矢量的相角和它们指向点 $-p_4$ 矢量的相角相等。如果试验点 s_i 在根轨迹上，则应满足相角条件，即

$$\varphi_1 - (\theta_1 + \theta_2 + \theta_3 + \theta_4 + \theta_5) = \pm(2k+1)\pi$$

因而

$$\theta_4 = \mp(2k+1)\pi + \varphi_1 - (\theta_1 + \theta_2 + \theta_3 + \theta_5)$$

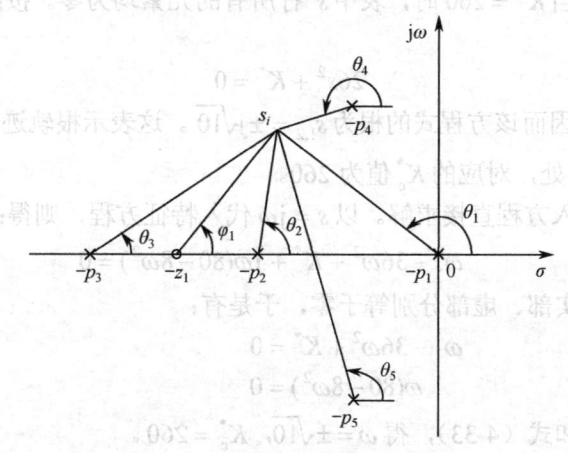

图 4-8 根轨迹出射角的确定

式中，θ_4 就是根轨迹离开复数极点 $-p_4$ 的出射角。由上式得到出射角的一般表达式应为：

$$\theta_l = \mp(2k+1)\pi + \sum_{i=1}^{m}\varphi_i - \sum_{\substack{j=1\\j\neq l}}^{n}\theta_j$$

式中，θ_l 为待求开环复数极点 $-p_l$ 的出射角；θ_j 为除去 $-p_l$ 外的其余开环极点指向极点 $-p_l$ 的矢量的相角；φ_i 为开环零点指向极点 $-p_l$ 矢量的相角。

同理，可得计算入射角的表达式为：

$$\varphi_k = \pm(2k+1)\pi + \sum_{j=1}^{n}\theta_j - \sum_{\substack{i=1\\i\neq k}}^{m}\varphi_i$$

规则 7　根轨迹与虚轴的交点

当根轨迹与虚轴相交时，表示特征方程式有纯虚根存在，此时系统处于等幅振荡状态。因而，正确确定根轨迹与虚轴的交点及其相应的参数就显得十分重要。

根轨迹与虚轴相交，意味着闭环极点中的一部分位于虚轴之上，也反馈系统特征方程式含有纯虚根 $s = \pm j\omega$。下面通过具体例子介绍两种常用的计算特征方程式的纯虚根 s 的方法。

例 4-3　已知系统的闭环特征方程式为：

$$s^4 + 8s^3 + 36s^2 + 80s + K^* = 0$$

试计算根轨迹与虚轴的交点的坐标及参变量 K^* 的临界值 K_c^*。

解: (1) 用劳斯判据计算。由上式列劳斯表:

s^4	1	36	K^*
s^3	8	80	0
s^2	26	K^*	
s^1	$\dfrac{8(260-K^*)}{26}$	0	
s^0	K^*		

由劳斯表可知,当 $K^* = 260$ 时,表中 s^1 行所有的元素均为零。按照 s^2 行的元素组成下列辅助方程式:

$$26s^2 + K^* = 0$$

由于 $K^* = 260$,因而该方程式的根为 $s_{1,2} = \pm\mathrm{j}\sqrt{10}$。这表示根轨迹中有两条分支分别与虚轴相交于 $s = \pm\mathrm{j}\sqrt{10}$ 处,对应的 K_c^* 值为 260。

(2) 用 $s = \mathrm{j}\omega$ 代入方程直接求解。以 $s = \mathrm{j}\omega$ 代入特征方程,则得:

$$\omega^4 - 36\omega^2 + K^* + \mathrm{j}\omega(80 - 8\omega^2) = 0 \tag{4-31}$$

令式 (4-31) 的实部、虚部分别等于零,于是有:

$$\omega^4 - 36\omega^2 + K^* = 0 \tag{4-32}$$

$$\omega(80 - 8\omega^2) = 0 \tag{4-33}$$

联立求解式 (4-32) 和式 (4-33),得 $\omega = \pm\sqrt{10}$, $K_c^* = 260$。

规则 8 特征方程式根之和与根之积

把式 (4-6) 所示的开环传递函数改写为:

$$G(s)H(s) = \dfrac{K^*\left(s^m + \sum_{i=1}^{m} z_i s^{m-1} + \cdots + \prod_{i=1}^{m} z_i\right)}{s^n + \sum_{l=1}^{n} p_l s^{n-1} + \cdots + \prod_{l=1}^{n} p_l}$$

如果 $n - m \geq 2$,则系统的闭环特征方程式可改写为:

$$s^n + \sum_{l=1}^{n} p_l s^{n-1} + \cdots + \left(\prod_{l=1}^{n} p_l + K^* \prod_{i=1}^{m} z_i\right) = 0 \tag{4-34}$$

式中,$-p_l (l = 1, 2, \cdots, n)$ 为开环极点,$-z_i (i = 1, 2, \cdots, m)$ 为开环零点。

设式 (4-34) 的特征根为 $-p_{cj} (j = 1, 2, \cdots, n)$,则式 (4-34) 改写为:

$$\prod_{j=1}^{n}(s + p_{cj}) = s^n + \sum_{j=1}^{n} p_{cj} s^{n-1} + \cdots + \prod_{j=1}^{n} p_{cj} = 0 \tag{4-35}$$

由式 (4-34) 和式 (4-35) 得:

$$\sum_{l=1}^{n} p_l = \sum_{j=1}^{n} p_{cj}$$

或

$$\sum_{l=1}^{n}(-p_l) = \sum_{j=1}^{n}(-p_{cj}) \tag{4-36}$$

式（4-36）揭示了根轨迹的一个重要性质：当 K^* 由 $0\rightarrow\infty$ 变化时，闭环方程式的 n 个根都会随之变化，但它们之和却恒等于 n 个开环极点之和。若一部分根轨迹分支随着 K^* 的增大向左移动，则另一部分根轨迹将随着 K^* 的增大而向右移动，以保持 $\sum_{j=1}^{n}(-p_{cj})=\sum_{l=1}^{n}(-p_l)$。此法则对判断根轨迹的走向是很有用的。

同理，由式（4-34）和式（4-35）的常数项相等，得：

$$\prod_{j=1}^{n}(-p_{cj})=\prod_{l=1}^{n}(-p_l)+K^*\prod_{i=1}^{m}(-z_i)$$

以上 8 条是绘制根轨迹的基本规则。应用这些规则，就能迅速地画出根轨迹的大致形状。必须指出，根轨迹的最重要部分既不在实轴上，也不在无限远处，而是在靠近虚轴和坐标原点的区域。另外，在绘制系统根轨迹时并不一定需要使用全部的 8 条规则，应该通过分析确定可能涉及的规则，需要哪条使用哪条。下面将举例说明如何应用这些规则绘制控制系统的根轨迹。

例 4-4 已知控制系统的开环传递函数为：

$$G(s)=\frac{K^*}{s(s+3)(s^2+2s+2)}$$

要求绘制系统的根轨迹。

解：按下述步骤绘制概略根轨迹：

首先在 s 平面上标出开环的零、极点，然后利用 8 条规则进行绘制。

（1）确定实轴上的根轨迹。实轴上 $[-3,0]$ 区域必为根轨迹。

（2）确定根轨迹的渐近线。由于 $n-m=4$，故有 4 条根轨迹渐近线，其与正实轴的夹角分别为：

$$\theta=\frac{(2k+1)\pi}{4}=\frac{\pi}{4},\frac{3\pi}{4},\frac{5\pi}{4},\frac{7\pi}{4}$$

渐近线与实轴的交点为：

$$\sigma_a=-\frac{3+1+1-0}{4}=-1.25$$

（3）确定分离点。

由于系统的闭环特征方程式为：

$$s(s+3)(s^2+2s+2)+K^*=0$$

则有：

$$K^*=-s(s+3)(s^2+2s+2)$$

上式对 s 求导，得：

$$\frac{\mathrm{d}K^*}{\mathrm{d}s}=-(4s^3+15s^2+16s+6)$$

解方程 $\frac{\mathrm{d}K^*}{\mathrm{d}s}=0$，此方程为一元三次方程，可利用试探法求出分离点为 $\sigma_b=-2.3$。

(4) 确定出射角。

计算零点和其他开环极点到复数开环极点的矢量的相角，得出射角为：

$$\theta_2 = \mp(2k+1)\pi + \sum_{i=1}^{m}\varphi_i - \sum_{\substack{j=1\\j\neq 2}}^{n}\theta_j = 180° + 0° - (90° + 135° + 26.6°) = -71.6°$$

(5) 确定根轨迹与虚轴交点。本例闭环特征方程式为：

$$s^4 + 5s^3 + 8s^2 + s + K^* = 0$$

对上式应用劳斯判据，有：

$$\begin{array}{cccc} s^4 & 1 & 8 & K^* \\ s^3 & 5 & 6 & \\ s^2 & 34/5 & K^* & \\ s^1 & \dfrac{(204-25K^*)}{34} & & \\ s^0 & K^* & & \end{array}$$

令劳斯表中 s^1 行的首项为零，得 $K^* = 8.16$。根据 s^2 行的系数，得辅助方程为：

$$\frac{34}{5}s^2 + K^* = 0$$

代入 $K^* = 8.16$，并令 $s = j\omega$，解出交点坐标 $\omega = \pm 1.095$。

根轨迹与虚轴相交时的参数，也可用闭环特征方程直接求出。将 $s = j\omega$ 代入特征方程，可得实部方程为：

$$\omega^4 - 8\omega^2 + K^* = 0$$

虚部方程为：

$$-5\omega^3 + 6\omega = 0$$

在虚部方程中，$\omega = 0$ 显然不是欲求之解，因此根轨迹与虚轴交点坐标应为 $\omega = \pm 1.095$。将所得 ω 值代入实部方程，解出 $K^* = 8.16$，所得结果与劳斯表法完全一样。整个系统的概略根轨迹如图 4-9 所示。

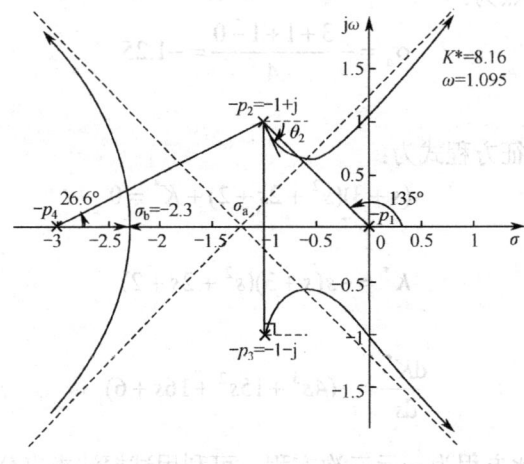

图 4-9 例 4-4 的根轨迹

例 4-5 已知一单位反馈系统的开环传递函数为：

$$G(s) = \frac{K^*(s+4)}{s(s+2)}$$

试绘制该系统的根轨迹。

解：由系统开环传递函数可知，系统实轴上的根轨迹为 $(-\infty, -4]$，$[-2, 0]$ 之间的区域。下面来绘制系统复数部分的根轨迹图。

系统闭环特征方程为：

$$s^2 + 2s + K^*s + 4K^* = 0$$

令 $s = \sigma + j\omega$ 代入上式，得：

$$\sigma^2 - \omega^2 + j2\sigma\omega + 2\sigma + j2\omega + K^*\sigma + jK^*\omega + 4K^* = 0$$

则有：

$$\sigma^2 - \omega^2 + 2\sigma + K^*\sigma + 4K^* = 0$$
$$j2\sigma\omega + j2\omega + jK^*\omega = 0$$

由上式得：

$$K^* = -(2\sigma + 2)$$

于是得：

$$\sigma^2 + 8\sigma + \omega^2 + 8 = 0$$

即

$$(\sigma + 4)^2 + \omega^2 = (\sqrt{8})^2 = 2.828^2$$

上式表示系统根轨迹的复数部分为一个圆，图 4-10 所示为系统的根轨迹图。这是一个圆的方程，其圆心位于开环传递函数的零点处，半径为 2.828。

例 4-6 一反馈控制系统如图 4-11 所示，试绘制系统的根轨迹。

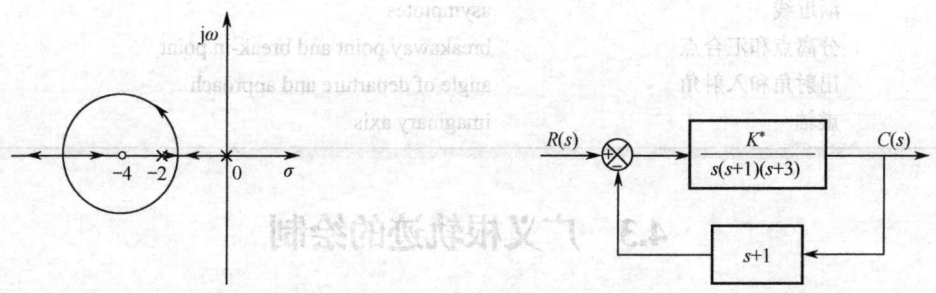

图 4-10 例 4-5 的根轨迹　　　　　　　　　　图 4-11 控制系统

解：系统的开环传递函数为：

$$G(s)H(s) = \frac{K^*(s+1)}{s(s+1)(s+3)}$$

与上式相对应的闭环特征方程式的根轨迹如图 4-12 所示。

显然，由于开环传递函数中存在零点、极点相消的缘故，图 4-12 所示的并不是系统闭环特征方程式全部根的轨迹，对此说明如下。

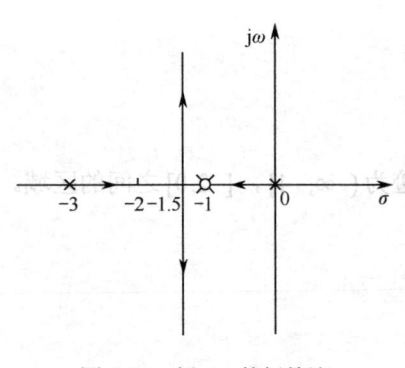

图 4-12 所示控制系统的闭环传递函数为:
$$\frac{C(s)}{R(s)} = \frac{K^*}{(s+1)[s(s+3)+K^*]}$$

其闭环特征方程式为:
$$(s+1)[s(s+3)+K^*] = 0$$

不难看出，上式中 $s = -1$ 这个根与参变量 K^* 无关，或者说它不受 K 的控制；而方括号内多项式的两个根随着参变量 K^* 的变化而变化。图 4-12 仅描述了这两个根的轨迹。

图 4-12 例 4-6 的根轨迹

为了完整地表示系统的输出响应，$s = -1$ 这个闭环极点不能丢掉。因此，常把图 4-11 改画成图 4-13 所示的形式。

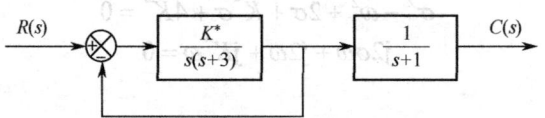

图 4-13 图 4-11 的等效形式

专业术语中英文对照

对称性	the symmetrical characteristic
分支数	number of branches
起点	starting points
终点	end points
实轴	real-axis
渐近线	asymptotes
分离点和汇合点	breakaway point and break-in point
出射角和入射角	angle of departure and approach
虚轴	imaginary axis

4.3 广义根轨迹的绘制

在控制系统中，除根轨迹增益 K^* 以外，其他情形下的根轨迹统称为广义根轨迹。如系统的参量根轨迹、开环传递函数中零点个数多于极点个数时的根轨迹、零度根轨迹等均可列入广义根轨迹这个范畴。通常，将负反馈系统中 K^* 变化时的根轨迹称为常规根轨迹，4.2 节介绍的就是常规根轨迹的绘制方法。本节分别介绍参量根轨迹和零度根轨迹的绘制方法。

4.3.1 参量根轨迹

在绘制根轨迹时，如果可变参数不是根轨迹增益 K^* 而是其他参数（例如，某一校正元件的时间常数），则所得的根轨迹称为参量根轨迹。

绘制参量根轨迹的法则与绘制常规根轨迹的法则完全相同。在绘制参量根轨迹之前，引入等效单位反馈系统和等效传递函数概念，则常规根轨迹的所有绘制法则均适用于参量根轨迹的绘制。为此，需要对闭环特征方程

$$1+G(s)H(s)=0 \tag{4-37}$$

进行等效变换，将其写成如下形式：

$$A\frac{P(s)}{Q(s)}=-1 \tag{4-38}$$

式中，A 为系统中除 K^* 外任意的变化参数，而 $P(s)$ 和 $Q(s)$ 为两个与 A 无关的多项式。显然式（4-37）应与式（4-38）相等，即

$$Q(s)+AP(s)=1+G(s)H(s)=0 \tag{4-39}$$

根据式（4-39），可得等效的单位反馈系统，其等效开环传递函数为：

$$G_1(s)H_1(s)=A\frac{P(s)}{Q(s)} \tag{4-40}$$

利用式（4-40）画出的根轨迹，即是参量 A 变化时的参量根轨迹。需要强调指出，等效开环传递函数是根据式（4-39）得来的，因此"等效"的含义仅在闭环极点相同这一点上成立，而闭环零点一般是不同的。由于闭环零点对系统动态性能有影响，所以由闭环零、极点分布来分析和估算系统性能时，可以采用参量根轨迹上的闭环极点，但必须采用原来闭环系统的零点。这一处理方法和结论，对绘制开环零极点变化时的根轨迹同样适用。

例 4-7 一个双闭环控制系统的框图如图 4-14 所示，试绘制以 α 为参变量的根轨迹。

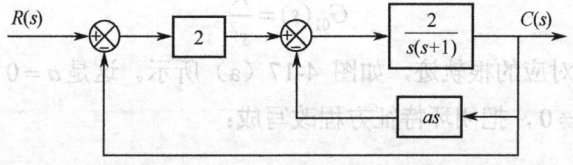

图 4-14 双闭环控制系统的框图

解：系统的开环传递函数为：

$$G(s)=\frac{4}{s(s+1+2\alpha)}$$

由于 α 为参变量，因而不能根据 $G(s)$ 的极点来画出系统的根轨迹。基于本题是绘制下列闭环特征方程：

$$s^2+(1+2\alpha)s+4=0$$

的根轨迹，为此把上式改写为：

$$1+\frac{2\alpha s}{s^2+s+4}=0$$

令系统的等效开环传递函数为：

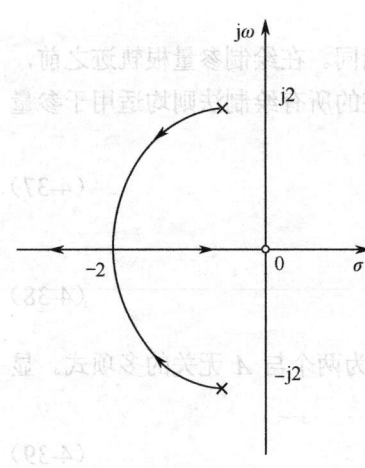

图 4-15 例 4-7 的根轨迹

$$G_1(s) = \frac{2\alpha s}{s^2+s+4} = \frac{K^* s}{\left(s+\frac{1}{2}-j\frac{\sqrt{15}}{2}\right)\left(s+\frac{1}{2}+j\frac{\sqrt{15}}{2}\right)}$$

式中，$K^* = 2\alpha$，$G_1(s)$ 的极点为 $-\frac{1}{2} \pm j\frac{\sqrt{15}}{2}$，零点为 0。用例 4-5 的方法，不难证明该系统根轨迹的复数部分为一圆弧，其方程为 $\sigma^2 + \omega^2 = 2^2$。图 4-15 所示为该系统的根轨迹。

在系统设计中有时会遇到两个或两个以上可变参数的情况，此时的根轨迹被称为根轨迹簇，也可以用根轨迹方法来研究。下面举例说明有两个可变参数时如何绘制根轨迹。

例 4-8 一单位反馈控制系统如图 4-16 所示，试绘制以 K 和 a 为参变量的根轨迹。

解：系统的闭环特征方程为：
$$s^2 + as + K = 0$$

先令 $a = 0$，则上式变成：
$$s^2 + K = 0$$

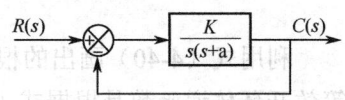

图 4-16 单位反馈控制系统

或写作：
$$1 + \frac{K}{s^2} = 0$$

令等效开环传递函数为：
$$G_{01}(s) = \frac{K}{s^2}$$

据此作出 $G_{01}(s)$ 对应的根轨迹，如图 4-17（a）所示。这是 $a = 0$ 时，以 K 为参变量的根轨迹。其次考虑 $a \neq 0$，把闭环特征方程改写成：

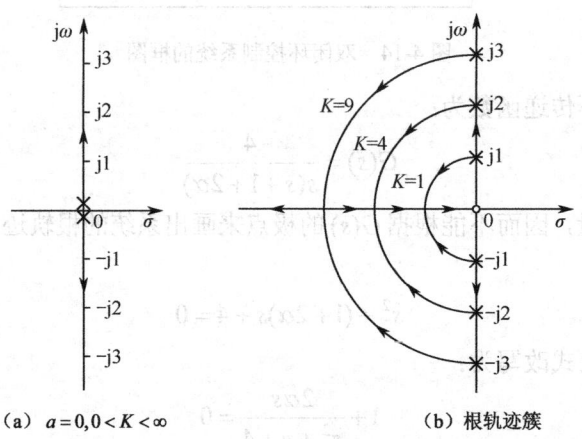

(a) $a = 0, 0 < K < \infty$ (b) 根轨迹簇

图 4-17 例 4-8 的根轨迹

$$1 + \frac{as}{s^2 + K} = 0$$

令等效开环传递函数为:

$$G_{02}(s) = \frac{as}{s^2 + K}$$

比较 $G_{01}(s)$ 与 $G_{02}(s)$，可知 $G_{02}(s)$ 的开环极点就是 $G_{01}(s)$ 对应的闭环极点，因而 $G_{02}(s)$ 对应根轨迹的起点都在 $G_{01}(s)$ 的根轨迹曲线上。为了作出 $G_{02}(s)$ 对应的根轨迹，通常先令 K 为某一定值，然后根据 $G_{02}(s)$ 零、极点的分布作出参变量 a 由 $0 \to \infty$ 时的根轨迹。如令 $K=4$，则:

$$G_{02}(s) = \frac{as}{s^2 + 4}$$

它的开环极点为 $\pm j2$，零点为 0。不难证明，对应特征根的根轨迹为一圆弧，其方程为:

$$\sigma^2 + \omega^2 = 2^2$$

图 4-17（b）所示为取不同 K 值时所作的根轨迹簇。

4.3.2 零度根轨迹

如果所研究的控制系统为非最小相位系统，则有时不能采用常规根轨迹的绘制法则来绘制系统的根轨迹，因为其相角遵循 $2k\pi + 0°$ 条件，而不是 $2k\pi + 180°$ 条件，故一般称之为零度根轨迹。这里所谓的非最小相位系统，系指在 s 右半平面具有开环零极点的控制系统，其定义和特性将在第 5 章详细介绍。此外，如果有必要绘制正反馈系统的根轨迹，那么也必然会产生 $2k\pi + 0°$ 的相角条件。一般说来，零度根轨迹的来源有两个方面：其一是非最小相位系统中包含 s 最高次幂的系数为负的因子；其二是控制系统中包含有正反馈内回路。前者是由于被控对象，如飞机、导弹的本身特性所产生的，或者是在系统结构图变换过程中所产生的；后者是由于某种性能指标要求，使得在复杂的控制系统设计中，必须包含正反馈内回路所致。

1. 正反馈回路的根轨迹

零度根轨迹的绘制方法与常规根轨迹的绘制方法略有不同。以正反馈回路为例，设某个复杂控制系统如图 4-18 所示，其中内回路采用正反馈，这种系统通常由外回路加以稳定。为了分析整个控制系统的性能，首先要确定内回路的零、极点。当用根轨迹法确定内回路的零、极点时，就相当于绘制正反馈系统的根轨迹，在图 4-18 中，正反馈内回路的闭环传递函数为:

$$\frac{C(s)}{R(s)} = \frac{G(s)}{1 - G(s)H(s)}$$

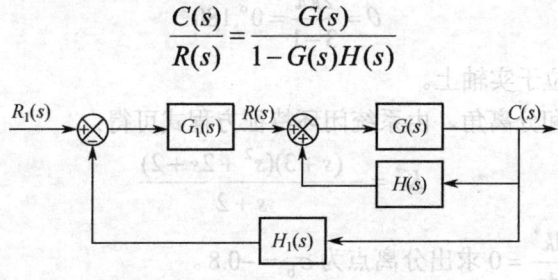

图 4-18 具有正反馈内回路的控制系统

相应的特征方程为：
$$1 - G(s)H(s) = 0$$
即
$$G(s)H(s) = 1$$

由上式可知，正反馈回路根轨迹的幅值条件与负反馈回路完全相同，但其相角却变为：
$$\arg[G(s)H(s)] = \pm 2k\pi, k = 0, 1, 2, \cdots \tag{4-41}$$

基于式（4-41）所示的相角的特点，因而称相应的根轨迹为零度根轨迹。在绘制零度根轨迹时，需要对 4.2 节中涉及相角条件的规则进行如下的修改。

规则 3' 实轴上线段成为根轨迹的充要条件（$K \geqslant 0$）是该线段右方实轴上开环零点与极点之和为偶数。

规则 4' 渐近线与实轴的夹角为：
$$\theta = \frac{\pm 2k\pi}{n - m}, k = 0, 1, 2, \cdots \tag{4-42}$$

规则 6' 开环共轭极点的出射角与开环共轭零点的入射角为：
$$\theta_l = \mp 2k\pi + \sum_{i=1}^{m}\varphi_i - \sum_{\substack{j=1 \\ j \neq l}}^{n}\theta_j \tag{4-43}$$

$$\varphi_k = \pm 2k\pi + \sum_{j=1}^{n}\theta_j - \sum_{\substack{i=1 \\ i \neq k}}^{m}\varphi_i \tag{4-44}$$

除上述 3 条规则外，其余的规则均与负反馈系统根轨迹的绘制完全相同。

例 4-9 设正反馈系统结构图如图 4-18 中的内回路所示，其中
$$G(s) = \frac{K^*(s+2)}{(s+3)(s^2+2s+2)}, H(s) = 1$$
试绘制该系统的根轨迹图。

解：本例根轨迹绘制可分以下几步：

（1）在复平面上画出开环极点 $-1+j, -1-j, -3$ 及开环零点 -2。当 K^* 从零增到无穷时，根轨迹起于开环极点，而终于开环零点（包括无限零点）。

（2）确定实轴上的根轨迹。在实轴上，根轨迹存在于 $(-\infty, -3]$ 及 $[2, +\infty)$ 之间。

（3）确定根轨迹的渐近线。对于本例，有 $n - m = 2$ 条根轨迹趋于无穷，其渐近线与实轴的交角：
$$\theta = \frac{2k\pi}{3-1} = 0°, 180°$$

这表明根轨迹渐近线位于实轴上。

（4）确定分离点和分离角，由系统闭环特征方程式可得：
$$K^* = -\frac{(s+3)(s^2+2s+2)}{s+2}$$

上式对 s 求导，利用 $\dfrac{dk^*}{ds} = 0$ 求出分离点为 $\sigma_b = -0.8$。

(5) 确定起始角。对于复数极点 $-p_1=-1+j$，根轨迹的起始角为：
$$\theta_1 = 0 + 45° - (90° + 26.6°) = -71.6°$$

根据对称性，根轨迹从 $-p_2=-1-j$ 的起始角 $\theta_2 = 71.6°$。整个系统概略零度根轨迹如图 4-19 所示。

(6) 确定临界开环增益。由图 4-19 可见，坐标原点对应的根轨迹增益为临界值，可由模值条件求出：
$$K_c^* = \frac{|0-(-1+j)||0-(-1-j)||0-(-3)|}{|0-(-2)|} = 3$$

由于 $K=K^*/3$，于是临界开环增益 $K_c=1$。因此，为了使该正反馈系统稳定，开环增益应小于 1。

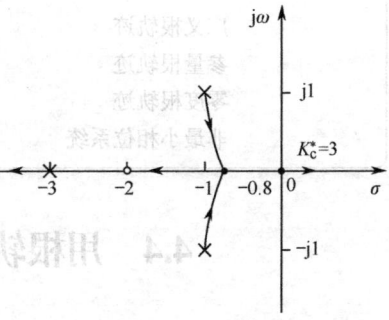

图 4-19 例 4-9 的零度根轨迹

2. 含有非最小相位元件的系统的根轨迹

在绘制系统中含有非最小相位元件的根轨迹时，必须注意开环传递函数（分母或分子）中是否含有 s 最高次幂为负系数的因子。如果分子或分母中仅有一项的 s 最高次幂为负系数，则根轨迹的相角条件就变为由式（4-41）去表征，因而所绘制的将是零度根轨迹。对此，举例如下。

例 4-10 设一非最小相位系统如图 4-20 所示，试绘制其根轨迹。

解：由相角条件得：
$$\arg\left[\frac{K^*(1-s)}{s(s+1)}\right] = \pi + \arg\left[\frac{K^*(s-1)}{s(s+1)}\right] = \pm(2k+1)\pi, k=0,1,2,\cdots$$

即
$$\arg\left[\frac{K^*(s-1)}{s(s+1)}\right] = \pm 2k\pi, k=0,1,2,\cdots$$

不难证明，由上式作出的根轨迹的复数部分为一圆周，其方程为：
$$(\sigma-1)^2 + \omega^2 = (\sqrt{2})^2$$

计算求得根轨迹（见图 4-21）与虚轴的交点为 $\pm j1$，相应地，$K^*=1$。这表明当 $K^*>1$ 时，该系统不稳定。

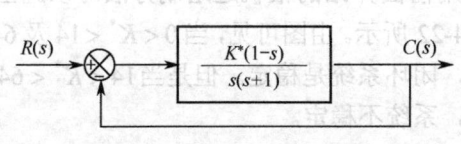

图 4-20 非最小相位系统

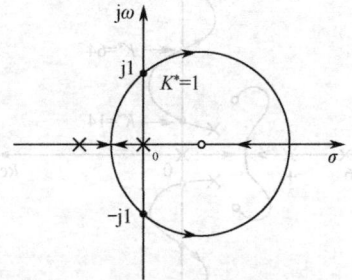

图 4-21 例 4-10 系统的根轨迹

系统的零度根轨迹图和参数根轨迹图也可以应用 MATLAB 软件包绘出。

> **专业术语中英文对照**
>
> | | |
> |---|---|
> | 广义根轨迹 | generalized root locus |
> | 参量根轨迹 | parameter root locus |
> | 零度根轨迹 | 0° root locus |
> | 非最小相位系统 | nonminimum-phase system |

4.4 用根轨迹分析闭环控制系统的性能

自动控制系统的稳定性由它的闭环极点唯一确定，其动态性能与系统的闭环极点和零点在 s 平面上的分布有关。因此确定控制系统闭环极点和零点在 s 平面上的分布，特别是从已知的开环零、极点的分布确定闭环零、极点的分布，是对控制系统进行分析必须首先要解决的问题。解决的方法之一是第 3 章介绍的解析法，即求出系统特征方程的根。解析法虽然比较精确，但对四阶以上的高阶系统是很困难的。

根轨迹法是解决上述问题的另一途径，它是在已知系统的开环传递函数零、极点分布的基础上，研究某一个和某些参数的变化对系统闭环极点分布的影响的一种图解方法。由于根轨迹图直观、完整地反映系统特征方程的根在 s 平面上分布的大致情况，通过一些简单的作图和计算，就可以看到系统参数的变化对系统闭环极点的影响趋势。这对分析研究控制系统的性能和提出改善系统性能的合理途径都具有重要意义。下面通过示例简要介绍用根轨迹分析控制系统的方法。

4.4.1 用根轨迹分析系统的稳定性

闭环系统稳定的充分必要条件是闭环极点必须位于 s 平面的左半平面，即根轨迹要全部落于左半平面系统才稳定。参数在一定范围内取值才能稳定的系统称为条件稳定系统。对于条件稳定系统，可由根轨迹图确定使系统稳定的参数取值范围。

例 4-11 设某单位反馈系统的开环传递函数如下：

$$G(s) = \frac{K^*(s^2 + 2s + 4)}{s(s+4)(s+6)(s^2 + 1.4s + 1)}$$

试绘制根轨迹并讨论使闭环系统稳定的 K^* 的取值范围。

解：利用前面介绍的根轨迹绘制方法可以画出根轨迹，如图 4-22 所示。由图可见，当 $0 < K^* < 14$ 及 $64 < K^* < 195$ 时，闭环系统是稳定。但是当 $14 < K^* < 64$ 及 $K^* > 195$ 时，系统不稳定。

通过上面的示例可以将用根轨迹分析系统稳定性的方法和步骤归纳如下：

（1）根据系统的开环传递函数和绘制根轨迹的基

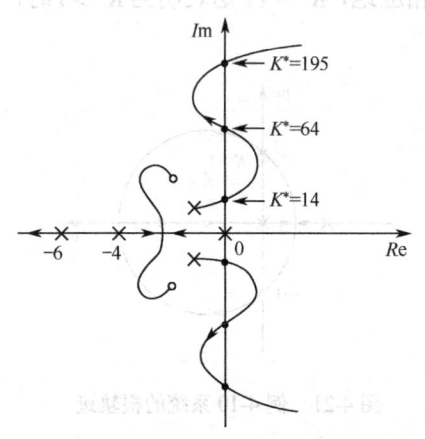

图 4-22 例 4-11 系统的根轨迹

本规则绘制出系统的根轨迹图。

（2）由根轨迹在 s 平面上的分布情况分析系统的稳定性。如果全部根轨迹都位于 s 平面左半部，则说明无论开环根轨迹增益为何值，系统都是稳定的；如根轨迹有一条（或一条以上）的分支全部位于 s 平面的右半部，则说明无论开环根轨迹增益如何改变，系统都是不稳定的；如果有一条（或一条以上）的根轨迹从 s 平面的左半部穿过虚轴进入 s 面的右半部（或反之），而其余的根轨迹分支位于 s 平面的左半部，则说明系统是有条件的稳定系统，即当开环根轨迹增益大于临界值 K_c^* 时系统便由稳定变为不稳定（或反之）。此时，关键是求出开环根轨迹增益的临界值 K_c^*。这为分析系统的稳定性提供了选择合适系统参数的依据和途径。

4.4.2　用根轨迹分析系统的动态性能

对于一阶、二阶系统，很容易在它的根轨迹上确定对应参数的闭环极点，对于三阶以上的高阶系统，通常用简单的作图法（如作等阻尼比线等）求出系统的主导极点（如果存在的话），将高阶系统近似地简化成由主导极点（通常是一对共轭复数极点）构成的二阶系统，最后求出其各项性能指标。这种分析方法简单、方便、直观，在满足主导极点条件时，分析结果的误差很小。如果求出离虚轴较近的一对共轭复数极点不满足主导极点的条件，如它到虚轴的距离不小于其余极点到虚轴距离的 1/5 或在它的附近有闭环零点存在等，这时还必须进一步考虑和分析这些闭环零、极点对系统瞬态响应性能指标的影响。下面举例说明。

例 4-12　已知负反馈系统的框图如图 4-23 所示，其根轨迹如图 4-24 所示。设系统闭环主导极点的阻尼比 $\xi = 0.5$，试求：（1）系统的闭环极点和相应的根轨迹增益 K^*；（2）在单位阶跃信号作用下的输出响应。

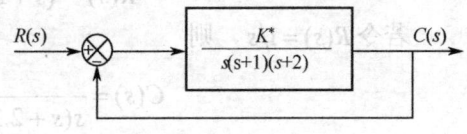

图 4-23　控制系统的框图

解：由图 4-24 所示的根轨迹可知，系统的一对闭环主导极点位于经过坐标原点且与负实轴组成夹角为 $\theta = \arccos 0.5 = \pm 60°$ 的两条射线上。显然，这两条射线与根轨迹的两条分支必然相交，交点 $s_{1,2}$ 就是所求的一对闭环主导极点。

系统的特征方程为：
$$s^3 + 3s^2 + 2s + K^* = 0$$

由图 4-24 可知，两条射线上的点可用下式表示：
$$s_{1,2} = -a \pm j\sqrt{3}a, (a \geqslant 0)$$

将 s_1 带入特征方程中，求得：
$$s_1 = -0.33 + j0.58$$
$$K^* = 1.05$$

根据规则 8 可得：
$$s_1 + s_2 + s_3 = -0.33 + j0.58 - 0.33 - j0.58 + s_3 = -3$$

所以，$s_3 = -2.34$。

由于极点 s_3 距虚轴的距离是极点 $s_{1,2}$ 距虚轴距离的 7 倍多，因而 $s_{1,2}$ 是系统的闭环主导极点。与 $K^* = 1.05$ 相应的闭环传递函数为：

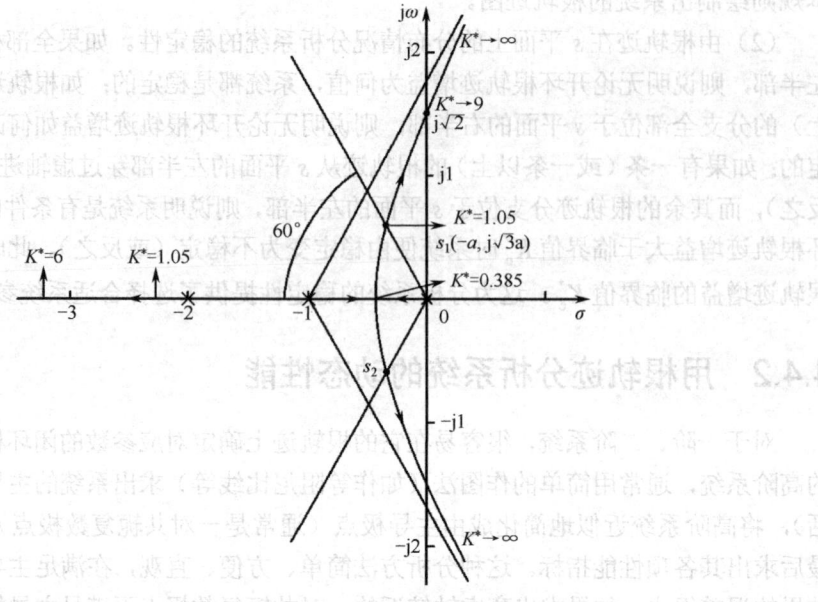

图 4-24 例 4-12 系统的根轨迹

$$\frac{C(s)}{R(s)} = \frac{1.05}{(s+2.34)[(s+0.33)^2+0.58^2]}$$

若令 $R(s)=1/s$，则

$$C(s) = \frac{1.05}{s(s+2.34)[(s+0.33)^2+0.58^2]}$$

$$= \frac{A_0}{s} + \frac{A_1}{s+2.34} + \frac{Bs+C}{(s+0.33)^2+0.58^2}$$

式中，$A_0=1$，$A_1=-0.1$，$B=-0.9$，$C=-0.83$，于是上式改写为：

$$C(s) = \frac{1}{s} - \frac{0.1}{s+2.34} - \frac{0.9s+0.83}{(s+0.33)^2+0.58^2}$$

$$= \frac{1}{s} - \frac{0.1}{s+2.34} - 0.9\frac{(s+0.33)+0.58}{(s+0.33)^2+0.58^2}$$

对上式取拉氏反变换，求得：

$$c(t) = 1 - 0.1e^{-2.34t} - 0.9e^{-0.33t}(\cos 0.58t + \sin 0.58t)$$

式中，等号右边第一项是输出的稳态分量，第二、三项为瞬态分量。基于第二项的幅值小、衰减速度快，因而它对系统的响应仅在起始阶段起作用。对系统响应起主导作用的是式中的第三项，可以利用第 3 章中欠阻尼二阶系统的分析方法求取具体的性能指标。

4.4.3 用根轨迹分析系统的稳态性能

利用根轨迹分析系统的稳态性能时，可由开环传递函数求出系统型别，由根轨迹增益求出系统的开环增益，从而可以估算系统的稳态误差，对此举例如下。

例 4-13 设一反馈系统如图 4-25 所示，试选择参数 K_1 和 K_2，使系统同时满足下列性能指标的要求。

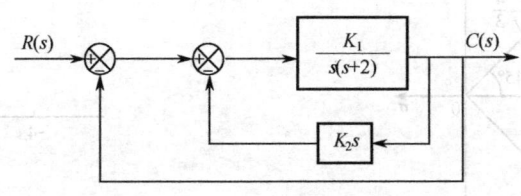

图 4-25 控制系统

（1）当输入信号为单位斜坡输入时，系统的稳态误差 $e_{ss} \leq 0.35$。
（2）闭环极点的阻尼比 $\xi \geq 0.707$。
（3）调整时间 $t_s \leq 3s, (\Delta = 2\%)$。

解：系统的开环传递函数为：

$$G(s) = \frac{K_1}{s(s+2+K_1K_2)}$$

可知系统为 I 型系统，其静态速度误差系数为：

$$K_v = K = \frac{K_1}{2+K_1K_2}$$

由题意得：

$$e_{ss} = \frac{1}{K_v} = \frac{2+K_1K_2}{K_1} \leq 0.35$$

由上式可知，若要满足系统稳态误差的要求，K_2 必须取最小值，K_1 必须取较大值。

在 s 平面的左半平面上，过坐标原点作与负实轴成 45°角的直线，在此直线上闭环极点的阻尼比 ξ 均为 0.707。

要求调整时间

$$t_s = \frac{4}{\xi\omega_n} = \frac{4}{\sigma} \leq 3s$$

因而闭环极点实部的绝对值 σ 必须大于 $4/3$。为了同时满足 ξ 和 t_s 的要求，闭环极点应位于图 4-26 所示的阴影区域内，即 $\xi \geq 0.707$。

令 $\alpha = K_1$，$\beta = K_2K_1$，则图 4-25 所示系统的特征方程式为：

$$1+G(s) = s^2 + 2s + \beta s + \alpha = 0 \tag{4-45}$$

这是两个变量的根轨迹绘制问题，可以参考 4.3 节的根轨迹簇绘制方法。设 $\beta = 0$，则式（4-45）变为：

$$s^2 + 2s + \alpha = 0$$

或

$$1 + \frac{\alpha}{s(s+2)} = 0 \tag{4-46}$$

据此，作出以 α 为参变量的根轨迹，如图 4-27 所示。

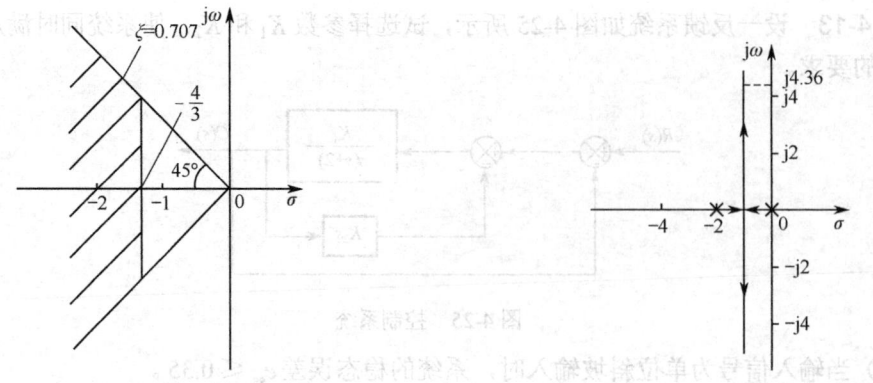

图 4-26 在 s 平面上希望极点的区域   图 4-27 式（4-46）的根轨迹

为了满足稳态性能要求，试取 $K_1 = \alpha = 20$，式（4-45）则改写为：

$$1 + \frac{\beta s}{s^2 + 2s + 20} = 0 \tag{4-47}$$

式中，开环传递函数的极点为 $s = -1 \pm j4.36$。以 β 为参变量的根轨迹如图 4-28 所示，不难证明根轨迹的复数部分为圆的一部分。经过该图的坐标原点作一条与负实轴成 45°角的直线，计算出与根轨迹相交于点 $-3.15 + j3.15$。由根轨迹的幅值条件，求出 $\beta = 4.3 = 20K_2$，即 $K_2 = 0.215$。

由于所求闭环极点实部的绝对值 $\sigma = 3.15$，因而系统的调整时间为：

$$t_s = \frac{4}{3.15} = 1.27s \leq 3s$$

在单位斜坡输入时，系统的稳态误差为：

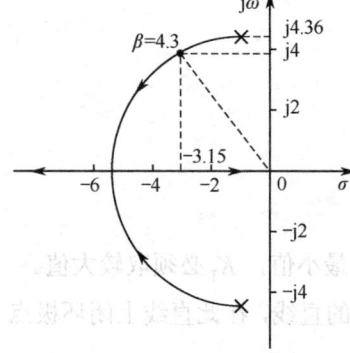

图 4-28 式（4-47）的根轨迹

$$e_{ss} = \frac{2 + K_1 K_2}{K_1} = \frac{2 + 20 \times 0.215}{20} = 0.315 < 0.35$$

由此可知，$K_1 = 20$，$K_2 = 0.215$，能使系统达到预定的性能要求。

4.4.4 附加开环零、极点的作用

既然根轨迹是系统特征方程的根随着某个参数变动在 s 平面上移动的轨迹，那么，根轨迹的形状不同，闭环特征根就不同，系统的性能就不一样。工程上为了改善系统的性能，往往需要对根轨迹进行改造。从前面的分析可知，系统根轨迹的形状、位置完全取决于系统的开环传递函数中的零点和极点。因此，可通过增加开环零、极点的手段来改造根轨迹，从而实现改善系统性能的目的。

1. 附加开环零点

设系统开环传递函数为：

$$G(s)H(s) = \frac{K^*(s + z_1)}{s(s^2 + 2s + 2)} \tag{4-48}$$

式中，$-z_1$ 为附加的开环实数零点，其值可在 s 左半平面内任意选择。当 $z_1 \to \infty$ 时，表示有限零点 $-z_1$ 不存在的情况。

令 $-z_1$ 为不同数值，对应于式（4-48）的闭环系统根轨迹如图 4-29 所示。由图可见，当开环极点位置不变，而在系统中附加开环负实数零点时，可使系统根轨迹向 s 左半平面方向弯曲，或者说，附加开环负实数零点将使系统的根轨迹图发生趋向附加零点方向的变形，而且这种影响将随开环零点接近坐标原点的程度而加强。根据图 4-29，利用劳斯判据的方法不难证明，当 $-z_1 < -2$ 时，系统的根轨迹与虚轴存在交点；而当 $-z_1 \geqslant -2$ 时，系统的根轨迹与虚轴不存在交点。因此，在 s 左半平面内的适当位置上附加开环零点，可以显著改善系统的稳定性。

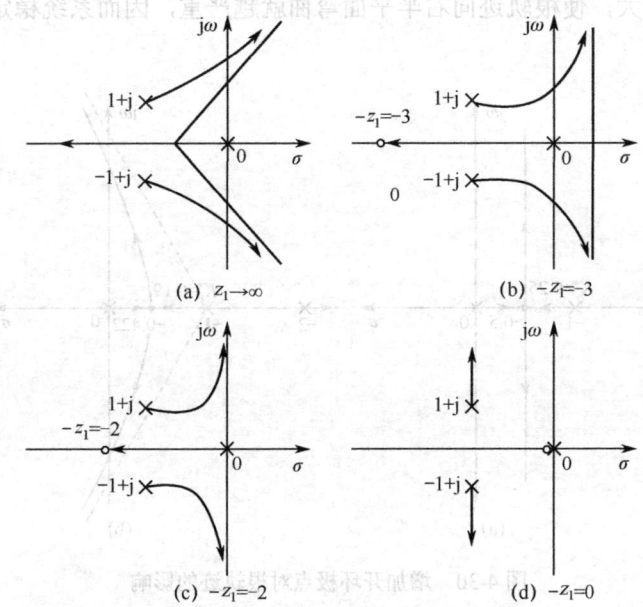

图 4-29 $-z_1$ 为不同数值的根轨迹图

从以上定性分析可以看出，增加一个开环零点，对系统的根轨迹有以下影响：
（1）改变了根轨迹在实轴上的分布。
（2）改变了根轨迹渐近线的条数、倾角及与实轴的交点。
（3）若增加的开环零点和某个极点重合或距离很近，构成开环偶极子，则两者相互抵消。因此，可加入一个零点来抵消有损于系统性能的极点。
（4）根轨迹曲线向左偏移，有利于改善系统的稳定性和动态性能，而且，所加的零点越靠近虚轴，影响越大。

2. 附加开环极点

设系统的开环传递函数为：

$$G(s) = \frac{K^*}{s(s+a_1)}, \quad a_1 > 0 \tag{4-49}$$

则可绘制系统的根轨迹，如图 4-30（a）所示。若增加一个开环极点 $-a_2$，根据这时的开环

传递函数

$$G'(s) = \frac{K_1^*}{s(s+a_1)(s+a_2)}, \quad a_2 > 0 \quad (4-50)$$

可绘制系统的根轨迹，如图 4-30（b）所示。由图可见，增加开环极点使根轨迹的复数部分向右半平面弯曲。若取 $a_1=1$、$a_2=2$，则渐近线的倾角由原来的 $\pm 90°$ 变为 $\pm 60°$；分离点由原来的 -0.5 向右移至 -0.422；与分离点相对应的开环增益由原来的 0.25（即 $K^* = 0.5*0.5 = 0.25$）减少到 0.19（即 $K_1^* = \frac{1}{2} \times 0.422 \times 0.578 \times 1.578 = 0.19$），这意味着，对于具有同样的振荡倾向，增加开环极点后使开环增益值下降。一般来说，增加的开环极点越靠近虚轴，其影响越大，使根轨迹向右半平面弯曲就越严重，因而系统稳定性能的降低便越明显。

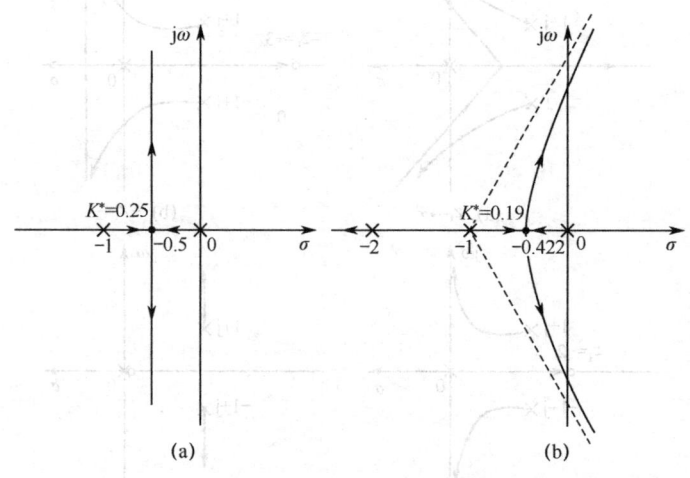

图 4-30 增加开环极点对根轨迹的影响

从上例可以看出，增加一个开环极点，对系统的根轨迹有以下影响：

（1）改变了根轨迹在实轴上的分布。

（2）改变了根轨迹渐近线的条数、倾角及与实轴的交点。

（3）改变了根轨迹的分支数。

（4）根轨迹曲线向右偏移，不利于改善系统的稳定性和动态性能。所增加的极点越靠近虚轴，这种影响就越大。

4.5 MATLAB 在根轨迹法中的应用

本节将介绍如何使用 MATLAB 方法绘制控制系统的根轨迹。

图 4-31 所示反馈控制系统的特征方程为：

$$1 + G(s)H(s) = 0$$

若 $G(s)H(s)$ 用零、极点形式表示，则上式改写为：

$$1 + \frac{K^* \prod_{i=1}^{m}(s+z_i)}{\prod_{l=1}^{n}(s+p_l)} = 0$$

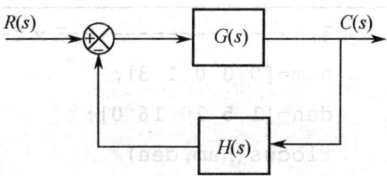

图 4-31 反馈控制系统

上式也可以写成：

$$1 + \frac{K^* \text{num}}{\text{den}} = 0$$

式中，num 为分子多项式，den 为分母多项式。这意味着

$$\text{num} = \prod_{i=1}^{m}(s+z_i) = s^m + (z_1+z_2+\cdots+z_m)s^{m-1}+\cdots+z_1z_2\cdots z_m \quad (4\text{-}51)$$

$$\text{den} = \prod_{l=1}^{n}(s+p_l) = s^n + (p_1+p_2+\cdots+p_n)s^{n-1}+\cdots+p_1p_2\cdots p_n \quad (4\text{-}52)$$

注意，num 和 den 两个向量都必须写成 s 的降幂形式。

用 MATLAB 绘制根轨迹时，num 和 den 两个向量是由式（4-51）、式（4-52）的各项系数构成的。MATLAB 绘制根轨迹的指令为：

$$\text{rlocus(num,den)}$$

由于用 MATLAB 绘制根轨迹时，其增益向量 K 是自动生成的，因而用 MATLAB 绘制根轨迹时，完全取决于数组 num 和 den。

如果引入左端向量，即：

$$[r,K] = \text{rlocus(num,den)}$$

屏幕上将显示矩阵 r 和增益向量 K（r 具有长度为 K 的行和长度为 den–1 的列，后者包括复数根位置。矩阵中的每一行对应出自变量 K 的增益）。使用它们时，屏幕上不显示根轨迹曲线，只显示矩阵 r 和增益向量 K 值。下列绘图命令：

$$\text{plot(r,'')}$$

画出了根轨迹。

如果在画根轨迹时，希望标上符号 o 或 x，则采用下列命令：

$$r = \text{rlocus(num,den)}$$

$$\text{plot(r,'o') 或 plot(r,'x')}$$

为了把屏幕上的给定绘图区域设置成平方纵横比，输入下列命令：

$$v = [-a \quad a \quad -b \quad b]\text{；axis}(v)\text{；axis('square')}$$

式中，a, b 为任意指定的常数。借助这条命令，可以使绘图的区域成为指定的那样，并且使一条斜率为 1 的直线成为理想的 45°斜线，不会因屏幕的不规则形状而产生畸变。

例 4-14 已知系统的开环传递函数为：

$$G(s)H(s) = \frac{K^*(s+3)}{s(s+1)(s^2+4s+10)}$$

试用平方纵横比画出系统的根轨迹，以保证一条斜率为 1 的直线实际上是 45°斜线。选择根轨迹的区域为 $-6 \leq x \leq 6$，$-6 \leq y \leq 6$。其中 x, y 分别为实轴坐标和虚轴坐标。

解：绘制该系统根轨迹图的程序如下。画出的根轨迹图如图 4-32 所示。

```
%,---------------Root-locus plot---------------
num=[0 0 0 1 3];
den=[1 5 20 16 0];
rlocus(num,den)
v=[-6 6 -6 6];
axis(v);
axis('square') ;
grid on;
title('Root-Locus Plot of G(s)=K(s+3)/[s(s+1)(s^2+4s+16)]')
```

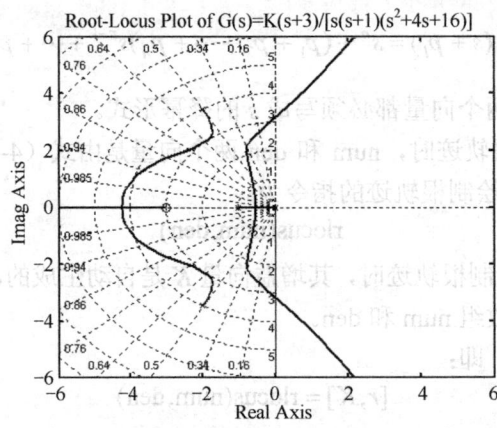

图 4-32 例 4-14 的根轨迹图

例 4-15 系统开环传递函数为：

$$G(s)H(s) = \frac{K^*}{s(s+0.5)(s^2+0.6s+10)} = \frac{K^*}{s^4+1.1s^3+10.3s+5s}$$

试用 MATLAB 绘出该系统的根轨迹图。

解：绘制该系统根轨迹图的程序如下。画出的根轨迹图如图 4-33 所示。

```
%,---------------Root-locus plot---------------
num=[0 0 0 0 1];
den=[1 1.1 10.3 5 0];
r=rlocus(num,den) ;
plot(r, 'o')
v=[-6 6 -6 6];
axis(v) ;
grid on;
xlabel('Real Axis');
ylabel(' Imag Axis ');
title('Root-Locus Plot of G(s)=K/[s(s+0.5)(s^2+0.6s+10)] ')
```

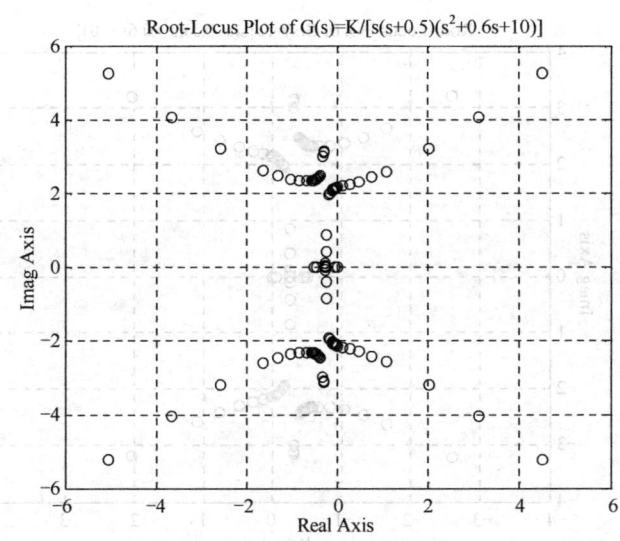

图 4-33 例 4-15 的根轨迹图

注意，在 $x=-0.3$，$y=2.3$ 和 $x=-0.3$，$y=-2.3$ 附近的区域内，都有两条根轨迹互相接近。我们可能会产生疑问，这两条根轨迹分支会碰到一起吗？为了说明这种情况，可以利用 K^* 的较小增量，在临界域画出根轨迹。

应用常规的试探法，或者用命令 rlocfind，特殊区域为 $20 \leqslant K^* \leqslant 30$。通过输入下列程序，可以得到图 4-34 所示的根轨迹图。从图中可以清楚地看出，两条根轨迹分支在上半平面（或下半平面）彼此互相接近，但是并不接触。

```
%,---------------Root-locus plot---------------
num=[0 0 0 0 1];
den=[1 1.1 10.3 5 0];
K1=0:0.2:20;
K2=20:0.1:30;
K3 =30:5:1000;
K=[K1 K2 K3];
R=rlocus(num,den,K);
plot(r, 'o')
v=[-4 4 -4 4];
axis(v) ;
grid on;
xlabel('Real Axis');
ylabel(' Imag Axis ') ;
title('Root-Locus Plot of G(s)=K/[s(s+0.5)(s^2+0.6s+10)] ')
```

例 4-16 已知系统开环传递函数为 $G(s) = \dfrac{K^*(s+1)}{s^2(s+8)}$，试用 MATLAB 绘制系统的根轨迹图，如图 4-35 所示。程序如下。

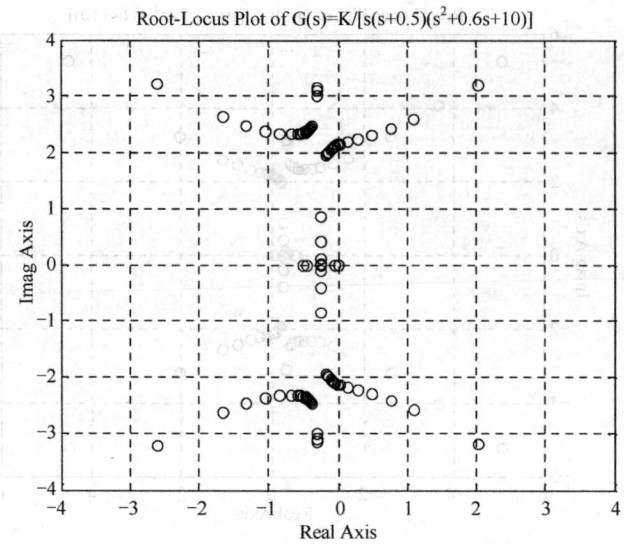

图 4-34 例 4-15 的根轨迹图

```
%,----------------Root-locus plot----------------
num=[0 0 1 1];
den=[1 9 0 0];
rlocus(num,den) ;
axis('spuare');
grid on;
xlabel('Real Axis');
ylabel(' Imag Axis ') ;
title('Root-locus plot of G(s)=k(s+1)/[(s^2(2+9)] ')
```

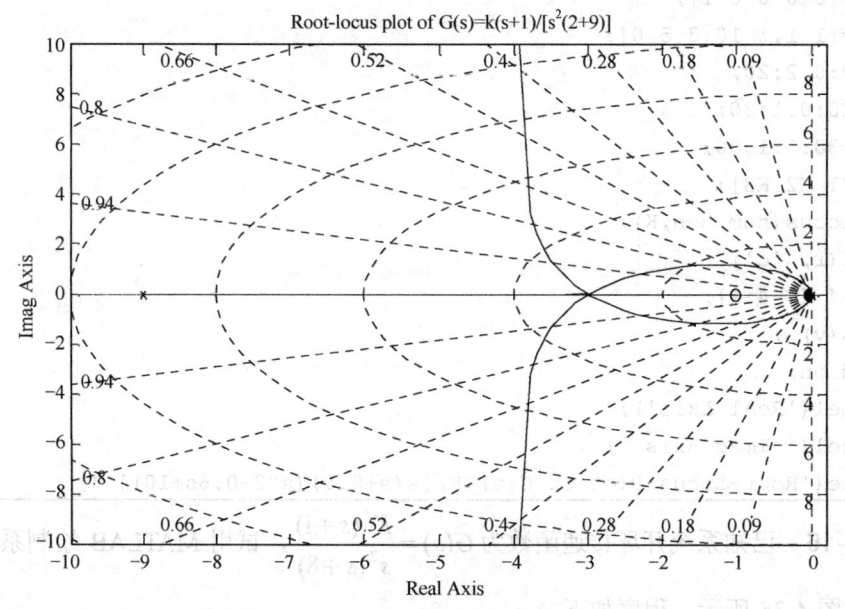

图 4-35 例 4-16 的根轨迹图

由 MATLAB 确定根轨迹上某一点所对应的 K^* 值，那是非常方便的，只要把标记线移到该点上，然后按 Enter 键即可。

小 结

（1）根轨迹法是一种图解方法，它在已知控制系统开环零点和极点的基础上，研究某一个或某些参数变化时系统闭环极点在 s 平面的分布情况。

（2）根轨迹有两个基本条件：相角条件和幅值条件，利用这两个基本条件可以确定根轨迹上的点及相应的增益值。

（3）根轨迹绘制有 8 条基本法则。根据系统开环零、极点在 s 平面的分布，利用基本法则，就能方便地绘制出根轨迹的大致形状。对于一些特殊点（如分离点或汇合点等），如与分析问题无关，则不必准确求出，只要能找出它们的所在范围即可。

（4）利用根轨迹法可以分析结构和参数已确定系统的稳定性及动态响应特性；还可以根据对系统动态和静态特性的要求确定可变参数，调整开环零点的位置，甚至改变它们的数目。因此，根轨迹法在控制系统的分析和设计中是一种很实用的工程方法。

习 题

4-1 试画出以下系统的根轨迹图。

（1） $G(s) = \dfrac{K^*}{s(s^2 + 2s + 5)}$

（2） $G(s) = \dfrac{K^*(s+1)}{s^2(s+2)(s+4)}$

（3） $G(s) = \dfrac{K^*}{s(s+1)(s+2)(s+5)}$

（4） $G(s) = \dfrac{K^*}{s(s+4)(s^2 + 4s + 20)}$

（5） $G(s) = \dfrac{K^*(s+1)}{s(s-1)(s^2 + 4s + 16)}$

4-2 已知一单位反馈系统的开环传递函数为：

$$G(s) = \dfrac{K^*(s+4)}{s(s+2)}$$

试绘制该系统的根轨迹图，分析 K^* 对系统性能的影响，并求出系统最小阻尼比所对应的闭环极点。

4-3 设单位反馈控制系统的开环传递函数为：

$$G(s) = \dfrac{K(3s+1)}{s(2s+1)}$$

试绘制 K 由 $0 \to \infty$ 变化时的根轨迹图。

4-4 试绘制开环传递函数为

$$G(s) = \frac{K^*(s+2)}{s(s+4)(s+8)(s^2+2s+5)}$$

的系统的根轨迹图，并求临界开环增益。

4-5 某单位反馈系统的开环传递函数为：

$$G(s) = \frac{K^*}{s(s+2)(s+4)}$$

（1）绘制 K^* 由 $0 \to \infty$ 变化时的根轨迹图。
（2）确定系统呈阻尼振荡瞬态响应的 K^* 值范围。
（3）求系统产生持续等幅振荡时的 K^* 值和振荡频率。
（4）求主导复数极点具有阻尼比为 0.5 时的 K^* 值。

4-6 一单位负反馈系统的开环传递函数为：

$$G(s) = \frac{K^*(s+2)(s+3)}{s(s+1)}$$

试画出该系统的根轨迹图。观察在小 K^* 值或大 K^* 值时，该系统为过阻尼系统；在中等 K^* 值时，该系统为欠阻尼系统。

4-7 设单位反馈系统的开环传递函数为：

$$G(s) = \frac{K^*(s+2)}{s(s+1)}$$

试从数学的角度证明复数根轨迹部分是以 $(-2, j0)$ 为圆心、$\sqrt{2}$ 为半径的一个圆。

4-8 设单位反馈系统的开环传递函数为：

$$G(s) = \frac{K}{s(0.01s+1)(0.02s+1)}$$

要求：
（1）画出系统的根轨迹图。
（2）确定系统的临界稳定开环增益 K。
（3）确定与系统临界阻尼比相应的开环增益 K。

4-9 设有一个单位反馈系统，其前向传递函数为：

$$G(s) = \frac{K^*}{s(s^2+4s+8)}$$

试画出该系统的根轨迹图。如果设定根轨迹增益 K^* 的值等于2，确定闭环极点的位置。

4-10 已知一控制系统如图 4-36 所示。试求：
（1）绘制系统的根轨迹图。
（2）确定 $K^*=8$ 时的闭环极点和单位阶跃响应。

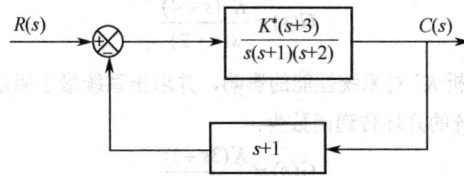

图 4-36 习题 4-10 控制系统

4-11 一随动系统的开环传递函数为：

$$G(s) = \frac{\frac{1}{4}(s+a)}{s^2(s+1)}$$

试绘制以 a 为参变量的根轨迹图 $(0 < a < \infty)$。

4-12 设一位置随动系统如图 4-37 所示。试求：

（1）试绘制以 τ 为参变量的根轨迹。

（2）求系统的阻尼比 $\xi = 0.5$ 时的闭环传递函数。

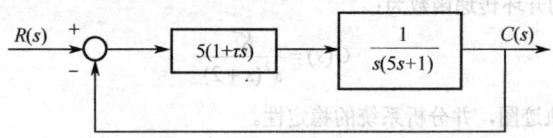

图 4-37 习题 4-12 控制系统

4-13 设控制系统的开环传递函数为：

$$G(s) = \frac{K^*(s+4)}{s(s+6)(s^2+4s+8)}$$

试确定闭环复数极点的 ξ 值为 0.5 时的 K^* 值。

4-14 设正反馈系统的开环传递函数为：

$$G(s) = \frac{K^*(s+1)}{s^2+4s+5}$$

试绘制 K^* 从 $0 \to +\infty$ 的闭环根轨迹图，并由此确定使系统稳定的 K^* 的范围。

4-15 一单位反馈系统的开环传递函数为：

$$G(s) = \frac{K^*(s+1)}{s(s-1)(s+4)}$$

（1）确定系统稳定的 K^* 值范围。

（2）绘制系统的根轨迹图。

（3）用 MATLAB 编程，画出系统的根轨迹图，并验证结论。

4-16 已知控制系统如图 4-38 所示。

（1）画出系统的根轨迹。

（2）判断点 $(2, j\sqrt{10})$ 是否是根轨迹上的点。

（3）求使系统稳定的 K^* 的取值范围。

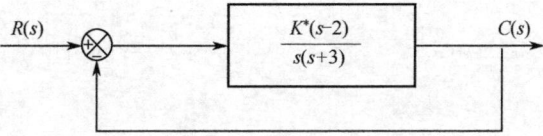

图 4-38 习题 4-16 控制系统

4-17 设单位反馈控制系统的开环传递函数为：

$$G(s) = \frac{K^*(1-s)}{s(s+2)}$$

试绘制其根轨迹图，并求出使系统产生重实根和纯虚根的 K^* 值。

4-18 设控制系统如图 4-39 所示。试作闭环系统根轨迹图，并分析 K^* 值变化对系统在阶跃扰动作用下输出相应的影响。

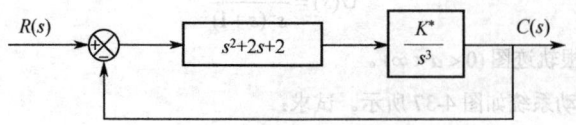

图 4-39 习题 4-18 控制系统

4-19 设控制系统的开环传递函数为：

$$G(s) = \frac{K^*}{s^2(s+2)}$$

（1）画出系统的根轨迹图，并分析系统的稳定性。

（2）若选择适当的 K^*，可使系统稳定，求 K^* 的取值范围；若系统不稳定，用增加开环零点的方法使闭环系统稳定，并画出增加零点后系统的根轨迹图。

4-20 考虑一个系统，其开环传递函数 $G(s)H(s)$ 为：

$$G(s)H(s) = \frac{K^*}{s(s+1)(s+2)}$$

试利用 MATLAB 画出该系统的根轨迹及其渐近线。

4-21 如图 4-40 所示的控制系统，试用 MATLAB 画出该系统的根轨迹。

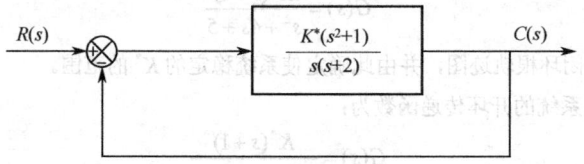

图 4-40 习题 4-21 控制系统

第5章 控制系统的频域响应法

系统对正弦输入信号的稳态响应称为频域响应。在频域响应方法中，我们在一定的范围内改变输入信号的频率，研究系统响应的性能。应用频率特性研究线性系统的经典方法称为频域响应法。这种方法不仅能根据系统的开环频率特性图直观形象地分析闭环系统的响应，而且还能判别某些环节或参数对系统性能的影响，提示改善系统性能的信息。频域响应法具有以下特点：

（1）频率特性具有明确的意义。对于一阶和二阶系统，频率性能指标和时域性能指标有确定的对应关系；对于高阶系统，可建立近似的对应关系。

（2）控制系统及其元部件的频率特性可以运用分析法和实验方法获得，并可用多种形式的曲线表示，因而系统分析和控制器设计可以应用图解法进行。

（3）控制系统的频率设计可以兼顾动态响应和噪声抑制两方面的要求。

（4）频域响应法不仅适用于线性定常系统，而且还适用于传递函数不是有理函数的纯滞后系统和部分非线性系统的分析。

由于上述特点，该法至今仍然是经典控制理论中的一个主要内容，而且它的有关概念和分析方法被拓展应用于多变量控制系统。

本章介绍频率特性的基本概念和频率特性曲线的绘制方法，研究频域稳定判据和频域性能指标的估算。关于控制系统的频域综合问题，将在第6章介绍。

5.1 频率特性

5.1.1 频率特性的基本概念

频率特性是指系统（或元件）对不同频率正弦输入信号的响应特性，故有时又称频域响应。

设线性系统的输入为一频率为 ω 的正弦信号，在稳态时，系统的输出是具有和输入同频率的正弦函数，但是可能具有不同的振幅和相位，且随着输入信号频率的变化而变化，如图 5-1 所示。上述结论，除了用实验方法证明，还可以从理论上证明。

设系统输入信号表示为 $r(t) = A\sin\omega t$，其拉氏变换 $R(s) = \dfrac{A\omega}{s^2 + \omega^2}$，$A$ 为常量。输出信号用 $c(t)$ 表示。又设线性系统的传递函数可以写成两个 s 的多项式之比，即

$$G(s) = \frac{C(s)}{R(s)} = \frac{U(s)}{V(s)} = \frac{U(s)}{(s+p_1)(s+p_2)\cdots(s+p_n)}$$

则系统的输出为：

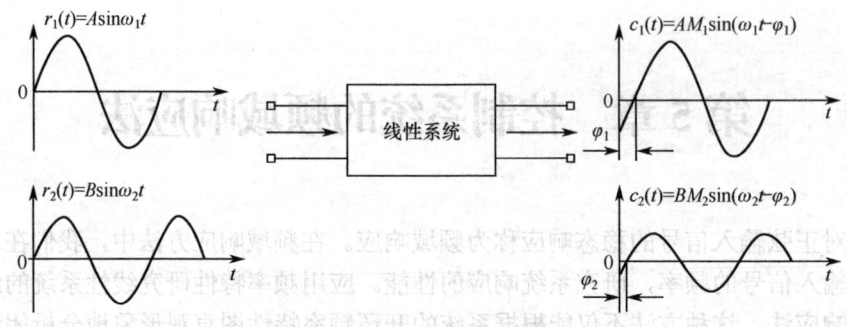

图 5-1 频域响应示意图

$$C(s) = \frac{U(s)}{V(s)} \frac{A\omega}{s^2 + \omega^2} \tag{5-1}$$

$$= \frac{U(s)}{(s+p_1)(s+p_2)\cdots(s+p_n)} \frac{A\omega}{(s+j\omega)(s-j\omega)}$$

式中，$-p_1, -p_2, \cdots, -p_n$ 为 $G(s)$ 的极点。对于稳定系统，这些极点都位于 s 平面的左方，即它们的实部 $\mathrm{Re}[-p_i]$ 均为负值。为简单起见，令 $G(s)$ 的极点均为相异的实数极点，则式（5-1）可改写为：

$$C(s) = \frac{a}{s+j\omega} + \frac{\bar{a}}{s-j\omega} + \sum_{i=1}^{n} \frac{b_i}{s+p_i} \tag{5-2}$$

式中，a、$\bar{a}$ 和 b_i $(i=1,2,\cdots,n)$ 均为待定系数。对上式取拉氏反变换（假设初始条件为零），求得：

$$c(t) = a\mathrm{e}^{-\mathrm{j}\omega t} + \bar{a}\mathrm{e}^{\mathrm{j}\omega t} + \sum_{i=1}^{n} b_i \mathrm{e}^{-p_i t} \quad (t \geq 0) \tag{5-3}$$

当 $t \to \infty$ 时，系统响应的瞬态分量 $\sum_{i=1}^{n} b_i \mathrm{e}^{-p_i t}$ 趋向于零，其稳态分量为：

$$c_s(t) = a\mathrm{e}^{-\mathrm{j}\omega t} + \bar{a}\mathrm{e}^{\mathrm{j}\omega t} \tag{5-4}$$

式中，系数 a 和 $\bar{a}$ 由下列两式确定：

$$a = G(s)\frac{A\omega}{s^2+\omega^2}(s+\mathrm{j}\omega)\bigg|_{s=-\mathrm{j}\omega} = G(-\mathrm{j}\omega)\frac{-A}{2\mathrm{j}} \tag{5-5}$$

$$\bar{a} = G(s)\frac{A\omega}{s^2+\omega^2}(s-\mathrm{j}\omega)\bigg|_{s=\mathrm{j}\omega} = G(\mathrm{j}\omega)\frac{A}{2\mathrm{j}} \tag{5-6}$$

由于 $G(\mathrm{j}\omega)$ 是一个复数向量，因而可表示为：

$$G(\mathrm{j}\omega) = P(\omega) + \mathrm{j}Q(\omega) = |G(\mathrm{j}\omega)|\mathrm{e}^{\mathrm{j}\varphi(\omega)} \tag{5-7}$$

式中，$|G(\mathrm{j}\omega)| = \sqrt{P^2(\omega) + Q^2(\omega)}$，$\varphi(\omega) = \arctan\dfrac{Q(\omega)}{P(\omega)}$。基于 $P(\omega)$、$|G(\mathrm{j}\omega)|$ 是 ω 的偶函数，$Q(\omega)$、$\varphi(\omega)$ 是 ω 的奇函数，因而 $G(-\mathrm{j}\omega)$ 与 $G(\mathrm{j}\omega)$ 互为共轭复数。这样 $G(-\mathrm{j}\omega)$ 可改写为：

$$G(-\mathrm{j}\omega) = |G(\mathrm{j}\omega)|\mathrm{e}^{-\mathrm{j}\varphi(\omega)} \tag{5-8}$$

把式（5-5）～式（5-8）代入式（5-4），求得：

$$c_s(t) = A|G(j\omega)|\sin(\omega t + \varphi) \tag{5-9}$$

式（5-9）可以描述为如下指数形式：

$$c_s(t) = A|G(j\omega)|e^{j\angle G(j\omega)}$$

在此基础上得出下列重要结论：

（1）对于正弦输入，系统的稳态输出是和输入具有相同频率的正弦信号，而幅值和相位是频率ω的函数。

（2）定义输出响应与输入的幅值比$A(\omega)=|G(j\omega)|$为幅频特性，相位之差$\varphi(\omega)=\angle G(j\omega)$为相频特性，并称它们的指数表达形式

$$G(j\omega) = A(\omega)e^{j\varphi(\omega)}$$

为系统的频率特性。

因此，系统对正弦输入信号的频率特性可以直接由下式求得。

$$G(j\omega) = G(s)\big|_{s=j\omega} \tag{5-10}$$

5.1.2 由传递函数确定系统的频域响应

频率特性除了由实验方法直接求得外，也可以由传递函数的零、极点来求取。

设系统的开环传递函数为：

$$G(s) = \frac{K(s+z_1)(s+z_2)\cdots(s+z_m)}{(s+p_1)(s+p_2)\cdots(s+p_n)}, n \geq m \tag{5-11}$$

对应的频率特性为：

$$G(j\omega) = \frac{K(j\omega+z_1)(j\omega+z_2)\cdots(j\omega+z_m)}{(j\omega+p_1)(j\omega+p_2)\cdots(j\omega+p_n)}, n \geq m \tag{5-12}$$

设在s平面的虚轴上任取一点$j\omega_1$，把该点与$G(s)$的所有零、极点连接成向量，如图5-2所示。这些向量分别以极坐标的形式表示如下：

$$j\omega_1 + z_i = \rho_i e^{j\varphi_i}, i=1,2,\cdots,m$$

$$j\omega_1 + p_l = \gamma_l e^{j\theta_l}, l=1,2,\cdots,n$$

则式（5-12）改写为：

$$G(j\omega_1) = \frac{K\prod_{i=1}^{m}\rho_i}{\prod_{l=1}^{n}\gamma_l} e^{j(\sum_{i=1}^{m}\varphi_i - \sum_{l=1}^{n}\theta_l)} \tag{5-13}$$

由上式得：

$$|G(j\omega_1)| = \frac{K\prod_{i=1}^{m}\rho_i}{\prod_{l=1}^{n}\gamma_l} \tag{5-14}$$

$$\varphi(\omega_1) = \sum_{i=1}^{m}\varphi_i - \sum_{l=1}^{n}\theta_l \qquad (5\text{-}15)$$

把由图 5-2 中量得的各向量的模 ρ_i、γ_l 和相角 φ_i、θ_l 分别代入式（5-14）和式（5-15），就能求得对应于 ω_1 的 $|G(j\omega_1)|$ 和 $\varphi(\omega_1)$。同理，可求得对应于 ω_2 的 $|G(j\omega_2)|$ 和 $\varphi(\omega_2)$。如此继续下去，就能得到一系列幅值和相位与频率 ω 的关系，据此可分别画出系统的幅频和相频特性。

例 5-1 图 5-3 所示为 RC 滤波电路，试绘制其幅频和相频特性曲线。

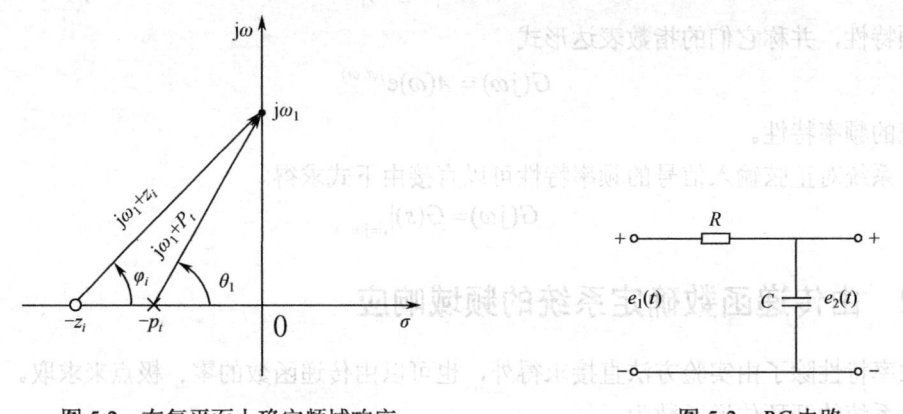

图 5-2　在复平面上确定频域响应　　　图 5-3　RC 电路

解：图 5-3 所示电路的传递函数为：

$$\frac{E_2(s)}{E_1(s)} = G(s) = \frac{1}{1+RCs} \qquad (5\text{-}16)$$

取 $s = j\omega$，则有：

$$G(j\omega) = \frac{1}{1+jRC\omega} = \frac{1}{1+jT\omega} = |G(j\omega)|e^{j\varphi(\omega)}$$

式中，$T = RC$；$|G(j\omega)| = \dfrac{1}{\sqrt{1+T^2\omega^2}}$；$\varphi(\omega) = -\arctan T\omega$

给出不同的频率 ω 值，就可求得对应的一组 $|G(j\omega)|$ 和 $\varphi(\omega)$ 值。据此，绘制图 5-4 所示的幅频和相频特性曲线。

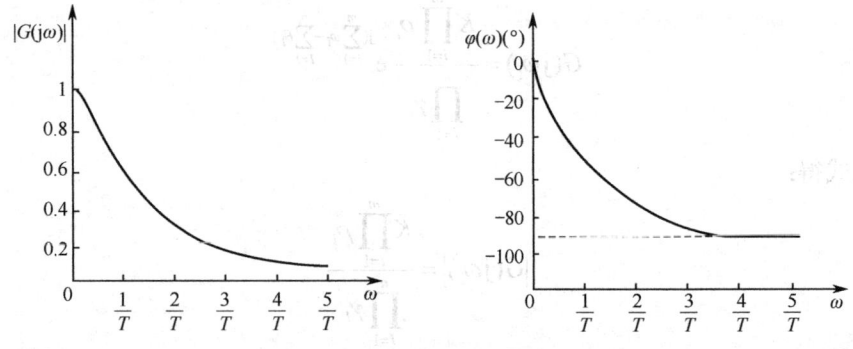

图 5-4　RC 电路的频率特性

专业术语中英文对照	
频域响应	frequency response
振幅	magnitude
相位	phase angle

5.2 对数坐标图

频率特性可用图形形象地表示，这是它的一个很重要的特点。表示频率特性的图形有三种：对数坐标图、极坐标图和对数幅相图。本节主要讨论对数坐标图的绘制。

对数坐标图又称为伯德曲线或伯德图，它由两幅图组成：一幅是对数幅频特性图，它的纵坐标为 $20\lg|G(j\omega)|$，单位是分贝，用符号 dB 表示。通常为了书写方便，把 $20\lg|G|$ 用符号 $L(\omega)$ 表示。另一幅是相频图或相角图，它的纵坐标为 $\varphi(\omega)$，单位为度（°）。两幅图的纵坐标都按线性分度，横坐标按 $\lg\omega$ 分度，单位为弧度/秒（rad/s），由此构成的坐标系称为半对数坐标系。

对数分度和线性分度如图 5-5 所示。在线性分度中，当变量增大或减小 1 时，坐标间距离变化一个单位长度；而在对数分度中，当变量增大或减小 10 倍，称为 10 倍频程，用符号 dec 表示，坐标间距离变化一个单位长度。设对数分度中的单位长度为 l，ω 的某个 10 倍频程的左端点为 ω_0，则坐标点相对于左端点的距离为表 5-1 所示值乘以 l。这里需要注意的是，在坐标原点处的 ω 值不得为零，而是为一个非零的正值。至于它取何值，应视所要表示实际的频率范围而定。

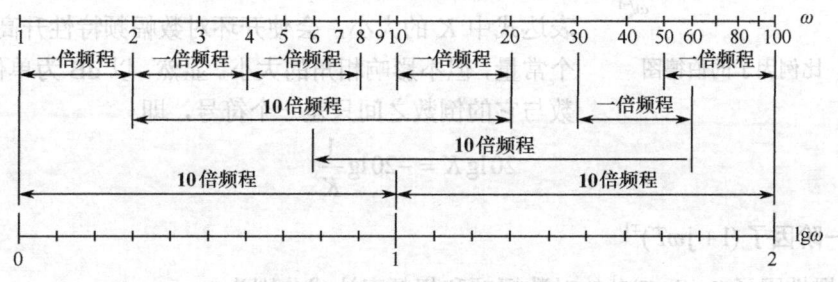

图 5-5 对数分度与线性分度

表 5-1 10 倍频程中的对数分度

ω/ω_0	1	2	3	4	5	6	7	8	9	10
$\lg(\omega/\omega_0)$	0	0.301	0.477	0.602	0.699	0.788	0.845	0.903	0.954	1

对数频率特性采用 ω 的对数分度实现了横坐标的非线性压缩，便于在较大频率范围反映频率特性的变化情况。对数幅频特性采用了 $20\lg|G(j\omega)|$，将幅值的乘除运算化为加减运算，可以简化曲线的绘制过程。此外，它提供的绘制近似对数幅值曲线的简便方法，是建立在渐近近似的基础之上的。如果只需要知道频域响应特性的粗略信息，那么以这种近似

直线进行近似的方法是可以满足要求的。如果需要精确曲线，则可以容易地对这些基本的渐近直线进行修正。因为在实际系统中，低频特性最为重要，所以对频率采用对数尺度，对扩展低频范围是很有利的。虽然由于对频率采用对数尺度，使得曲线不能画到零频处，但这不会造成严重问题。

当频域响应数据以伯德图的形式表示时，可以容易地通过实验确定传递函数。

5.2.1 典型因子的伯德图

如上所述，采用对数坐标图的主要优点是绘制频域响应曲线比较容易。在一个任意的传递函数 $G(j\omega)H(j\omega)$ 中，最常出现的基本因子是：

（1）比例因子 K；
（2）一阶因子 $(1+j\omega T)^{\mp 1}$；
（3）积分和微分因子 $(j\omega)^{\mp 1}$；
（4）二阶因子 $[1+2\xi T_n j\omega+(j\omega T_n)^2]^{\mp 1}$；
（5）滞后因子 $e^{-j\tau\omega}$。

由于增益的对数相加等于它们相乘，所以熟悉了基本因子的对数坐标图以后，就可以利用它们画出每一个因子的对应曲线，并对各个单独曲线逐一地图解相加，从而获得传递函数 $G(j\omega)H(j\omega)$ 的对数坐标图。

1. 比例因子 K

比例因子 K 的对数幅频特性是一高度为 $20\lg K \mathrm{dB}$ 的水平线，它的相角为 $0°$，如图 5-6 所示。改变开环频率特性表达式中 K 的大小，会使开环对数幅频特性升高或降低一个常量，但不影响相角的大小。显然，以 dB 为单位表示时，数与它的倒数之间只差一个符号，即

$$20\lg K = -20\lg \frac{1}{K} \tag{5-17}$$

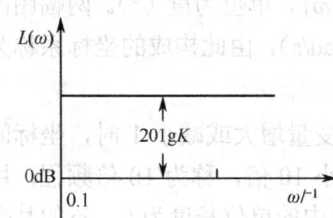
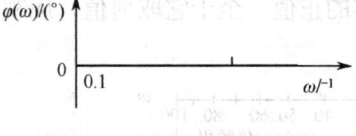

图 5-6 比例因子的伯德图

2. 一阶因子 $(1+j\omega T)^{\mp 1}$

一阶惯性因子 $(1+j\omega T)^{-1}$ 的对数幅频和相频表达式分别为：

$$L(\omega) = -20\lg\sqrt{1+\left(\frac{\omega}{\omega_1}\right)^2} \tag{5-18}$$

$$\varphi(\omega) = -\arctan\frac{\omega}{\omega_1} \tag{5-19}$$

式中，$\omega_1 = \frac{1}{T}$。

当 $\omega \ll \omega_1$ 时，可略去式（5-18）中的 $\left(\frac{\omega}{\omega_1}\right)^2$ 项，则得：

$$L(\omega)\approx -20\lg 1\text{dB}=0\text{dB}$$

这表示 $L(\omega)$ 的低频渐近线为 0dB 的一条水平线。

当 $\omega \gg \omega_1$ 时，可略去式（5-18）中的 1，则得：

$$L(\omega) \approx -20\lg \frac{\omega}{\omega_1}$$

上式表示 $L(\omega)$ 高频部分的渐近线是一条斜率为 –20dB/dec 的直线，当输入信号的频率每增加 10 倍频程时，对应输出信号的幅值便下降 20dB。图 5-7 所示是精确对数幅频特性及其渐近线和精确的相频特性曲线。

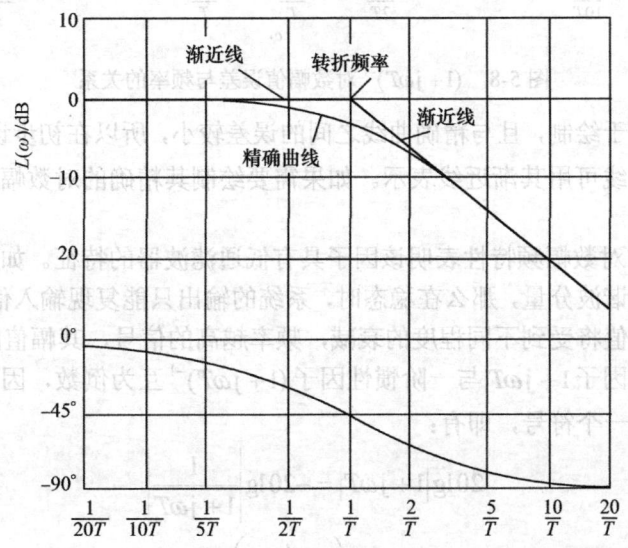

图 5-7　$(1+j\omega T)^{-1}$ 的对数幅频曲线、渐近线和相频曲线

不难看出，两条渐近线相交点的频率 $\omega_1 = \dfrac{1}{T}$，这个频率称为转折频率，又名转角频率。如果 $(1+j\omega T)^{-1}$ 因子的对数幅频特性能用其两条渐近线近似表示，则使作图大为简化。问题是，这种近似表示所产生的误差有多大？这是人们所关注的。

由图 5-7 可见，最大的幅值误差产生在转折频率 $\omega_1 = \dfrac{1}{T}$ 处，它近似等于 –3dB，这是因为：

$$-20\lg\sqrt{1+1} + 20\lg 1 = -3.03\text{dB}$$

又如在 $\omega = \dfrac{1}{2T}$ 处，其误差为：

$$-20\lg\sqrt{1+\frac{1}{4}} + 20\lg 1 = -0.97\text{dB}$$

在高于转折频率 ω_1 的一倍频程处，即 $\omega = \dfrac{2}{T}$，其误差为：

$$-20\lg\sqrt{1+2^2} + 20\lg 2 = -0.97\text{dB}$$

用同样的方法，可计算其他频率点上的幅值误差。图 5-8 所示为 $(1+j\omega T)^{-1}$ 因子精确的对数幅频曲线与其渐近线在不同 ω 值时的误差曲线。

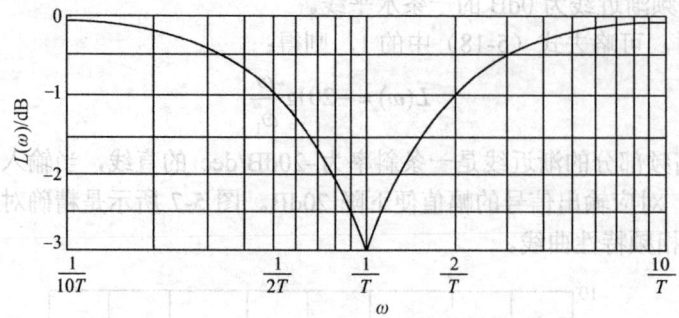

图 5-8 $(1+j\omega T)^{-1}$ 对数幅值误差与频率的关系

由于渐近线易于绘制，且与精确曲线之间的误差较小，所以在初步设计时，$(1+j\omega T)^{-1}$ 因子的对数幅频曲线可用其渐近线表示。如果需要绘制其精确的对数幅频曲线，则可按照图 5-8 予以修正。

图 5-7 所示的对数幅频特性表明该因子具有低通滤波器的特征。如果系统的输入信号中含有多种频率的谐波分量，那么在稳态时，系统的输出只能复现输入信号中的低频分量，其他高频分量的幅值将受到不同程度的衰减，频率越高的信号，其幅值的衰减量也越大。

由于一阶微分因子 $1+j\omega T$ 与一阶惯性因子 $(1+j\omega T)^{-1}$ 互为倒数，因而它们的对数幅频和相频特性只相差一个符号，即有：

$$20\lg|1+j\omega T| = -20\lg\left|\frac{1}{1+j\omega T}\right|$$

$$\arg(1+j\omega T) = -\arg\left(\frac{1}{1+j\omega T}\right) = \arg(1+j\omega T)$$

$1+j\omega T$ 因子的对数幅频和相频曲线如图 5-9 所示。

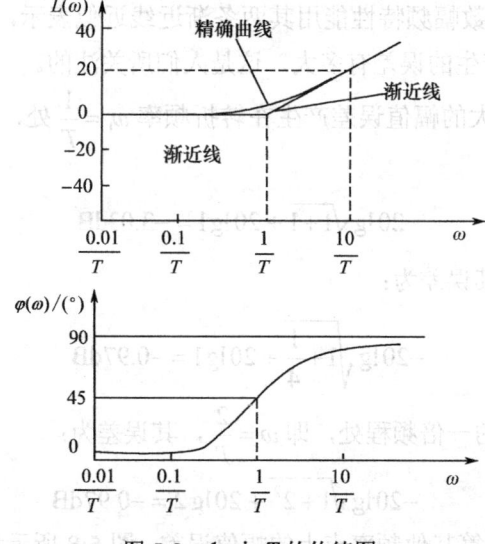

图 5-9 $1+j\omega T$ 的伯德图

3. 积分、微分因子 $(j\omega)^{\mp 1}$

积分因子 $j\omega^{-1}$ 的对数幅频和相频特性的表达式分别为：

$$L(\omega) = -20\lg\omega$$

$$\varphi(\omega) = -90°$$

由于

$$-20\lg 10\omega = -20\text{dB} - 20\lg\omega \tag{5-20}$$

因而 $-20\lg\omega$ 是一条斜率为 $-20\text{dB}/\text{dec}$ 的直线。

同理，一阶纯微分因子 $j\omega$ 的对数幅值表达式为：

$$L(\omega) = 20\lg\omega$$

显然，它是一条斜率为 $+20\text{dB}/\text{dec}$ 的直线。$j\omega$ 因子的相角恒为 $90°$。图 5-10（a）和（b）分别为 $1/j\omega$ 和 $j\omega$ 的对数幅频和相频曲线。

由图 5-10 可见，$1/j\omega$ 和 $j\omega$ 伯德图的差异是两者幅频特性的斜率和相角都相差一个符号。在 $\omega=1$ 时它们的对数幅值都为 0dB。如果传递函数中含有 $K/(j\omega)^\nu$ 的因子，则它的对数幅频表达式分别为：

$$L(\omega) = 20\lg\left|\frac{K}{(j\omega)^\nu}\right| = -20\nu\lg\omega + 20\lg K \tag{5-21}$$

$$\varphi(\omega) = -\nu 90° \tag{5-22}$$

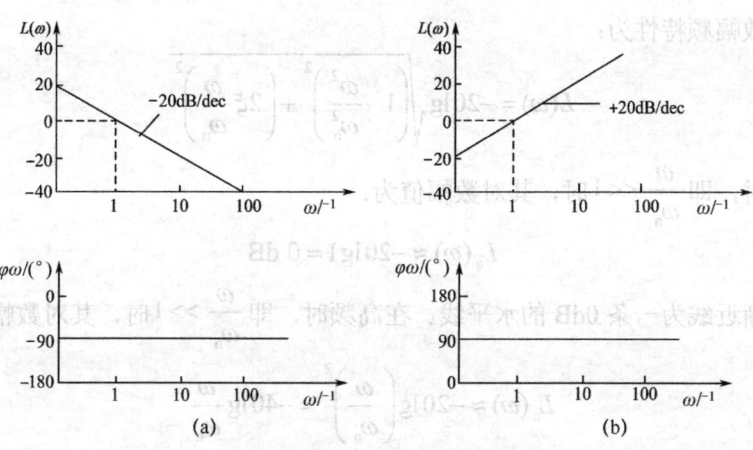

图 5-10 $(j\omega)^{-1}$ 和 $j\omega$ 的伯德图

式（5-21）所示是一簇斜率为 $-20\nu\text{dB}/\text{dec}$ 的直线，且在 $\omega=1$ 处，$L(\omega)=20\lg K$，如图 5-11 所示。由式（5-21）求得，这些不同斜率的直线通过 0dB 直线的频率为 $\omega=(K)^{1/\nu}$。图 5-11 示出了 $\nu=0,1,2$ 和 3 时的对数幅频特性曲线，其中 $K=1000$。

4. 二阶因子 $[1+2\xi T_n j\omega + (j\omega T_n)^2]^{\pm 1}$

控制系统常常具有下列形如二阶因子的形式：

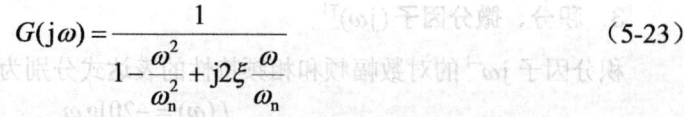

$$G(j\omega) = \frac{1}{1 - \frac{\omega^2}{\omega_n^2} + j2\xi\frac{\omega}{\omega_n}} \quad (5\text{-}23)$$

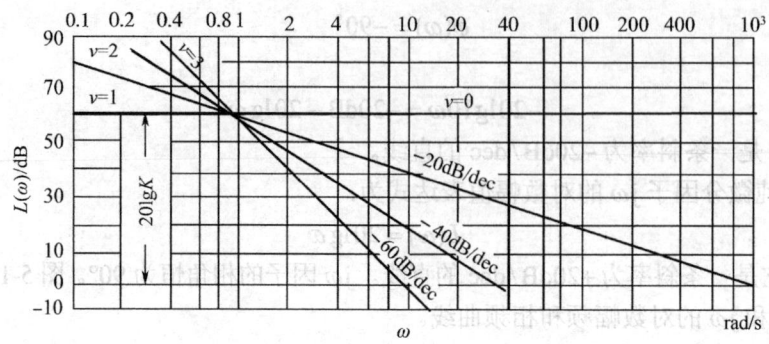

图 5-11　$K/(j\omega)^v$ 的对数幅频特性曲线

式中，$\omega_n = \dfrac{1}{T_n}$。如果 $\xi > 1$，那么该二阶因子可以用两个具有实数极点的一阶因子的乘积表示。如果 $0 < \xi < 1$，则该二阶因子可以用两个共轭复数因子的乘积表示。对于阻尼比 ξ 比较小的二阶因子，其频域响应曲线的渐近线近似表示是不精确的。这是因为二阶因子的幅值和相角不仅与转角频率有关，还与阻尼比 ξ 有关。

它的对数幅频特性为：

$$L(\omega) = -20\lg\sqrt{\left(1 - \frac{\omega^2}{\omega_n^2}\right)^2 + \left(2\xi\frac{\omega}{\omega_n}\right)^2} \quad (5\text{-}24)$$

在低频时，即 $\dfrac{\omega}{\omega_n} \ll 1$ 时，其对数幅值为：

$$L_a(\omega) \approx -20\lg 1 = 0 \text{ dB}$$

因此，低频渐近线为一条 0dB 的水平线。在高频时，即 $\dfrac{\omega}{\omega_n} \gg 1$ 时，其对数幅值为：

$$L_a(\omega) \approx -20\lg\left(\frac{\omega}{\omega_n}\right)^2 = -40\lg\frac{\omega}{\omega_n}$$

因为

$$-40\lg\frac{10\omega}{\omega_n} = -40 - 40\lg\frac{\omega}{\omega_n}$$

所以，高频渐近线是一条斜率为 –40dB/dec 的直线。

因为在 $\omega = \omega_n$ 时

$$-40\lg\frac{\omega}{\omega_n} = -40\lg 1 = 0\text{dB}$$

所以，高频渐近线与低频渐近线在 $\omega = \omega_n$ 处相交。这个频率 ω_n 就是上述二阶因子的转折频率。

上面导出的两条渐近线都是与 ξ 值无关的,然而当频率接近 $\omega = \omega_n$ 时,正如从式(5-23)可以预料到的,将会产生谐振峰值。阻尼比 ξ 确定了谐振峰值的大小,显然,当用渐近直线来近似表示时,必然产生误差。

$$\Delta L(\omega) = L(\omega) - L_a(\omega)$$

误差 $\Delta L(\omega)$ 的大小与 ξ 值有关。图 5-12 给出了不同 ξ 值时精确的对数幅频曲线及其渐近线。

它们之间的关系曲线如图 5-13 所示。由图可见,ξ 值越小,对数幅频曲线的峰值就越大,它们与渐近线之间的误差也就越大。

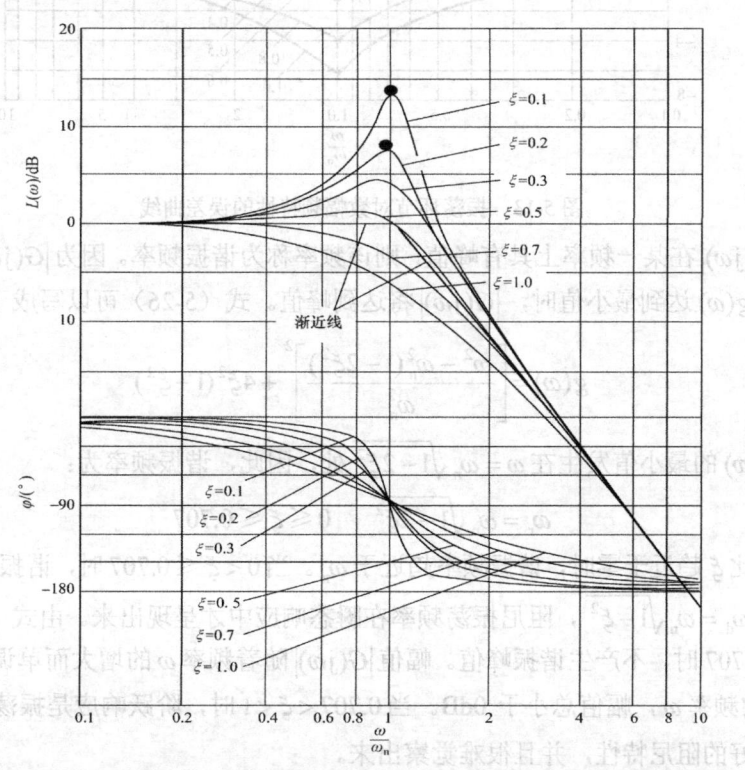

图 5-12 由式(5-23)给出的对数幅频曲线、渐近性和相频曲线

下面分析式(5-23)在什么条件下其幅值会有峰值出现,这个峰值和相应的频率应如何计算。

式(5-23)的幅频表达式为:

$$|G(j\omega)| = \frac{1}{\sqrt{\left(1 - \frac{\omega^2}{\omega_n^2}\right)^2 + \left(2\xi \frac{\omega}{\omega_n}\right)^2}} \tag{5-25}$$

令

$$g(\omega) = \left(1 - \frac{\omega^2}{\omega_n^2}\right)^2 + \left(2\xi \frac{\omega}{\omega_n}\right)^2 \tag{5-26}$$

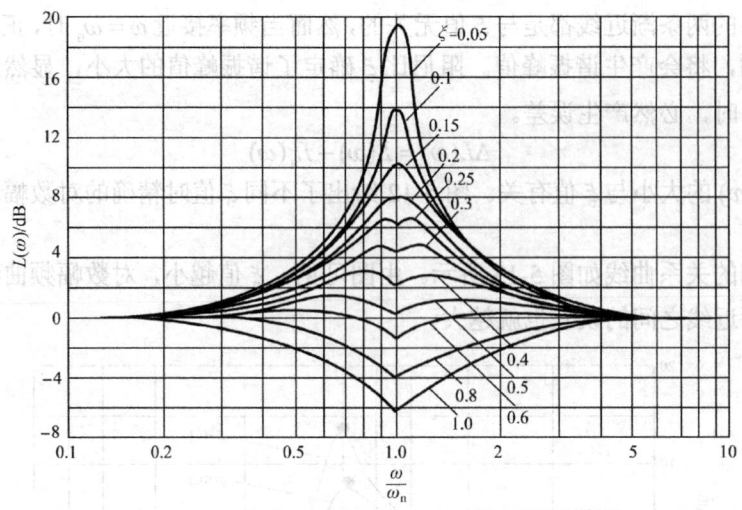

图 5-13 振荡环节对数幅频特性的误差曲线

如果 $|G(j\omega)|$ 在某一频率上具有峰值，则该频率称为谐振频率。因为 $|G(j\omega)|$ 的分子为常数，所以当 $g(\omega)$ 达到最小值时，$|G(j\omega)|$ 将达到峰值。式（5-26）可以写成下式：

$$g(\omega) = \left[\frac{\omega^2 - \omega_n^2(1-2\xi^2)}{\omega_n^2}\right]^2 + 4\xi^2(1-\xi^2) \tag{5-27}$$

所以 $g(\omega)$ 的最小值发生在 $\omega = \omega_n\sqrt{1-2\xi^2}$ 处，因此，谐振频率为：

$$\omega_r = \omega_n\sqrt{1-2\xi^2}, \quad 0 \leq \xi \leq 0.707 \tag{5-28}$$

当阻尼比 ξ 趋近于零时，谐振频率趋近于 ω_n。当 $0 < \xi \leq 0.707$ 时，谐振频率 ω_r 小于阻尼振荡频率 $\omega_d = \omega_n\sqrt{1-\xi^2}$，阻尼振荡频率在瞬态响应中才呈现出来。由式（5-28）可以看出，当 $\xi > 0.707$ 时，不产生谐振峰值。幅值 $|G(j\omega)|$ 随着频率 ω 的增大而单调减小。对于所有 $\omega > 0$ 时的频率 ω，幅值总小于 0dB。当 $0.707 < \xi < 1$ 时，阶跃响应是振荡的，但是这种振荡具有良好的阻尼特性，并且很难觉察出来。

谐振峰值 M_r 的幅值可以通过式（5-28）代入式（5-25）求得。当 $0 \leq \xi \leq 0.707$ 时，有：

$$M_r = \frac{1}{2\xi\sqrt{1-\xi^2}}, \quad 0 \leq \xi \leq 0.707 \tag{5-29}$$

当 $\xi = 0.707$ 时，无谐振，则有：

$$M_r = 1 \tag{5-30}$$

当 ξ 趋近于零时，M_r 趋近于无穷大。

M_r 与 ξ 间的关系曲线如图 5-14 所示。

二阶振荡因子的相频特性表达式为：

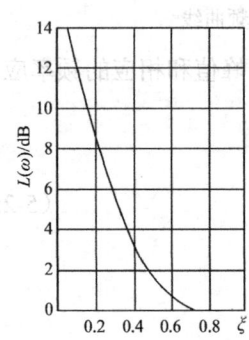

图 5-14 M_r 与 ξ 间的关系曲线

$$\varphi(\omega) = -\arctan\frac{2\xi\omega/\omega_n}{1-\dfrac{\omega^2}{\omega_n^2}} = \begin{cases} -\arctan\dfrac{2\xi\omega/\omega_n}{1-\dfrac{\omega^2}{\omega_n^2}}, & \omega \leqslant \omega_n \\ -\left(180° - \arctan\dfrac{2\xi\omega/\omega_n}{\dfrac{\omega^2}{\omega_n^2}-1}\right), & \omega > \omega_n \end{cases} \quad (5\text{-}31)$$

相角 φ 是 ω 和 ξ 的函数。当 $\omega=0$ 时，相角等于 $0°$；而 $\omega=\omega_n$ 时，不管 ξ 值的大小，相角总是等于 $-90°$。当 $\omega\to\infty$ 时，相角等于 $-180°$。

由于因子 $1+2\mathrm{j}\xi\dfrac{\omega}{\omega_n}+\left(\mathrm{j}\dfrac{\omega}{\omega_n}\right)^2$ 与上述振荡环节的频率特性互为倒数关系，因而它们的对数幅值和相角与上述的振荡环节都只差一个符号。

5. 滞后因子 $\mathrm{e}^{-\mathrm{j}\tau\omega}$

滞后因子的幅频和相频表达式分别为：

$$|G(\mathrm{j}\omega)| = |\mathrm{e}^{-\mathrm{j}\tau\omega}| = 1 \quad (5\text{-}32)$$

$$\varphi(\omega) = -\tau\omega \quad (5\text{-}33)$$

由此可知，它的对数幅频特性为一条 0dB 的水平线；其相角 φ 与频率 ω 呈线性关系。图 5-15 所示为滞后因子的相频特性曲线。

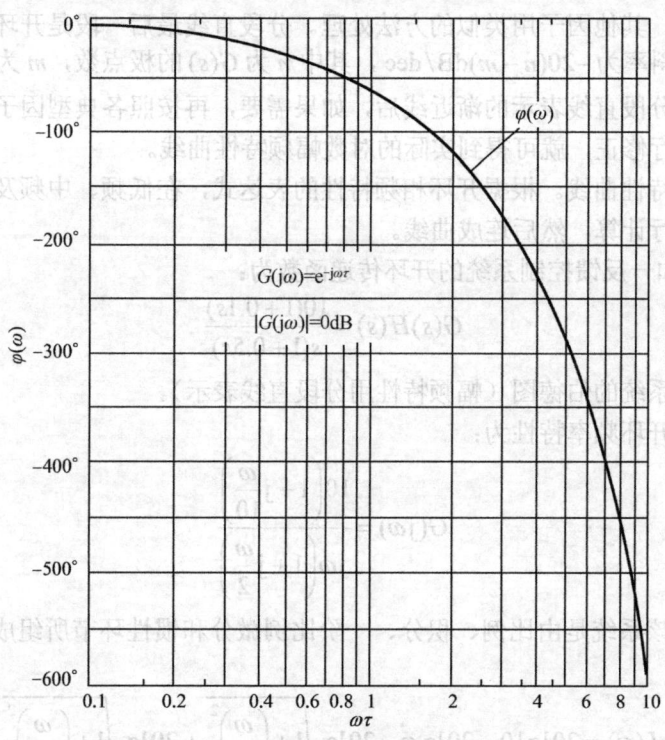

图 5-15 滞后因子的相频特性曲线

5.2.2 绘制开环系统伯德图的一般步骤

设系统的开环传递函数为：
$$G(s) = G_1(s)G_2(s)\cdots G_n(s)$$
则其对应的对数幅频和相频特性分别为：
$$L(\omega) = 20\lg|G_1(j\omega)| + 20\lg|G_2(j\omega)| + \cdots + 20\lg|G_n(j\omega)|$$
$$\varphi(\omega) = \arg G_1(j\omega) + \arg G_2(j\omega) + \cdots + \arg G_n(j\omega)$$

因此，只要分别作出 $G(j\omega)$ 所含各因子的对数幅频和相频特性曲线，然后对它们分别进行代数相加，就能画出开环系统的伯德图。显然，这样做既不便捷又浪费时间。为此，工程上常用下述方法，直接画出开环系统的伯德图，其步骤如下：

（1）写出开环频率特性的表达式，把其所含各因子的转折频率由小到大依次标在频率轴上。

（2）绘制开环对数幅频曲线的渐近线。渐近线由若干条分段直线组成，其低频段的斜率为 $-20v\mathrm{dB/dec}$，其中 v 为积分环节数。在 $\omega=1$ 处，$L(\omega) = 20\lg K$。以低频段作为分段直线的起始段，从它开始，沿着频率增大的方向，每遇到一个转折频率就改变一次分段直线的斜率。如遇到 $(1+j\omega T_1)^{-1}$ 因子的转折频率 $1/T_1$，当 $\omega \geq \dfrac{1}{T_1}$ 时，分段直线斜率的变化量为 $-20\mathrm{dB/dec}$；如遇到 $1+j\omega T_2$ 因子的转折频率 $1/T_2$，当 $\omega \geq \dfrac{1}{T_2}$ 时，分段直线斜率的变化量为 $+20\mathrm{dB/dec}$，其他因子用类似的方法处理。分段直线最后一段是开环对数幅频曲线的高频渐近线，其斜率为 $-20(n-m)\mathrm{dB/dec}$，其中 n 为 $G(s)$ 的极点数，m 为 $G(s)$ 的零点数。

（3）作出以分段直线表示的渐近线后，如果需要，再按照各典型因子的误差曲线对相应的分段直线进行修正，就可得到实际的对数幅频特性曲线。

（4）作相频特性曲线。根据开环相频特性的表达式，在低频、中频及高频区域中各选择若干个频率进行计算，然后连成曲线。

例 5-2 已知一反馈控制系统的开环传递函数为：
$$G(s)H(s) = \frac{10(1+0.1s)}{s(1+0.5s)}$$

试绘制开环系统的伯德图（幅频特性用分段直线表示）。

解：系统的开环频率特性为：
$$G(j\omega) = \frac{10\left(1 + j\dfrac{\omega}{10}\right)}{j\omega\left(1 + j\dfrac{\omega}{2}\right)}$$

由此可知，该系统是由比例、积分、一阶比例微分和惯性环节所组成的。它的对数幅频特性为：
$$L(\omega) = 20\lg 10 - 20\lg \omega - 20\lg\sqrt{1+\left(\frac{\omega}{2}\right)^2} + 20\lg\sqrt{1+\left(\frac{\omega}{10}\right)^2}$$

按上述步骤，作出该系统对数幅频特性曲线的渐近线，其特点为：

(1) 由于 $v=1$，因而渐近线低频段的斜率为 -20dB/dec，在 $\omega=1$ 处，其高度为 $20\lg 10 = 20\text{dB}$。

(2) 当 $\omega \geq 2$ 时，由于惯性环节对信号幅值的衰减作用，使分段直线的斜率由 -20dB/dec 变为 -40dB/dec。同理，当 $\omega \geq 10$ 时，由于微分环节对信号幅值的提升作用，使分段直线的斜率上升 20dB/dec，即由 -40dB/dec 变为 -20dB/dec。

系统的相频特性按下式：

$$\varphi(\omega) = -90° - \arctan\frac{\omega}{2} + \arctan\frac{\omega}{10}$$

进行计算。图 5-16 所示为该系统的伯德图。

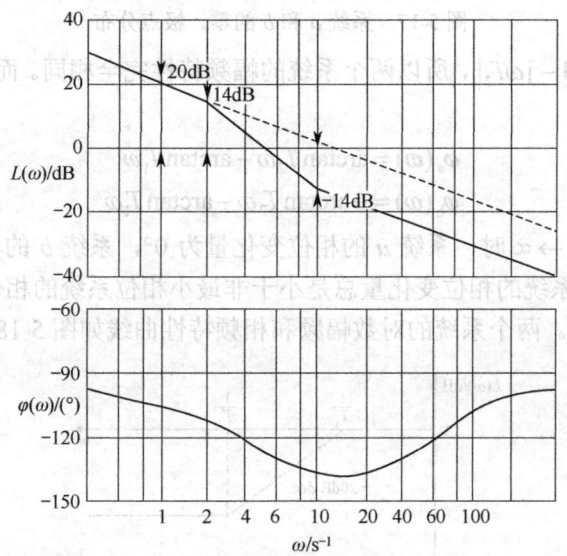

图 5-16 例 5-2 的伯德图

5.2.3 最小相位系统与非最小相位系统

在第 4 章中，曾提及什么是最小相位系统和非最小相位系统。下面通过一个简单的例子，说明这两种系统相频特性的差异。

设有 a 和 b 两个系统，它们的传递函数分别为：

$$G_a(s) = \frac{1+T_2 s}{1+T_1 s}$$

$$G_b(s) = \frac{1-T_2 s}{1+T_1 s}$$

式中，$0 < T_2 < T_1$，这两个系统的极点完全相同，且位于 s 平面的左方，以保证系统能稳定。它们的零点一个在 s 平面的左方，一个在 s 平面的右方，如图 5-17 所示。由于系统 a 的零、极点都位于 s 的左半平面，因而它是最小相位系统。而系统 b 的零点位于 s 的右半平面，因而它是非最小相位系统。它们的频率特性分别为：

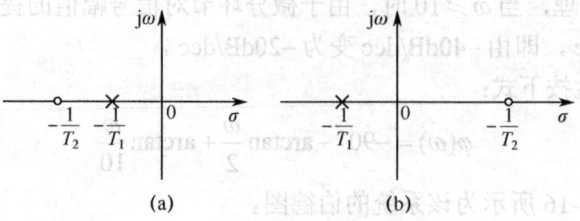

$$G_a(j\omega) = \frac{1+j\omega T_2}{1+j\omega T_1}$$

$$G_b(j\omega) = \frac{1-j\omega T_2}{1+j\omega T_1}$$

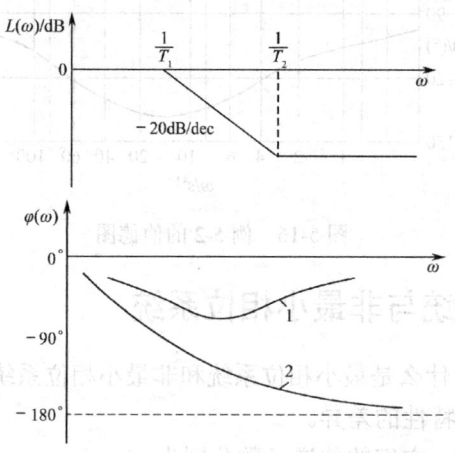

图 5-17 系统 a 和 b 的零、极点分布

由于 $|1+j\omega T_2| = |1-j\omega T_2|$，所以两个系统的幅频特性完全相同。而它们的相频特性表达式分别为：

$$\varphi_a(\omega) = \arctan T_2\omega - \arctan T_1\omega$$
$$\varphi_b(\omega) = -\arctan T_2\omega - \arctan T_1\omega$$

不难看出，当 ω 由 $0 \to \infty$ 时，系统 a 的相位变化量为 $0°$，系统 b 的相位变化量为 $-180°$。由此可见，最小相位系统的相位变化量总是小于非最小相位系统的相位变化量，这就是"最小相位"名称的由来。两个系统的对数幅频和相频特性曲线如图 5-18 所示。

图 5-18 最小相位系统和非最小相位系统的伯德图

由图可见，最小相位系统的对数幅频特性和相频特性曲线的变化趋势基本相一致，这表明它们之间有着一定的内在关系。对此，H. W. Bode 曾用数学方法严密地论证了两者之间存在唯一的对应关系。这就是说，如果确定了最小相位系统的对数幅频特性，则其对应的相频特性也就被唯一地确定了，反之亦然。因此对于最小相位系统，只要知道它的对数幅频特性曲线，就能估计出系统的传递函数。对于非最小相位系统，它的对数幅频和相频特性曲线的变化趋势并不完全一致，两者之间不存在唯一的对应关系。因此，对于非最小相位系统，只有知道了它的对数幅频和相频特性曲线后，才能正确地估计出系统的传递函数。当 $\omega \to \infty$ 时,虽然最小相位系统和非最小相位系统对数幅频特性的斜率为 $-20(n-m)\text{dB/dec}$,但前者的相位 $\varphi_a(\omega) = -90°(n-m)$,而后者的相位 $\varphi_b(\omega) \neq -90°(n-m)$。这个特征一般可用于判别被测试的系统是否是最小相位系统。即当 $\omega \to \infty$ 时,若对数幅频特性的斜率为 $-20(n-m)\text{dB/dec}$,相位为 $-90°(n-m)$,则该系统是最小相位系统(曲线1),否则为非最小相位系统(曲线2)。

5.2.4 系统的类型与对数幅频特性曲线低频渐近线的对应关系

对数幅频特性的低频段是由因式 $\dfrac{K}{(j\omega)^\nu}$ 来表征的。我们知道,系统的类型是按照积分环节数 ν 的数值来划分的。对实际的控制系统,ν 通常为 0、1 或 2。下面用具体的例子说明系统的类型与对数幅频特性曲线低频渐近线斜率的对应关系及开环增益 K 值的确定。

1. 0 型系统

设 0 型系统的开环频率特性为:

$$G(j\omega) = \frac{K}{1 + j\dfrac{\omega}{1/T}}$$

则其对数幅频特性的表达式为:

$$L(\omega) = 20\lg K - 20\lg \sqrt{1 + \left(\frac{\omega}{1/T}\right)^2}$$

据此作出对数幅频特性曲线的渐近线如图 5-19(a)所示。由图可见,0 型系统的对数幅频特性低频渐近线为一条 $x\text{dB}$ 的水平线,其对应的增益 K 满足

$$20\lg K = x \tag{5-34}$$

或

$$K = 10^{\frac{x}{20}}$$

2. I 型系统

设 I 型系统的开环频率特性为:

$$G(j\omega) = \frac{K}{j\omega\left(1 + j\dfrac{\omega}{1/T}\right)}$$

则其对数幅频特性的表达式为:

$$L(\omega) = 20\lg K - 20\lg \omega - 20\lg \sqrt{1 + \left(\frac{\omega}{1/T}\right)^2}$$

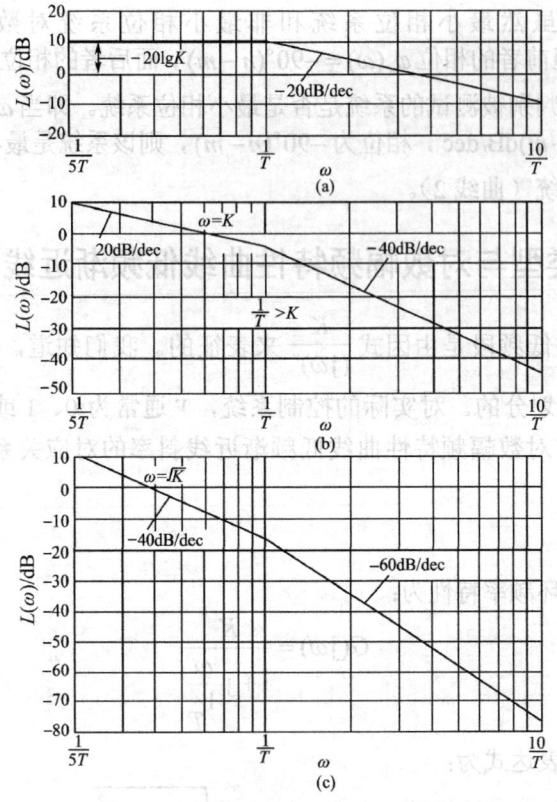

图 5-19　0 型、Ⅰ型、Ⅱ型系统的对数幅频特性曲线

由上式作出的对数幅频特性曲线的渐近线如图 5-19（b）所示。

不难看出，Ⅰ型系统的对数幅频特性有如下特点：

（1）低频渐近线的斜率为 -20dB/dec。

（2）低频渐近线（或其延长线）在 $\omega=1$ 处的纵坐标值为 $20\lg K$。

（3）开环增益 K 在数值上也等于低频渐近线（或其延长线）与 0dB 线相交点的频率值。

3. Ⅱ型系统

设Ⅱ型系统的开环频率特性为：

$$G(\text{j}\omega) = \frac{K}{(\text{j}\omega)^2 \left(1+\text{j}\dfrac{\omega}{1/T}\right)}$$

则其对数幅频特性的表达式为：

$$L(\omega) = 20\lg K - 40\lg \omega - 20\lg \sqrt{1+\left(\dfrac{\omega}{1/T}\right)^2}$$

由上式作出对数幅频特性曲线的渐近线，如图 5-19（c）所示。易知，Ⅱ型系统的对数幅频特性有如下特点：

(1) 低频渐近线的斜率为 –40dB/dec 。
(2) 和 I 型系统一样,低频渐近线(或其延长线)在 $\omega=1$ 处的纵坐标值为 $20\lg K$。
(3) 系统的开环增益 K 在数值上等于低频渐近线(或其延长线)与 0dB 线相交点频率值的平方。

专业术语中英文对照

极坐标图	polar plot
伯德图	bode plot
一阶因子	simple lag or simple lead
二阶因子	quadratic lag or quadratic lead
低频	low frequency
高频	high frequency
转折频率	break frequency

5.3 极坐标图

基于频率特性 $G(j\omega)$ 是一个复数,因而可表示为:

$$G(j\omega) = P(\omega) + jQ(\omega) = |G(j\omega)|e^{j\varphi(\omega)}$$

这样,$G(j\omega)$ 可用幅值为 $|G(j\omega)|$、相角为 $j\varphi(\omega)$ 的矢量来表示。当输入信号的频率 ω 由零变化到无穷大时,矢量 $G(j\omega)$ 的幅值和相位也随之相应变化,其端点在复平面上移动的轨迹称为极坐标图。极坐标图通常称为乃奎斯特图或乃奎斯特曲线。在极坐标图上,正(负)相角是从正实轴开始,以逆时针(顺时针)旋转来定义的,$G(j\omega)$ 在实轴和虚轴上的投影,就分别是 $G(j\omega)$ 的实部和虚部。

采用极坐标图的优点是它能够在一幅图上表示系统在整个频率范围内的频域响应特性。但是,它不能清楚地表明开环传递函数中每个单独因子对系统的具体影响,这是它的一个缺点。

5.3.1 典型因子的乃奎斯特图

1. 比例因子

比例因子的频率特性为:

$$G(j\omega) = K$$

由于 K 是一个与 ω 无关的常数,它的相角为 0°,因而它的乃奎斯特图为 $G(j\omega)$ 平面实轴上的一个点,如图 5-20(a)所示。

2. 积分和微分因子

积分因子的频率特性为:

$$G(j\omega) = \frac{1}{j\omega} = \frac{1}{\omega}e^{-j\frac{\pi}{2}} \tag{5-35}$$

所以，$G(j\omega)=1/j\omega$ 的极坐标图是负虚轴，$G(j\omega)=j\omega$ 的极坐标图是正虚轴。它们的乃奎斯特图如图 5-20（b）、图 5-20（c）所示。

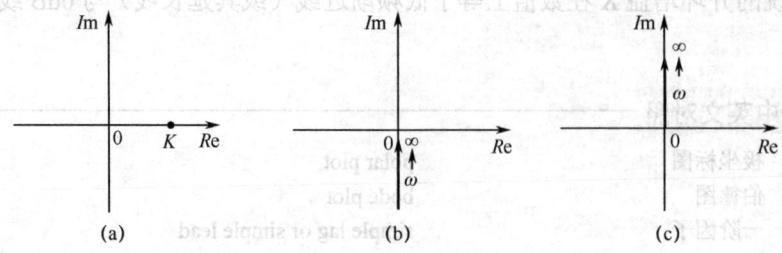

图 5-20　比例、积分和微分因子的乃奎斯特图

3．一阶因子

一阶惯性环节的频率特性为：

$$G(j\omega)=\frac{1}{1+j\omega T}=\frac{1}{\sqrt{1+T^2\omega^2}}e^{j\varphi(\omega)} \tag{5-36}$$

式中，$\varphi(\omega)=-\arctan T\omega$。

下面证明其极坐标图为一个圆，如图 5-21（a）所示。

因为

$$G(j\omega)=\frac{1}{1+T^2\omega^2}-j\frac{T\omega}{1+T^2\omega^2}=P(\omega)+jQ(\omega)$$

式中

$$P(\omega)=\frac{1}{1+T^2\omega^2}, \quad Q(\omega)=\frac{-T\omega}{1+T^2\omega^2}$$

于是得：

$$P(\omega)^2+Q(\omega)^2=\frac{1}{1+T^2\omega^2}=P(\omega)$$

上式经配完全平方后为：

$$\left(P(\omega)-\frac{1}{2}\right)^2+Q(\omega)^2=\left(\frac{1}{2}\right)^2$$

因此，一阶惯性因子的奈氏曲线是一个半径为 $\frac{1}{2}$ 的圆。

一阶微分因子的频率特性为：

$$G(j\omega)=1+j\omega T=\sqrt{1+T^2\omega^2}e^{j\varphi(\omega)} \tag{5-37}$$

式中，$\varphi(\omega)=\arctan T\omega$。

图 5-21（b）所示为它的乃奎斯特图。

4．二阶因子

二阶因子振荡环节的频率特性为：

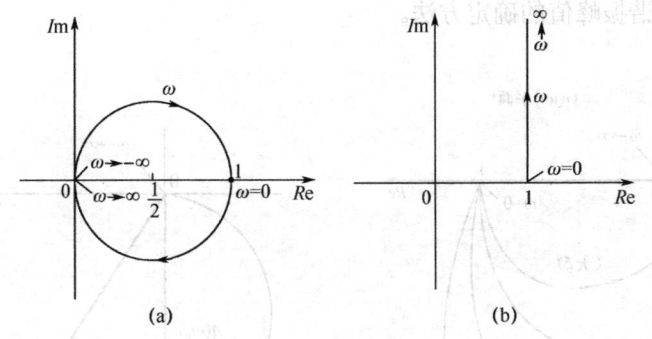

图 5-21　$(1+j\omega T_1)^{-1}$ 和 $(1+j\omega T_1)^{+1}$ 因子的乃奎斯特图

$$G(j\omega) = \frac{1}{1 + j2\xi\dfrac{\omega}{\omega_n} + \left(j\dfrac{\omega}{\omega_n}\right)^2} = \frac{1}{\sqrt{\left(1 - \dfrac{\omega^2}{\omega_n^2}\right)^2 + 4\xi^2\dfrac{\omega^2}{\omega_n^2}}} e^{j\varphi(\omega)} \quad (5-38)$$

式中

$$\varphi(\omega) = -\arctan\frac{2\xi\dfrac{\omega}{\omega_n}}{1 - \dfrac{\omega^2}{\omega_n^2}}$$

由式（5-38）可知，振荡环节乃奎斯特图的低频和高频部分分别为：

$$\lim_{\omega \to 0} G(j\omega) = 1\angle 0°$$
$$\lim_{\omega \to \infty} G(j\omega) = 0\angle -180°$$

当 ξ 值已知，则由式（5-38）可求得对应于不同 ω 值时的 $|G(j\omega)|$ 和 $\varphi(\omega)$ 值。图 5-22 所示为式（5-38）在不同 ξ 值时的乃奎斯特图。当 $\omega = \omega_n$ 时，$G(j\omega) = 1/j2\xi$，其相角为 $-90°$，幅值为 $1/2\xi$，表明振荡环节与虚轴相交的交点为 $j1/2\xi$。为分析幅值 $A(\omega)$ 的变化，求 $A(\omega)$ 的极值，令：

$$\frac{dA(\omega)}{d\omega} = \frac{-\left[-\dfrac{2\omega}{\omega_n^2}\left(1 - \dfrac{\omega^2}{\omega_n^2}\right) + 4\xi^2\dfrac{\omega}{\omega_n^2}\right]}{\left[\left(1 - \dfrac{\omega^2}{\omega_n^2}\right)^2 + 4\xi^2\dfrac{\omega^2}{\omega_n^2}\right]^{\frac{3}{2}}} = 0 \quad (5-39)$$

得谐振频率：

$$\omega_r = \omega_n\sqrt{1 - 2\xi^2} \quad 0 < \xi \leqslant \sqrt{2}/2 \quad (5-40)$$

将 ω_r 代入式（5-39），求得谐振峰值：

$$M_r = A(\omega_r) = \frac{1}{2\xi\sqrt{1 - \xi^2}} \quad 0 < \xi \leqslant \sqrt{2}/2 \quad (5-41)$$

图 5-23 表示谐振峰值的确定方法。

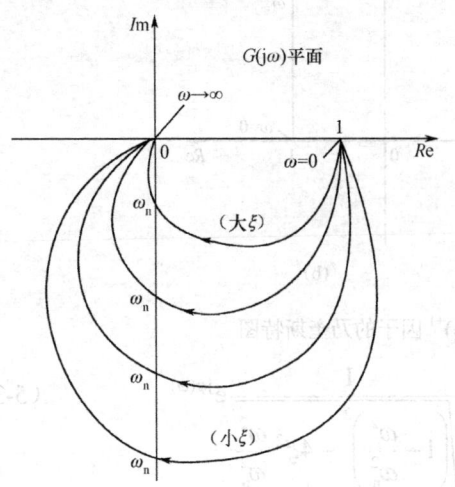

图 5-22 当 $\xi>0$ 时式（5-38）的乃奎斯特图　　图 5-23 确定谐振峰值和频率的乃奎斯特图

当 $\xi = \sqrt{2}/2$ 时，$M_r = 1$，当 $\xi < \dfrac{1}{\sqrt{2}}$ 时，

$$\frac{\mathrm{d}M_r}{\mathrm{d}\xi} = \frac{-(1-2\xi^2)}{\xi^2(1-\xi^2)^{\frac{3}{2}}} < 0$$

可见 ω_r、M_r 均为阻尼比 ξ 的减函数 $(0 < \xi \leq \sqrt{2}/2)$。当 $0 < \xi < \sqrt{2}/2$，且 $\omega \in (0, \omega_r)$ 时，$A(\omega)$ 单调增；当 $\omega \in (\omega_r, \infty)$ 时，$A(\omega)$ 单调减。而当 $\sqrt{2}/2 < \xi < 1$ 时，$A(\omega)$ 单调减。不同阻尼比情况下，振荡环节的乃奎斯特曲线如图 5-22 所示。

由 5.2.1 节的讨论可知，当 $\xi \geq \dfrac{1}{\sqrt{2}}$ 时，振荡环节不产生谐振，$G(\mathrm{j}\omega)$ 向量的长度将随着 ω 的增加而单调地减小。当 $\xi > 1$ 时 $G(s)$ 有两个相异的实数极点。如果 ξ 值足够大，则其中一个极点靠近 s 平面的坐标原点，另一个极点远离虚轴。显然，远离虚轴的这个极点对瞬态响应的影响很小，此时式（5-38）的特性与一阶惯性环节相类似，它的乃奎斯特图近似于一个半圆。

二阶微分因子的频率特性为：

$$G(\mathrm{j}\omega) = 1 + \mathrm{j}2\xi\frac{\omega}{\omega_n} + \left(\mathrm{j}\frac{\omega}{\omega_n}\right)^2 = \sqrt{\left(1-\frac{\omega^2}{\omega_n^2}\right)^2 + \left(2\xi\frac{\omega}{\omega_n}\right)^2}\, \mathrm{e}^{\mathrm{j}\varphi(\omega)} \tag{5-42}$$

式中

$$\varphi(\omega) = \arctan\frac{2\xi\dfrac{\omega}{\omega_n}}{1-\dfrac{\omega^2}{\omega_n^2}}$$

图 5-24 所示为二阶微分因子的乃奎斯特图。

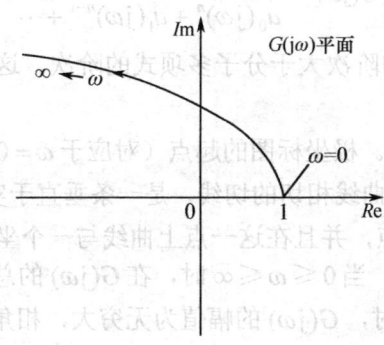

图 5-24 当 $\xi>0$ 时式（5-39）的乃奎斯特图

5. 滞后因子

滞后因子的频率特性为：

$$G(j\omega) = e^{-j\omega\tau}$$

由于滞后因子的幅频值恒为 1，其中相位与 ω 成比例变化，因而它的乃奎斯特图是一个单位圆，如图 5-25 所示。在低频区，滞后因子 $e^{-j\omega\tau}$ 和惯性环节 $(1+j\omega T)^{-1}$ 的频率特性很接近，如图 5-26 所示。因为

$$e^{-j\omega\tau} = \frac{1}{e^{j\omega\tau}} = \frac{1}{1+j\omega\tau + \frac{1}{2!}(j\omega\tau)^2 + \cdots}$$

当 $\omega\tau \ll 1$ 时，上式可近似为：

$$e^{-j\omega\tau} \approx \frac{1}{1+j\omega\tau} \tag{5-43}$$

这就是当 $\omega\tau \ll 1$ 时，滞后因子通常近似地用惯性环节表示的理由。

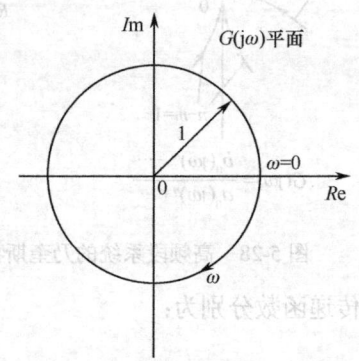

图 5-25 $e^{-j\omega\tau}$ 的乃奎斯特图

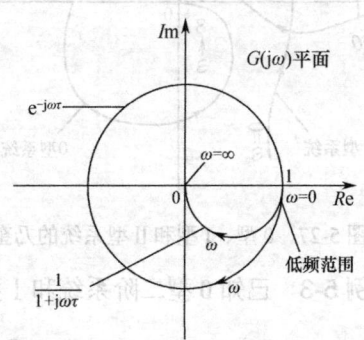

图 5-26 $e^{-j\omega\tau}$ 和 $(1+j\omega T_1)^{-1}$ 的乃奎斯特图

5.3.2 极坐标图的一般形状

假设系统的开环频率特性的形式为：

$$G(j\omega) = \frac{b_0(j\omega)^m + b_1(j\omega)^{m-1} + \cdots}{a_0(j\omega)^n + a_1(j\omega)^{n-1} + \cdots}$$

式中 $n > m$，即分母多项式的阶次大于分子多项式的阶次。这类频率特性的极坐标图的一般形状有以下几种。

（1）$v = 0$，即 0 型系统。极坐标图的起点（对应于 $\omega = 0$）是一个位于正实轴上的有限值。在 $\omega = 0$ 处与极坐标图曲线相切的切线，是一条垂直于实轴的垂线。$\omega = \infty$ 的极坐标图，曲线的终点位于坐标原点，并且在这一点上曲线与一个坐标轴相切。

（2）$v = 1$，即 I 型系统。当 $0 \leq \omega \leq \infty$ 时，在 $G(j\omega)$ 的总相角中，$-90°$ 的相角是分母中的 $j\omega$ 项产生的。当 $\omega = 0$ 时，$G(j\omega)$ 的幅值为无穷大，相角变为 $-90°$。在低频时，极坐标图是一条渐近于平行于负虚轴的直线的线段。当 $\omega = \infty$ 时，幅值为零，且曲线收敛于原点并与一个坐标轴相切。

（3）$v = 2$，即 II 型系统。当 $0 \leq \omega \leq \infty$ 时，$G(j\omega)$ 的总相角中，$-180°$ 的相角是分母中的 $(j\omega)^2$ 项产生的。当 $\omega = 0$ 时，$G(j\omega)$ 的幅值为无穷大，相角等于 $-180°$。在低频时，极坐标图是一条渐近线，它趋近于一条平行于负实轴的直线。当 $\omega = \infty$ 时，幅值为零，且曲线与一条坐标轴相切。

0 型、I 型和 II 型系统极坐标图低频部分的一般形状如图 5-27 所示。可以看出，如果 $G(j\omega)$ 的分母多项式阶次高于分子多项式阶次，那么 $G(j\omega)$ 的轨迹将沿着顺时针方向收敛于原点。当 $\omega = \infty$ 时，$G(j\omega)$ 轨迹将与实轴或虚轴相切，如图 5-28 所示。

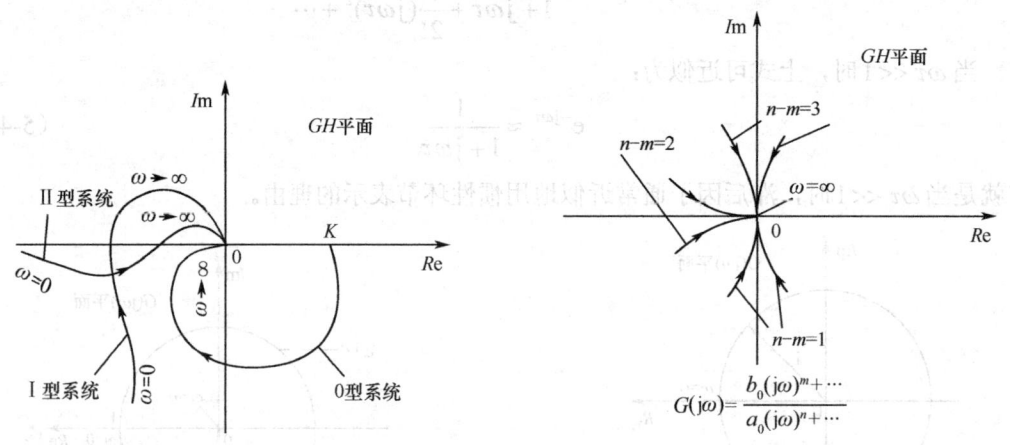

图 5-27 0 型、I 型和 II 型系统的乃奎斯特图　　图 5-28 高频段系统的乃奎斯特图

例 5-3 已知 0 型二阶系统和 I 型二阶系统的开环传递函数分别为：

$$G_0(s) = \frac{10}{(1+0.1s)(1+s)}$$

$$G_1(s) = \frac{10}{s(1+s)}$$

试绘制它们对应的乃奎斯特图。

解：（1）0 型系统的频率特性为：

$$G(j\omega) = \frac{10}{(1+0.1j\omega)(1+j\omega)} = \frac{10}{\sqrt{1+(0.1\omega)^2}\sqrt{1+\omega}} e^{j\varphi(\omega)}$$

式中

$$\varphi(\omega) = -\arctan 0.1\omega - \arctan \omega$$

由上述两式，计算不同 ω 值时的 $|G(j\omega)|$ 和 $\varphi(\omega)$，画出图 5-29 所示的乃奎斯特图。

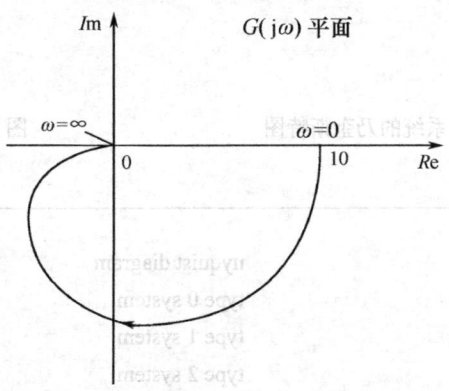

图 5-29　0 型二阶系统的乃奎斯特图

（2）I 型系统的频率特征为：

$$G(j\omega) = \frac{10}{j\omega(1+j\omega)} = \frac{10}{\omega\sqrt{1+\omega^2}} e^{j\varphi(\omega)}$$

式中

$$\varphi(\omega) = -90° - \arctan \omega$$

把上式改写为：

$$G(j\omega) = \frac{10}{-\omega^2+j\omega} \cdot \frac{-\omega^2-j\omega}{-\omega^2-j\omega} = \frac{-10}{1+\omega^2} - j\frac{10}{\omega+\omega^3} \tag{5-44}$$

由式（5-44）可知，当 $\omega = 0_+$ 时，$G(j0_+) = -10 - j\infty$，即 $G(j0_+) = \infty\angle -90°$。当 $\omega \to \infty$ 时，$G(j\infty) = 0\angle -180°$。由此画出图 5-30 所示乃奎斯特图。

例 5-4　设 II 型系统的开环传递函数为 $G(s) = \dfrac{10}{s^2(1+s)}$，试绘制其乃奎斯特图。

解：该 II 型系统的开环频率特性为：

$$G(s) = \frac{10}{(j\omega)^2(1+j\omega)} = \frac{10}{\omega^2\sqrt{1+\omega^2}} e^{j\varphi(\omega)}$$

式中

$$\varphi(\omega) = -180° - \arctan \omega$$

据此画出图 5-31 所示的乃奎斯特图。

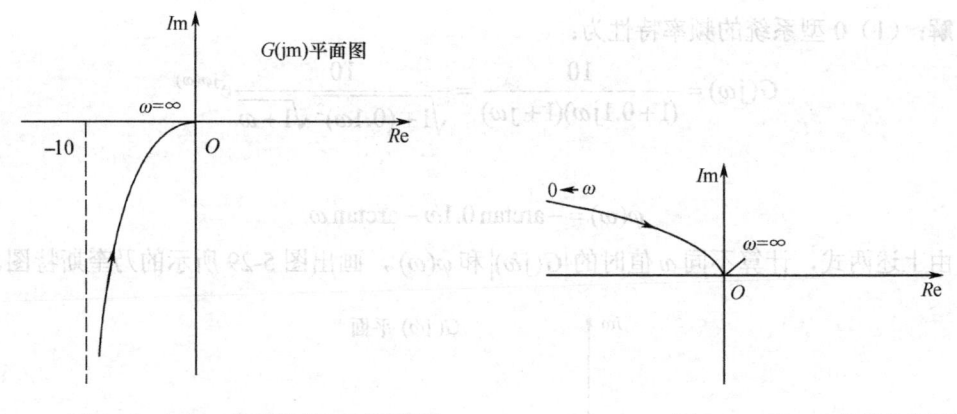

图 5-30　Ⅰ型二阶系统的乃奎斯特图　　　　图 5-31　例 5-4 的乃奎斯特图

专业术语中英文对照	
乃奎斯特曲线	nyquist diagram
0 型系统	type 0 system
Ⅰ型系统	type 1 system
Ⅱ型系统	type 2 system

5.4　频域稳定判据

乃奎斯特稳定判据可以根据开环频率特性图判断闭环系统的稳定性。因为闭环系统的绝对稳定性可以由开环频率特性曲线图解确定，无须实际求出闭环极点，所以这种判据在控制工程中得到了广泛的应用。由解析或实验的方法得到的开环频域响应曲线，可以用来进行稳定性分析。因为在控制系统分析中，一些元件的数学表达式往往是未知的，仅仅知道它们的频域响应数据，所以采用这种稳定性分析方法比较方便。对于不稳定的系统，这种判据还能提供改善系统稳定性的方法。

乃奎斯特稳定判据的数学基础是复变函数理论中的幅角原理。

5.4.1　幅角原理

设复变函数

$$F(s) = \frac{k_1(s+z_1)(s+z_2)\cdots(s+z_n)}{(s+p_1)(s+p_2)\cdots(s+p_n)} \tag{5-45}$$

式中，$s = \sigma + j\omega$。由复变函数的理论知道，$F(s)$ 除了在 s 平面上有有限个奇点外，它总是解析的，即为单值、连续的正则函数。因而对于 s 平面上的每一点，在 $F(s)$ 平面上必有唯一的一个映射点与之相对应。同理，对 s 平面上任意一条不通过 $F(s)$ 的极点和零点的闭合曲线 C_s，在 $F(s)$ 平面上必有唯一的一条闭合曲线 C_F 与之相对应，如图 5-32 所示。若 s 平面上的闭合曲线 C_s 按顺时针方向运动，则其在 $F(s)$ 平面上的映射曲线 C_F 的运动方向可能是顺时针,也可能是逆时针,它完全取决于复变函数 $F(s)$ 本身的特性。这里人们感兴趣的问题不是映射曲线 C_F 的具体形状,而是它是否包围 $F(s)$ 平面的坐标原点以及围绕原点的方向和周数,因为后者与系统的稳定性有着密切的关系。

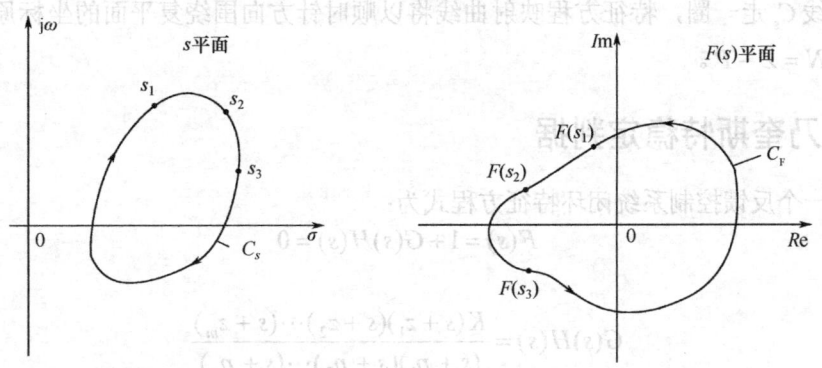

图 5-32 s 平面上的围线 C_s 及其在 $F(s)$ 平面上的映射曲线 C_F

由式(5-45)可知,复变函数 $F(s)$ 的相角为:

$$\varphi_F(s) = \sum_{i=1}^{n} \arg(s+z_i) - \sum_{l=1}^{n} \arg(s+p_l) \tag{5-46}$$

假设 s 平面上的闭合曲线 C_s 以顺时针方向围绕 $F(s)$ 的一个零点 $-z_1$,$F(s)$ 的其余零点和极点均位于闭合曲线 C_s 之外。由式(5-46)可知,当点 s 沿着闭合曲线 C_s 走了一周时,向量 $(s+z_1)$ 的相角变化了 -2π,其余各向量的相角变化都为 $0°$。这表示在 $F(s)$ 平面上的映射曲线 C_F 按顺时针方向围绕原点旋转一周,如图 5-33 所示。由式(5-46)可知,若 s 平面上闭合曲线 C_s 以顺时针方向包围 $F(s)$ 的 Z 个零点,则在 $F(s)$ 平面上的映射曲线 C_F 将按顺时针方向围绕坐标原点旋转 Z 周。

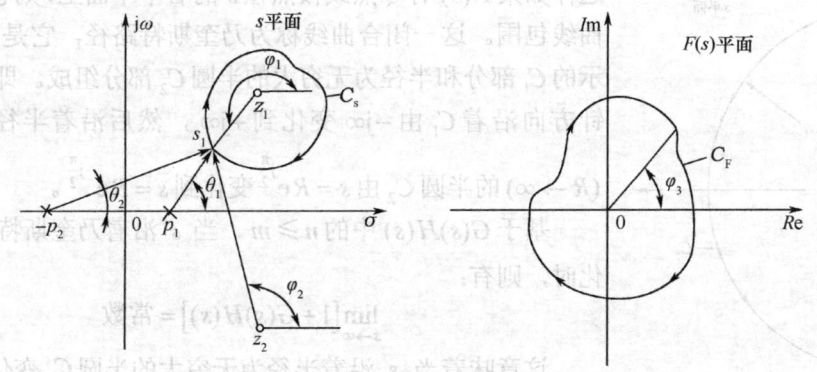

图 5-33 包围 $F(s)$ 一个零点的围线 C_s 及其在 $F(s)$ 平面上的映射曲线 C_F

如果 s 平面上的闭合曲线 C_s 按顺时针方向围绕 $F(s)$ 的一个极点 $-p_1$ 旋转一周,则向量 $(s+p_1)$ 的相角变化了 -2π,其余各向量的相角变化为 0。由式(5-46)可知,$F(s)$ 的相角变化了 $+2\pi$。这表示 $F(s)$ 平面上的映射曲线 C_F 按逆时针方向围绕其坐标原点一周。由此推广到一般,若 s 平面上的闭合曲线 C_s 以顺时针方向围绕 $F(s)$ 的 P 个极点旋转一周,则其在

$F(s)$ 平面上的映射曲线 C_F 将按逆时针方向围绕坐标原点旋转 P 周。

综上所述，得出下述的幅角原理。

幅角原理 如果特征方程在乃奎斯特曲线 C_s 中有 Z 个零点和 P 个极点，那么 s 顺时针方向绕曲线 C_s 走一圈，特征方程映射曲线将以顺时针方向围绕复平面的坐标原点旋转 N 周，这里 $N = Z - P$。

5.4.2 乃奎斯特稳定判据

已知一个反馈控制系统闭环特征方程式为：
$$F(s) = 1 + G(s)H(s) = 0 \tag{5-47}$$

令
$$G(s)H(s) = \frac{K(s+z_1)(s+z_2)\cdots(s+z_m)}{(s+p_1)(s+p_2)\cdots(s+p_n)} \tag{5-48}$$

将式（5-48）代入式（5-47）得：
$$\begin{aligned}F(s) &= \frac{(s+p_1)(s+p_2)\cdots(s+p_n) + K(s+z_1)(s+z_2)\cdots(s+z_m)}{(s+p_1)(s+p_2)\cdots(s+p_n)} \\ &= \frac{K(s+z_1')(s+z_2')\cdots(s+z_n')}{(s+p_1)(s+p_2)\cdots(s+p_n)}\end{aligned} \tag{5-49}$$

式中，$s = -z_1', -z_2', \cdots, -z_n'$ 是 $F(s)$ 的零点，也是闭环特征方程式的根；$s = -p_1, -p_2, \cdots, -p_n$ 是 $F(s)$ 的极点，也是开环传递函数的极点。

如果闭环系统是稳定的，则其特征方程式的根，即 $F(s)$ 所有的零点均位于 s 的左半平面。为了判别系统的稳定性，即检验 $F(s)$ 是否有零点在 s 的右半平面上，因此在 s 平面上所取的闭合曲线 C_s 应包含 s 的整个右半平面，如图 5-34 所示。这样如果 $F(s)$ 有零点或极点在 s 的右半平面上，则它们必被此曲线包围。这一闭合曲线称为乃奎斯特路径，它是由 $j\omega$ 轴表示的 C_1 部分和半径为无穷大的半圆 C_2 部分组成。即 s 按顺时针方向沿着 C_1 由 $-j\infty$ 变化到 $+j\infty$，然后沿着半径为无穷大 $(R \to \infty)$ 的半圆 C_2 由 $s = Re^{j\frac{\pi}{2}}$ 变化到 $s = Re^{-j\frac{\pi}{2}}$。

基于 $G(s)H(s)$ 中的 $n \geq m$，当 s 沿着乃奎斯特途径 C_2 变化时，则有：
$$\lim_{s \to \infty}[1 + G(s)H(s)] = 常数$$

这意味着当 s 沿着半径为无穷大的半圆 C_2 变化时，函数 $F(s)$ 始终为一常数。由此可知，$F(s)$ 平面上的映射曲线 C_F 是否包围坐标原点，只取决于乃奎斯特图上 C_1 部分的映射，即由 $j\omega$ 轴的映射曲线来表征。假设在 $j\omega$ 轴上不存在 $F(s)$ 的极点和零点，则当 s 沿着 $j\omega$ 轴由 $-j\infty$ 变化到 $+j\infty$ 时，在 $F(j\omega)$ 平面上的映射曲线为：

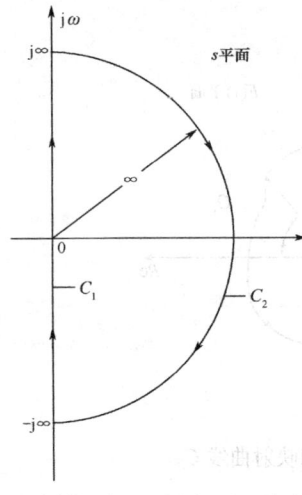

图 5-34 s 平面上的闭合曲线

$$F(j\omega) = 1 + G(j\omega)H(j\omega)$$

设闭合曲线 C_s 以顺时针方向包围了 $F(s)$ 的 Z 个零点和 P 个极点，由幅角原理可知，在 $F(j\omega)$ 平面上的映射曲线 C_F 将按顺时针方向围绕着坐标原点旋转 N 周，其中：

$$N = Z - P \tag{5-50}$$

由于 $F(j\omega)$ 坐标系左移一个单位，$F(j\omega)$ 平面的坐标原点变为$(-1, j0)$点。

$$G(j\omega)H(j\omega) = [1 + G(j\omega)H(j\omega)] - 1$$

因而映射曲线 $F(j\omega)$ 对其坐标原点的围绕等价于开环频率特性曲线 $G(j\omega)H(j\omega)$ 对 GH 平面上的 $(-1, j0)$ 点的围绕，如图 5-35 所示。于是，闭环系统的稳定性可通过其开环频域响应 $G(j\omega)H(j\omega)$ 曲线对 $(-1, j0)$ 点的包围与否来判别，这就是下述的乃奎斯特稳定判据。

乃奎斯特稳定判据 反馈控制系统是稳定的，当且仅当乃奎斯特轨迹围绕$(-1, j0)$点逆时针方向旋转的周数等于特征方程右半平面的极点数（称为开环不稳定的极点）。

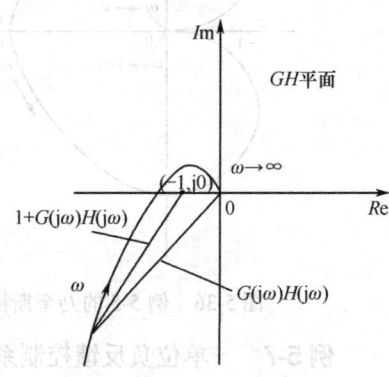

图 5-35 $G(j\omega)H(j\omega)$曲线与 $1 + G(j\omega)H(j\omega)$曲线的关系

显然，用乃奎斯特判据判别闭环系统的稳定性时，首先要确定开环系统是否稳定，即知道 P 为多少，其次要做出乃奎斯特曲线 $G(j\omega)H(j\omega)$，以回答 N 等于多少。知道了 P 和 N 后，根据幅角原理就可确定 Z 是否为零，如果 $Z=0$，表示闭环系统稳定；反之，$Z \neq 0$，表示该闭环系统不稳定，Z 的具体数值等于闭环特征方程式的根在 s 右半平面上的个数。

例 5-5 已知反馈系统的开环传递函数为：

$$G(s)H(s) = \frac{K}{(1+T_1s)(1+T_2s)}, \quad T_1 > T_2 > 0$$

试用乃奎斯特判据判别闭环系统的稳定性。

解：$G(j\omega)H(j\omega)$ 的轨迹如图 5-36 所示。因为 $G(s)H(s)$ 在 s 的右半平面上没有任何极点，即 $P = 0$，由图 5-36 可知，$N = 0$，所以 $Z = N + P = 0$，这表示对 K、T_1 和 T_2 的任意正值，该系统总是稳定的。

例 5-6 已知一单位负反馈系统的开环传递函数为：

$$G(s)H(s) = \frac{K}{Ts-1}$$

试用乃奎斯特判据确定该闭环系统稳定的 K 值范围。

解：开环系统幅频和相频特性的表达式分别为：

$$|G(j\omega)| = \frac{K}{\sqrt{1+T^2\omega^2}}$$

$$\varphi(\omega) = -180° + \arctan T\omega$$

和惯性环节一样，它的乃奎斯特图也是一个圆，如图 5-37 所示。由于系统的 $P = 1$，当 ω 由 $-\infty \to \infty$ 变化时，$G(j\omega)$ 曲线如按逆时针方向围绕$(-1, j0)$点旋转一周，即 $N = -1$，则 $Z = N + P - 1 + 1 = 0$，表示闭环系统是稳定的。由图 5-37 可见，系统稳定的条件是 $T > 0$

和 $K>1$。

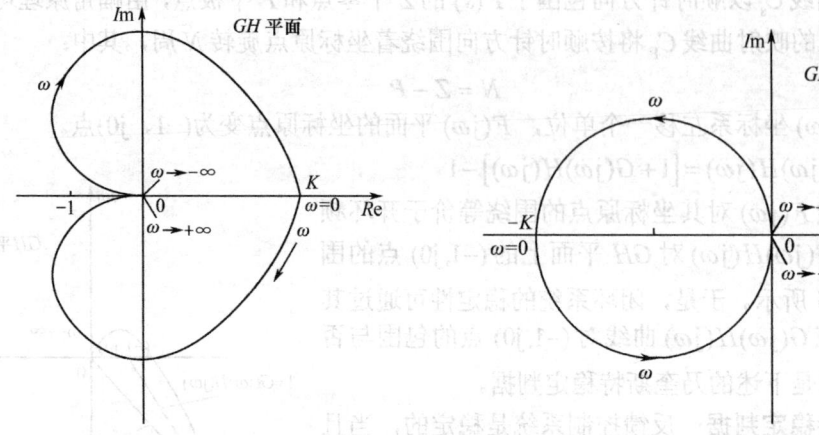

图 5-36 例 5-5 的乃奎斯特图　　　　图 5-37 例 5-6 的乃奎斯特图

例 5-7　一单位负反馈控制系统的开环传递函数为：

$$G(s) = \frac{K}{(T_1T_2s^2 + T_2s + 1)(T_3s + 1)}$$

式中，K、T_1、T_2 和 T_3 均为正值。为使系统稳定，开环增益 K 与时间常数 T_1、T_2 和 T_3 之间应满足什么关系？

解：

$$G(j\omega) = \frac{K}{[T_1T_2(j\omega)^2 + T_2 j\omega + 1](T_3 j\omega + 1)}$$

$$= \frac{K}{\sqrt{(1 - T_1T_2\omega^2)^2 + T_2^2\omega^2}\sqrt{1 + T_3^2\omega^2}} e^{j\varphi(\omega)}$$

式中

$$\varphi(\omega) = -\arctan T_3\omega - \arctan \frac{T_2\omega}{1 - T_1T_2\omega^2}$$

由上式可知，当 $\omega = 0$ 时，$|G(j0)| = K$，$\varphi(0) = 0°$。随着 ω 的不断增大，$|G(j\omega)|$ 和 $\varphi(\omega)$ 都不断地减小。当 $\omega \to \infty$ 时，$G(j\omega) \approx K/T_1T_2T_3(j\omega)^3$，此时 $\varphi(\infty) = -3\pi/2$，$|G(j\infty)| = 0$。

由上述的分析可知，该开环系统乃奎斯特图的一般形状如图 5-38 所示。

不难看出，由于系统的 $P = 0$，因此只要该乃奎斯特曲线与其负实轴交点 a 处的 $|G(j\omega)| < 1$，则此闭环系统就能稳定。

由系统的开环传递函数，可以得到如式（5-51）所示系统的开环频率特性。

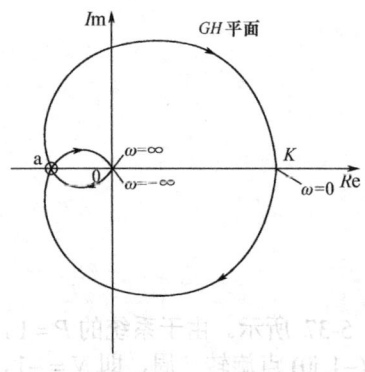

图 5-38 例 5-7 的乃奎斯特图

$$G(j\omega) = \frac{K}{T_1T_2T_3(j\omega)^3 + (T_1T_2 + T_2T_3)(j\omega)^2 + (T_2 + T_3)j\omega + 1}$$

$$= \frac{K}{[1 - T_2(T_1+T_3)\omega^2] + j\omega[(T_2+T_3) - T_1T_2T_3\omega^2]}$$

$$= \frac{K[1 - T_2(T_1+T_3)\omega^2]}{[1 - T_2(T_1+T_3)\omega^2]^2 + \omega^2[(T_2+T_3) - T_1T_2T_3\omega^2]^2}$$

$$+ j\frac{-K\omega[(T_2+T_3) - T_1T_2T_3\omega^2]}{[1 - T_2(T_1+T_3)\omega^2]^2 + \omega^2[(T_2+T_3) - T_1T_2T_3\omega^2]^2}$$

(5-51)

令上式中的虚部为零,即有:

$$-K\omega[(T_2+T_3) - T_1T_2T_3\omega^2] = 0$$

于是求得:

$$\omega = 0, \quad \omega = \sqrt{\frac{T_2+T_3}{T_1T_2T_3}}$$

把 $\omega = \sqrt{\frac{T_2+T_3}{T_1T_2T_3}}$ 代入式（5-51）的实部,求得 $G(j\omega)$ 曲线与 $G(j\omega)$ 平面负实轴交点 a 处的幅值为:

$$|G(j\omega)| = \frac{K}{\frac{(T_1+T_3)(T_2+T_3)}{T_1T_3} - 1}$$

由此得出,当 $\frac{(T_1+T_3)(T_2+T_3)}{T_1T_3} - 1 > K$ 时,系统是稳定的;反之,系统为不稳定的。

特别地,如果 $G(s)H(s)$ 在虚轴上有极点,那么就不能应用图 5-34 所示的乃奎斯特途径,因为幅角原理只适用于乃奎斯特途径 C_s 不通过 $F(s)$ 的奇点时。为了研究在这种情况下系统的稳定性,就需要对图 5-34 所示的乃奎斯特途径略作修改,使其沿着半径为 $\rho \to 0$ 的半圆绕过虚轴上的极点。假设开环系统在坐标原点处有极点,则对应的乃奎斯特途径要修改为如图 5-39 所示。显然,图 5-39 与图 5-34 的区别在于图 5-39 中多了一个半径为无穷小的半圆,其余两者完全相同。因此,只需要研究图 5-39 中的 C_2 部分在 GH 平面上的映射。

设系统的开环传递函数为:

$$G(s)H(s) = \frac{K\prod_{i=1}^{m}(1+\tau_i s)}{s^\nu \prod_{l=1}^{n-\nu}(1+T_l s)}, \quad n \geq m \quad (5-52)$$

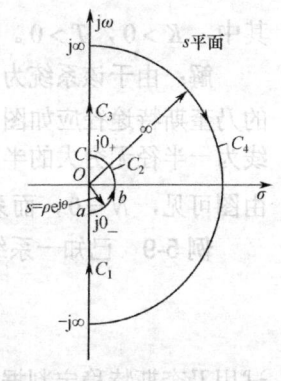

图 5-39 s 平面上的乃奎斯特途径

在 C_2 部分上,令 $s = \rho e^{j\theta}$（其中 $\rho \to 0$）,代入上式得:

$$\lim_{\rho \to 0} \frac{K \prod_{i=1}^{m}(1+\tau_i \rho e^{j\theta})}{\rho^v e^{jv\theta} \prod_{l=1}^{n-v}(1+T_l \rho e^{j\theta})} = \lim_{\rho \to 0} \frac{K}{\rho^v} e^{-jv\theta} \quad (5\text{-}53)$$

当 s 以逆时针方向沿着 C_2 由点 a 移动到点 c 时，由式（5-53）求得其在 GH 平面上的映射曲线：

对于 $v=1$ 的 I 型系统，C_2 部分在 GH 平面上的映射曲线为一个半径为无穷大的半圆，如图 5-40（a）所示。图中点 a'、b' 和 c' 分别为 C_2 半圆上点 a、b 和 c 的映射点。

对于 $v=2$ 的 II 型系统，C_2 部分在 GH 平面上的映射曲线是一个半径为无穷大的圆，如图 5-40（b）所示。

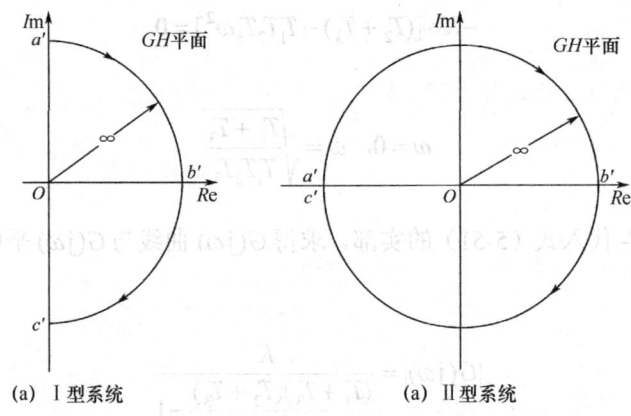

(a) I 型系统　　　　　　　　(a) II 型系统

图 5-40　s 平面上算得 C_2 部分在 GH 平面上的映射

把上述 C_2 部分在 GH 平面上的映射曲线和乃奎斯特曲线 $G(j\omega)H(j\omega)$ 在 $\omega=0_-$ 和 $\omega=0_+$ 处相连接，就组成了一条封闭曲线。这样，乃奎斯特稳定判据又可以应用了。

例 5-8　一反馈控制系统的开环传递函数为：

$$G(s)H(s) = \frac{K}{s(1+Ts)}$$

其中，$K>0$，$T>0$。试判别该系统的稳定性。

解：由于该系统为 I 型系统，它在坐标原点处有一个开环极点，因而在 s 平面上所取的乃奎斯特途径应如图 5-39 所示。该图的 C_2 部分在 GH 平面上的映射曲线和乃奎斯特曲线为一半径无穷大的半圆，它与乃奎斯特曲线 $G(j\omega)H(j\omega)$ 相连接后的围线如图 5-41 所示。由图可见，$N=0$，而系统的 $P=0$，因而 $Z=0$，即闭环系统是稳定的。

例 5-9　已知一系统的开环传递函数为：

$$G(s)H(s) = \frac{K}{s^2(1+Ts)}, \quad K>0, \quad T>0$$

试用乃奎斯特稳定判据判别该系统的稳定性。

解：由于开环传递函数在坐标原点处有两个极点，因而其乃奎斯特途径应取图 5-39 所示的围线。由上述的讨论可知，C_2 部分在 GH 平面上的映射曲线为一半径无穷大的圆。

由开环传递函数得：

$$G(j\omega) = \frac{K}{\omega^2 \sqrt{1+T^2\omega^2}}$$

$$\varphi(\omega) = -180° - \arctan T\omega$$

由上述两式不难看出，当 ω 由 $0 \to \infty$ 变化时，幅值 $|G(j\omega)|$ 不断减小，相角 $\varphi(\omega)$ 也随之不断滞后。当 $\omega \to \infty$ 时，$|G(j\omega)| \to 0$，$\varphi(\omega) = -270°$。据此，在 GH 平面上作出其映射曲线的示意图如图 5-42 所示。由图可见，不论 K 值的大小如何，$G(j\omega)H(j\omega)$ 曲线以顺时针方向围绕 $(-1, j0)$ 点旋转两周，即 $N=2$。由于系统的 $P=0$，所以 $Z=2$，表示该闭环系统总是不稳定的。

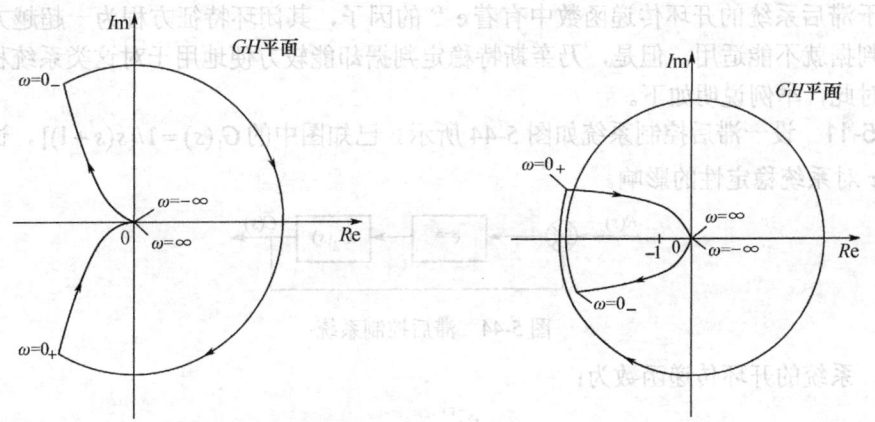

图 5-41 例 5-8 的乃奎斯特图   图 5-42 例 5-9 的乃奎斯特图

例 5-10 已知系统的开环传递函数为：

$$G(s)H(s) = \frac{K(T_2 s + 1)}{s^2(T_1 s + 1)}$$

试分析时间常数 T_1 和 T_2 的相对大小对系统稳定性的影响，并画出它们所对应的乃奎斯特图。

解：由开环传递函数得：

$$|G(j\omega)H(j\omega)| = \frac{K\sqrt{(T_2\omega)^2 + 1}}{\omega^2 \sqrt{(T_1\omega)^2 + 1}}$$

$$\varphi(\omega) = -180° + \arctan T_2\omega - \arctan T_1\omega$$

根据以上两式，作出在 $T_1 < T_2$、$T_1 = T_2$ 和 $T_1 > T_2$ 三种情况下的 $G(j\omega)H(j\omega)$ 曲线，如图 5-43 所示。当 $T_1 < T_2$ 时，$G(j\omega)H(j\omega)$ 曲线不包围 $(-1, j0)$ 点，即 $P=0$，因而闭环系统是稳定的。当 $T_1 = T_2$ 时，$G(j\omega)H(j\omega)$ 曲线通过 $(-1, j0)$ 点，说明闭环有极点位于 $j\omega$ 轴上，相应的系统不稳定。当 $T_1 > T_2$ 时，$G(j\omega)H(j\omega)$ 曲线以顺时针方向包围 $(-1, j0)$ 点旋转两周，即 $N=2$，这意味着有两个闭环极点位于 s 的右半平面上，该闭环系统是不稳定的。

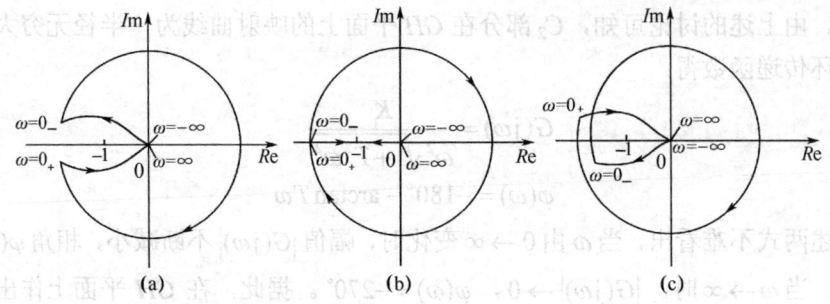

图 5-43 例 5-10 的乃奎斯特图

5.4.3 乃奎斯特判据应用于滞后系统

由于滞后系统的开环传递函数中有着 $e^{-\tau s}$ 的因子,其闭环特征方程为一超越方程,因而劳斯判据就不能适用。但是,乃奎斯特稳定判据却能较方便地用于对这类系统稳定性的判别。对此,举例说明如下。

例 5-11 设一滞后控制系统如图 5-44 所示。已知图中的 $G_1(s) = 1/[s(s+1)]$,试分析滞后时间 τ 对系统稳定性的影响。

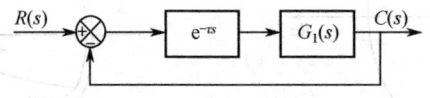

图 5-44 滞后控制系统

解:系统的开环传递函数为:

$$G(s) = \frac{e^{-\tau s}}{s(s+1)} = G_1(s) e^{-\tau s} \tag{5-54}$$

图 5-45 示出了式(5-54)在不同 τ 值时的乃奎斯特曲线。由图可见,式(5-54)中 $e^{-\tau s}$ 的作用是将 $G_1(j\omega)$ 曲线上的每一点以顺时针方向旋转了 $\tau\omega$ 角度。当滞后时间 τ 大到某一值后,系统就从稳定变为不稳定了。

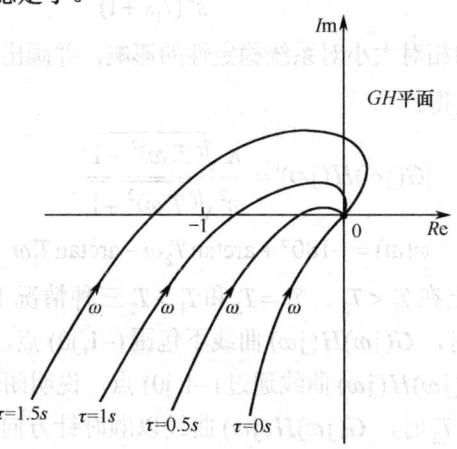

图 5-45 $G(s) = \dfrac{e^{-\tau s}}{s(s+1)}$ 的乃奎斯特图

图 5-45 所示系统的特征方程为：
$$1 + G_1(s)e^{-\tau s} = 0$$
即
$$\frac{1}{s(s+1)} = -e^{\tau s} \tag{5-55}$$

或写作
$$G_1(j\omega) = \frac{1}{j\omega(j\omega+1)} = -e^{j\omega\tau} \tag{5-56}$$

在某一 ω 时，若式（5-56）成立，则该系统出现等幅的持续振荡。我们知道，在没有滞后因子 $e^{-j\omega\tau}$ 时，系统产生等幅持续振荡的条件是：
$$G_1(j\omega) = -1 \tag{5-57}$$

由式（5-56）和式（5-57）可知，非滞后系统的临界稳定点是 $(-1, j0)$，而具有滞后因子的系统，其临界稳定状态不是一个点，而是一条临界轨线 $-e^{j\omega\tau}$。把 $G_1(j\omega)$ 和 $-e^{j\omega\tau}$ 的乃奎斯特图同时画在图 5-46 中，并设这两条曲线相交于 A 点。根据 $|G_1(j\omega)| = 1$ 的条件，求出 $G_1(j\omega)$ 曲线上对应的角频率 $\omega = 0.75\text{s}^{-1}$，而在 $-e^{j\omega\tau}$ 曲线上对应的 $\tau\omega = 52°(\pi/180°) = 0.9\text{ rad}$。因为点 A 既在 $G_1(j\omega)$ 曲线上，又在 $-e^{j\omega\tau}$ 曲线上，所以它们应有相同的角频率，即有：
$$0.75\tau = 0.9$$

于是求得 $\tau = 1.2\text{s}$。

由图 5-46 可知，当 $\tau > 1.2\text{s}$ 时，在单位圆上的临界点就被 $G_1(j\omega)$ 曲线包围，系统不稳定。当 $\tau < 1.2\text{s}$ 时，$G_1(j\omega)$ 曲线不包括临界点，对应的系统是稳定的。

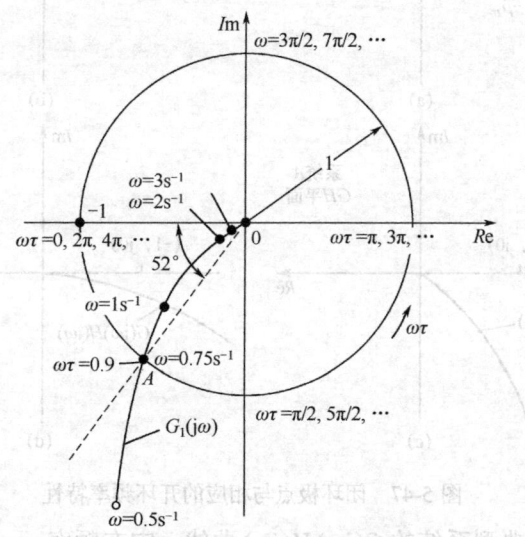

图 5-46　图 5-44 的临界轨迹 $G_1(j\omega)$ 曲线

专业术语中英文对照	
乃奎斯特曲线	nyquist diagram
幅角原理	principle of the argument
闭合曲线	closed curve
乃奎斯特稳定判据	nyquist stability criterion

5.5 相对稳定性分析

为了使控制系统能可靠地工作，不但要求它能稳定，而且还希望有足够的稳定裕量，即有一定的相对稳定性。对于开环稳定的系统，度量其闭环系统相对稳定性的方法是通过开环频率特性 $G(j\omega)H(j\omega)$ 曲线与 $(-1, j0)$ 点的接近程度来表征。

为了说明相对稳定性的概念，在图 5-47 中画出了两个不同系统的闭环主导极点和它们对应的乃奎斯特曲线。由于系统 A 的主导极点距虚轴较远，因而系统 A 比系统 B 具有更好的稳定性。显然，$G(j\omega)H(j\omega)$ 曲线越接近 $(-1, j0)$ 点，对应的闭环主导极点就越靠近 s 平面的虚轴，闭环系统的相对稳定性就越差。

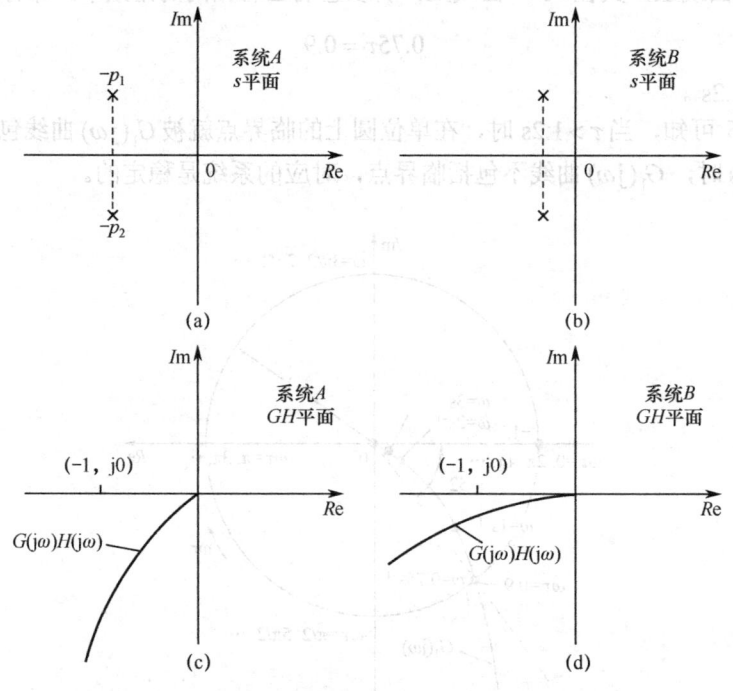

图 5-47 闭环极点与相应的开环频率特性

图 5-48 所示为一典型系统的 $G(j\omega)H(j\omega)$ 曲线，它在频率 $\omega = \omega_g$ 处与负实轴相交，截距为 d。以坐标原点为圆心作一单位圆，使它与 $G(j\omega)H(j\omega)$ 曲线在频率 $\omega = \omega_c$ 处相交，求

得向量 $G(j\omega_c)H(j\omega_c)$ 与负实轴间的夹角为 γ。该角从负实轴以逆时针方向计算为正。显然，当 $G(j\omega)H(j\omega)$ 曲线趋近于 $(-1,j0)$ 点时，d 值就接近于 1，γ 角也趋近 $0°$，系统的相对稳定性从而大大降低。由此可见，系统的相对稳定性可用截距 d 或角度 γ 来度量，这两个量被称为衡量系统稳定的增益裕量和相位裕量。

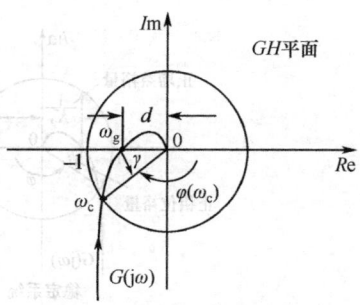

图 5-48 I 型系统的乃奎斯特图

5.5.1 增益裕量

在开环频率特性的相角 $\varphi(\omega)=-180°$ 时的频率 ω_g 处，开环幅值 $|G(j\omega_g)H(j\omega_g)|$ 的倒数称为增益裕量，用 K_g 表示，即：

$$K_g = \frac{1}{|G(j\omega_g)H(j\omega_g)|} \tag{5-58}$$

式中，ω_g 称为相位交界频率。若用对数形式表示，则式（5-58）可改写为：

$$20\lg K_g = -20\lg|G(j\omega_g)H(j\omega_g)| \tag{5-59}$$

式（5-59）表示系统在变到临界稳定时，系统的增益还能增大多少倍。例如，图 5-48 所示的乃奎斯特图中，若 $d=0.5$，则 $K_g=1/d=2$，表示该系统到临界稳定时，其增益还可以增加两倍。

由乃奎斯特稳定判据可知，对于最小相位系统，闭环系统稳定的充要条件是 $G(j\omega)H(j\omega)$ 曲线不包围 $(-1,j0)$ 点，即 $G(j\omega)H(j\omega)$ 曲线与负实轴交点处的模小于 1，此时对应的 $K_g>1$。反之，对于不稳定的闭环系统，$K_g<1$。

5.5.2 相位裕量

描述系统相对稳定性的另一度量是相位裕量。对应于 $|G(j\omega_c)H(j\omega_c)|=1$ 时的频率称为剪切频率 ω_c，又称增益交界频率。在剪切频率 ω_c 处，使系统达到临界稳定状态时所能接受的附加相位滞后角，定义为相角裕量，用 γ 表示。对于任何系统，相位裕量 γ 的算式为：

$$\gamma = 180° + \varphi(\omega_c) \tag{5-60}$$

式中，$\varphi(\omega_c)$ 是开环频率特性在剪切频率 ω_c 处的相角。

不难理解，对于开环稳定的系统，若 $\gamma<0°$，则表示 $G(j\omega)H(j\omega)$ 曲线包围 $(-1,j0)$ 点，相应的闭环系统是不稳定的；反之，若 $\gamma>0°$，则相应的闭环系统是稳定的。一般 γ 越大，系统的相对稳定性也就越好。在工程上通常要求 γ 在 $30°\sim60°$ 之间，增益裕量大于 6dB。这一要求的用意是使开环频率特性曲线不要太靠近 $(-1,j0)$ 点，这是完全必要的。因为系统的参数并非绝对不变，如果 γ 和 K_g 太小，就有可能因参数的变化而使乃奎斯特曲线包围 $(-1,j0)$ 点，即导致系统不稳定。

必须指出，对于开环不稳定系统，不能用增益裕量和相位裕量来判别其闭环系统的稳定性。图 5-49 同时给出了用乃奎斯特图和伯德图表示稳定和不稳定系统的相位裕量和增益裕量。

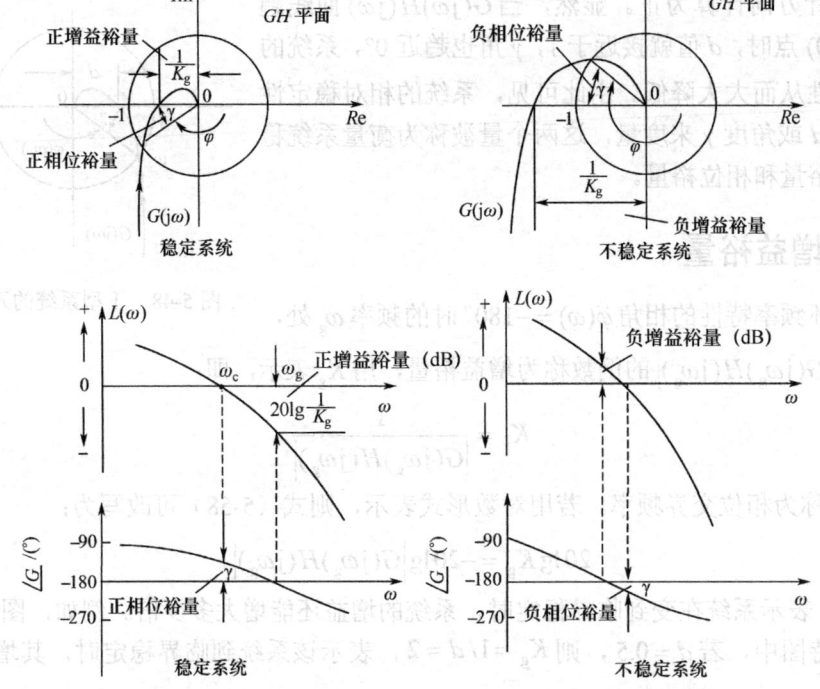

图 5-49 稳定和不稳定系统的相位裕量和增益裕量

例 5-12 已知一单位反馈系统的开环传递函数为：

$$G(s) = \frac{K}{s(1+0.2s)(1+0.05s)}$$

试求：（1）$K=1$ 时，系统的相位裕量和增益裕量；

（2）要求通过增量 K 的调整，使系统的增益裕量 $20\lg K_g = 20\text{dB}$，相位裕量 $\gamma \geq 40°$。

解：（1）$G(j\omega) = \dfrac{K}{j\omega(1+0.2j\omega)(1+0.05j\omega)}$ 在 ω_g 处开环频率特性的相角为：

$$\varphi(\omega_g) = -90° - \arctan 0.2\omega_g - \arctan 0.05\omega_g = -180°$$

即

$$\arctan 0.2\omega_g + \arctan 0.05\omega_g = 90°$$

对上式取正切，得：

$$\frac{0.2\omega_g + 0.05\omega_g}{1 - 0.2\omega_g \times 0.05\omega_g} = \infty$$

则有：

$$1 - 0.2\omega_g \times 0.05\omega_g = 0$$

解之，求得 $\omega_g = 10$。

在 ω_g 处的开环对数幅值为：

$$L(\omega_g) = 20\lg 1 - 20\lg 10 - 20\lg\sqrt{1+\left(\frac{10}{5}\right)^2} - 20\lg\sqrt{1+\left(\frac{10}{20}\right)^2}$$
$$= -20\lg 10 - 20\lg 2.236 - 20\lg 1.118 \approx -28\text{dB}$$

则

$$20\lg K_g = -L(\omega_g) = 28\text{dB}$$

根据 $K=1$ 时的开环传递函数，可知系统的 $\omega_c = 1$，据此得：

$$\varphi(\omega_c) = -90° - \arctan 0.2 - \arctan 0.05 = -104.17°$$
$$\gamma = 180° + \varphi(\omega_c) \approx 76°$$

（2）由题意得 $K_g = 10$，即 $|G(j\omega_g)| = 0.1$。在 $\omega_g = 10$ 处的对数幅频为：

$$20\lg K - 20\lg 10 - 20\lg\sqrt{1+\left(\frac{10}{5}\right)^2} - 20\lg\sqrt{1+\left(\frac{10}{20}\right)^2} = 20\lg 0.1$$

上式简化后为：

$$20\lg\frac{K}{10 \times 2.236 \times 1.118} = 20\lg 0.1$$

解之，得 $K = 2.5$。

将 $K = 2.5$ 代入开环传递函数，求得 $\omega_c = 2.5$，将 ω_c 代入求得：

$$\varphi(\omega_c) = -90° - \arctan 0.2 \times 2.5 - \arctan 0.05 \times 2.5 = -123.69°$$
$$\gamma = 180° + \varphi(\omega_c) \approx 56.31° > 40°$$

不难看出，K 取 2.5 就能同时满足 K_g 和 γ 的要求。

5.5.3 相对稳定性与对数幅频特性中频段斜率的关系

为了使系统具有良好的相对稳定性，一般要求在 ω_c 处的开环对数幅频渐近线的斜率为 -20dB/dec。如果在该处的斜率小于 -20dB/dec，则对应的系统可能为不稳定系统；或者系统即使能稳定，但其相位裕量一般会较小，因而稳定性也必然会较差。对此，举例说明如下。

设最小相位系统的开环对数幅频特征如图 5-50 所示。

令 $\omega < \omega_1$ 部分的斜率为 -20dB/dec，$\omega > \omega_3$ 部分的斜率为 -40dB/dec，且设 $\frac{\omega_c}{\omega_2} = \frac{\omega_3}{\omega_c} = 3$，则：

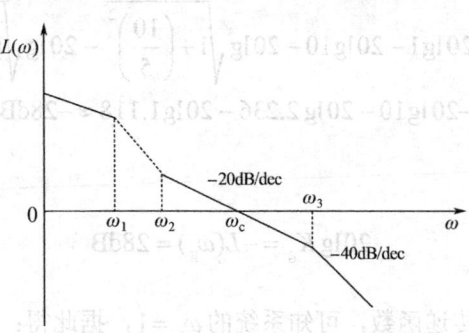

图 5-50 最小相位系统的开环对数幅频特性

（1）当 $\omega_2 \leq \omega \leq \omega_3$，斜率为 -20dB/dec；$\omega_1 \leq \omega \leq \omega_2$，斜率为 -40dB/dec 时，对应系统的开环频率特征为：

$$G(j\omega) = \frac{K\left(1+j\dfrac{\omega}{\omega_2}\right)}{j\omega\left(1+j\dfrac{\omega}{\omega_1}\right)\left(1+j\dfrac{\omega}{\omega_3}\right)} \tag{5-61}$$

它在 ω_c 处的相角为：

$$\varphi(\omega_c) = -90° - \arctan\frac{\omega_c}{\omega_1} + \arctan\frac{\omega_c}{\omega_2} - \arctan\frac{\omega_c}{\omega_3}$$

式中，ω_1 虽然未确定，但角度 $\arctan\dfrac{\omega_c}{\omega_1}$ 的变化范围是在 $72°\sim 90°$ 之间，由上式求得：

$$\varphi(\omega_c) = -90° - (72°\sim 90°) + 72° - 18° = -108°\sim -126°$$

即相位裕量 γ 在 $72°\sim 54°$ 之间。

（2）当 $\omega_2 < \omega < \omega_3$，斜率为 -20dB/dec；$\omega_1 < \omega < \omega_2$，斜率为 -60dB/dec 时，对应系统的开环频率特性为：

$$G(j\omega) = \frac{K\left(1+j\dfrac{\omega}{\omega_2}\right)^2}{j\omega\left(1+j\dfrac{\omega}{\omega_1}\right)^2\left(1+j\dfrac{\omega}{\omega_3}\right)}$$

它在 ω_c 处的相角为：

$$\varphi(\omega_c) = -90° - 2\arctan\frac{\omega_c}{\omega_1} + 2\arctan\frac{\omega_c}{\omega_2} - \arctan\frac{\omega_c}{\omega_3}$$

$$= -90° - (144°\sim 180°) + 144° - 18° = -108°\sim -144°$$

由此求得该系统的相位裕量为：

$$\gamma = 72°\sim 36°$$

（3）当 $\omega > \omega_2$，斜率为 -40dB/dec；$\omega_1 < \omega < \omega_2$，斜率为 -60dB/dec 时，对应系统的开环频率特性为：

$$G(j\omega) = \frac{K\left(1 + j\dfrac{\omega}{\omega_2}\right)}{j\omega\left(1 + j\dfrac{\omega}{\omega_1}\right)^2}$$

它在 ω_c 处的相角为：

$$\varphi(\omega_c) = -90° - 2\arctan\frac{\omega_c}{\omega_1} + \arctan\frac{\omega_c}{\omega_2} = -90° - (144° \sim 180°) + 72°$$
$$= -162° \sim -198°$$

因而

$$\gamma = 18° \sim -18°$$

上述计算的结果说明了开环对数幅频特性若在 ω_c 处中频段的斜率为 -20dB/dec，系统就有可能稳定并具有较大的相位裕量。当然，这一条件只是必要而非充分的，因为系统的稳定性还与中频段的宽度有关。在设计控制系统时，开环对数幅频特性在 ω_c 处中频段的斜率与系统相对稳定性的这一关系通常是很有用的。

专业术语中英文对照

稳定裕量	stability margin
相对稳定性	relative stability
增益裕量	gain margin
相位裕量	phase margin
相位交界频率	phase crossover frequency
增益交界频率	gain crossover frequency

5.6 频域性能指标与时域性能指标间的关系

频域响应法是通过系统的开环频率特性和闭环频率特性的一些特征量间接地表征系统瞬态响应的性能，因而这些特征量又被称为频域性能指标。常用的频域性能指标有相位裕量 γ、增益裕量 K_g、谐振峰值 M_r、频带宽度 ω_b 和谐振频率 ω_r 等。虽然这些性能指标没有时域性能指标那样给人一个直观的感觉，但在二阶系统中，它们与时域性能指标有着确定的对应关系；在高阶系统中，也有着近似的对应关系。

5.6.1 闭环频率特性及其特征量

对于一个稳定的闭环系统，其闭环频域响应可以很容易地由其开环频域响应求得。对于单位反馈系统，其闭环传递函数为：

$$\Phi(s) = \frac{G(s)}{1 + G(s)}$$

对应的闭环频率特性为：

$$\Phi(j\omega) = \frac{G(j\omega)}{1+G(j\omega)} = M(\omega)e^{j\varphi(\omega)} \tag{5-62}$$

式中，$M(\omega)$ 为闭环频率特性的幅值，$\varphi(\omega)$ 为相角。

上式描述了开环频率特性与闭环频率特性之间的关系。如果已知 $G(j\omega)$ 曲线上的一点，就可由式（5-62）确定闭环频率特性曲线上相应的一点。用这种方法逐点绘制闭环频率特性曲线，显然是既烦琐又很费时间。为此，过去工程上用图解法绘制闭环频率特性曲线，现在这个工作已由计算机 MATLAB 软件去实现，从而大大提高了绘制的效率和精度。

1. 闭环频率特性的零频值

设单位反馈系统的开环传递函数为：

$$G(s) = \frac{KG_0(s)}{s^\nu} \tag{5-63}$$

式中，$G_0(s)$ 不含有积分和比例环节，且 $\lim_{s \to 0} G_0(s) = 1$。由上式得：

$$\frac{C(s)}{R(s)} = \frac{KG_0(s)}{s^\nu + KG_0(s)} \tag{5-64}$$

当 $\nu = 0$ 时，闭环频率特性的零频值为：

$$M(0) = \lim_{\omega \to 0} \left| \frac{KG_0(j\omega)}{(j\omega)^0 + KG_0(j\omega)} \right| = \frac{K}{1+K} < 1 \tag{5-65}$$

当 $\nu \geq 1$ 时，闭环幅频特性的零频值为：

$$M(0) = \lim_{\omega \to 0} \left| \frac{KG_0(j\omega)}{(j\omega)^\nu + KG_0(j\omega)} \right| = 1 \tag{5-66}$$

0 型相对于 I 型及 I 型以上系统 $M(0)$ 的差异，反映了它们跟随阶跃输入时稳态误差的不同，前者有稳态误差存在，后者没有稳态误差产生。

2. 频带宽度（BW）

图 5-51 所示为 $M(0)=1$ 时闭环对数幅频特性的一般形状。当幅频值下降到低于零频值以下 3dB 时，对应的频率 ω_b 称为截止频率，即当 $\omega \geq \omega_b$ 时：

$$20\lg \left| \frac{C(j\omega)}{R(j\omega)} \right| \leq 20\lg \left| \frac{C(j0)}{R(j0)} \right| - 3\text{dB}$$

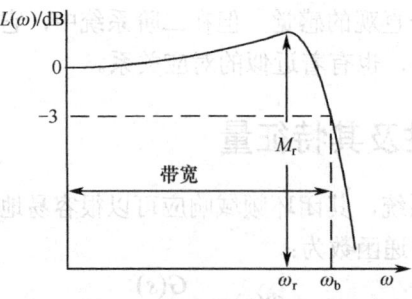

图 5-51 表示截止频率 ω_b 和带宽的对数坐标图

对应于闭环幅频值不低于-3dB的频率范围 $0 \leq \omega \leq \omega_b$,通常称为系统的频带宽度BW。系统的频带宽度反映了系统复现输入信号的能力,具有较大带宽的系统,其瞬态响应的速度快,调整的时间也短。对此,举例说明如下。

例 5-13 设有两个控制系统,它们的传递函数分别为:

系统Ⅰ:
$$\frac{C(s)}{R(s)} = \frac{1}{s+1}$$

系统Ⅱ:
$$\frac{C(s)}{R(s)} = \frac{1}{3s+1}$$

试比较两个系统带宽的大小,并验证具有较大带宽的系统比具有较小带宽的系统响应速度快,对输入信号的跟随性能好。

解: 图5-52(a)所示为上述两系统的闭环对数幅频特性曲线(图中虚线为其渐近线)。由图可见,系统Ⅰ的带宽为 $0 \leq \omega \leq 1$,系统Ⅱ的带宽为 $0 \leq \omega \leq 0.33$,即系统Ⅰ的带宽是系统Ⅱ带宽的3倍。图5-52(b)和(c)分别表示了两系统的阶跃响应和斜坡响应曲线。显然,系统Ⅰ较系统Ⅱ具有较快的阶跃响应,并且前者跟踪斜坡输入的性能也明显优于后者。

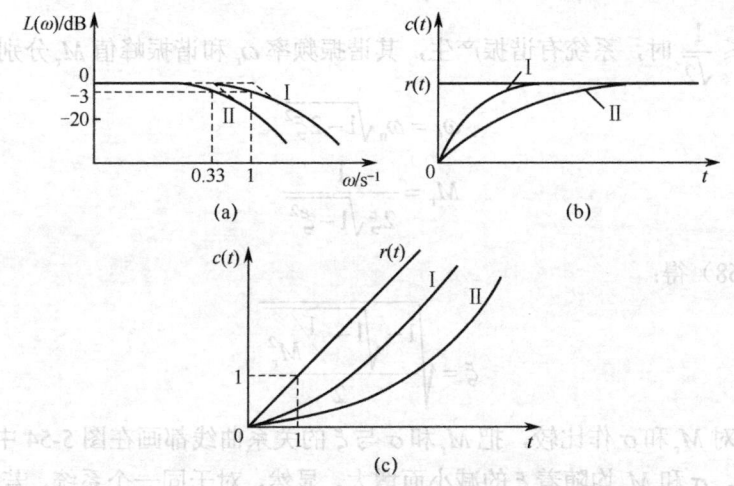

图 5-52 两系统动态特性的比较

需要指出的是,宽的带宽虽然能提高系统响应的速度,但也不能过大,否则会降低系统抑制高频噪声的能力。因此在设计系统时,对于频带宽度的确定必须兼顾到系统的影响速度和抗高频干扰的要求。

5.6.2 二阶系统时域响应与频域响应的关系

对于二阶系统,其时域响应与频域响应之间有着确定的对应关系。图5-53所示二阶系统的闭环传递函数为:

$$\frac{C(s)}{R(s)} = \frac{\omega_n^2}{s^2 + 2\xi\omega_n s + \omega_n^2}$$

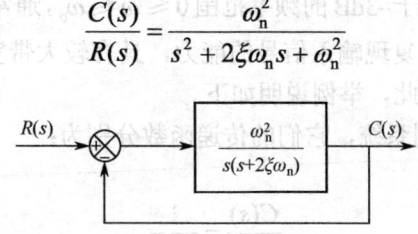

图 5-53 二阶系统

对应的闭环频率特性为：

$$\frac{C(j\omega)}{R(j\omega)} = \frac{1}{\left(1 - \frac{\omega^2}{\omega_n^2}\right) + j2\xi\frac{\omega}{\omega_n}} = M(\omega)e^{j\alpha(\omega)} \tag{5-67}$$

式中

$$M(\omega) = \frac{1}{\sqrt{\left(1 - \frac{\omega^2}{\omega_n^2}\right)^2 + \left(2\xi\frac{\omega}{\omega_n}\right)^2}}, \quad \alpha(\omega) = -\arctan\frac{2\xi\frac{\omega}{\omega_n}}{1 - \frac{\omega^2}{\omega_n^2}}$$

当 $0 \leq \xi \leq \frac{1}{\sqrt{2}}$ 时，系统有谐振产生，其谐振频率 ω_r 和谐振峰值 M_r 分别为：

$$\begin{aligned} \omega_r &= \omega_n\sqrt{1 - 2\xi^2} \\ M_r &= \frac{1}{2\xi\sqrt{1-\xi^2}} \end{aligned} \tag{5-68}$$

由式（5-68）得：

$$\xi = \sqrt{\frac{1 - \sqrt{1 - 1/M_r^2}}{2}} \tag{5-69}$$

为了便于对 M_r 和 σ 作比较，把 M_r 和 σ 与 ξ 的关系曲线都画在图 5-54 中。

由图可见，σ 和 M_r 均随着 ξ 的减小而增大。显然，对于同一个系统，若在时域内的 σ 大，则在频域中的 M_r 必然也是大的；反之亦然。为了使系统具有良好的相对稳定性，在设计系统时，通常取 ξ 值在 0.4～0.7 之间，对应的 M_r 将落在 1～1.4 之间。

把式（5-69）代入式（3-40），则得：

$$\sigma = \exp\left[-\pi\sqrt{\frac{M_r - \sqrt{M_r^2 - 1}}{M_r + \sqrt{M_r^2 - 1}}}\right] \tag{5-70}$$

如果已知 M_r，则由上式可求得对应的 σ。

根据在第 3 章中导出二阶系统的上升时间和调整时间的下列关系式：

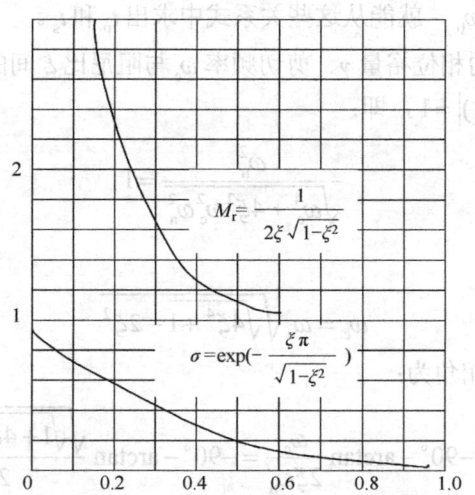

图 5-54 二阶系统的 M_r 和 σ 与 ξ 的关系

$$t_p = \frac{\pi}{\omega_n \sqrt{1-\xi^2}} \tag{5-71}$$

$$t_s = \frac{1}{\xi \omega_n} \ln \frac{1}{\Delta \sqrt{1-\xi^2}} \tag{5-72}$$

并考虑到式（5-68），则得：

$$\omega_r t_p = \pi \sqrt{\frac{1-2\xi^2}{1-\xi^2}} \tag{5-73}$$

$$\omega_r t_s = \frac{1}{\xi}\sqrt{1-2\xi^2} \ln \frac{1}{\Delta\sqrt{1-\xi^2}} \tag{5-74}$$

当 $\omega = \omega_b$ 时，二阶系统的幅频为：

$$\frac{\omega_n^2}{\sqrt{(\omega_n^2 - \omega_b^2)^2 + (2\xi\omega_b\omega_n)^2}} = \frac{1}{\sqrt{2}}$$

求解上式，得：

$$\omega_b = \omega_n \sqrt{1-2\xi^2 + \sqrt{2-4\xi^2+4\xi^4}} \tag{5-75}$$

同理，把由式（5-71）和式（5-72）中求得的 ω_n 代入上式，则得：

$$\omega_b t_p = \pi\sqrt{1-2\xi^2 + \sqrt{2-4\xi^2+4\xi^4}}/\sqrt{1-\xi^2} \tag{5-76}$$

$$\omega_b t_s = \frac{1}{\xi}\sqrt{1-2\xi^2 + \sqrt{2-4\xi^2+4\xi^4}} \ln \frac{1}{\Delta\sqrt{1-\xi^2}} \tag{5-77}$$

由式（5-73）、式（5-74）、式（5-75）和式（5-76）可知，对于给定的 ξ，t_p 和 t_s 均与 ω_r、ω_b 成反比。这就是说，ω_r 越高或 ω_b 越大，则系统响应的速度就越快。

若把式（5-69）代入式（5-73）、式（5-74）、式（5-76）和式（5-77），使这 4 个式中的 ξ 均用 M_r 表示，从而把时域性能指标 t_p、t_s 与频域性能指标 M_r、ω_r 和 ω_b 联系起来。如

果已知 M_r 和 ω_r 或 M_r 和 ω_b，就能从这些关系式中求出 t_p 和 t_s。

下面研究二阶系统的相位裕量 γ、剪切频率 ω_c 与阻尼比 ξ 间的关系。

当 $\omega = \omega_c$ 时，$|G(j\omega_c)| = 1$，即：

$$\frac{\omega_n^2}{\sqrt{\omega_c^4 + 4\xi^2 \omega_c^2 \omega_n^2}} = 1$$

求解上式，得：

$$\omega_c = \omega_n \sqrt{\sqrt{4\xi^4 + 1} - 2\xi^2} \tag{5-78}$$

据此求得 $G(j\omega_c)$ 的相角为：

$$\varphi(\omega_c) = -90° - \arctan\frac{\omega_c}{2\xi\omega_n} = -90° - \arctan\frac{\sqrt{\sqrt{1+4\xi^4} - 2\xi^2}}{2\xi} \tag{5-79}$$

由相位裕量的定义得：

$$\gamma = 180° + \varphi(\omega_c) = \arctan\frac{2\xi}{\sqrt{\sqrt{1+4\xi^4} - 2\xi^2}} \tag{5-80}$$

图 5-55 所示为 γ 与 ξ 的关系曲线。当 $\gamma = 60°$ 时，$\xi = 0.6$。

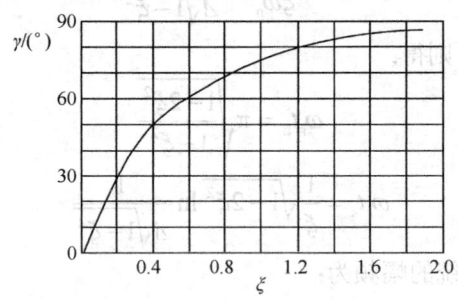

图 5-55　图 5-53 所示系统的 γ 与 ξ 的关系曲线

根据式（5-75）和式（5-78），求得 ω_c 与 ω_b 间的关系为：

$$\frac{\omega_b}{\omega_c} = \sqrt{\frac{(1-2\xi^2) + \sqrt{2 - 4\xi^2 + 4\xi^4}}{\sqrt{1+4\xi^4} - 2\xi^2}} \tag{5-81}$$

由上式可知，当 $\xi = 0.4$ 时，$\omega_b = 1.61\omega_c$；当 $\xi = 0.5$ 时，$\omega_b = 1.62\omega_c$；当 $\xi = 0.6$ 时，$\omega_b = 1.6\omega_c$；当 $\xi = 0.7$ 时，$\omega_b = 1.56\omega_c$。对于高阶系统，在初步设计时，一般近似地取 $\omega_b = 1.6\omega_c$。

对于高阶系统，系统的频域响应与时域响应间的对应关系是通过傅氏积分相联系的，即：

$$C(t) = \frac{1}{2\pi}\int_{-\infty}^{\infty} C(j\omega)e^{j\omega t}d\omega \tag{5-82}$$

由于这种积分变换较复杂，因而不可能像二阶系统那样简单地描述频域响应与时域响应间的对应关系，且其实用的意义也不大。如果高阶系统中有一对共轭主导极点，则上述二阶系统的时域响应与频域响应间的对应关系就可近似地应用到高阶系统中去。

专业术语中英文对照	
谐振峰值	resonant peak
频带宽度	bandwidth
谐振频率	resonant frequency

5.7 传递函数的实验确定

在分析和设计控制系统时,第一步工作是要确定被研究系统的数学模型。用解析方法求数学模型相当困难,我们可以采用实验分析的方法来确定系统的数学模型。频域响应法的重要意义就在于它可以通过简单的频域响应实验,确定被控对象或系统中任何其他的传递函数。

在感兴趣的频率范围内,通过实验求取被测系统频域响应的数据,作出系统的伯德图及对数幅频特性曲线的渐近线。利用渐近线可以确定传递函数。作出的渐近线对数幅值曲线由若干线段组成。通过对转角频率的一些试探处理,通常可以求出满意的渐近曲线。

据此,估计被测系统的传递函数。其具体步骤如下:

(1) 在感兴趣的频率范围内,给被测系统输入不同频率的正弦信号(在进行频域响应实验时,必须提供适当的正弦信号发生器),测量系统相应输出的稳态值和相位,作出对数幅频和相频特性曲线。

(2) 将测得的对数幅频特性曲线用斜率为 0、±20、±40 dB/dec 等的直线近似,求得系统的对数幅频特性曲线的渐近线。

(3) 假设被测系统是最小相位型的。根据所求的对数幅频渐近线,写出系统的传递函数和相频特性的表达式,并画出相频特性曲线。把所求的相频特性曲线与由实验求得的相频特性曲线进行比较,若两曲线能很好地吻合,且在高频时它们的相角都趋于 $-90°(n-m)$,则表明所测的传递函数是最小相位型的。如果由传递函数求得的相角比实验得到的相角小 $-180°$,则表示所测的传递函数是非最小相位型的,它有一个零点在 s 平面的右方。如果计算出的相位滞后于实验得到的相位,滞后相差是一个定常的相位变化率,则系统中必存在相位上的延迟。

例 5-14 由实验求得被测系统的对数幅频和相频特性曲线如图 5-56 中的实线所示,试估计该系统的传递函数。

解:(1) 以标准斜率的直线段与实验求得的对数幅频特性曲线相比拟,求得对数幅频特性曲线的渐近线,如图中的虚线所示。由图可见,低频渐近线具有 -20dB/dec 的斜率,将其延长使之与 0dB 线相交,求得相交点的 $\omega = 5\text{s}^{-1}$。由此得出低频渐近线对应的因子为 $5/\text{j}\omega$。

(2) 根据所作的渐近线,求得各转折频率为 $\omega_1 = 2\text{s}^{-1}$、$\omega_2 = 10\text{s}^{-1}$ 和 $\omega_3 = 50\text{s}^{-1}$。在第一个转折频率 ω_1 处,渐近线的斜率减小了 20dB/dec;而在第二个转折频率 ω_2 处,渐近线的斜率增大了 20dB/dec。这表明在传递函数中含有 $\left(1+\text{j}\dfrac{\omega}{2}\right)^{-1}$ 和 $\left(1+\text{j}\dfrac{\omega}{10}\right)$ 的因子。在 $\omega = \omega_3$

处,曲线的斜率减小了 40dB/dec,且在这个频率点上实验曲线与渐近线之间的误差为 4dB,这表示该传递函数中还含有一个 $\left[1+j2\xi\dfrac{\omega}{50}+\left(j\dfrac{\omega}{50}\right)^2\right]^{-1}$ 的二阶因子。式中,$\xi=0.3$ 是根据图 5-12 所示的误差曲线在误差为 4dB 时求得的。

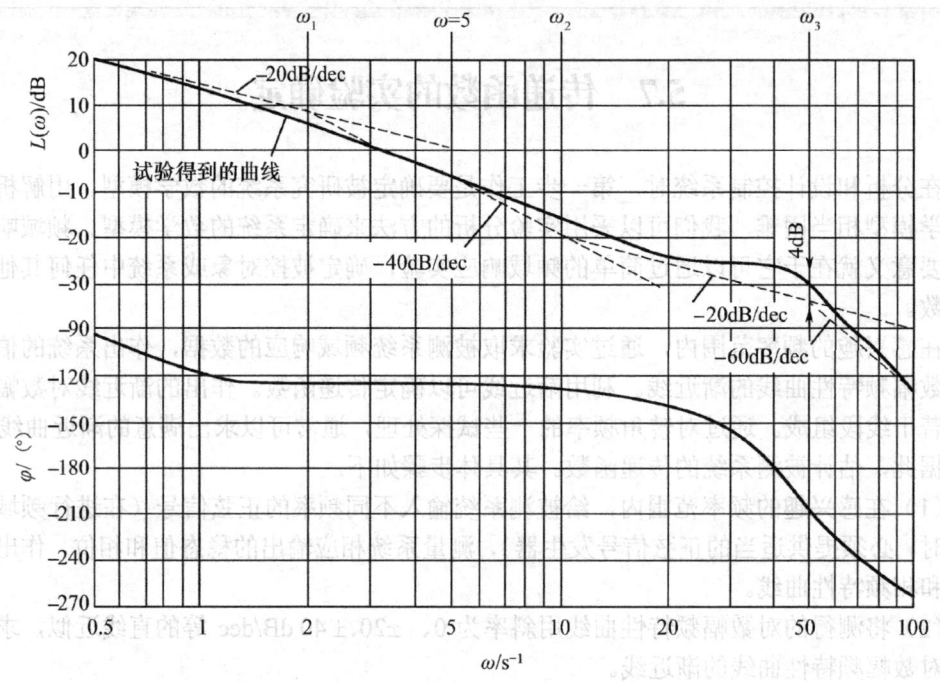

图 5-56 由实验获得的伯德图

(3) 基于上述分析,求得被测系统的频率特性为:

$$G(j\omega)=\dfrac{5\left(1+j\dfrac{\omega}{10}\right)}{j\omega\left(1+j\dfrac{\omega}{2}\right)\left[1+j0.6\dfrac{\omega}{50}+\left(j\dfrac{\omega}{50}\right)^2\right]}$$

或写作

$$G(s)=\dfrac{5(1+0.1s)}{s(1+0.5s)[1+0.6\times0.02s+(0.02s)^2]}$$

当 $\omega\to\infty$ 时,由上式求得的 $\varphi(\omega)=-270°=-90°(4-1)$,这个结果与实验所求得的相角相吻合,从而表明了被测系统是一个最小相位系统。

5.8 MATLAB 在频域响应法中的应用

伯德图和乃奎斯特图是频域响应法的两种重要图形。在对系统分析时,为了减少绘制的工作量,前者的幅频特性常用它的渐近线表示;后者根据实际的需要,一般也只画出它的示意图。本节介绍怎样用 MATLAB 方法方便地绘制出这两种频率特性的精确图形。

5.8.1 用 MATLAB 绘制伯德图

控制系统的伯德图是由对数幅频特性和相频特性两幅图形组成。用 MATLAB 绘制伯德图同样如此。其常用的功能指令为:

bode(num,den)
bode(num,den,w)
bode(sys)

当包含左方变量时,即:

[mag,phase,w]=bode(num,den,w)

命令 bode 将把系统的频域响应转变成 mag、phase 和 w 三个矩阵,这时在屏幕上不显示频域响应图。矩阵 mag 和 phase 包含系统频域响应的幅值和相角,这些幅值和相角值是在用户指定的频率点上计算得到的。这时的相角以度来表示。利用下列表达式可把幅值转变成分贝:

magdB=20*lg10(mag)

其他一些带左端变量 bode 命令是:

[mag,phase,w]=bode(num,den)
[mag,phase,w]=bode(num,den,w)
[mag,phase,w]=bode(sys)

为了指明频率范围,采用命令 $logspace(a,b,n)$。$logspace(a,b,n)$ 在两个十进制数 10^a 和 10^b 之间,产生 n 个用十进制数分度的等距离的点。采用点 n 的具体值由用户确定。

例 5-15 已知某反馈系统的开环传递函数为:

$$G(s)H(s) = \frac{25}{s^2 + 4s + 25}$$

试绘制开环传递函数对应的伯德图。

解:绘制该系统的伯德图的程序如下。画出的伯德图表示在图 5-57 上。

```
%----------------Bode Diagram----------------
num=[0 0 25];
den=[1 4 25];
bode(num,den) ;
grid on;
title('Bode Diagram of G(s)=25/(s^2+4s+25)')
```

如果利用下列命令:

bode(num,den,w)

则频率范围将由用户指定,但是幅值范围和相角范围自动确定,见由下列程序产生的如图 5-58 所示的伯德图。

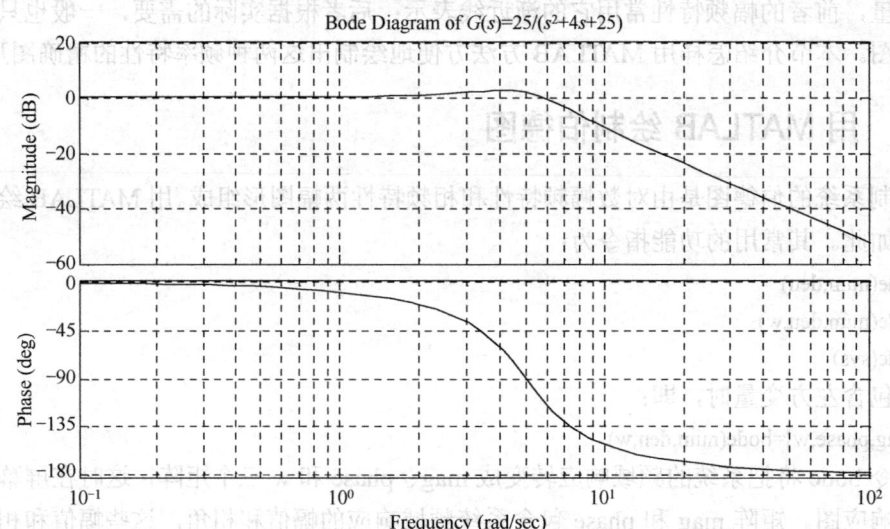

图 5-57 例 5-15 的伯德图 1

```
%----------------Bode Diagram----------------
num=[0 0 25];
den=[1 4 25];
w=logspace(-2,3,100);
bode(num,den,w);
grid on;
title('Bode Diagram of G(s)=25/(s^2+4s+25)')
```

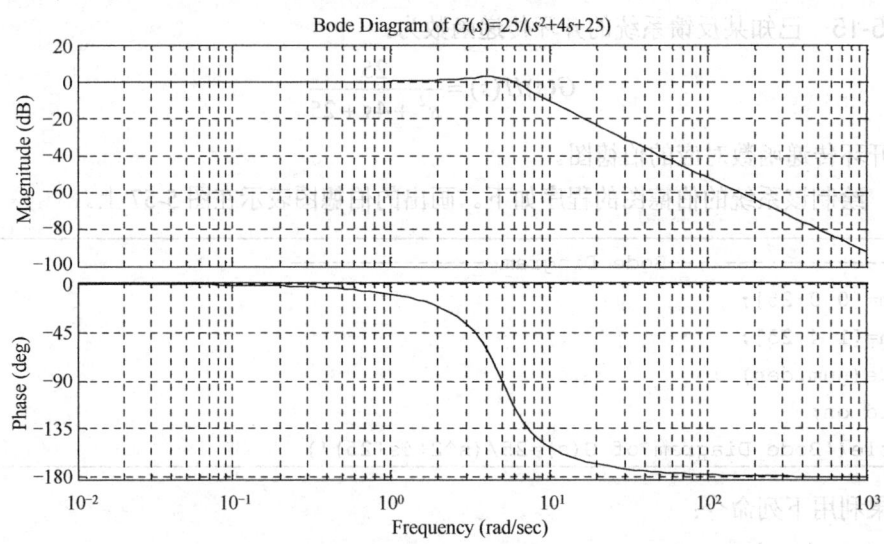

图 5-58 例 5-15 的伯德图 2

例 5-16 系统的开环传递函数为:

$$G(s) = \frac{9(s^2+0.2s+1)}{s(s^2+1.2s+9)}$$

试画出伯德图。

解：利用下列程序可以画出该系统的伯德图。画出的伯德图表示在图 5-59 上。这时的频率范围是自动确定的，从 0.1rad/s 到 10rad/s。

```
%----------------Bode Diagram---------------
num=[0 9 1.8 9];
den=[1 1.2 9 0];
bode(num,den) ;
grid on;
title('Bode Diagram of G(s)=9/(s^2+0.2s+1)/[(s(s^2+1.2s+9))]')
```

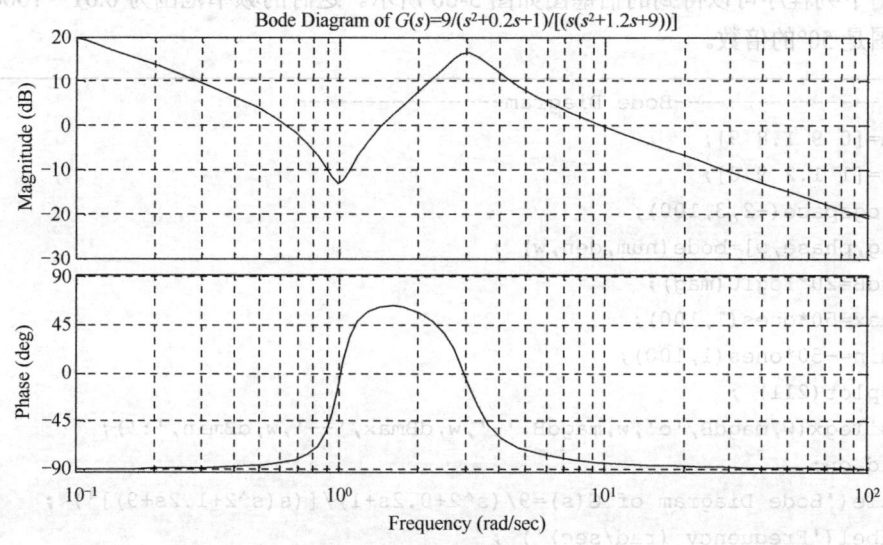

图 5-59 例 5-16 的伯德图

为了指定幅值范围和相角范围，采用下列命令：

[mag,phase,w]=bode(num,den,w)

矩阵 mag 和 phase 包含系统频域响应的幅值和相角。相角用度来表示，利用下列表达式可把幅值转变成分贝：

magdB=20*lg10(mag)

如果希望指定幅值范围，比如至少在 $-50\sim+50$dB 之间，则应当在伯德图上 -50dB 和 $+50$dB 处引入两条直线，并且用 dBmax（最大幅值）和 dBmin（最小幅值）指明如下：

dBmax=50*ones(1,100)

dBmin=-50*ones(1,100)

输入下列半对数坐标图命令：

Semilogx(w,magdB, 'o',w,magdB, '--',w,dBmax, '---',w,dBmin, ':')

应当指出，dBmax 点数和 dBmin 点数必须与 w 中的频率点数相等。在本例中，所有的数都是 100，于是屏幕上将显示幅值曲线 magdB，并且以符号 0 来显示该曲线。

幅值的范围通常是 5、10、20 或 50dB 的倍数（有时例外）。在目前情况下，幅值的范围为-50~+50dB。

对于相角，如果希望指出它的范围，如至少在-150°~+150°之间，则应该在程序中位于-150°~+150°处输入两条直线，并且指明 pmax（最大相角）和 pmin（最小相角）：

pmax=150*ones(1,100)

pmin=-150*ones(1,100)

然后输入下列半对数坐标命令：

Semilogx(w,phase,'o',w,phase,'-',w,pmax,'—',w,pmin,':')

相角的范围通常是 5°、10°、50°或 100°的倍数（有时例外）。在目前情况下，相角的范围为-150°~+150°。

采用下列程序可以得到的伯德图如图 5-60 所示。这时的频率范围为 0.01~1000rad/s，幅值范围是 50°的倍数。

```
%----------------Bode Diagram----------------
num=[0 9 1.8 9];
den=[1 1.2 9 0];
w=logspace(-2,3,100);
[mag,phase,w]=bode(num,den,w) ;
magdB=20*log10(mag);
dBmax=50*ones(1,100);
dBmin=-50*ones(1,100);
subplot(211) ;
semilogx(w,magdB,'o',w,magdB,'-',w,dBmax,'--',w,dBmin,':');
grid on;
title('Bode Diagram of G(s)=9/(s^2+0.2s+1)/[(s(s^2+1.2s+9)]') ;
xlabel('Frequency (rad/sec)') ;
ylabel('Gain dB')
pmax=-150*ones(1,100);
pmin=-150*ones(1,100) ;
subplot(212) ;
semilogx(w,phase,'o',w,phase,'-',w,pmax,'--',w,pmin,':');
grid on;
xlabel('Frequency (rad/sec)') ;
ylabel('phase deg')
```

5.8.2　用 MATLAB 绘制乃奎斯特图

在线性定常反馈控制系统的频域响应表示中，正如伯德图那样，乃奎斯特图也得到了广泛应用。乃奎斯特图是极坐标图，伯德图是直角坐标图。对于某一种具体的运行状态，这两种图示可能有一种更为方便；但是对于一种给定的运行状态，总是可以选取任何一种图来进行研究。

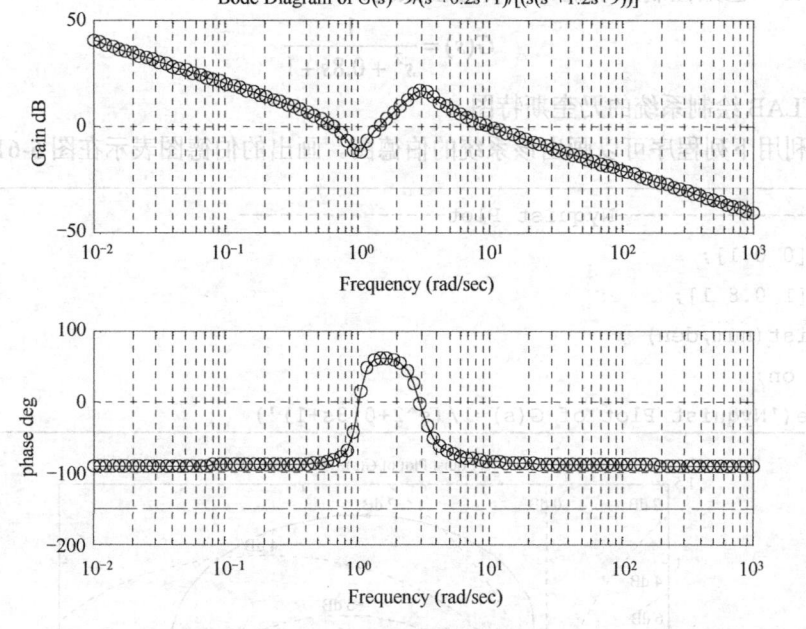

图 5-60 例 5-16 的伯德图

命令 nyquist 可以计算连续时间、线性定常系统的频域响应。当命令中不包含左端变量时，nyquist 仅在屏幕上产生乃奎斯特图。

命令：

nyquist(num,den)

将画出下列传递函数的乃奎斯特图：

$$G(s) = \frac{\text{num}(s)}{\text{den}(s)}$$

式中，num 和 den 包含以 s 的降幂排列的多项式系数。其他常用的 nyquist 命令尚有：

nyquist(num,den,w)

nyquist(sys)

包含有用户指定频率向量 w 的命令。例如

nyquist(num,den,w)

可以在指定的以弧度/秒表示的频率点上计算频域响应。

当采用左端变量时，例如：

[re,im,w]=nyquist(num,den)

[re,im,w]=nyquist(num,den,w)

[re,im,w]=nyquist(sys)

这时 MATLAB 将把系统的频域响应表示成矩阵 re、im 和 w，这时在屏幕上不产生图形。矩阵 re 和 im 包含系统频域响应的实部和虚部，它们都是在向量 w 中指定的频率点上计算得到的。应当指出，矩阵 re 和 im 包含的列数与输出量的数目相同，而 w 中的每一个元素与 re 和 im 中的一行相对应。

例 5-17 已知控制系统的开环传递函数为：

$$G(s) = \frac{1}{s^2 + 0.8s + 1}$$

试用 MATLAB 绘制系统的乃奎斯特图。

解：利用下列程序可以画出该系统的伯德图。画出的伯德图表示在图 5-61 上。

```
%---------------Nyquist Plot---------------
num=[0 0 1];
den=[1 0.8 1];
nyquist(num,den) ;
grid on;
title('Nyquist Plot of G(s)=1/(s^2+0.8s+1)')
```

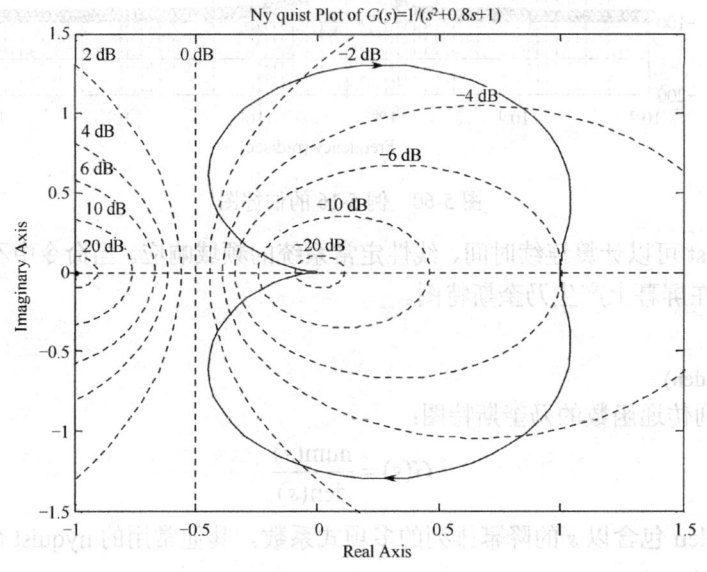

图 5-61 例 5-17 的乃奎斯特图

注意：在画乃奎斯特图时，如果 MATLAB 运算中包含"被零除"，则得到的乃奎斯特图可能是错误的。例如，如果传递函数已知为：

$$G(s)H(s) = \frac{1}{s(s+1)}$$

则 MATLAB 命令：

```
%--------------- Nyquist Plot---------------
num=[0 0 1];
den=[1 1 0];
nyquist(num,den);
grid on;
title('Nyquist Plot of G(s)=1/s(s+1)')
```

将产生一个错误的乃奎斯特图。作为例子，图 5-62 表示了一个错误的乃奎斯特图。当这种错误的乃奎斯特图出现在计算机上时，如果给定 axis(v)，则可以对该图进行修正。修正方式见例 5-18。

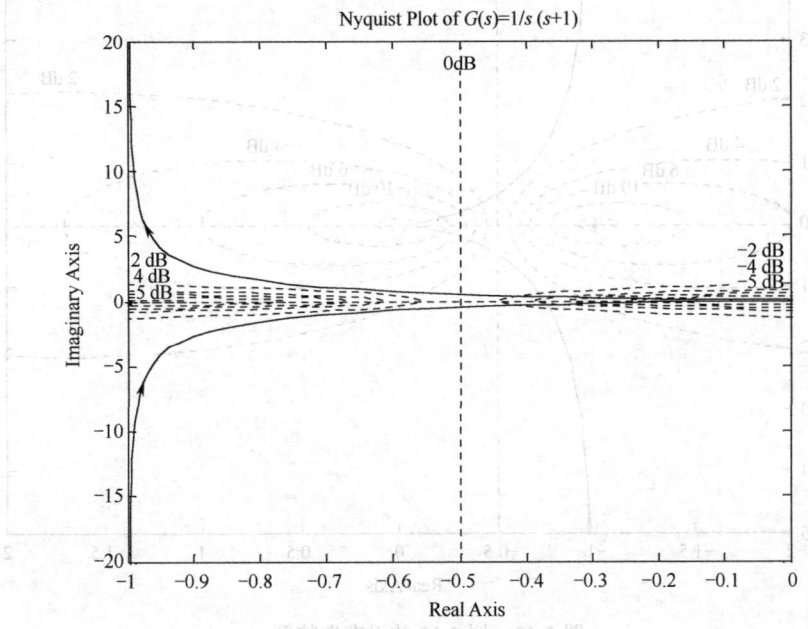

图 5-62 错误的乃奎斯特图

例 5-18 试画出下列开环系统的乃奎斯特图。

$$G(s)H(s) = \frac{1}{s(s+1)}$$

解：这时即使在屏幕上出现"被零除"的报警信息，利用下列程序也将在计算机上产生正确的乃奎斯特图。图 5-63 表示了该程序产生的乃奎斯特图。

```
%----------------Nyquist Plot----------------
num=[0 0 1];
den=[1 1 0];
nyquist(num,den)
v=[-2 2 -5 5];
axis(v) ;
grid on;
title('Nyquist Plot of G(s)=1/s(s+1)')
```

伯德图和乃奎斯特图是频域响应法的两种重要图形。在对系统分析时，为了减少绘制的工作量，前者的幅频特性常用它的渐近线表示；后者根据实际的需要，一般也只画出它的示意图。本节介绍的 MATLAB 方法可方便地绘制出这两种频率特性的精确图形。

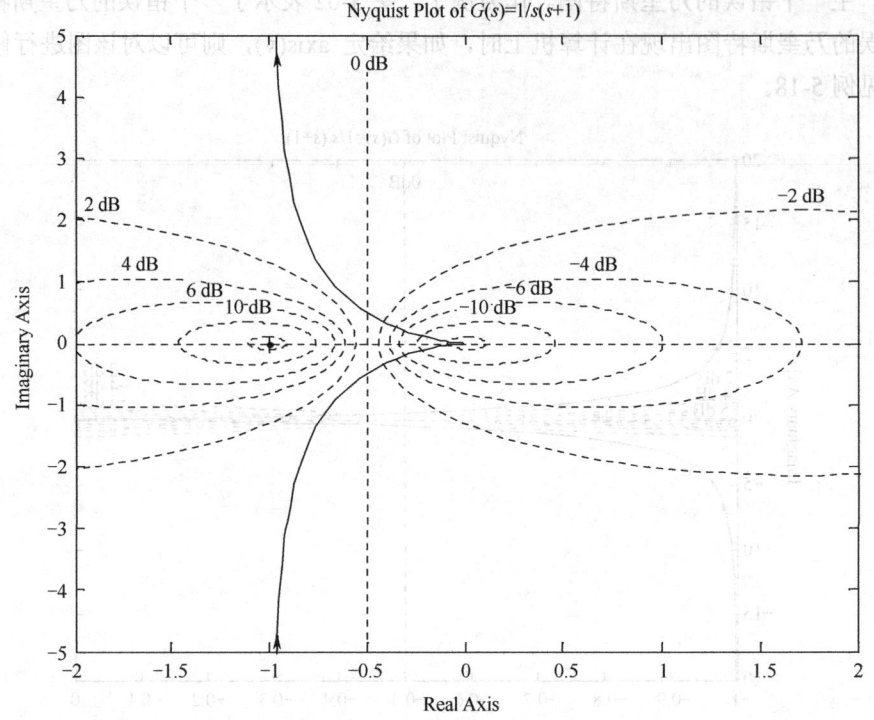

图 5-63　例 5-18 的乃奎斯特图

小　结

频域响应法是控制理论的重要组成部分，又是研究自动控制系统的一种工程方法。频域响应法的优点是：物理意义明确并且可以用实验的方法测定出来。控制系统的频率特性与其动态特性和静态特性之间存在着一些定性和定量的关系，因而可以利用图表、曲线和经验公式作为辅助工具，分析和设计控制系统。

（1）频率特性是线性系统在正弦输入信号作用下的稳态输出和输入之比。它和传递函数、微分方程一样能反映系统的动态性能，因而它是线性系统的又一形式的数学模型。

（2）凡是在 s 右半平面上有零点或极点的系统，称为非最小相位系统。而传递函数的极点和零点均分布在 s 左半平面的系统被称为最小相位系统。由于这类系统的幅频特性和相频特性之间有着唯一的对应关系，因而只要根据它的对数幅频特性曲线就能写出对应系统的传递函数。

（3）如果任一反馈控制系统是稳定的，当且仅当乃奎斯特轨迹围绕 $(-1, j0)$ 点逆时针方向旋转的周数等于特征方程右半平面的极点数（称为开环不稳定的极点），这就是利用开环频率特性判定闭环系统稳定的另一种方法——乃奎斯特稳定判据。其主要优点是不仅能够判定系统的稳定性而且还能够看出系统参数对稳定性的影响和系统的稳定程度。

（4）要使系统能够稳定地工作，要考虑系统内部参数和外界环境变化所产生的影响，因此设计系统时需有足够的稳定裕度。稳定裕度通常用增益裕量 K_g 和相位裕量 $\gamma(\omega_c)$ 来表示。

（5）时域性能指标与频域性能指标关系：时域性能指标直观反应系统动态性能，而频域性能指标可以间接反映系统的动态性能。常用的闭环系统的频域性能指标有两个，一个是谐振峰值 M_r，反映了系统的相对稳定性；另一个是频带宽度 ω_b，反映了系统的快速性。

习 题

5-1 一单位反馈系统的根轨迹如图 5-64 所示。已知输入 $r(t)=2\sin 3t$，求系统工作于临界阻尼状态时的稳态误差。

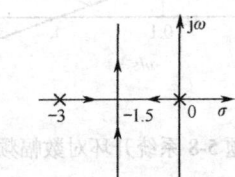

图 5-64 习题 5-1 根轨迹图

5-2 控制系统的传递函数为 $G(s)=\dfrac{1}{s(s+1)}$，当输入信号为 $R(t)=3\sin 2t$，求系统的稳态输出。

5-3 若系统的单位阶跃响应为 $h(t)=1-1.8e^{-4t}+0.8e^{-9t}$，试确定系统的频域响应。

5-4 设一单位反馈控制系统的开环传递函数为：$G(s)=\dfrac{5}{s+1}$

试求系统在输入信号 $r(t)=\sin(t+30°)-\cos(2t-45°)$ 作用下的稳态误差。

5-5 典型二阶系统的开环传递函数为：
$$G(s)=\dfrac{\omega_n^2}{s(s+2\zeta\omega_n)}$$

当取 $r(t)=2\sin t$ 时，系统的稳态输出 $c_{ss}(t)=2\sin(t-45°)$，试确定系统参数 ω_n、ξ。

5-6 画出下列开环传递函数对应的伯德图。

（1）$G(s)=\dfrac{10(s+1)}{(s+2)(s+5)}$

（2）$G(s)=\dfrac{10}{s(s+1)(s+5)}$

（3）$G(s)=\dfrac{10(s^2+0.4s+1)}{s(s^2+0.8s+9)}$

5-7 已知最小相位系统的对数幅频渐近特性曲线如图 5-65 所示，试确定系统的开环传递函数。

5-8 设一单位反馈系统的开环对数幅频特性如图 5-66 所示（最小相位系统）。要求：（1）写出系统的开环传递函数；（2）判别该系统的稳定性；（3）如果系统是稳定的，则求 $r(t)=t$ 时的系统稳态误差。

5-9 单位反馈的最相位系统，其开环对数帧频特性曲线如图 5-67 所示。要求：（1）试求出系统的开环传递 $G(s)$ 的表达式；（2）求出系统的截止频率 ω_c 和相角裕度 γ。

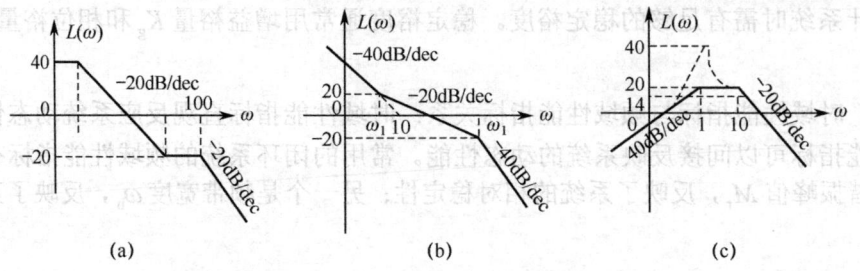

图 5-65 习题 5-7 系统开环对数幅频渐近特性

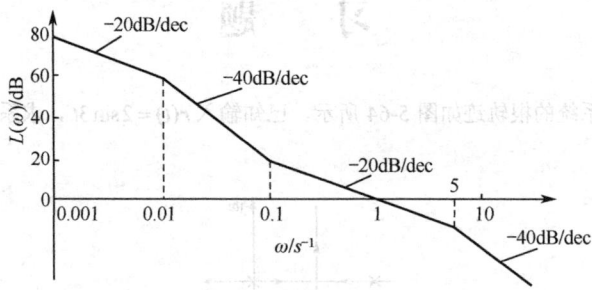

图 5-66 习题 5-8 系统开环对数幅频渐近特性

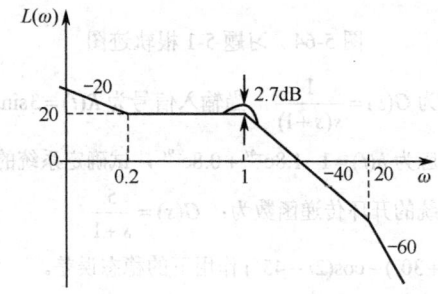

图 5-67 习题 5-9 系统开环对数幅频渐近特性

5-10 画出下列传递函数的乃奎斯特图。这些曲线是否穿越 G 平面的负实轴？若穿越，则求出与负实轴交点的频率及相应的幅值 $|G(j\omega)|$。

(1) $G(s) = \dfrac{1}{s(1+s)(1+2s)}$

(2) $G(s) = \dfrac{1}{s^2(s+1)(1+2s)}$

(3) $G(s) = \dfrac{s+2}{(s+1)(s-1)}$

5-11 设有一闭环系统，其开环传递函数为：
$$G(s) = \dfrac{K}{s(s+1)(1+2s)}$$
且 $K=2$，试判断该闭环系统是否稳定，并求出使系统保持稳定的临界增益 K 的值。

5-12 如图 5-68 所示的闭环系统，试利用乃奎斯特稳定判据，确定使系统稳定的临界 K 值。

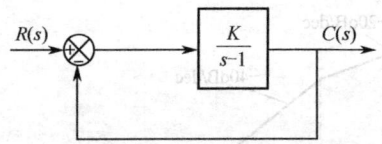

图 5-68 习题 5-12 闭环系统方框图

5-13 图 5-69 所示为一个宇宙飞船控制系统的方块图。为了使相位裕量等于 50°，试确定增益 K 值。

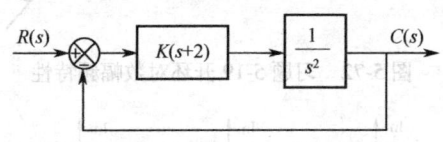

图 5-69 习题 5-13 闭环系统

5-14 一控制系统如图 5-70 所示。当 $r(t)=t$ 时，要求系统的稳态误差小于 0.2，且增益裕量不小于 6dB，试求增益 K 的取值范围。

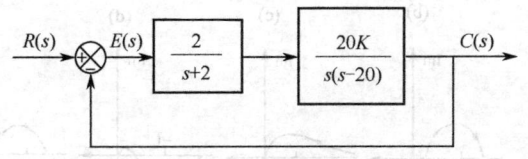

图 5-70 习题 5-14 反馈控制系统

5-15 已知一单位反馈系统的开环传递函数为：

$$G(s) = \frac{1+as}{s^2}$$

试求相位裕量等于 45° 时的 a 值。

5-16 如图 5-71 所示的控制系统，试画出开环系统函数 $G(s)$ 伯德图，并且确定相位裕量和增益裕量。

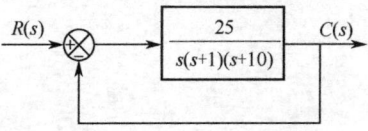

图 5-71 习题 5-16 控制系统框图

5-17 对于典型二阶系统，已知参数 $\omega_n = 3, \xi = 0.7$，试确定截止频率和相位裕量。

5-18 考虑一个单位反馈控制系统，其开环传递函数为：

$$G(s) = \frac{K}{s(s^2+s+0.5)}$$

为了使频域响应中的谐振峰值为 2dB，即 M_r=2dB，试确定增益 K 值。

5-19 已知一单位反馈控制系统的开环幅频特性如图 5-72 所示（最小相位系统），试求开环传递函数 $G(s)$。

5-20 已知下列系统开环频率特性的乃奎斯特曲线如图 5-73 所示，试判别系统的稳定性。其中，p 为开环不稳定极点的个数，v 为积分环节的个数。

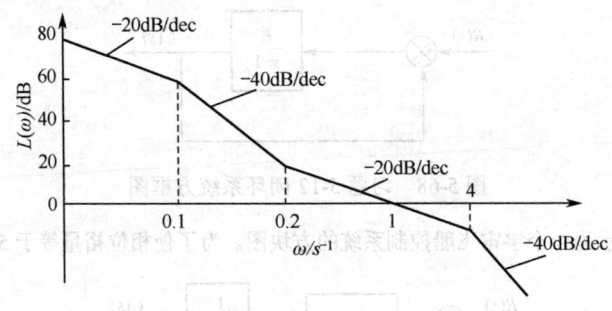

图 5-72 习题 5-19 开环对数幅频特性

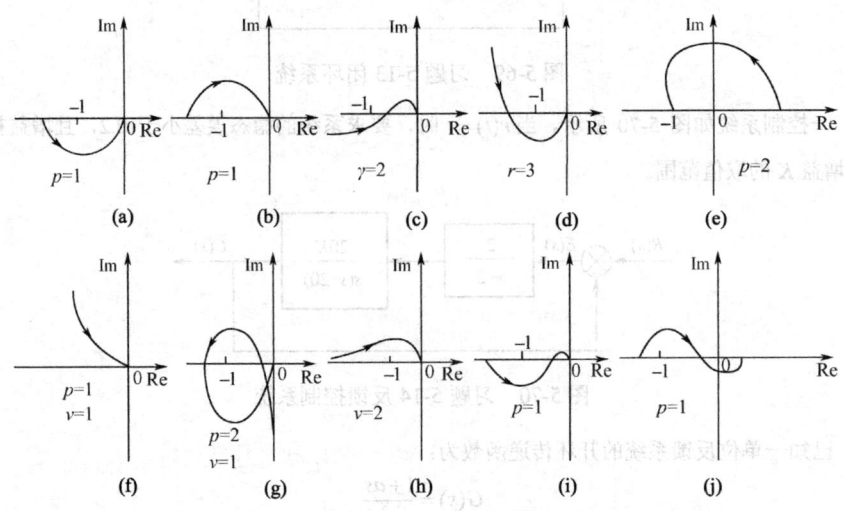

图 5-73 习题 5-20 控制系统乃奎斯特图

第6章 控制系统的校正

根据被控对象及给定的技术指标要求设计自动控制系统,需要进行大量的分析计算。设计中需要考虑的问题是多方面的。既要保证所设计的系统有良好的性能,满足给定技术指标的要求;又要照顾到便于加工,经济性好,可靠性高。在设计过程中,既要有理论指导,也要重视实践经验,往往还要配合许多局部或者整体的实验。

本章主要研究线性定常系统的校正方法。所谓校正,就是在系统中加入一些其参数可以根据需要而改变的机构或装置,使系统整个特征发生变化,从而满足给定的各项性能指标。

6.1 系统的设计与校正问题

控制系统设计的目的,是将构成控制器的各元件与被控对象适当组合起来,使之满足表征控制精度、阻尼程度和响应速度的性能指标要求。如果通过调整控制器增益后仍然不能全面满足设计要求的性能指标,就需要在系统中增加一些参数及特性可按需要改变的校正装置,使系统全面满足设计要求。在研究系统校正装置时,为了方便,将系统中除了校正装置以外的部分,包括被控对象及控制器的基本组成部分一起称为"固有部分"。因此控制系统的校正,就是按给定的固有部分和性能指标设计校正装置。

6.1.1 被控对象

将被控对象(controlled plant)和控制装置同时进行设计是比较合理的,这样能充分发挥控制的作用,往往能使被控对象获得特殊的、良好的技术性能,甚至能使复杂的被控对象得以改造而变得异常简单。然而,相当多的场合还是先给定被控对象,然后才进行系统设计。但无论如何,对被控对象要做到充分的了解是毋庸置疑的,要详细了解被控制对象的工作原理和特点,如哪些参量需要控制,哪些参量能够测量,可以通过哪几个机构进行调整,被控对象的工作环境和干扰如何等。还必须尽可能准确地掌握被控对象的动态数学模型,以及对被控对象的性能要求,这些都是系统设计的主要依据。

6.1.2 性能指标

进行控制系统的设计,除了应已知系统固有部分的特性与参数外,还需要知道要求系统达到的全部性能指标。性能指标通常是由使用单位或被控对象的设计制造单位提出的。不同的控制系统对性能指标的要求有不同的侧重。例如,调速系统(speed regulating system)对平稳性和稳态精度要求较高,而随动系统(servo system)则侧重于系统的快速性。

系统的性能指标按其类型可以分为以下三种。

1. 时域性能指标

时域性能指包括稳态性能指标和动态性能指标。它是评价控制系统优劣的性能指标，一般是根据系统在典型输入下输出响应的某些特征值规定的。

（1）稳态性能指标

该指标包括静态位置误差系数 K_p、静态速度误差系统 K_v 和静态加速度误差系数 K_a。

（2）动态性能指标

该指标包括上升时间 t_r、峰值时间 t_p、调整时间 t_s、最大超调量 $\sigma\%$ 和振荡次数 N。

2. 频域性能指标

频域性能指标包括开环频域指标和闭环频域指标。

（1）开环频域指标

一般要画出开环对数频率特性，并给出开环频域指标：开环剪切频率 ω_c、相位裕量 γ 和幅值裕量 K_g。

（2）闭环频域指标

一般给出闭环幅频特性曲线，并给出闭环频域指标：谐振频率 ω_r、谐振峰值 M_r 和频带宽度 ω_b。

在实际系统中，最直观的是时域指标，容易理解，而系统的分析、设计往往是在复域或频域中完成，这就要了解不同域中系统动态性能指标的表示方法及其相互关系。但是只有二阶系统才能找到它们之间准确的数学关系，对高阶系统只能用主导极点或用经验公式来近似表达它们的关系。表 6-1 列出了常用的关系式以供参考。

表 6-1 时域与复域、频域中系统动态性能指标的相互关系

时间域（解析法）	复数域（根轨迹法）	频率域（频率响应法）	
	ω_n、ξ	开环：ω_c、γ	闭环：M_r、ω_r、ω_b
二阶系统	$t_s \approx \dfrac{3}{\xi\omega_n}$ $\sigma\% = e^{-\frac{\xi\pi}{\sqrt{1-\xi^2}}}$	$t_s\omega_c = \dfrac{3\sqrt{\sqrt{1+4\xi^2}-2\xi^2}}{\xi}$ $\sigma\% = e^{-0.01\pi\sqrt{1-(0.01\gamma)^2}}$ （$\xi = 0.01\gamma$）	$\omega_r = \omega_n\sqrt{1-2\xi^2}$ $M_r = \dfrac{1}{2\xi\sqrt{1-\xi^2}}$ $\omega_b = \omega_n\sqrt{1-2\xi^2+\sqrt{2-4\xi^2+4\xi^4}}$

3. 综合性能指标（误差积分准则）

综合性能指标（误差积分准则）是一类综合指标，若对这个性能指标取极值，则可获得系统的某些重要参数值，而这些参数值可以保证该综合性能为最优。综合性能指标有各种不同的形式，常用的有以下几种：

（1）误差积分（integral error，IE）

$$\text{IE} = \int_0^\infty e(t)\mathrm{d}t \tag{6-1}$$

（2）绝对误差积分（integral absolute error，IAE）

$$\text{IAE} = \int_0^\infty |e(t)|\mathrm{d}t \tag{6-2}$$

(3) 平方误差积分 (integral square error, ISE)

$$\text{ISE} = \int_0^\infty e^2(t)\mathrm{d}t \tag{6-3}$$

(4) 时间与绝对误差乘积积分 (integral of time and absolute error, ITAE)

$$\text{ITAE} = \int_0^\infty t|e(t)|\mathrm{d}t \tag{6-4}$$

采用不同的积分公式意味着估计整个动态过程优良程度时的侧重点不同。例如,ISE 着眼于抑制过渡过程中的误差,而 ITAE 则着眼于缩短过长的过渡过程时间。人们可以根据生产过程的不同要求,特别是综合经济效益的考虑加以选用。

误差积分准则也有它的不足之处,它不能保证控制系统具有合适的衰减率,而这正是人们首先关注的。特别是,一个等幅振荡过程是人们不能接受的,然而它的误差积分却等于零;ISE 虽然可以有效地抑制误差,但系统容易产生振荡。如果对系统的阶跃响应形状做出了某种具体规定,再使上述积分准则为最小来校正系统,就可以得到更为合理的结果。

各类性能指标是从不同的角度表示系统的性能的,它们之间存在必然的内在联系。在第 5 章就曾经学习过,对于二阶系统,时域指标和频域指标之间能用准确的数学表达式表示出来,它们可以统一采用阻尼比 ξ 和无阻尼自然振荡频率 ω_n 来描述。

作为控制系统的目标函数,如果性能指标以时域形式给出,一般用根轨迹法进行校正较为方便;如果性能指标以频域形式给出,通常宜用频率法进行校正。

6.1.3 系统带宽的确定

性能指标中的带宽频率 ω_b 的要求,是一项重要的技术指标。无论采用哪种校正方式,都要求校正后的系统既能以所需精度跟踪输入信号,又能抑制噪声扰动信号。在控制系统实际运行中,输入信号一般是低频信号,而噪声信号则一般是高频信号。因此,合理选择控制系统的带宽,在系统设计中是一个重要的问题。

显然,为了使系统能够准确复现输入信号,要求系统具有较大的带宽;然而从抑制噪声角度来看,又不希望系统的带宽过大。此外,为了使系统具有较高的稳定裕度,希望系统开环对数幅频特性在截止频率 ω_c 处的斜率为 –20dB/dec,但从要求系统具有较强的从噪声中辨识信号的能力来考虑,却又希望 ω_c 处的斜率小于 –40dB/dec。由于不同的开环系统截止频率 ω_c 对应于不同的闭环系统带宽频率 ω_b,因此在系统设计时,必须选择切合实际的系统带宽。

通常,一个设计良好的实际运行系统,其相角裕度具有 45° 左右的数值。过低于此值,系统的动态性能较差,且对参数变化的适应能力较弱;过高于此值,意味着对整个系统及其组成部件要求较高,因此造成实现上的困难,或因此不满足经济性要求,同时由于稳定程度过好,造成系统动态过程缓慢。要实现 45° 左右的相角裕度要求,开环对数幅频特性在中频区的斜率应为 –20dB/dec,同时要求中频区占据一定的频率范围,以保证在系统参数变化时,相角裕度变化不大。过此中频区后,要求系统幅频特性迅速衰减,以削弱噪声对系统的影响。这是选择系统带宽应该考虑的一个方面。另一方面,进入系统输入端的信号,既有输入信号 $r(t)$,又有噪声信号 $n(t)$,如果输入信号带宽为 $0 \sim \omega_M$,噪声信号集中

起作用的频带为 $\omega_l \sim \omega_n$，则控制系统的带宽频率通常取为

$$\omega_b = (5 \sim 10)\omega_M$$

且使 $\omega_l \sim \omega_n$ 处于 $0 \sim \omega_b$ 的范围之外，如图 6-1 所示。

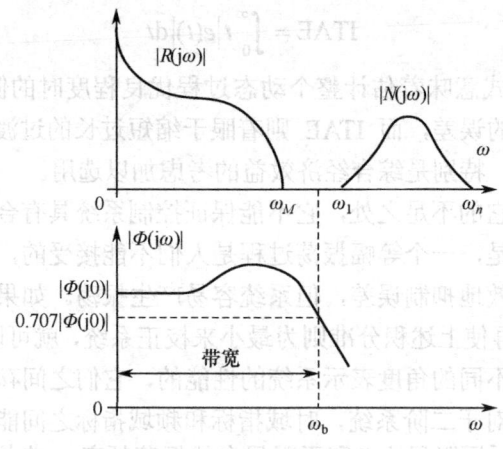

图 6-1 系统带宽的确定

6.1.4 系统校正方式

被控对象和控制装置的基本元部件确定以后，可将系统组装起来。那么，这时的系统是否能够全面符合性能指标的要求呢？实践证明，一般不是很理想的。这就需要在系统连接之前进行认真的分析计算。假使性能不佳，满足不了性能指标的要求，就要在容许的范围内调整基本元件的某些特性和参数（最容易改变的是放大器（amplifier）的增益）。如果经过这样的调整仍然达不到性能指标的要求，就得在原系统的基础上采取一些措施，即对系统加以"校正"。所谓校正，就是给系统附加一些具有某种典型环节特性的电网络、模拟运算部件及测量装置等，靠这些环节的配置来有效地改善整个系统的性能，从而达到要求的指标。由此可见，要改善系统的性能，有两种途径，一种是调整参数，另一种就是增加校正装置。

校正装置的形式及它们和系统其他部分的连接方式，称为系统的校正方式。控制系统校正（system compensation）方式可分为串联校正（cascade compensation）、反馈校正（feedback compensation）、前馈校正（feed-forward compensation）和复合校正（compound compensation）四种。串联校正和反馈校正是最常见的两种校正方式。

1. 串联校正

校正装置与系统不可变部分为串联连接的方式称串联校正，如图 6-2 所示。串联校正从设计到具体实现均比较简单，是设计中最常使用的。为了减少校正装置的输出功率，以降低成本和功耗，通常将串联校正装置安置在正向通道的前端，因为前部信号的功率较小。串联校正的主要问题是对参数变化的敏感性较强。

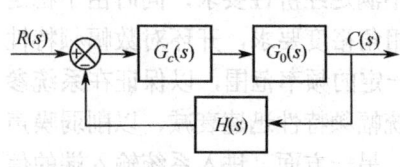

图 6-2 串联校正

2. 反馈校正

校正装置与系统不可变部分或不可变部分中的一部分按反馈方式连接，称为反馈校正，如图 6-3 所示。反馈校正的信号是从高功率点传向低功率点，一般不需要附加放大器。适当地选择反馈校正回路的增益，可以使校正后的性能主要决定于校正装置，而与被反馈校正装置所包围的系统固有部分特性无关。因此，反馈校正的一个显著的优点，是可以抑制系统的参数波动及非线性因素对系统性能的影响。反馈校正的设计相对较为复杂。

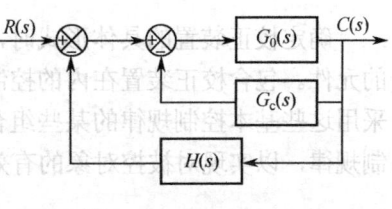

图 6-3 反馈校正

3. 前馈校正

前馈校正又称顺馈校正或者前置校正，其结构如图 6-4 所示。前馈校正的信号取自闭环外的系统输入信号，由输入直接去校正系统，故称为前馈校正。按其所取的输入性质的不同，可以分为按给定的前馈校正，如图 6-4（a）所示，以及按扰动的前馈校正，如图 6-4（b）所示。前馈校正由于其输入取自闭环外，所以不影响系统的闭环特征方程式。前馈校正是基于开环补偿的办法来提高系统的精度，所以前馈校正一般不单独使用，总是和其他校正方式结合应用而构成复合校正系统，以满足某些性能要求较高的系统的需要。

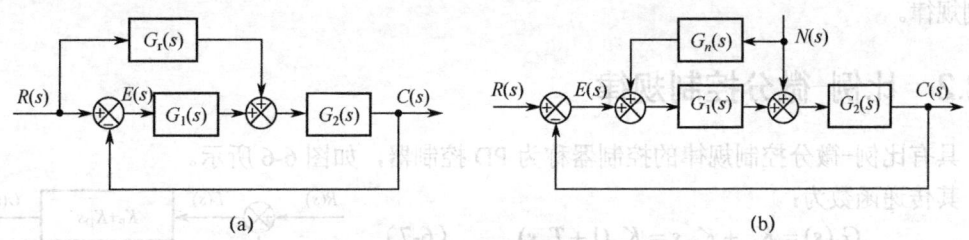

图 6-4 前馈校正

专业术语中英文对照

被控对象	controlled plant
串联校正	cascade compensation
反馈校正	feedback compensation
前馈校正	feed-forward compensation
复合校正	compound compensation

6.2 线性系统的基本控制规律

线性系统可以用微分方程来描述其运动特性，而系统中增加了校正装置后，就相当于改变了描述系统运动过程的微分方程。例如，采用一个可调增益的放大器（称为比例控制器）作为校正装置时，改变比例控制器的增益，就能改变系统的微分方程，于是系统的零、极点随之相应变化，从而达到改善系统性能的目的。这就是控制系统校正的实质所在。

确定校正装置的具体形式时，应先了解校正装置所需提供的控制规律，以便选择相应的元件。包含校正装置在内的控制器，常常采用比例、微分、积分等基本控制规律，或者采用这些基本控制规律的某些组合，如比例-微分、比例-积分、比例-积分-微分等组合控制规律，以实现对被控对象的有效控制。

6.2.1 比例控制规律

具有比例控制规律的控制器称为 P 控制器，控制器增益为 K_P，如图 6-5 所示。
其传递函数为

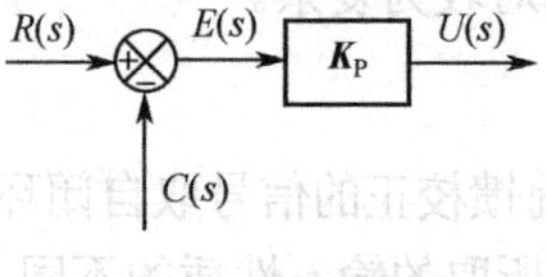

$$G_c(s) = K_P \quad (6\text{-}5)$$

其输入 $e(t)$ 与输出 $u(t)$ 的关系如下式所示

$$u(t) = K_P e(t) \quad (6\text{-}6)$$

图 6-5 P 控制器

P 控制器实质上是一个具有可调增益的放大器。在信号变换过程中，P 控制器只改变信号的增益而不影响其相位。在串联校正中，加大控制器增益 K_P 可以提高系统的开环增益，减小系统误差，从而提高系统的控制精度，但会降低系统的相对稳定性，甚至可能造成闭环系统不稳定。因此，在系统校正设计中，很少单独采用比例控制规律。

6.2.2 比例-微分控制规律

具有比例-微分控制规律的控制器称为 PD 控制器，如图 6-6 所示。
其传递函数为：

$$G_c(s) = K_P + K_D s = K_P(1 + T_D s) \quad (6\text{-}7)$$

其输入 $e(t)$ 与输出 $u(t)$ 的关系如下式所示：

$$u(t) = K_P e(t) + K_D \frac{de(t)}{dt} \quad (6\text{-}8)$$

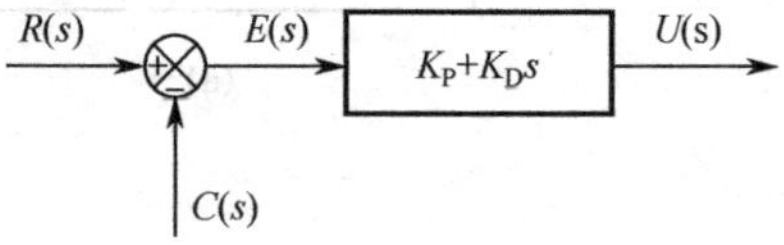

图 6-6 PD 控制器

PD 控制器中的微分控制规律，能反应输入信号的变化趋势，产生有效的早期修正信号，以增加系统的阻尼程度，从而改善系统的稳定性。在串联校正时，可使系统增加一个开环零点 $-1/T_D$，使系统的相位裕量提高，因而有助于系统动态性能的改善。

但是微分控制作用只对动态过程起作用，而对稳态过程没有影响，且对系统噪声非常敏感，所以单一的 D 控制器在任何情况下，都不宜与被控对象串联起来单独使用。通常，微分控制规律总是与比例控制规律或比例-积分控制规律结合起来，构成组合的 PD 或 PID 控制器，应用于实际的控制系统。

6.2.3 积分控制规律

具有积分控制规律的控制器称为 I 控制器，如图 6-7 所示。
其传递函数为

$$G_c(s) = \frac{K_I}{s} \quad (6\text{-}9)$$

其输入 $e(t)$ 与输出 $u(t)$ 的关系如下式所示

$$u(t) = K_I \int_0^t e(t) dt \quad (6\text{-}10)$$

由于 I 控制器的积分作用,当其输入(偏差 $E(s)$)消失后,输出信号有可能是一个不为零的常量。

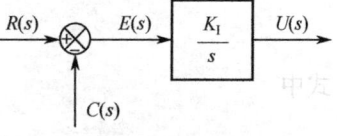

图 6-7 I 控制器

在串联校正时,采用 I 控制器可以提高系统的型别,有利于系统稳定性能的提高,但积分控制使系统增加了一个位于原点的开环极点,使信号产生 90°的滞后,对系统的稳定性不利。因此,在控制系统的校正设计中,通常不宜采用单一的 I 控制器。

6.2.4 比例-积分控制规律

具有比例-积分控制规律的控制器称为 PI 控制器,如图 6-8 所示。

其传递函数为

$$G_c(s) = K_P + \frac{K_I}{s} = K_P \left(1 + \frac{1}{T_I s}\right) \quad (6\text{-}11)$$

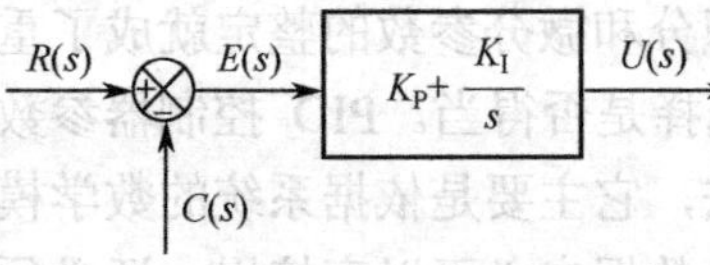

其输入 $e(t)$ 与输出 $u(t)$ 的关系如下式所示

$$u(t) = K_P e(t) + K_I \int_0^t e(t) dt \quad (6\text{-}12)$$

图 6-8 PI 控制器

在串联校正时,PI 控制器相当于在系统中增加了一个位于原点的开环极点,同时也增加了一个位于 s 平面左半平面的开环零点。位于原点的极点可以提高系统的型别,以消除或减小系统的稳态误差,改善系统的稳态性能;而增加的负实数零点则用来减小系统的阻尼程度,缓和 PI 控制器极点对系统稳定性及动态过程产生的不利影响,只要积分时间常数 T_I 足够大,PI 控制器对系统稳定性的不利影响可大为减弱。在控制工程实践中,PI 控制器主要用来改善控制系统的稳态性能。

6.2.5 比例-积分-微分控制规律

具有比例-积分-微分控制规律的控制器称为 PID 控制器,如图 6-9 所示。

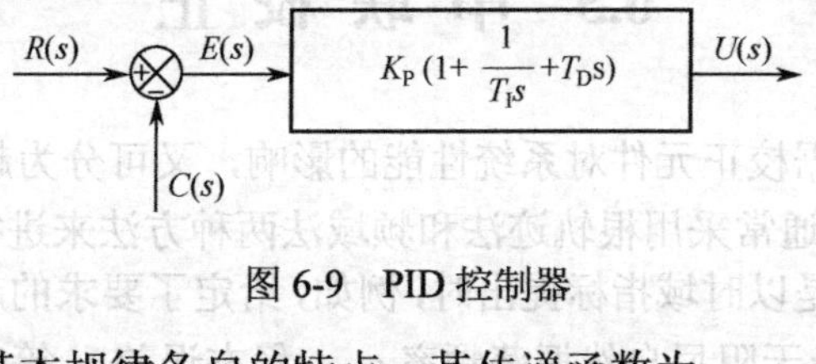

图 6-9 PID 控制器

这种组合具有三种基本规律各自的特点,其传递函数为

$$G_c(s) = K_P \left(1 + \frac{1}{T_I s} + T_D s\right) = \frac{K_P}{T_I} \left(\frac{T_I T_D s^2 + T_I s + 1}{s}\right) \quad (6\text{-}13)$$

若 $\dfrac{4T_D}{T_I} < 1$,式(6-13)还可以写成:

$$G_c(s) = \frac{K_p}{T_I} \frac{(\tau_1 s+1)(\tau_{21} s+1)}{s} \quad (6\text{-}14)$$

式中

$$\tau_1 = \frac{1}{2}T_I\left(1+\sqrt{1-\frac{4T_D}{T_I}}\right) \quad (6\text{-}15)$$

$$\tau_2 = \frac{1}{2}T_I\left(1-\sqrt{1-\frac{4T_D}{T_I}}\right)$$

其输入 $e(t)$ 与输出 $u(t)$ 的关系如下式所示:

$$u(t) = K_p e(t) + K_I \int_0^t e(t)\mathrm{d}t + K_D \frac{\mathrm{d}e(t)}{\mathrm{d}t} \quad (6\text{-}16)$$

由式(6-14)可见,当利用 PID 控制器进行串联校正时,除可使系统的型别提高一级外,还将提供两个负实零点。与 PI 控制器相比,PID 控制器除了同样具有提高系统的稳态性能的优点外,还多提供一个负实零点,从而在提高系统动态性能方面,具有更大的优越性。

在实际控制系统中,控制器的形式一旦确定,比例、积分和微分参数的整定就成了重要的工作,控制效果的好坏在很大程度上取决于这些参数选择是否得当。PID 控制器参数整定的方法很多,概括起来有两大类:一是理论计算整定法,它主要是依据系统的数学模型,经过理论计算确定控制器参数。这种方法所得到的计算数据未必可以直接用,还必须通过工程实际进行调整和修改。二是工程整定方法,它主要依赖工程经验,直接在控制系统的调试过程中进行,且方法简单、易于掌握,在工程实际中被广泛采用。PID 控制器参数的工程整定方法,主要有临界比例法、响应曲线法和衰减法。三种工程整定方法各有其特点,其共同点都是通过试验,按照工程经验公式对控制器参数进行调整。但无论采用哪一种方法所得到的控制器参数,都需要在实际运行中进行最后的确定与完善。

专业术语中英文对照	
PID 控制	Proportion-Integration-Differentiation control

6.3 串联校正

在串联校正中,根据校正元件对系统性能的影响,又可分为超前校正、滞后校正和滞后-超前校正。串联校正通常采用根轨迹法和频域法两种方法来进行校正装置的设计。

当系统的性能指标是以时域指标提出时,例如,给定了要求的超调量 $\sigma\%$、上升时间 t_r、调整时间 t_s、阻尼比 ξ 及无阻尼自然振荡频率 ω_n、稳态误差 e_{ss} 等时域指标,采用根轨迹法进行设计和校正是很有效的。利用根轨迹法进行校正,其实质就是使系统闭环极点位于根平面上希望的位置,使系统满足所提出的性能指标。

如果系统的性能指标以稳态误差 e_{ss}、相位裕量 γ 和增益裕量 K_g 等频域性能指标给出,那么用频率法进行校正装置的设计是很方便的。用频率法对系统进行校正的基本思想是通过校正装置的引入改变开环频率特性中频部分的形状,即使校正后系统的开环频率特性具有如下特点:低频段的增益满足稳态精度的要求;中频段对数幅频特性渐近线的斜率为 -20dB/dec,并且具有较宽的频带,这一要求是为了系统具有满意的动态性能;高频部分的幅值要求能迅速衰减,以抑制高频干扰的影响。

6.3.1 超前校正

一般而言,当控制系统的开环增益增大到满足其稳态性能所要求的数值时,系统有可能为不稳定,其动态性能一般也不会满足设计要求。为此需要在系统的前向通道中加一个超前校正装置,以实现在开环增益不变的前提下,使系统的动态性能亦能满足设计的要求。超前校正(lead compensation)的基本原理是利用超前校正网络的相位超前特性去增大系统的相位裕度,以改善系统的动态响应。

1. 超前网络

典型的无源 RC 超前网络如图 6-10 所示。

其传递函数为

$$G_c(s) = \frac{E_0(s)}{E_1(s)} = \frac{R_2}{R_1+R_2} \frac{R_1Cs+1}{\frac{R_2}{R_1+R_2}R_1Cs+1} \quad (6\text{-}17)$$

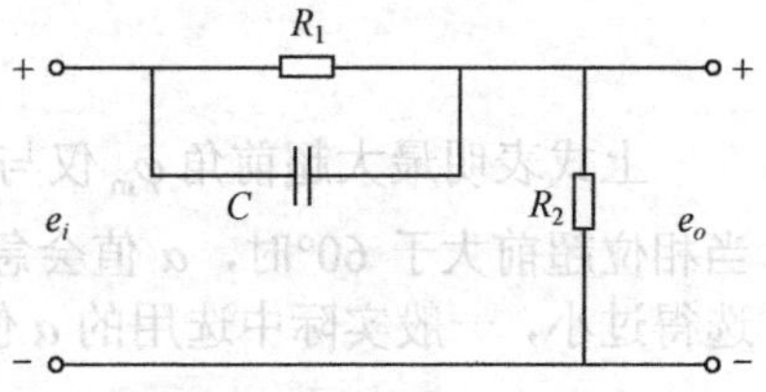

令 $T = R_1C$,$\alpha = \dfrac{R_2}{R_1+R_2}$ $(\alpha < 1)$,

图 6-10 RC 超前网络

则传递函数可写成

$$G_c(s) = K_c\alpha \frac{Ts+1}{\alpha Ts+1} \quad (6\text{-}18)$$

式中,K_c 是为了弥补超前校正网络产生的增益衰减而增加的放大器的增益。

对于超前校正装置,由于 $\alpha < 1$,因而在 s 平面上零点 $-1/T$ 总位于其极点 $-1/\alpha T$ 的右方。α 值越小,极点将离零点左方越远,图 6-11 示出了它的零极点分布图。α 的最小值因受超前校正装置物理结构的限制,通常只能取 0.5 左右。

令 $K_c\alpha = 1$,对应的对数幅频和相频特性的表达式为

$$L(\omega) = 20\lg\sqrt{1+(T\omega)^2} - 20\lg\sqrt{1+(\alpha T\omega)^2}$$

$$\varphi(\omega) = \arctan T\omega - \arctan \alpha T\omega$$

由此可画出网络的对数频率特性如图 6-12 所示。由于 $\alpha < 1$,故由一阶微分环节提供的转折频率 $1/T$ 一定在由惯性环节提供的转折频率 $1/\alpha T$ 之前,显然超前校正装置对频率在两转折频率之间的输入信号有明显的微分作用,在该频率范围内,输出信号比输入信号相位超前,反映在相频特性上就是具有正相移。这个正相移表明,网络在正弦信号作用下的稳态输出电压在相位上超前于输入。这也就是所谓超前网络名称的由来。

图 6-12 表明,在最大超前角频率 ω_m 处,具有最大超前角 φ_m,且 ω_m 正好处于两转折频率的几何中心。最大超前角 φ_m 及对应的频率 ω_m 分别为

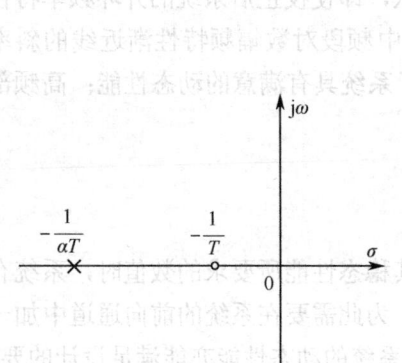
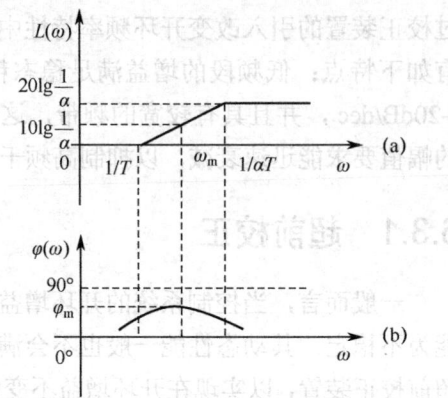

图 6-11　超前校正装置零极点分布图　　图 6-12　超前网络的对数频率特性

$$\omega_m = \sqrt{\frac{1}{T} \cdot \frac{1}{\alpha T}} = \frac{1}{T\sqrt{\alpha}} \tag{6-19}$$

$$\varphi_m = \arcsin \frac{1-\alpha}{1+\alpha} \tag{6-20}$$

上式表明最大超前角 φ_m 仅与 α 有关。α 值越小，φ_m 越大，超前网络的微分效应越强，当相位超前大于 60°时，α 值会急剧减小。同时，为了保持较高的系统信噪比，α 值不能选得过小，一般实际中选用的 α 值不小于 0.07。此外，由图 6-12 可以看出 ω_m 处的对数幅频值为：

$$L(\omega_m) = 10\lg \frac{1}{\alpha} \tag{6-21}$$

2．基于根轨迹法的超前校正

当系统的性能以时域量的形式给出时，如给出的是希望闭环主导极点的阻尼比 ξ 和无阻尼自然振荡频率 ω_n；或超调量 $\sigma\%$、上升时间 t_r 和调整时间 t_s，则宜用根轨迹法对系统进行校正。用根轨迹设计串联超前校正装置的一般步骤分为以下几点：

（1）根据给定的性能指标求出相应的一对期望闭环主导极点。

（2）绘制未校正系统的根轨迹图。如根轨迹不通过期望的闭环主导极点，则表明通过调整增益不能满足性能指标的要求，须加校正装置。

（3）如未校正系统的根轨迹位于期望闭环主导极点的右侧，则可引入串联超前校正，使根轨迹向左移动。加入校正装置后，应使期望闭环主导极点 s_d 位于根轨迹上，即由根轨迹方程的相角条件，有下式成立

$$\arg G_c(s_d) + \arg G_0(s_d) = \pm(2k+1)\pi \tag{6-22}$$

或

$$\arg G_c(s_d) = \pm(2k+1)\pi - \arg G_0(s_d) \tag{6-23}$$

式中，$G_0(s_d)$ 为未校正系统的开环传递函数，$G_c(s_d)$ 为串联校正装置的传递函数。

由式（6-23）可求出在 s_d 处的相角 $\arg G_c(s_d)$ 所对应的校正装置 $G_c(s_d)$（或称校正装置的零、极点位置）不是唯一的，通常需要根据未校正系统的零、极点位置和校正装置易于

实现等因素来具体确定 $G_c(s_d)$。

（4）校验。重新绘制加入校正装置后的根轨迹图，检验是否满足性能指标的要求。若还不能满足要求，则应重新确定校正装置的零、极点位置。

下面通过一个例子，说明这 4 个步骤是如何实现的。

例 6-1 设有一个 I 型系统，其原有部分的开环传递函数为

$$G_0(s) = \frac{K}{s(s+1)(s+4)}$$

要求校正后系统的性能指标 $\sigma\% \leq 16\%$，$t_s \leq 4\text{s}$（2% 误差带），试设计串联校正装置。

解：（1）由给定的指标及相应的计算公式可解出对应于 $\sigma\% = 16$，$t_s = 4\text{s}$ 的阻尼比和无阻尼自然频率分别为 $\xi = 0.5$，$\omega_n = 2$，相应的期望闭环主导极点为

$$s_d = -\xi\omega_n \pm j\omega_n\sqrt{1-\xi^2} = -1 \pm j1.73$$

（2）绘制未校正系统的根轨迹如图 6-12 所示。再在图 6-13 中标出期望闭环主导极点 s_d。可见，s_d 不在根轨迹上，即不论如何调整根轨迹增益 K，也不能使未校正系统的闭环极点通过 s_d 点以满足性能指标的要求。

（3）由图 6-13 可见，原系统根轨迹位于期望闭环主导极点的右侧，可引入串联超前校正。

由式（6-23），超前校正网络的超前角为：

$$\arg G_c(s_d) = (2k+1)\pi - \arg G_0(s_d) = (2k+1)\pi - (-120° - 90° - 30°) = 60°$$

$\arg G_0(s_d)$ 所对应的计算过程如图 6-13 所示。

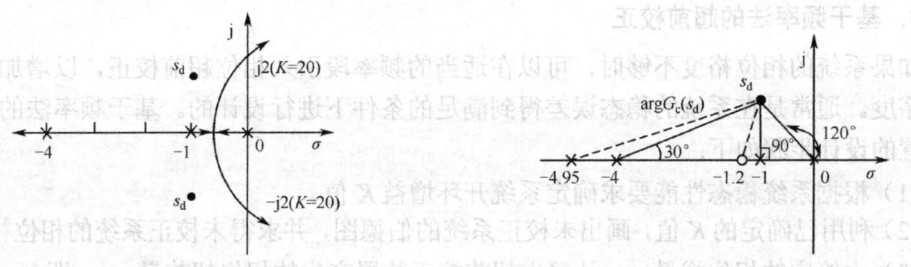

图 6-13 例 6-1 未校正系统的根轨迹　　图 6-14 例 6-1 $\arg G_c(s_d)$ 和 $\arg G_0(s_d)$

从图 6-14 中还可以看出，开环极点之一位于期望闭环主导极点垂线下的负实轴上（$-p_c = -1$），假设将校正装置的零点置于靠近它的左面，如令 $-z_c = -1.2$，则有利于确保 s_d 的主导作用（后面还将验证）。

根据串联超前校正传递函数的一般形式

$$G_c(s) = \frac{(s+z_c)}{(s+p_c)}$$

可有

$$\arg G_c(s) = \arg(s+z_c) - \arg(s+p_c) = 60°$$

又由 $-z_c = -1.2$，经作图，利用正弦定律，可得 $-p_c = -4.95$。至此可得超前校正网络的传递函数为

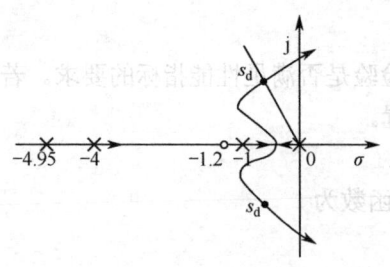

图 6-15 例 6-1 校正后系统的根轨迹

$$G_c(s) = \frac{s+1.2}{s+4.95}$$

引入串联超前校正后,系统的开环传递函数变为

$$G_0(s)G_c(s) = \frac{K(s+1.2)}{s(s+1)(s+4)(s+4.95)}$$

其根轨迹如图 6-15 所示。

将 $s_d = -1 + \text{j}1.73$ 代入新的根轨迹方程的幅值条件,可得 s_d 点对应的 K 值为

$$K = \frac{|-1+\text{j}1.73||-1+\text{j}1.73+1||-1+\text{j}1.73+4||-1+\text{j}1.73+4.95|}{|-1+\text{j}1.73+1.2|} = 29.65$$

即经校正后,系统的闭环传递函数为

$$\Phi(s) = \frac{29.65(s+1.2)}{s(s+1)(s+4)(s+4.95)+29.65(s+1.2)}$$

$$= \frac{29.65(s+1.2)}{(s+1+\text{j}1.73)(s+1-\text{j}1.73)(s+1.35)(s+6.65)}$$

此时系统有 4 个闭环极点,分别为: $-p_1 = -1+\text{j}1.73$, $-p_2 = -1-\text{j}1.73$, $-p_3 = -1.35$, $-p_4 = -6.65$。其中, $-p_3$ 与闭环零点 $-z = -1.2$ 构成一偶极子,对动态过程的影响可以忽略。$-p_4$ 的绝对值与 $-p_1$、$-p_2$ 实部的绝对值相差 6 倍以上,根据主导极点的概念,也可以忽略。由此可见, $-p_1$、$-p_2$ 是主导极点,这与前面的假设是相吻合的。

3. 基于频率法的超前校正

如果系统的相位裕度不够时,可以在适当的频率段引入相位超前校正,以增加系统的相位裕度。通常是在系统的稳态误差得到满足的条件下进行设计的。基于频率法的超前校正装置的设计步骤如下:

(1) 根据系统稳态性能要求确定系统开环增益 K 值。

(2) 利用已确定的 K 值,画出未校正系统的伯德图,并求得未校正系统的相位裕量 γ_1。

(3) 由给定的相位裕量 γ,计算由超前校正装置产生的相位超前量 φ_m,即

$$\varphi_m = \gamma - \gamma_1 + \varepsilon$$

式中的 ε 是用于补偿因超前校正装置的引入使系统剪切频率 ω_c 增大而增加的相位滞后量。ε 的值通常是这样估计的:如果未校正系统的开环对数幅频渐近线在剪切频率处的斜率为 -40dB/dec,一般取 $\varepsilon = 5° \sim 10°$;如果该处的斜率为 -60dB/dec,则取 $\varepsilon = 12° \sim 20°$。

(4) 根据确定的 φ_m,按照下式计算出相应的 α 值,即

$$\alpha = \frac{1-\sin\varphi_m}{1+\sin\varphi_m}$$

(5) 计算校正装置在 ω_m 处的幅值 $10\lg\frac{1}{\alpha}$。在未校正系统的对数幅频特性图上找出幅值为 $-10\lg\frac{1}{\alpha}$ 处的频率,这个频率既是 $G_c(s)$ 的 ω_m,也是校正后系统的开环剪切频率 ω_c。

根据确定的 ω_c 值,求得超前校正装置的转折频率:$\dfrac{1}{T}=\omega_c\sqrt{\alpha}$,$\dfrac{1}{\alpha T}=\dfrac{\omega_c}{\sqrt{\alpha}}$。

(6)引入一增益等于 $\dfrac{1}{\alpha}$ 的放大器,或将现有放大器的增益增加 $\dfrac{1}{\alpha}$ 倍,以补偿超前校正网络产生的增益衰减。

(7)画出校正后系统的伯德图,并验算相位裕量是否满足要求。如果不满足,则需要增大 ε 值,从步骤(3)开始重新进行设计。

例 6-2 设一单位反馈控制系统的开环传递函数为

$$G_0(s)=\dfrac{K}{s(s+2)}$$

试设计一超前校正装置,使校正后系统的静态速度误差系数 $K_v=20\mathrm{s}^{-1}$,相位裕量 $\gamma=50°$,增益裕量 $20\lg K_g=10\mathrm{dB}$。

解:(1)调整开环增益 K 值,使系统满足预定的稳态性能指标,使

$$K_v=\lim_{s\to 0}sG_0(s)=\lim_{s\to 0}\dfrac{sK}{s(s+2)}=20$$

可知

$$K=40$$

(2)画出未校正系统的伯德图如图 6-16 中虚线所示。由图中可以确定,校正前系统的相位裕量 $\gamma_1=17°$。

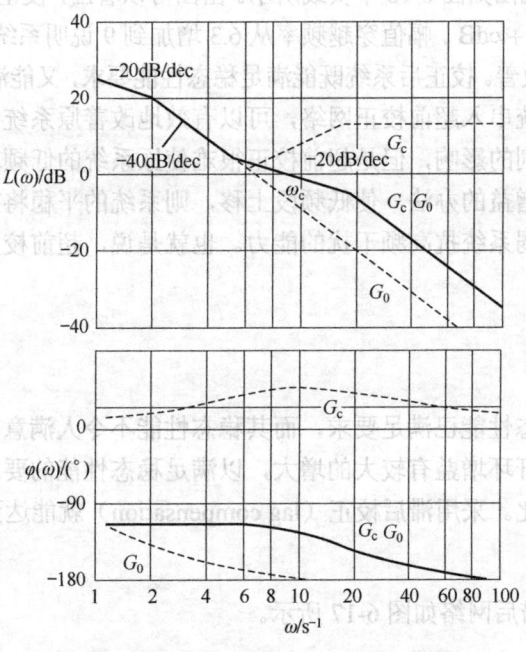

图 6-16 校正前和校正后系统的伯德图

(3)根据相位裕量的要求,确定超前校正装置的相位超前角:
$$\varphi_m=\varphi=\gamma-\gamma_1+\varepsilon=50°-17°+5°=38°$$

(4) 计算出相应的 α 值，即

$$\alpha = \frac{1-\sin 38°}{1+\sin 38°} = 0.24$$

(5) 超前校正装置在 ω_m 处的幅值为 $10\lg(1/0.24) = 6.2\text{dB}$。据此，在图 6-16 上找出未校正系统开环幅值为 -6.2dB 所对应的频率 $\omega = \omega_m = 9\text{s}^{-1}$，这个频率就是校正后系统的剪切频率 ω_c。于是求得超前校正装置的转折频率为

$$\frac{1}{T} = \sqrt{\alpha}\omega_c = 4.41 \qquad \frac{1}{\alpha T} = \frac{\omega_c}{\sqrt{\alpha}} = 18.4$$

因此可以确定超前校正装置为

$$\frac{s+4.41}{s+18.4} = \frac{0.24(1+0.227s)}{1+0.054s}$$

为了补偿因引入校正装置而造成的衰减，将系统增益增加 $\frac{1}{0.24} = 4.17$ 倍。这样，由超前装置和补偿放大器组成的校正装置的传递函数为

$$G_c(s) = 4.17\frac{s+4.41}{s+18.4} = \frac{1+0.227s}{1+0.054s}$$

校正后系统的开环传递函数为

$$G_c(s)G_0(s) = \frac{20(1+0.227s)}{s(1+0.5s)(1+0.054s)}$$

校正后系统的伯德图如图 6-16 中实线所示。由图可以看出，校正后的系统的相位裕量和增益裕量分别为 50° 和 +∞dB。幅值穿越频率从 6.3 增加到 9 说明系统的响应速度增快了，动态响应性能也得到了改善。校正后系统既能满足稳态性能要求，又能满足相对稳定性的要求。

总体来说，给系统串入超前校正网络，可以有效地改善原系统的平稳性和稳定性，并对快速性也将产生有利的影响，但是超前校正很难使原系统的低频段特性得到改进。如果采取进一步加大开环增益的办法，使低频段上移，则系统的平稳将有所下降，幅频特性过分上移，还会大大削弱系统抗高频干扰的能力。也就是说，超前校正对提高系统稳态精度的作用是很小的。

6.3.2 滞后校正

当控制系统的动态性能已满足要求，而其稳态性能不令人满意时，这就要求所加的校正装置既要使系统的开环增益有较大的增大，以满足稳态性能的要求，又要使系统的动态性能不发生明显的变化。采用滞后校正（lag compensation）就能达到上述目的。

1. 滞后网络

典型的无源 RC 滞后网络如图 6-17 所示。

其传递函数为

$$G(s) = \frac{E_o(s)}{E_i(s)} = \frac{R_2Cs+1}{\frac{R_1+R_2}{R_2}R_2Cs+1} \tag{6-24}$$

令 $T = R_2C$, $\beta = \dfrac{R_1 + R_2}{R_2}$ $(\beta > 1)$

则传递函数可写成

$$G(s) = \frac{Ts+1}{\beta Ts+1} \tag{6-25}$$

其对应的对数幅频和相频特性的表达式为

$$L(\omega) = 20\lg\sqrt{1+(T\omega)^2} - 20\lg\sqrt{1+(\beta T\omega)^2}$$

$$\varphi(\omega) = \arctan T\omega - \arctan \beta T\omega$$

由此可画出网络的对数频率特性如图 6-18 所示。由于 $\beta>1$，传递函数分母一次项系数大于分子一次项系数，故对数幅频特性中将出现负斜率，对数相频特性中将出现负相移。反映了输出信号包含有输入对时间的积分分量。负相移说明，网络在正弦信号作用下的稳态输出电压在相位上滞后于输入，故称滞后网络。

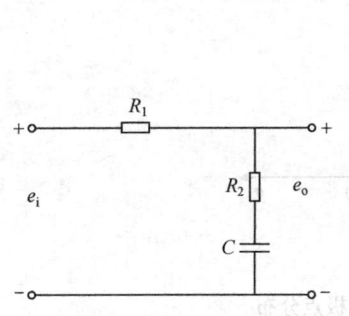

图 6-17　RC 滞后网络

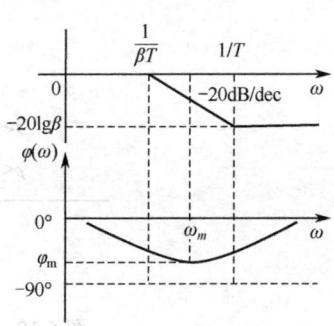

图 6-18　滞后网络的对数频率特性

与相位超前网络类似，相位滞后网络的最大滞后角 φ_m 应位于 $1/\beta T$ 及 $1/T$ 的几何中心 ω_m 处。计算最大滞后角 φ_m 及角频率 ω_m 的公式分别为

$$\omega_m = \frac{1}{T\sqrt{\beta}} \tag{6-26}$$

$$\varphi_m = \arcsin\frac{\beta-1}{\beta+1} \tag{6-27}$$

图 6-18 还表明相位滞后校正网络实际相当于低通滤波器，它对低频信号基本没有衰减作用，但能削弱高频噪声，β 值越大，抵制噪声的能力越强。通常选用 $\beta=10$ 较为合适。

采用滞后校正装置进行串联校正时，主要是利用其高频幅值衰减特性，以降低系统的开环截止频率，提高系统的相位裕度。但注意避免使最大滞后相角发生在校正后系统的开环对数频率特性的截止频率 ω_c 处，以免对系统动态响应产生不良影响，在选择参数时，通常取 $1/T=\omega_c/5 \sim \omega_c/10$。

2. 基于根轨迹法的滞后校正

串联滞后校正用于改善系统的稳态性能，而且还可以基本保持系统原来的动态性能。当系统有较为满意的动态响应，但稳态性能有待提高时，常采用串联滞后校正。

这里所说的稳态性能主要是指系统的稳态增益，亦即开环增益。串入 $G_c(s) = \dfrac{s+z_c}{s+p_c}$ 滞后校正后,可使系统的开环增益(也是稳态增益)提高 $\beta = \dfrac{z_c}{p_c}$ 倍。其中$-z_c$和$-p_c$分别为校正装置的零、极点。

为了避免引入串联滞后校正装置对原系统动态性能带来显著影响(根轨迹发生显著变化),同时又能较大幅度地提高系统开环增益,通常把滞后装置的零、极点设置在 s 平面上靠近坐标原点处,并使它们之间的距离很近。

如图 6-19 所示,$-p_c$ 和 $-z_c$ 之间的距离很近,能使它们对主导极点 s_d 产生的影响相互抵消,即保证了加入串联滞后校正对原系统的动态性能无大影响;$-p_c$ 和 $-z_c$ 都靠近坐标原点,它们的数值本身很小,可使 $\beta = \dfrac{z_c}{p_c}$ 较大,即可以较大地提高开环增益。一般要求:$-z_c$ 到 s_d 与$-p_c$ 到 s_d 向量之间的夹角 $\lambda<5°$(保证$-p_c$ 和 $-z_c$ 之间的距离),$-z_c$ 到 s_d 向量与等 ξ 线(同一条线上 ξ 相同)之间的夹角 $\rho<10°$(保证$-p_c$ 和 $-z_c$ 都靠近坐标原点)。

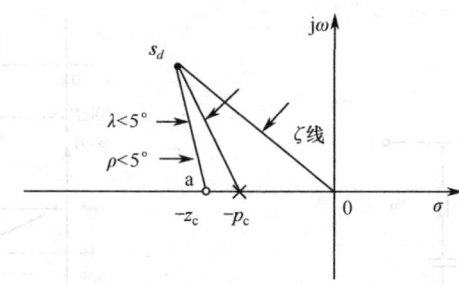

图 6-19 滞后校正网络和零、极点分布

用根轨迹设计串联滞后校正装置的一般步骤为:

(1)画出未校正系统的根轨迹图,并根据系统的动态性能指标确定主导极点 s_d 在根轨迹上的位置。

(2)计算未校正系统在 s_d 点的开环增益和静态误差系数。

(3)根据对系统要求的静态误差系数与未校正系统的静态误差系数之比值,确定滞后校正装置的 β 值。考虑到 $G_c(s)$ 的滞后角对根轨迹产生的微弱影响,所以选取的 β 值应略大于上述所求的值。

(4)确定滞后校正装置的零、极点。具体的做法是:在 s 平面上,做线段 s_dO,以 s_d 为顶点,线段 s_dO 为边,向左作 $\angle Os_d a<10°$,如图 6-19 所示。该角的另一边与负实轴的交点 a 就是所求 $G_c(s)$ 的零点$-z_c$,它的极点为 $-p_c = \dfrac{-z_c}{\beta}$。

(5)根据根轨迹的幅值条件,调整校正装置的增益 K_c,使系统工作在希望的闭环主导极点处。

(6)验算校正后系统的动、静态的性能指标,如稍有差异,可通过适当调整主导极点或 $G_c(s)$ 零、极点的位置来解决。

例 6-3 系统如图 6-20 所示。设其原有部分的开环传递函数为

$$G_0(s) = \dfrac{K}{s(s+1)(s+4)}$$

要求设计滞后校正 $G_c(s)$，以满足以下性能指标：$\sigma\% = 16\%$，$t_s = 10s(\Delta = 0.02)$，$K_v \geqslant 5$。

解：（1）根据第 3 章的计算公式，由给定的性能指标，求出系统的阻尼比与无阻尼自然振荡频率分别为 $\xi = 0.5$，$\omega_n = 0.8$，进而可得期望主导极点为

$$s_d = -\xi\omega_n \pm j\omega_n\sqrt{1-\xi^2} = -0.4 \pm j0.693$$

（2）由 $G_0(s)$ 可绘制出未校正系统的根轨迹图，如图 6-21 所示。将 $s_d = -0.4 \pm j0.693$ 代入到根轨迹方程的相角条件，有

$$\left(\arctan\frac{0.693}{0.4} + 90°\right) + \left(\arctan\frac{0.693}{0.6}\right) + \left(\arctan\frac{0.693}{3.6}\right) = 180°$$

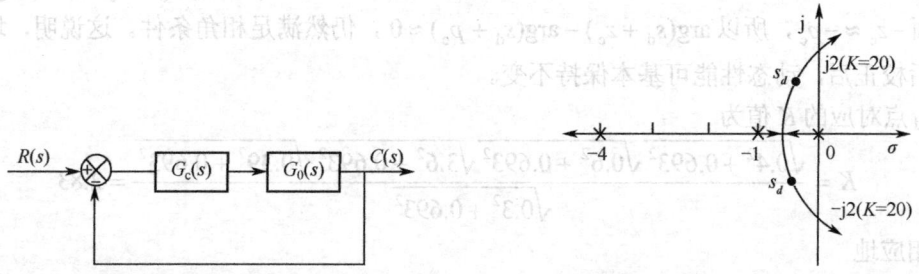

图 6-20　系统结构　　　　　图 6-21　例 6-3 未校正系统的根轨迹

可见，s_d 点在根轨迹上，即通过调整根轨迹增益 K，可使动态性能满足要求。s_d 点对应的 K 值（即满足动态性能时的根轨迹增益值）可由根轨迹方程的幅值条件求得

$$\left|\frac{K}{s(s+1)(s+4)}\right|_{s=s_d} = 1$$

$$K = |-0.4 + j0.693||-0.4 + j0.693 + 1||-0.4 + j0.693 + 4| = 2.688$$

所以 $K_v = K/4 = 0.672$，小于要求的指标 $K_v \geqslant 5$。也就是说，在满足动态指标的前提下，稳态指标满足不了要求。

（3）为满足 K_v 的要求，又不影响动态性能，可考虑加入串联滞后校正。

要求滞后校正系数 $\beta = \dfrac{5}{0.672} = 7.44$，为留有余量，取 $\beta = 10$。从 s_d 点引一直线，与等 ξ 线的夹角 $\rho = 6°(<10°)$，与负实轴的交点即为 $-z_c$。从图中测得 $-z_c = -0.1$，相应的 $-p_c = \dfrac{-z_c}{\beta} = -0.01$，如图 6-22 所示。

由此可得校正装置的传递函数为

$$G_c(s) = \frac{s+0.1}{s+0.01}$$

校正后系统的开环传递函数为

$$G(s) = G_c(s)G_0(s) = \frac{K(s+0.1)}{s(s+1)(s+4)(s+0.01)}$$

（4）校验。校正后系统的根轨迹如图 6-23 所示。

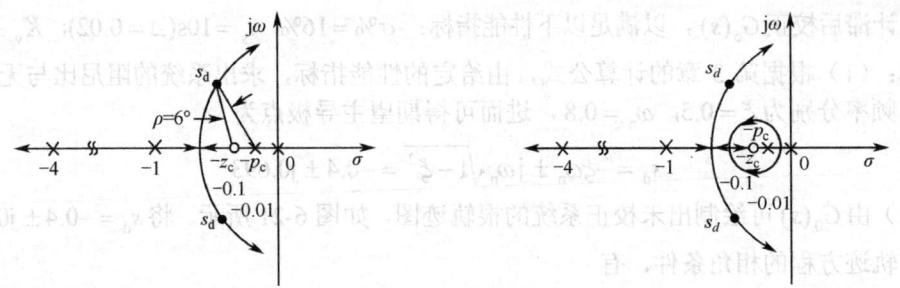

图 6-22 例 6-3 局部放大后未校正系统的根轨迹　　图 6-23 例 6-3 校正后的系统的根轨迹

s_d 点仍在根轨迹上。这是因为用相角条件校验时,只是多了 $\arg(s_d + z_c)$ 和 $\arg(s_d + p_c)$ 项,而 $-z_c \approx -p_c$,所以 $\arg(s_d + z_c) - \arg(s_d + p_c) \approx 0$,仍然满足相角条件。这说明,增加串联滞后校正后,动态性能可基本保持不变。

s_d 点对应的 K 值为

$$K = \frac{\sqrt{0.4^2 + 0.693^2}\sqrt{0.6^2 + 0.693^2}\sqrt{3.6^2 + 0.693^2}\sqrt{0.39^2 + 0.693^2}}{\sqrt{0.3^2 + 0.693^2}} = 2.83$$

相应地

$$K_v = K \frac{0.1}{4 \times 0.01} = 7.07$$

即 s_d 点对应的 K_v 为 7.07,满足 $K_v \geq 5$ 要求。或者说校正后,系统在满足动态指标的同时,也满足稳态指标的要求。

当 $K_v = 7.07$ 时,系统的其中一个闭环极点为 $|-p_4| > 4$,是非主导极点,对动态性能的影响可忽略不计;经计算得到另一个闭环极点 $-p_3 = -0.149$,它与 $-z_c$ 构成偶极子,其影响也可忽略。因而 $s_d = -0.4 \pm j0.693$ 是一对主导极点,符合前面的假设。故前述分析是合理的。

3. 基于频率法的滞后校正

基于频率法的滞后校正装置的设计步骤如下:

(1) 根据系统稳态性能要求确定系统开环增益 K 值。

(2) 利用已确定的 K 值,画出未校正系统的伯德图,并求得未校正系统的相位裕量和增益裕量。

(3) 根据对相位裕量的要求,在已作出的相频特性曲线上找出这样一个频率,要求在该频率处开环频率特性的相角为

$$\varphi = -180° + \gamma + \varepsilon$$

选择这一频率作为校正后系统的剪切频率 ω_c。式中,γ 为系统所要求的相位裕量,ε 是用于补偿由滞后校正装置在 ω_c 处所产生的滞后角,通常取 $\varepsilon = 5° \sim 15°$。

(4) 确定未校正系统在新 ω_c 处的幅值衰减到 0dB/dec 时所需的衰减量,这个衰减量是由滞后校正装置的高频部分来实现的,其值为 $-20\lg\beta$。据此,求得 β 值。

(5) 为了减少滞后校正装置在 ω_c 处产生的滞后角的不利影响,它的零、极点配置必须明显小于剪切频率 ω_c。一般取校正装置的一个转折频率($G_c(s)$ 的零点)$\frac{1}{T} = \left(\frac{1}{5} \sim \frac{1}{10}\right)\omega_c$,

则另一个转折频率（$G_c(s)$的极点）为$\dfrac{1}{\beta T}$。

（6）求得滞后校正装置为$G_c(s) = \dfrac{1+Ts}{1+\beta Ts}$。

（7）画出校正后系统的伯德图，并验算相位裕量是否满足要求，如果不满足，则应改变T值，重新进行设计。

例6-4 设一单位反馈控制系统的开环传递函数为

$$G_0(s) = \dfrac{K}{s(1+s)(1+0.5s)}$$

要求校正后系统具有下列性能指标：静态速度误差系数$K_v = 5s^{-1}$，相位裕量$\gamma \geqslant 40°$，增益裕量$20\lg K_g \geqslant 10$dB。

解：（1）调整开环增益K值，使系统满足预定的稳态性能指标，使

$$K_v = \lim_{s \to 0} sG_0(s) = K$$

可知

$$K = 5$$

（2）未校正系统的开环频率特性为

$$G_0(s) = \dfrac{5}{j\omega(1+0.5j\omega)(1+j\omega)}$$

相应的伯德图如图6-24中虚线所示由图中可以确定，未校正系统的相位裕量约为$-20°$，这表示满足稳态性能要求后的系统是不稳定的。其中，G_0为校正前系统；G_c为校正装置；G_cG_0为校正后系统。

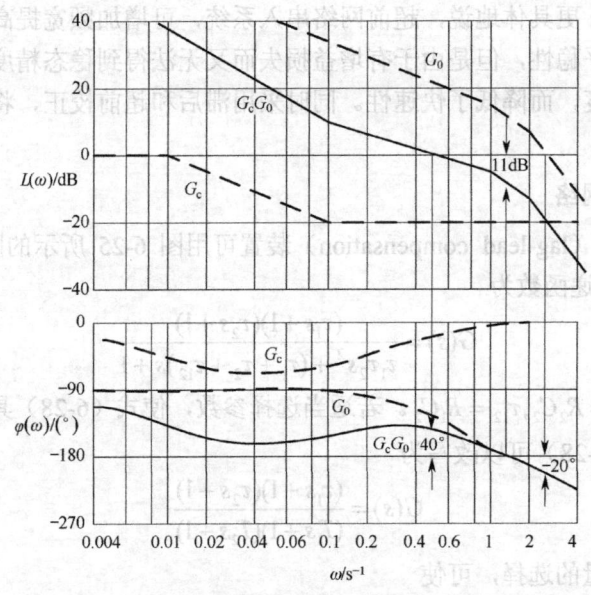

图6-24 校正前系统、校正装置和校正后系统的伯德图

（3）在已作出的相频特性曲线上，寻求对应于由下式确定的相角的频率，即
$$\varphi = -180° + \gamma + \varepsilon = -180° + 40° + 12° = -128°$$
对应于这个相角的频率为 $\omega = 0.5s^{-1}$，选择这个频率为校正后系统的剪切频率 ω_c。

（4）基于未校正系统在 $\omega_c = 0.5s^{-1}$ 处的幅值等于 20dB，则要求滞后校正装置在该频率上必须衰减-20dB，即
$$-20\lg\beta = -20$$
所以 $\beta = 10$。若取 $\dfrac{1}{T} = \dfrac{\omega_c}{5} = 0.1$，则 $\dfrac{1}{\beta T} = 0.01$。于是所求的滞后校正装置的传递函数为
$$G_c(s) = \frac{1+10s}{1+100s} = \frac{1}{10} \times \frac{s+0.1}{s+0.01}$$

（5）校正后系统的开环传递函数为
$$G_c(s)G_0(s) = \frac{5(1+10s)}{s(1+0.5s)(1+s)(1+100s)}$$

对应的伯德图如图 6-24 所示。由图可以看出，校正后的系统的相位裕量约为 40°，增益裕量约为 11dB，静态速度误差系数 $K_v = 5s^{-1}$。这表明校正后的系统既能满足稳态性能的要求，又能满足相对稳定性的要求。

6.3.3 滞后-超前校正

单纯采用超前校正或滞后校正均只能改善系统动态或稳态一个方面的性能。若未校正系统不稳定，并且对校正后系统的稳态和动态都有较高要求，宜于采用串联滞后-超前校正装置。利用校正网络中的超前部分改善系统的动态功能，而校正网络的滞后部分则可以提高系统的稳态精度。更具体地说，超前网络串入系统，可增加频宽提高快速性，并且可使稳定裕度加大改善平稳性，但是由于有增益损失而又无法得到稳态精度。滞后校正则可提高平稳性和稳态精度，而降低了快速性。同时采用滞后和超前校正，将可全面提高系统的控制性能。

1. 滞后-超前网络

滞后-超前校正（lag-lead compensation）装置可用图 6-25 所示的网络实现。这一 RC 滞后-超前网络的传递函数为
$$G(s) = \frac{(\tau_1 s + 1)(\tau_2 s + 1)}{\tau_1\tau_2 s^2 + (\tau_1 + \tau_2 + \tau_{12})s + 1} \tag{6-28}$$

式中，$\tau_1 = R_1C_1, \tau_2 = R_2C_2, \tau_{12} = R_1C_2$。若适当选择参数，使式（6-28）具有两个不相等的负实数极点，则式（6-28）可以改写为
$$G(s) = \frac{(\tau_1 s + 1)(\tau_2 s + 1)}{(T_1 s + 1)(T_2 s + 1)} \tag{6-29}$$

同样，通过参量的选择，可使
$$T_1 > \tau_1 > \tau_2 > T_2$$

而且

$$\frac{T_1}{\tau_1} = \frac{\tau_2}{T_2} = \beta > 1 \tag{6-30}$$

将式（6-30）的关系式代入式（6-29），则得到

$$G(s) = \frac{(\tau_1 s + 1)(\tau_2 s + 1)}{(\beta \tau_1 s + 1)(\frac{\tau_2}{\beta} s + 1)} \tag{6-31}$$

因此，滞后-超前网络的频率特性为

$$G(\mathrm{j}\omega) = \frac{(1 + \mathrm{j}\tau_1 \omega)(1 + \mathrm{j}\tau_2 \omega)}{(1 + \mathrm{j}\beta\tau_1 \omega)(1 + \mathrm{j}\frac{\tau_2}{\beta}\omega)} \tag{6-32}$$

相应的伯德图如图 6-26 所示。

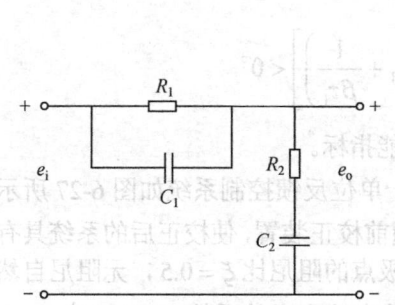

图 6-25 RC 滞后-超前网络

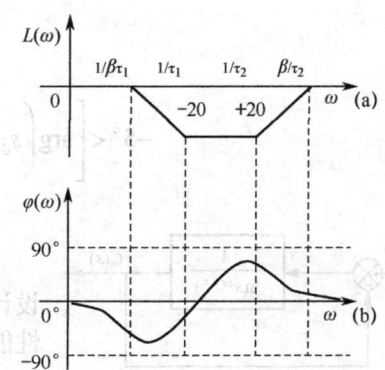

图 6-26 滞后-超前网络的对数频率特性

由图 6-26 可见，曲线的低频部位具有负斜率、负相移，起滞后校正作用；高频段具有正斜率、正相移，起超前校正作用。

总之，滞后-超前校正是综合了校正和超前校正的优点，能全面地提高系统的控制性能。对于不同的系统、不同的性能要求，可常用一些无源和有源校正装置来实现。其中运算放大器实现的有源网络，由于其具备了克服负载效应的影响等优越的性能，在实际中得到了越来越广泛的应用。

2. 基于根轨迹法的滞后-超前校正

采用根轨迹法进行滞后-超前校正装置设计的步骤为：

（1）根据要求的性能指标，确定希望的主导极点 s_d 的位置。

（2）根据对稳态性能的要求，确定 K。

（3）为使闭环极点位于希望的位置，计算滞后-超前校正中超前部分应产生的超前相角

$$\varphi_\mathrm{c} = \arg G_\mathrm{c}(s_\mathrm{d}) = \pm(2k+1)\pi - \arg G_0(s_\mathrm{d})$$

（4）对滞后-超前校正中滞后部分的 τ_1 选择要足够大，使

$$\left| \frac{s_\mathrm{d} + \frac{1}{\tau_1}}{s_\mathrm{d} + \frac{1}{\beta \tau_1}} \right| \approx 1$$

再按照根轨迹的相角和幅值条件确定 τ_2 和 β 值，即

$$\arg\left(s_d + \frac{1}{\tau_2}\right) - \arg\left(s_d + \frac{\beta}{\tau_2}\right) = \varphi_c$$

$$\left|\frac{s_d + \dfrac{1}{\tau_2}}{s_d + \dfrac{\beta}{\tau_2}}\right| |KG_0(s_d)| = 1$$

(5) 由已确定的 β 值选择时间常数 τ_1，以使

$$\left|\frac{s_d + \dfrac{1}{\tau_1}}{s_d + \dfrac{1}{\beta\tau_1}}\right| \approx 1$$

$$-5° < \left[\arg\left(s_d + \frac{1}{\tau_1}\right) - \arg\left(s_d + \frac{1}{\beta\tau_1}\right)\right] < 0°$$

(6) 检验性能指标。

例 6-5 设一单位反馈控制系统如图 6-27 所示。试设计一个滞后-超前校正装置，使校正后的系统具有下列性能指标：主导极点的阻尼比 $\xi = 0.5$，无阻尼自然振荡频率 $\omega_n = 5\text{s}^{-1}$；静态速度误差系数 $K_v = 80\text{s}^{-1}$。

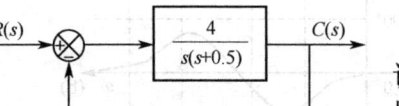

图 6-27 控制系统

解：(1) 对未校正系统进行分析。

由系统的开环传递函数求得相应的闭环极点为 $s = -0.25 \pm \text{j}1.98$，阻尼比 $\xi = 0.125$，无阻尼自然振荡频率 $\omega_n = 2\text{s}^{-1}$，静态速度误差系数 $K_v = 8\text{s}^{-1}$。

(2) 确定希望的闭环主导极点 s_d。

根据 $\xi = 0.5$ 和 $\omega_n = 5\text{s}^{-1}$ 的要求，求得

$$s_d = -\xi\omega_n \pm \text{j}\omega_n\sqrt{1-\xi^2} = -2.5 \pm \text{j}4.33$$

(3) 确定 $G_c(s)$ 的 K_c。

校正后系统的开环传递函数为

$$G_c(s)G_0(s) = K_c \frac{\left(s + \dfrac{1}{T_1}\right)\left(s + \dfrac{1}{T_2}\right)}{\left(s + \dfrac{\beta}{T_1}\right)\left(s + \dfrac{1}{\beta T_2}\right)} \frac{4}{s(s+0.5)}$$

基于要求 $K_v = 80\text{s}^{-1}$，则

$$K_v = \lim_{s \to 0} sG_c(s)G_0(s) = 8K_c = 80$$

求得 $K_c = 10$。

(4) 基于未校正系统在 s_d 处的相角为

$$\arg\frac{4}{s_d(s_d+0.5)} = -235°$$

因而为使校正后系统的根轨迹能通过 s_d 点，则（4）的超前部分必须产生 $55°$ 的超前角。

（5）时间常数 T_1 和 β 值的确定。

根据下列根轨迹的幅值条件和相角条件：

$$\left|\frac{s_d+\dfrac{\beta}{T_1}}{s_d+\dfrac{1}{T_1}}\right|\left|\frac{40}{s_d(s_d+0.5)}\right| = \frac{8}{4.77}\left|\frac{s_d+\dfrac{\beta}{T_1}}{s_d+\dfrac{1}{T_1}}\right| = 1$$

$$\arg\left(s_d+\frac{1}{T_1}\right) - \arg\left(s_d+\frac{1}{\beta T_1}\right) = 55°$$

参考图 6-28，较为方便地确定图中 A 点和 B 点的位置，它们同时满足 $\angle As_d B = 55°$ 和 $\dfrac{\overline{s_d A}}{\overline{s_d B}} = \dfrac{4.77}{8}$ 的关系。由图求得 $\overline{AO} = 2.38$，$\overline{BO} = 8.34$，即 $T_1 = \dfrac{1}{2.38} = 0.42$，$\beta = 8.34T_1 = 3.5$。$T_1$ 和 β 也可以通过联立求解上述两式求得。这样求得 $G_c(s)$ 的超前部分为 $10\times\dfrac{(s+2.38)}{(s+8.43)}$。

（6）根据已确定的 β 值，选择时间常数 T_2。

为同时满足下列要求：

$$\left|\frac{s_d+\dfrac{1}{T_2}}{s_d+\dfrac{1}{\beta T_2}}\right| \approx 1$$

$$-5° < \arg\left(s_d+\frac{1}{T_2}\right) - \arg\left(s_d+\frac{1}{\beta T_2}\right) < 0°$$

故选取 $T_2 = 10$，则 $\dfrac{1}{\beta T_2} = \dfrac{1}{3.5\times 10} = 0.0285$。于是所求的滞后-超前校正装置为

$$G_c(s) = 10\frac{s+2.38}{s+8.34}\frac{s+0.1}{s+0.0285}$$

校正后系统的开环传递函数为

$$G_c(s)G_0(s) = \frac{40(s+2.38)(s+0.1)}{(s+8.34)(s+0.0285)}$$

由于在上式中没有零、极点的对消情况出现，故校正后的系统为四阶系统。基于校正装置的相位滞后部分在 s_d 处产生的滞后角相当小，因而闭环系统主导极点非常接近 s_d 点的希望位置。经计算求得，校正后系统的闭环主导极点为 $-p_{1,2} = -2.45\pm j4.31$，另两个闭环极点为 $-p_3 = -0.1003$，$-p_4 = -3.86$。由于极点 $-p_3 = -0.1003$ 非常靠近闭环的零点 $-z_1 = -0.1$，因而该极点对系统瞬态响应影响很小。另一个极点 $-p_4 = -3.86$，由于它不能与零点 $-z_2 = -2.38$ 完全对消，因而与没有零点的类似系统相比较，该零点会使系统阶跃响应的超调量增大。图 6-29 为已校正系统和未校正系统的单位阶跃响应曲线。

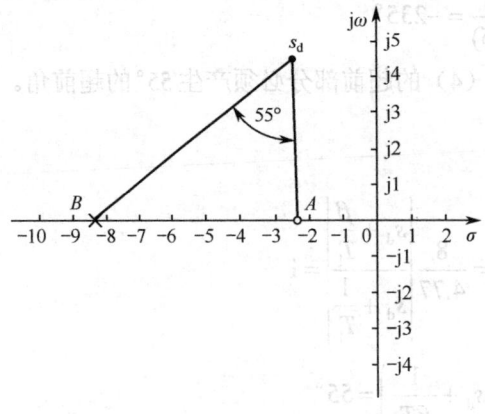

图 6-28 确定希望的零、极点位置　　图 6-29 系统的单位阶跃响应曲线

3. 基于频率法的滞后-超前校正

如果对系统的动态和稳态性能均有较高的要求，显然只采用超前校正或滞后校正，都难于达到预期的校正效果。对于这种情况，宜对系统采用滞后-超前校正。这种校正是综合采用了滞后校正和超前校正各自的特点，即利用滞后-超前校正装置的超前部分来增大系统的相位裕量，以改善其动态性能；利用它的滞后部分来改善系统的稳态性能，两者分工明确，相辅相成。

下面以一个实例来说明利用频率法设计滞后-超前校正装置的具体步骤。

例 6-6 考虑一单位反馈系统其开环传递函数如下：

$$G_0(s) = \frac{K}{s(s+1)(s+2)}$$

要求校正后的系统具有下列性能指标：相位裕量 $\gamma = 50°$，幅值裕量 $20\lg K_g \geq 10\text{dB}$，静态速度误差系数 $K_v = 10\text{s}^{-1}$。试设计一滞后-超前校正装置。

解：（1）确定系统增益。根据系统要求的静态误差系数要求有

$$K_v = \lim_{s \to 0} sG_0(s) = \frac{K}{2} = 10$$

所以

$$K = 20$$

于是得到待校正系统开环传递函数为

$$G_0(s) = \frac{20}{s(s+1)(s+2)}$$

（2）画出增益调整后未校正系统的伯德图，如图 6-30 中虚线所示，求得未校正系统的相位裕度为 $-32°$，说明未校正的系统是不稳定的。

（3）确定滞后-超前校正后的新的剪切频率 ω_c。由于本例中未对 ω_c 值提出具体的要求，因而可以根据相位裕量的要求去选择剪切频率 ω_c。从未校正系统的频率特性曲线可以看出原剪切频率为 2.6，注意到 $\angle G(j\omega) = -180°$ 时对应频率 $\omega = 1.5\text{rad/s}$。选择该频率值作为校正后系统的剪切频率 ω_c，显然比较合理。因为滞后-超前校正装置的超前部分在该频率处

产生50°的相位超前角是完全能实现的，且$\omega_c=1.5\text{s}^{-1}$也不算小，使校正后的系统仍具有一定的响应速度。

（4）确定滞后-超前校正装置中的转折频率。当ω_c确定后，就可以确定滞后部分的转折频率。选择转折频率$\omega=1/\tau_1$为新的截止频率的1/10，即$\omega=0.15\text{rad/s}$。

在超前校正装置中，最大相位超前角φ_m可由下式得出

$$\varphi_m=\arcsin\frac{1-\alpha}{1+\alpha}$$

这里由于$\alpha=\frac{1}{\beta}$，代入上式得最大超前角为

$$\varphi_m=\arcsin\frac{1-\frac{1}{\beta}}{1+\frac{1}{\beta}}=\arcsin\frac{\beta-1}{\beta+1}$$

如令$\beta=10$，代入上式得$\varphi_m=54.9°$，可以满足系统要求的相位裕度要求，因此选择$\beta=10$。据此，可以确定滞后部分的另一个转折频率$\omega=\frac{1}{\beta\tau_1}=0.015\text{s}^{-1}$，于是所求校正装置中滞后部分的传递函数为

$$\frac{s+0.15}{s+0.015}=10\left(\frac{1+6.67s}{1+66.7s}\right)$$

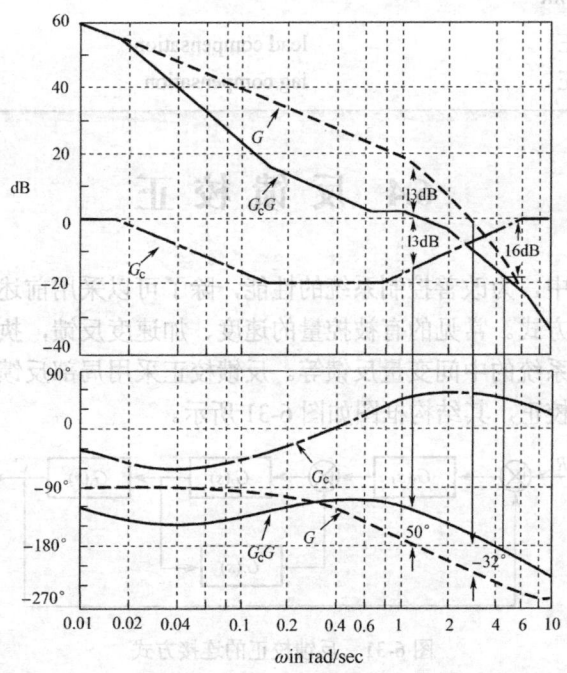

图 6-30 校正前后系统的伯德图

超前部分的转折频率可以用下述的方法确定：由图中可以看出，未校正系统在$\omega=$

$1.5s^{-1}$ 处的幅值 $L(1.5)=13dB$,为实现该频率 ω_c 成为校正后系统的剪切频率,必须使该频率点的开环幅值降到 0dB。为此要求校正装置的超前部分在 $\omega=1.5s^{-1}$ 处产生 $-13dB$ 的幅值。因此,过点 $(1.5s^{-1}, -13dB)$ 作一条斜率为 20dB/dec 的直线,该直线与 0dB 和 $-20dB$ 的水平线的相交点,就是超前部分的两个转折频率,它们分别为频率 $\omega=\dfrac{1}{\tau_2}=0.7s^{-1}$,$\omega=\dfrac{\beta}{\tau_2}=7s^{-1}$。

于是求得超前部分的传递函数为

$$\frac{s+0.7}{s+7}=\frac{1}{10}\left(\frac{1.43s+1}{0.143s+1}\right)$$

(5) 把所求校正装置的滞后部分和超前部分组合在一起,就得到滞后-超前校正装置的开环传递函数为

$$G_c(s)=\left(\frac{s+0.7}{s+7}\right)\left(\frac{s+0.15}{s+0.015}\right)=\left(\frac{1+1.43s}{1+0.143s}\right)\left(\frac{1+6.67s}{1+66.7s}\right)$$

经校正后系统的开环传递函数为

$$G_c(s)G_0(s)=\frac{20(s+0.7)(s+0.15)}{s(s+1)(s+2)(s+7)(s+0.015)}$$

其伯德图如图 6-30 中的实线所示。由该图可见,校正后系统的相位裕量约为 $50°$,幅值裕量约为 16dB,静态速度误差系数 $K_v=10s^{-1}$,它们均已满足设计要求。

专业术语中英文对照

超前校正	lead compensation
滞后校正	lag compensation

6.4 反馈校正

在控制工程实践中,为改善控制系统的性能,除了可以采用前述的串联校正方式外,也常常采用反馈校正方式。常见的有被控量的速度、加速度反馈,执行机构的输出及其速度的反馈,以及复杂系统的中间变量反馈等。反馈校正采用局部反馈包围系统前向通道中的一部分环节以实现校正,其结构框图如图 6-31 所示。

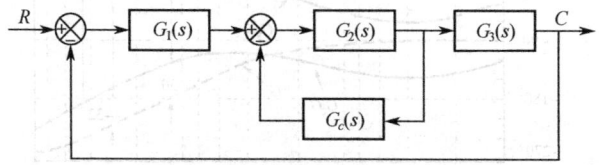

图 6-31 反馈校正的连接方式

从控制的观点来看,采用反馈校正不仅可以得到与串联校正同样的校正效果,而且还有许多串联校正不具备的突出优点:第一,反馈校正能有效地改变被包围环节的结构和参数;第二,反馈校正装置的特性可以完全取代被包围环节的特性,从而可以大大减弱这部

分环节由于特性参数变化及各种干扰给系统带来的不利影响。下面分别加以说明。

6.4.1 利用反馈校正改变局部结构和参数

1. 用比例反馈（proportional feedback）包围积分环节

当一积分环节被一比例环节所包围时，其结构如图 6-32 所示。

这时系统的传递函数变为

$$\frac{C(s)}{R(s)} = \frac{\dfrac{K}{s}}{1 + \dfrac{KK_H}{s}} = \frac{\dfrac{1}{K_H}}{\dfrac{s}{KK_H} + 1} \tag{6-33}$$

可见反馈校正的结果是把原来的积分环节变成了惯性环节。这将降低系统的稳态精度（由 I 型系统变成了 0 型系统），但有可能提高系统的稳定性（原纯积分环节为临界稳定，现在变为稳定）。

2. 用比例反馈包围惯性环节

用比例反馈包围惯性环节的结构如图 6-33 所示。

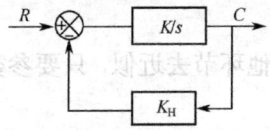
图 6-32　比例反馈包围积分环节

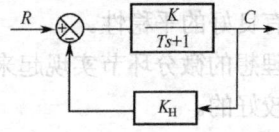
图 6-33　比例反馈包围惯性环节

反馈后系统的传递函数为

$$\frac{C(s)}{R(s)} = \frac{\dfrac{K}{Ts+1}}{1 + \dfrac{KK_H}{Ts+1}} = \frac{\dfrac{K}{1+KK_H}}{\dfrac{T}{1+KK_H}s + 1} \tag{6-34}$$

从传递函数可以看出，系统仍为一惯性环节，但时间常数变小了，系统的快速性变好。

3. 用微分反馈（derivative feedback）包围惯性环节

与上面有所不同的是，用微分环节代替了反馈回路的比例环节。其结构如图 6-34 所示。系统的传递函数为

$$\frac{C(s)}{R(s)} = \frac{\dfrac{K}{Ts+1}}{1 + \dfrac{KK_t s}{Ts+1}} = \frac{K}{(T+KK_t)s + 1} \tag{6-35}$$

结果也还是惯性环节，但时间常数变大了 $((T+KK_t) > T)$。反馈环节中 K_t 越大，时间常数越大。

在工程实际中，可以利用上述办法，使原系统中各环节的时间常数拉开，从而改善系统的动态平稳性。

4. 用微分反馈包围二阶振荡环节

微分反馈包围二阶振荡环节的结构如图 6-35 所示。

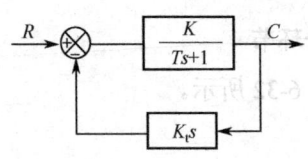
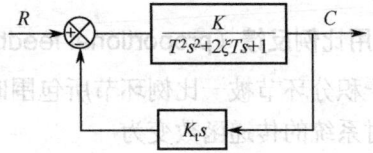

图 6-34 微分反馈包围惯性环节　　　　图 6-35 微分反馈包围二阶振荡环节

校正后系统的传递函数为

$$\frac{C(s)}{R(s)} = \frac{K}{T^2 s^2 + (2\xi T + KK_t)s + 1} \tag{6-36}$$

结果仍为二阶振荡环节，但阻尼却比未校正前有显著提高，从而有效地减弱了小阻尼环节的不利影响。

微分反馈是将被包围环节输出量经过微分后反馈至输入端。习惯上把输出量看成是位置信号，经过一次微分后，位置信号变成了速度信号，因此微分反馈又称速度反馈。速度反馈在随动系统中使用得极为广泛，加入速度反馈后，可以在具有较高的快速性的同时，保证系统具有良好的平稳性。

实际中理想的微分环节实现起来很困难，往往用其他环节去近似，只要参数选取合适，效果还是比较好的。

6.4.2 利用反馈校正取代局部结构

反馈校正环节之所以在性能上能取代被包围的局部环节，其原理是很简单的。设被包围的传递函数为 $G_1(s)$，反馈校正环节的传递函数为 $H_1(s)$，其结构如图 6-36 所示，则校正后系统传递函数为

$$\Phi(s) = \frac{C(s)}{R(s)} = \frac{G_1(s)}{1 + G_1(s)H_1(s)} \tag{6-37}$$

其频率特性为

$$\Phi(j\omega) = \frac{G_1(j\omega)}{1 + G_1(j\omega)H_1(j\omega)} \tag{6-38}$$

图 6-36 局部反馈回路

在一定频率范围内，如能选择结构参数，使

$$|G_1(j\omega)H_1(j\omega)| > 1 \tag{6-39}$$

则式（6-38）可以近似表示为

$$\Phi(j\omega) \approx \frac{1}{H_1(j\omega)} \tag{6-40}$$

或写成

$$\Phi(s) = \frac{1}{H_1(s)} \tag{6-41}$$

在这种情况下,系统的特性几乎与被包围环节 $G_1(s)$ 完全无关,只取决于反馈校正环节,即达到了利用反馈校正取代局部环节的效果。

利用反馈校正的这种性质,可以抑制被包围部分 $G_1(s)$ 内部参数变化(包括非线性因素)和外部作用于 $G_1(s)$ 上的干扰(包括调频噪声)的影响,因而反馈校正在实际中得到广泛的应用。

例 6-7 原系统如图 6-37 所示。其阻尼比 $\xi=0.1$,系统的超调较大,平稳性不好。现增加一速度反馈校正,如图 6-38 所示。试分析在什么条件下原系统的小阻尼特性能被反馈环节所取代。

解:根据图 6-38,可画出校正后系统的根轨迹如图 6-39 所示。当回路的开环增益 KK_t 足够大时,由根轨迹图可以看出,两个闭环极点一个趋向坐标原点与零点构成偶极子,另一个则趋向于负无穷远,故系统动态过程的快速性很好,原系统的小阻尼特性已被取代而不复存在。消除原系统不良特性影响的条件就是:回路的开环增益 KK_t 足够大。

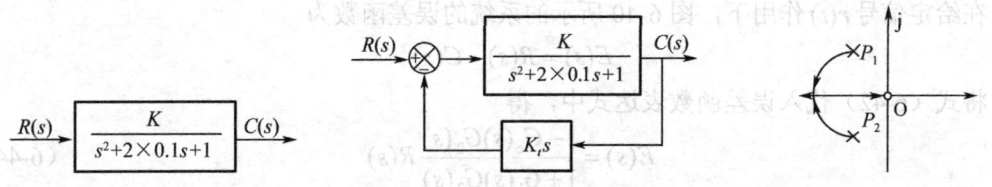

图 6-37 例 6-7 原系统　　图 6-38 例 6-7 反馈校正后的系统　　图 6-39 例 6-7 系统的根轨迹

专业术语中英文对照	
比例反馈	proportional feedback
微分反馈	derivative feedback

6.5 复合校正

采用串联校正或反馈校正在一定程度上能够使系统满足所要求的性能指标。但是,如果对系统的动态和静态性能的要求都很高,或者系统存在强干扰,在工程中往往在串联校正或局部反馈校正的同时,再引入前馈校正或者扰动补偿而组成控制系统的复合校正。

6.5.1 前馈校正与反馈控制组成的复合控制

前馈校正加反馈控制的复合控制系统如图 6-40 所示。由图可知系统的输出 $C(s)$ 为

$$C(s)=\frac{G_1(s)G_2(s)+G_2(s)G_c(s)}{1+G_1(s)G_2(s)}R(s) \qquad (6-42)$$

若选择前馈校正装置的传递函数为

$$G_c(s)=\frac{1}{G_2(s)} \qquad (6-43)$$

则 $C(s)=R(s)$，表明输出 $c(t)$ 完全复现输入信号 $r(t)$，前馈校正装置完全消除了输入信号作用时产生的误差，达到了完全补偿。

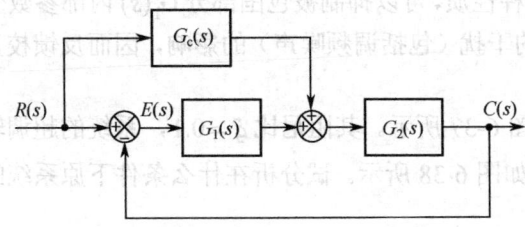

图 6-40 前馈校正与反馈控制组成的复合控制

由于 $G_2(s)$ 的一般形式比较复杂，所以实现完全补偿是比较困难的，但做到满足跟踪精度的部分补偿是完全可能的。这样，不仅能满足系统对稳态精度的要求，而且前馈校正装置在结构上具有较简单的形式，便于实现。

在给定信号 $r(t)$ 作用下，图 6-40 所示的系统的误差函数为

$$E(s) = R(s) - C(s)$$

将式 (6-42) 代入误差函数表达式中，得

$$E(s) = \frac{1 - G_c(s)G_2(s)}{1 + G_1(s)G_2(s)} R(s) \tag{6-44}$$

则系统的稳态误差为

$$e_{ss} = \lim_{s \to 0} sE(s) = \lim_{s \to 0} s \frac{1 - G_c(s)G_2(s)}{1 + G_1(s)G_2(s)} R(s) \tag{6-45}$$

在给定信号作用下由系统稳态误差为零，可以通过式 (6-45) 来确定前馈校正装置 $G_c(s)$。

例 6-8 系统结构如图 6-40 所示，其中

$$G_1(s) = 1$$
$$G_2(s) = \frac{K}{s(T_1 s + 1)(T_2 s + 1)}$$

为消除系统跟踪斜坡输入信号时的稳态误差，求前馈校正装置 $G_c(s)$。

解：未校正系统的开环传递函数为

$$G_0(s) = G_1(s)G_2(s) = \frac{K}{s(T_1 s + 1)(T_2 s + 1)}$$

系统为 I 型系统，跟踪斜坡输入信号时有常值误差。要消除斜坡信号作用下的稳态误差，系统必须为 II 型或 II 型以上系统。引入前馈校正装置 $G_c(s)$，其稳态误差为

$$e_{ss} = \lim_{s \to 0} s \frac{1 - G_c(s)G_2(s)}{1 + G_1(s)G_2(s)} R(s)$$
$$= \lim_{s \to 0} s \frac{T_1 T_2 s^3 + (T_1 + T_2)s^2 + s - K G_c(s)}{s(T_1 s + 1)(T_2 s + 1) + K} \cdot \frac{1}{s^2}$$

要使 $e_{ss} = 0$，则 $G_c(s)$ 的最简单式子应为

$$G_c(s) = \frac{s}{K}$$

可见，引入输入信号的一阶导数作为前馈校正后，系统由Ⅰ型变为Ⅱ型，可完全消除斜坡信号作用时的稳态误差。

综上所述，在反馈系统中引入前馈校正后：

（1）可以提高系统的型号，起到消除稳态误差的作用，提高了控制精度。

（2）不影响闭环系统的稳定性。从图6-40可知，未校正系统的闭环传递函数为

$$\Phi_0(s) = \frac{G_1(s)G_2(s)}{1+G_1(s)G_2(s)}$$

加入前馈校正后，系统的闭环传递函数为

$$\Phi(s) = \frac{G_1(s)G_2(s)+G_2(s)G_c(s)}{1+G_1(s)G_2(s)}$$

以上两式的分母相同，即系统的特征方程相同，所以前馈校正不影响闭环系统的稳定性，并且表明，稳定性和稳态精度这两个相互矛盾的问题被分开了，完全可以单独考虑。

（3）不仅可以改善系统的稳态精度，而且还可以改善系统的动态特性。

6.5.2 扰动补偿校正与反馈控制组成的复合控制

扰动补偿校正与反馈控制构成复合校正的另一种形式，如图6-41所示。控制系统的输出为

$$C(s) = \frac{G_1(s)G_2(s)}{1+G_1(s)G_2(s)}R(s) + \frac{G_2(s)+G_1(s)G_2(s)G_c(s)}{1+G_1(s)G_2(s)}N(s) \tag{6-46}$$

式（6-46）等号右边第一项为反馈系统产生的输出，第二项为扰动信号$N(s)$及前馈控制产生的输出。适当选择前馈控制校正装置的传递函数$G_c(s)$，使其满足

$$G_c(s) = -\frac{1}{G_1(s)}$$

则扰动信号对系统输出的影响可以得到完全补偿。扰动补偿的实质是利用双通道原理，利用扰动来补偿扰动，达到消除扰动对系统输出的影响。然而，扰动信号全补偿在物理上往往无法准确实现，在实际中，多采用对系统性能起主要影响的频率实现近似全补偿，或者采用稳态全补偿，以使补偿装置易于物理实现。

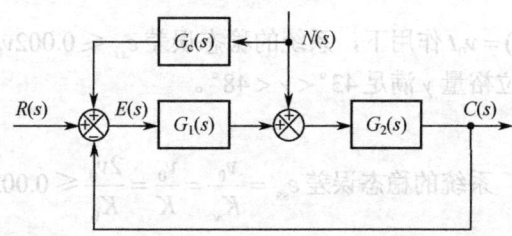

图6-41 扰动补偿校正与反馈控制组成的复合控制

应当注意，应用扰动补偿校正时，首先扰动信号必须是可测量的；其次，校正装置应

是物理上可以实现的。另外，由于扰动补偿是一种开环控制，所以，校正装置还应具有较高的参数稳定性。

6.6 MATLAB 在串联校正中的应用

本节以伯德图超前、滞后校正设计为例说明 MATLAB 在本章中的应用。

根据自动控制理论，采用伯德图设计相位超前、滞后校正器的步骤如下：

（1）根据稳态误差要求，确定系统开环增益 K 值。

（2）根据求得的 K 值，画出校正前系统的伯德图，并检验性能指标是否满足要求。

（3）计算超前或校正的相角和频率。

超前校正：确定需要增加的最大相位超前角

$$\varphi_m(\omega) = \gamma - \gamma_1 + (5°\sim 10°)$$

式中，γ 为期望的相位裕度，γ_1 为原开环系统相位裕度。

由 $\alpha = \dfrac{1-\sin\varphi_m}{1+\sin\varphi_m}$ 确定 α 值及最大相位超前角所对应的频率 ω_m，并取新的幅值穿越频率 $\omega_{cnew} = \omega_m$。

滞后校正：确定校正后系统的增益交界频率 ω_{cnew}。在该频率下，校正前开环系统的相位为

$$\varphi_k(\omega) = -180° + \gamma + (5°\sim 15°)$$

式中，γ 为期望的相位裕度。

（4）确定超前或滞后校正装置的参数。

超前：$G_c(s) = \dfrac{1+Ts}{1+\alpha Ts}$

滞后：$G_c(s) = \dfrac{1+Ts}{1+\beta Ts}$

（5）画出校正后开环系统的伯德图，并校验系统性能指标。

例 6-9 已知单位反馈系统开环传递函数为 $G_0(s) = \dfrac{K_0}{s(s+2)}$，试设计系统的相位超前校正，使系统：

（1）在斜坡信号 $r(t) = v_0 t$ 作用下，系统的稳态误差 $e_{ss} \leqslant 0.002v_0$；

（2）校正系统的相位裕量 γ 满足 $43° < \gamma < 48°$。

解：（1）求 K_0。

在斜坡信号作用下，系统的稳态误差 $e_{ss} = \dfrac{v_0}{K_v} = \dfrac{v_0}{K} = \dfrac{2v_0}{K_0} \leqslant 0.002v_0$，可得

$$K_v = K = \dfrac{K_0}{2} \geqslant 500\text{s}^{-1}，\text{取 } K_0 = 1000\text{s}^{-1}$$

即被控对象的传递函数为

$$G_0(s) = 1000 \cdot \frac{1}{s(s+2)}$$

（2）作原系统的伯德图与阶跃响应曲线，检查是否满足题目要求。

```
%,--------------- original system---------------
k0=1000;num1=1;den1=conv([1 0],[1 2]);
[mag,phase,w]=bode(k0*num1,den1);
figure(1);
margin(mag,phase,w);
hold on
figure(2);
sys1=tf(k0*num1,den1);
sys=feedback(sys1,1);
step(sys)
```

由图 6-42 和图 6-43 可知，系统的增益裕量为 $G_m = 35.7\text{dB}$，相位裕量为 $P_m = 3.63\text{deg}$，未满足题目中 $43° < \gamma < 48°$ 的要求。此外，系统阶跃响应曲线虽然衰减，但振荡较剧烈，同样说明系统不符合要求。

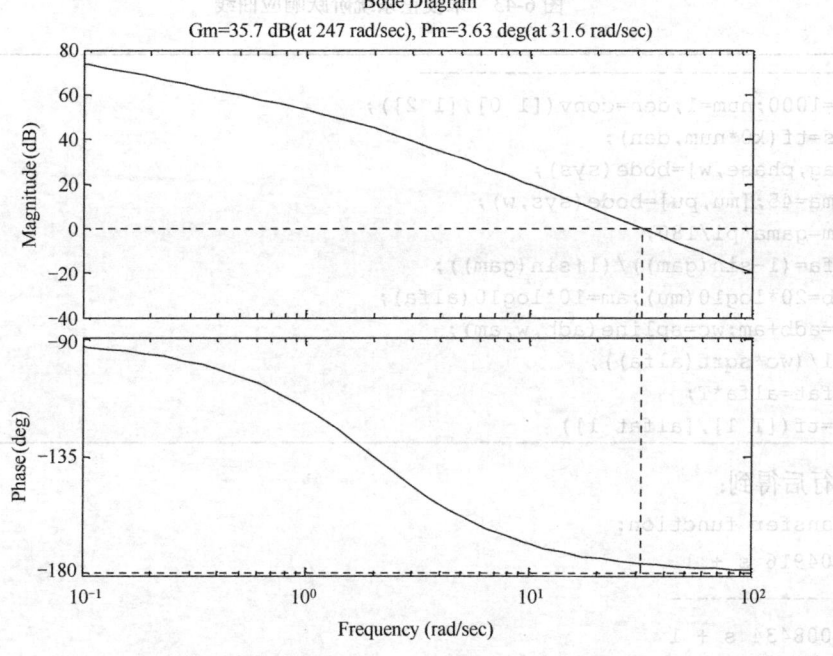

图 6-42 未校正系统伯德图

（3）求超前校正装置的传递函数。

根据相位裕量 $43° < \gamma < 48°$ 的要求，取 $\gamma = 45°$。

根据以下程序，计算超前校正装置的传递函数：

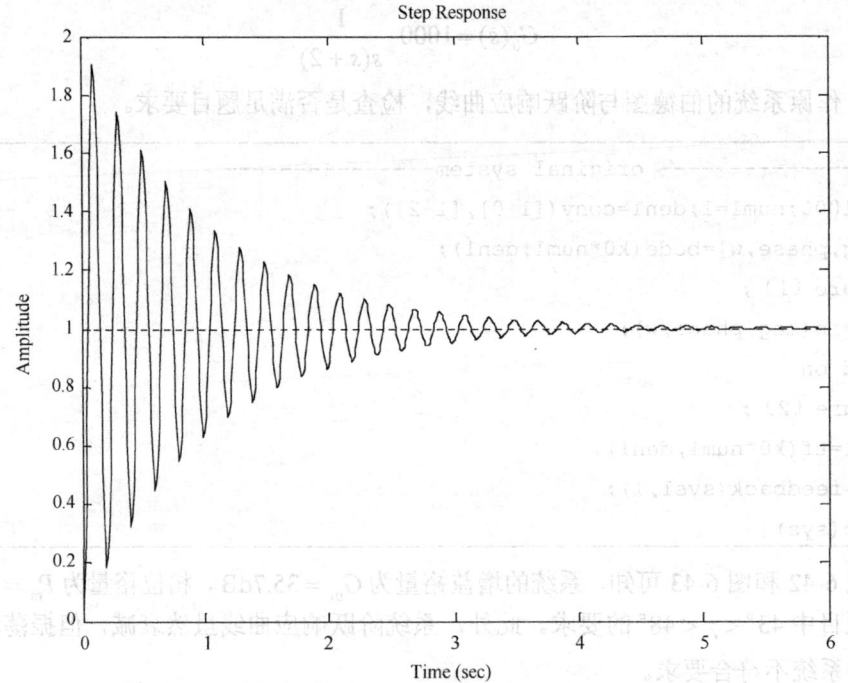

图 6-43 未校正系统阶跃响应曲线

```
%,----------------------------
k0=1000;num=1;den=conv([1 0],[1 2]);
sys=tf(k0*num,den);
[mag,phase,w]=bode(sys);
gama=45;[mu,pu]=bode(sys,w);
gam=gama*pi/180;
alfa=(1-sin(gam))/(1+sin(gam));
adb=20*log10(mu);am=10*log10(alfa);
ca=adb+am;wc=spline(adb,w,am);
T=1/(wc*sqrt(alfa));
alfat=alfa*T;
Gc=tf([T 1],[alfat 1])
```

运行后得到:

```
Transfer function:
0.04916 s + 1
---------------
0.008434 s + 1
```

即校正装置传递函数为

$$G_s = \frac{0.04916s+1}{0.008434s+1}$$

(4) 校验系统校正后是否满足要求。

根据校正后系统的结构与参数,给出以下程序:

```
%,------------------------------
k0=1000;num1=1;den1=conv([1 0],[1 2]);
sys1=tf(k0*num1,den1);
num2=[0.04916 1];den2=[0.008434 1];
sys2=tf(num2,den2);
sys=sys1*sys2;
[mag,phase,w]=bode(sys);
margin(mag,phase,w)
```

运行后得到图 6-44 所示的系统伯德图。

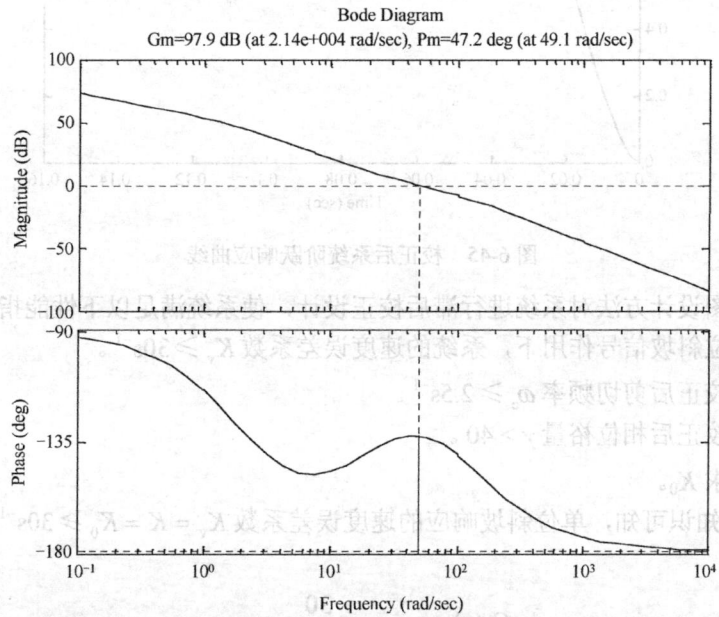

图 6-44 校正后系统伯德图

此时，稳定裕量为 $G_m = 97.9\,\mathrm{dB}$，$P_m = 47.2\,\mathrm{deg}$，满足设计要求 $43° < \gamma < 48°$。

（5）计算系统校正后阶跃响应及其性能指标。

校正系统阶跃响应曲线由以下程序给出：

```
%,------------------------------
k0=1000; num1=1; den1=conv([1 0],[1,2]);
sys1=tf(k0*num1,den1);
num2=[0.04916 1];den2=[0.008434 1];
sys2=tf(num2,den2);
sys3=sys1*sys2;
sys=feedback(sys3,1);
step(sys)
```

系统校正后阶跃响应曲线如图 6-45 所示。

例 6-10 已知单位负反馈系统被控对象的传递函数为

$$G_0(s) = K_0 \frac{1}{s(0.1s+1)(0.2s+1)}$$

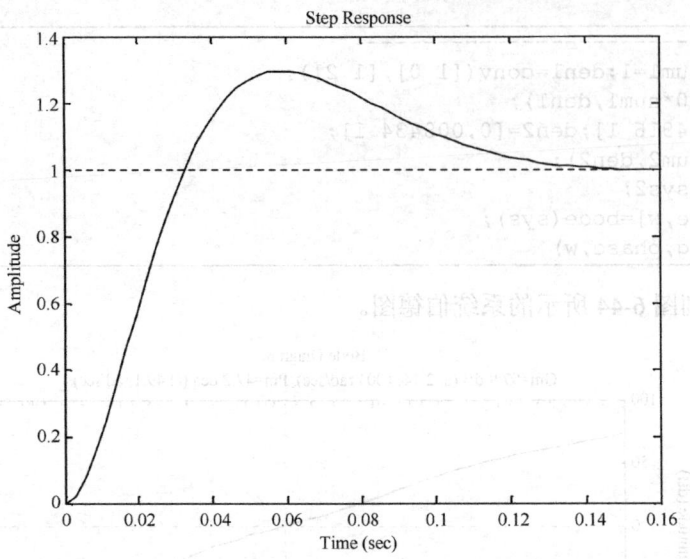

图 6-45 校正后系统阶跃响应曲线

试用伯德图设计方法对系统进行滞后校正设计,使系统满足以下性能指标要求:
(1) 在单位斜坡信号作用下,系统的速度误差系数 $K_v \geqslant 30\text{s}^{-1}$。
(2) 系统校正后剪切频率 $\omega_c \geqslant 2.5\text{s}^{-1}$。
(3) 系统校正后相位裕量 $\gamma > 40$。

解:(1) 求 K_0。

由第 3 章知识可知,单位斜坡响应的速度误差系数 $K_v = K = K_0 \geqslant 30\text{s}^{-1}$,则被控对象的传递函数为

$$G_0(s) = \frac{30}{s(0.1s+1)(0.2s+1)}$$

(2) 作原系统的伯德图与阶跃响应曲线。

在 MATLAB 中建立程序如下:

```
%,-----------------------------
k0=30;
num1=1;den1=conv(conv([1 0],[0.1 1]),[0.2 1]);
[mag,phase,w]=bode(k0*num1,den1);
figure(1);
margin(mag,phase,w);hold on
figure(2);
sys1=tf(k0*num1,den1);
sys=feedback(sys1,1);
step(sys)
```

可以得到图 6-46 和图 6-47 所示的伯德图和阶跃响应曲线。

由图 6-46 可得到未校正系统的频域性能为

增益裕量:$G_m = -6.02\text{dB}$。$-\pi$ 穿越频率:$\omega_{cg} = 7.07\text{rad/sec}$。

相位裕量：$p_m = -17.2 \deg$。剪切频率：$\omega_{cp} = 9.77 \text{rad/sec}$。

由于系统的稳定裕量均为负值，此系统无法工作。此外，阶跃响应曲线发散，系统必须进行校正。

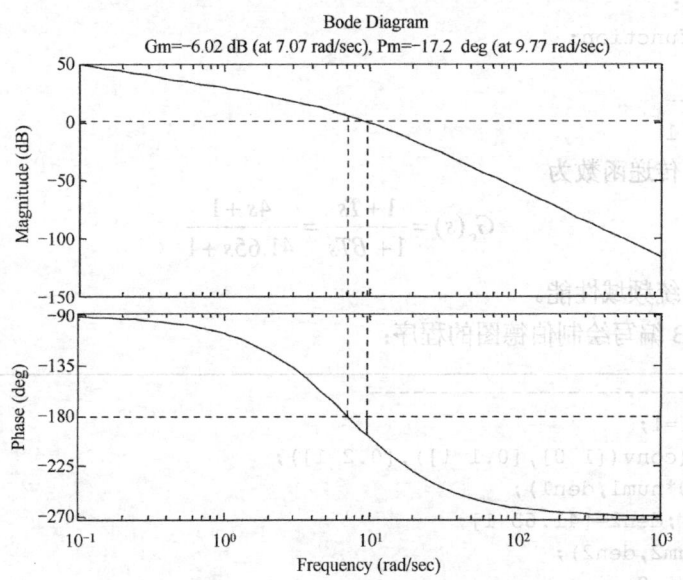

图 6-46 未校正系统的伯德图

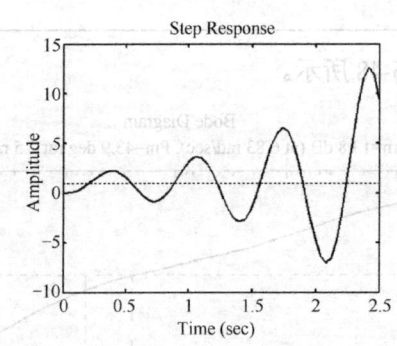

图 6-47 未校正系统的阶跃响应曲线

（3）求滞后校正装置的传递函数。

取校正后系统剪切频率 $\omega_c = 2.5 \text{s}^{-1}$。根据滞后校正要求，给出校正程序如下所示：

```
%,-------------------------------
wc=2.5;k0=30;
num1=1;den1=conv(conv([1 0],[0.1 1]),[0.2 1]);
na=polyval(k0*num1,j*wc);
da=polyval(den1,j*wc);
g=na/da;
g1=abs(g);
h=20*log10(g1);
beta=10^(h/20);
```

```
T=1/(0.1*wc);
bt=beta*T;
Gc=tf([T 1],[bt 1])
```

运行后得到:
```
Transfer function:
   4 s + 1
-----------
41.65 s + 1
```

即校正装置传递函数为

$$G_c(s) = \frac{1+Ts}{1+\beta Ts} = \frac{4s+1}{41.65s+1}$$

(4) 校验系统频域性能。

用 MATLAB 编写绘制伯德图的程序:

```
%,------------------------------
k0=30;num1=1;
den1=conv(conv([1 0],[0.1 1]),[0.2 1]);
sys1=tf(k0*num1,den1);
num2=[4 1];den2=[41.65 1];
sys2=tf(num2,den2);
sys=sys1*sys2;
[mag,phase,w]=bode(sys);
margin(mag,phase,w)
```

运行后得到的结果如图 6-48 所示。

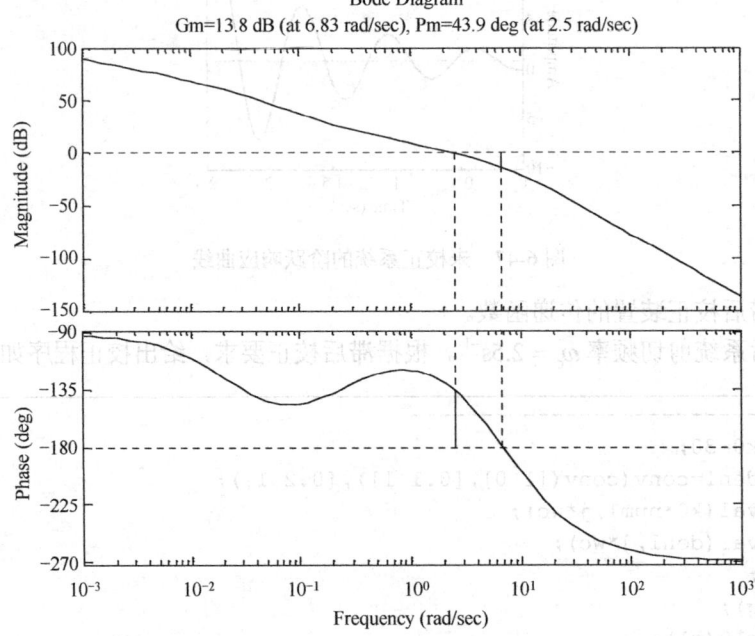

图 6-48 校正后系统的伯德图

第6章 控制系统的校正

由图 6-48 可知，校正后系统的频域性能指标为

增益裕量：$G_m = 13.8\text{dB}$；$-\pi$ 穿越频率：$\omega_{cg} = 6.83\text{rad/sec}$。

相位裕量：$p_m = 43.9\text{deg}$；剪切频率：$\omega_{cp} = 2.5\text{rad/sec}$。

(5) 计算系统校正后的结构与参数。

调用 step() 函数，计算校正后系统阶跃响应参数，应用 MATLAB 程序，求参数及响应曲线。

```
%,------------------------------
k0=30;num1=1;
den1=conv(conv([1 0],[0.1 1]),[0.2 1]);
sys1=tf(k0*num1,den1);
num2=[4 1];den2=[41.65 1];
sys2=tf(num2,den2);
sys3=sys1*sys2;
sys=feedback(sys3,1);
step(sys)
```

对比图 6-49 和图 6-47 可以看出通过引入滞后校正使得系统由不稳定变为稳定。

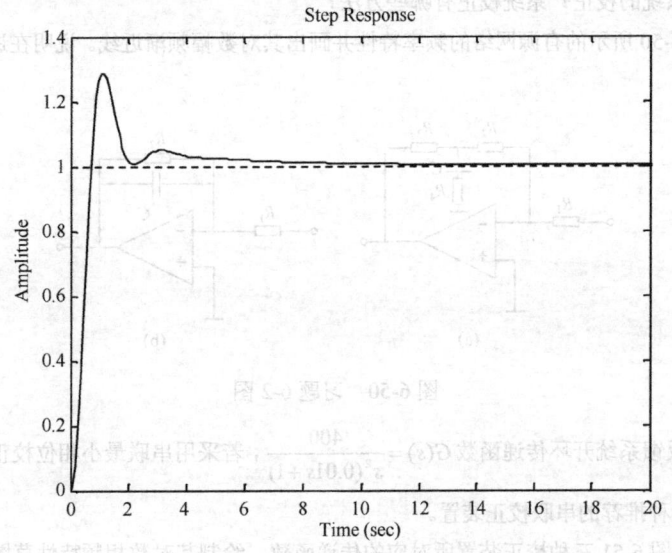

图 6-49 校正后系统的阶跃响应曲线

小 结

为改善控制系统的性能，常附加校正装置，本章主要介绍了系统的校正方式、基本控制规律、校正装置的特性和校正装置的设计方法。

(1) 比例控制、微分控制和积分控制是线性系统的基本控制规律。由这三种控制作用构成的 PI、PD 和 PID 控制规律附加在系统中，可以达到校正系统特性的目的。

（2）按校正装置附加在系统中的不同位置，系统校正可分为串联校正、反馈校正、前馈校正和复合校正。根据校正装置特性的不同，系统校正可分为超前校正、滞后校正和滞后-超前校正。

（3）串联校正装置设计比较简单，易于实现，因此在系统校正中被广泛使用。

（4）反馈校正以其独特的优点，可以改变被其包围的被控对象的特性，达到改善系统性能的目的。

（5）复合校正可以很好地处理系统中稳定性与稳态精度、抗干扰和系统跟踪之间的矛盾，使系统获得较好的动态和静态特性。

（6）设计校正装置的过程是多次试探的过程并且具有不唯一性，本章所述的许多内容都不是以充分必要的定理和准确的公式的形式表达出来的，而只是将指导性的设计方法及设计步骤加以介绍，在具体的工程问题中，要根据系统实际需要来选择合适的校正装置。

习 题

6-1 什么是系统的校正？系统校正有哪些方法？

6-2 试求图 6-50 所示的有源网络的频率特性并画出其对数幅频渐近线。说明在进行串联校正时，它们各属于什么校正。

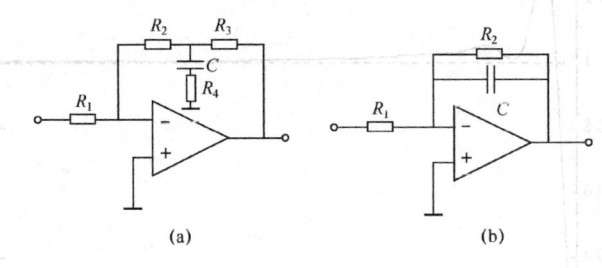

图 6-50 习题 6-2 图

6-3 单位负反馈系统开环传递函数 $G(s) = \dfrac{400}{s^2(0.01s+1)}$，若采用串联最小相位校正装置，图 6-51（a）、(b)、(c) 分别为三种推荐的串联校正装置。

（1）分别写出图 6-51 三种校正装置所对应的传递函数，绘制其对数相频特性草图。

（2）这些校正装置哪一种可以使校正后的系统稳定性最好？

（3）哪一种校正装置对高频信号的抑制能力最强？

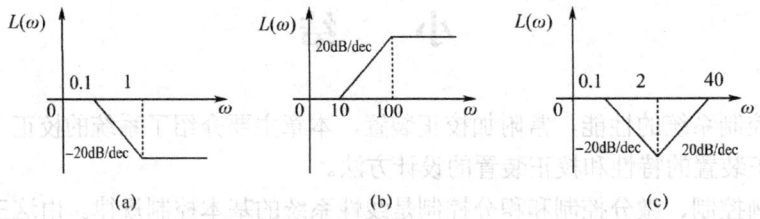

图 6-51 习题 6-3 图

6-4 已知两超前校正装置的传递函数如下，试绘制其 Bode 图，并比较两超前校正装置。

（1）$G_1(s) = 0.1\left(\dfrac{s+1}{0.1s+1}\right)$

（2）$G_2(s) = 0.3\left(\dfrac{s+1}{0.3s+1}\right)$

6-5 已知两滞后校正装置的传递函数如下，试绘制其 Bode 图，并进行比较。

（1）$G_1(s) = \dfrac{s+1}{5s+1}$

（2）$G_2(s) = \dfrac{s+1}{5s+1}$

6-6 控制系统开环传递函数 $Gs = \dfrac{10}{s(0.5s+1)(0.1s+1)}$，要求：

（1）绘制系统 Bode 图，并求取剪切频率和相位裕度。

（2）采用传递函数为 $G_c(s) = \dfrac{0.37s+1}{0.049s+1}$ 的串联超前校正装置，绘制校正后的系统 Bode 图，并求取剪切频率和相位裕量，讨论校正后系统性能有何改进。

6-7 已知二阶系统的方框图如图 6-52 所示，试用串联校正法自行设计一个校正系统，要求使原系统达到以下性能指标：$K_v = 25$，$\sigma\% = 20\%$，$t_s \leqslant 1s (\Delta = 0.02)$。

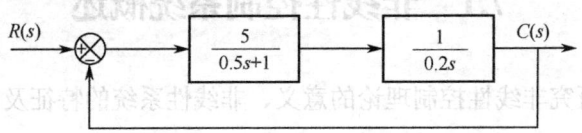

图 6-52 习题 6-3 图

6-8 已知一单位反馈系统的开环传递函数为

$$G(s) = \dfrac{200}{s(0.1s+1)}$$

试设计校正装置，使系统的相位裕量 $\gamma \geqslant 45°$，剪切频率 $\omega_c \geqslant 50s^{-1}$。

6-9 单位反馈系统的开环传递函数为

$$G(s) = \dfrac{4}{s(2s+1)}$$

设计串联滞后校正装置，使系统相位裕量 $\gamma \geqslant 40°$，并保持原有的开环增益。

6-10 单位反馈系统的结构图如图 6-53 所示，现用速度反馈来校正系统，要求校正后的系统具有临界阻尼比 $\xi = 1$，试确定校正装置参数 K_t。

6-11 设系统结构图如图 6-54 所示。要求系统在单位斜坡输入信号作用下，稳态误差为 $e_{ss} \leqslant 0.1$，开环系统截止频率为 $\omega_c \geqslant 4.4\text{rad/s}$，相角裕度为 $\gamma \geqslant 45°$，幅值裕度为 $20\lg h \geqslant 10\text{dB}$。

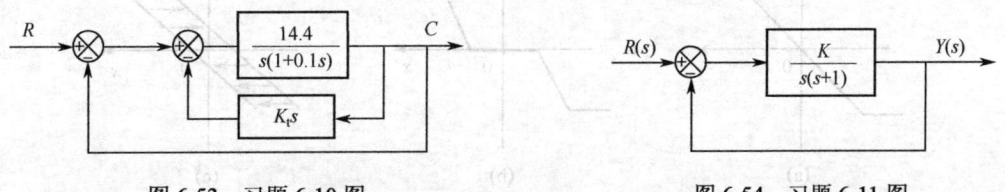

图 6-53 习题 6-10 图　　　　　图 6-54 习题 6-11 图

第 7 章　非线性控制系统

以上各章阐述了线性定常系统的分析与校正。事实上，理想的线性系统是不存在的，因为组成系统的所有元（部）件在不同程度上都具有非线性特性。如果系统中元（部）件输入—输出特性的非线性程度不严重，并满足第 2 章中所述的线性化条件，则这种非线性特性可进行线性化处理，从而可以用线性控制理论对系统进行分析与校正。然而，并非所有的非线性特性都符合线性化的条件，凡是不能作线性化处理的非线性特性均称为"本质"型非线性。

当控制系统中含有一个或一个以上"本质"型非线性元（部）件时，则这种系统就称为"本质"型非线性控制系统。显然，这种系统的运动情况要用非线性微分方程去描述。本章所讨论的非线性控制系统均属于这类系统。

7.1　非线性控制系统概述

本节主要学习研究非线性控制理论的意义、非线性系统的特征及非线性系统的分析和设计方法。

7.1.1　研究非线性控制理论的意义

现实中，理想的线性系统并不存在，因为组成控制系统的各元件的动态（dynamic）和静态（static）特性都存在不同程度的非线性。现举两个实例加以说明。

第一个实例是随动系统（follow-up system）。放大元件由于受电源或输出功率的限制，在输入电压超过放大器的线性工作范围时，输出呈饱和（saturation）现象，如图 7-1（a）所示；执行元件电动机，由于轴上存在着摩擦力矩和负载力矩，只有在电枢电压达到一定数值后，电动机才会转动，存在着死区（dead zone），而当电枢电压超过一定数值时，电动机的转速将不再增加，出现饱和现象，其特性如图 7-1（b）所示；传动机构受加工和装配精度的限制，在换向时存在着间隙（gap）特性，如图 7-1（c）所示。

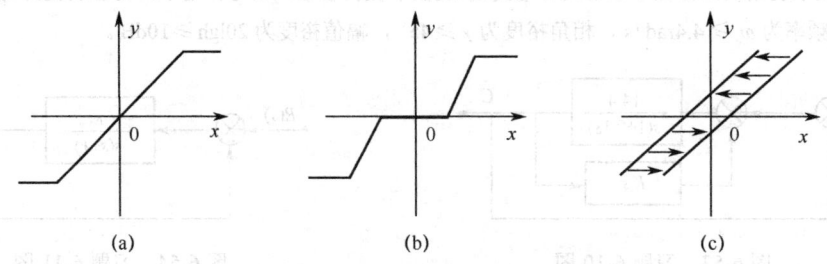

图 7-1　几种典型的非线性特性

第二个实例是液位系统。在图 7-2 所示的柱形液位系统中，设 H 为液位高度，Q_i 为液体流入量，Q_o 为液体流出量，C 为储槽的截面积。根据水力学原理

$$Q_o = k\sqrt{H} \tag{7-1}$$

式中，比例系数 k 取决于液体的黏度和阀阻。液位系统的动态方程为

$$C\frac{\mathrm{d}H}{\mathrm{d}t} = Q_i - Q_o = Q_i - k\sqrt{H} \tag{7-2}$$

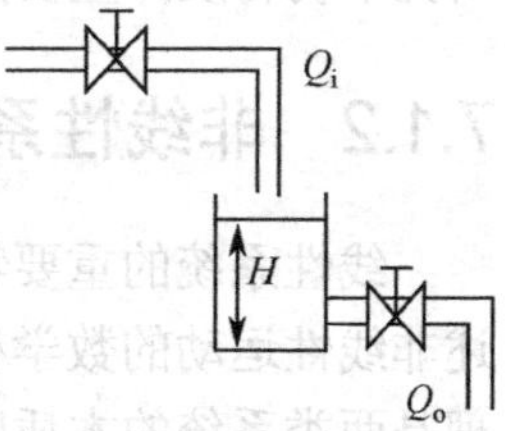

图 7-2 液位系统

显然，液位 H 和液体输入量 Q_i 的数学关系式为非线性微分方程。由此可见，实际系统中普遍存在非线性因素。

当系统中含有一个或多个具有非线性特性的元件时，该系统就称为非线性系统。一般地，非线性系统的数学模型可以表示为

$$f\left(t, \frac{\mathrm{d}^n y}{\mathrm{d}t^n}, \cdots, \frac{\mathrm{d}y}{\mathrm{d}t}, y\right) = g\left(t, \frac{\mathrm{d}^n r}{\mathrm{d}t^n}, \cdots, \frac{\mathrm{d}r}{\mathrm{d}t}, r\right) \tag{7-3}$$

式中，$f(\cdot)$ 和 $g(\cdot)$ 为非线性函数（nonlinear functions）。

当非线性程度不严重时，例如不灵敏区较小，输入信号幅值较小，或传动机间隙不大时，可以忽略非线性特性的影响，从而可将非线性环节视为线性环节。当系统方程解析且工作在某一数值附近的较小范围内时，可运用小偏差法将非线性模型加以线性化。例如，设图 7-2 液位系统的液位 H 在 H_0 附近变化，相应的液体输入量 Q_i 在 Q_{i0} 附近变化时，可取 $\Delta H = H - H_0$，$\Delta Q_i = Q_i - Q_{i0}$，对 $\sqrt{H}$ 作泰勒级数展开，有

$$\sqrt{H} = \sqrt{H_0} + \frac{1}{2\sqrt{H}}(H - H_0) + \cdots \tag{7-4}$$

鉴于 H、Q_i 变化较小，取 $\sqrt{H}$ 作泰勒级数展开式等号右侧头两项，可得以下小偏差线性方程：

$$C\frac{\mathrm{d}(\Delta H)}{\mathrm{d}t} = \Delta Q_i - \frac{k}{2\sqrt{H_0}}\Delta H \tag{7-5}$$

忽略非线性特性的影响或作小偏差（short offset）线性化处理后，非线性系统近似为线性系统，因此可以采用线性定常系统的方法加以分析和设计。但是，对于非线性程度比较严重，且系统工作范围较大的非线性系统，只有使用专门针对非线性系统的分析和设计方法，才能得到较为正确的结果。

随着生产和科学技术的发展，对控制系统的性能和精度的要求越来越高，建立在上述线性化基础上的分析和设计方法已难以解决高质量的控制问题。为此，必须针对非线性系统的数学模型，采用非线性控制理论进行研究。此外，为了改善系统的性能，实现高质量的控制，还必须考虑非线性控制器的设计。例如，为了获得最短时间控制，需要对执行机构采用继电控制，使其始终工作在最大电压或最大功率下，充分发挥其调节能力；为了兼顾系统的响应速度和稳态精度，须使用变增益控制器。

值得注意的是，对于特性千差万别的非线性系统，目前还没有统一的且普遍适用的处理方法。线性系统是非线性系统的特例，线性系统的分析和设计方法在非线性控制系统的

研究中仍将发挥重要的作用。

7.1.2 非线性系统的特征

线性系统的重要特征是可以应用线性叠加原理（principle of superposition）的。由于描述非线性运动的数学模型为非线性微分方程，因此叠加原理不能应用，故能否应用叠加原理是两类系统的本质区别。非线性系统的运动主要有以下特点。

1．稳定性分析复杂

按照平衡状态的定义，在无外作用且系统输出的各阶导数等于零时，系统处于平衡状态，显然，对于线性系统，只有一个平衡状态 $y=0$，线性系统的稳定性即为该平衡状态的稳定性，而且只取决于系统本身的结构和参数，与外加作用和初始条件无关。

对于非线性系统，则问题变得较复杂。首先，系统可能存在多个平衡状态（balanced state）。考虑下述非线性一阶系统：

$$\dot{x} = x^2 - x = x(x-1) \tag{7-6}$$

令 $\dot{x}=0$，可知该系统存在两个平衡状态 $x=0$ 和 $x=1$。为了分析各个平衡状态的稳定性，需要求解式（7-6）。设 $t=0$ 时，系统的初始状态为 x_0，由式（7-6）得

$$\frac{\mathrm{d}x}{x(x-1)} = \mathrm{d}t$$

积分得

$$x(t) = \frac{x_0 \mathrm{e}^{-t}}{1 - x_0 + x_0 \mathrm{e}^{-t}} \tag{7-7}$$

相应的时间响应随初始条件而变。当 $x_0 > 1$，$t < \ln\frac{x_0}{x_0-1}$ 时，随 t 增大，$x(t)$ 递增；$t = \ln\frac{x_0}{x_0-1}$ 时，$x(t)$ 为无穷大。当 $x_0 < 1$ 时，$x(t)$ 递减并趋于 0。不同初始条件下的时间响应曲线如图 7-3 所示。

考虑上述平衡状态受小扰动的影响，故平衡状态 $x=1$ 是不稳定的，因为运动稍有偏离，系统不能恢复至原平衡状态；而平衡状态 $x=0$ 在一定范围的扰动下（$x_0 < 1$）是稳定的。

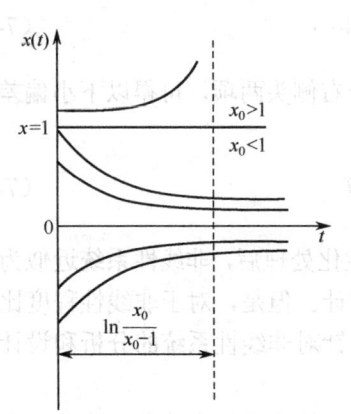

图 7-3 非线性一阶系统的时间响应曲线

由上例可见，非线性系统可能存在多个平衡状态，各平衡状态可能是稳定的也可能是不稳定的。初始条件不同，自由运动的稳定性亦不同。更重要的是，平衡状态的稳定性不仅与系统的结构和参数有关，而且与系统的初始条件有直接的关系。

2．可能存在自激振荡（self-oscillation）现象

所谓自激振荡，是指没有外界周期性变化信号的作用时，系统内产生的具有固定振幅和频率的稳定周期运动，简称自振。线性定常系统只有在临界稳定的情况下才能产生周期

运动。考虑图 7-4 所示系统，设初始条件 $x(0) = x_0$，$\dot{x}(0) = \dot{x}_0$，系统自由运动方程为

$$\ddot{x} + \omega_n^2 x = 0 \qquad (7-8)$$

用拉普拉斯变换（Laplace transform）法求解该微分方程得

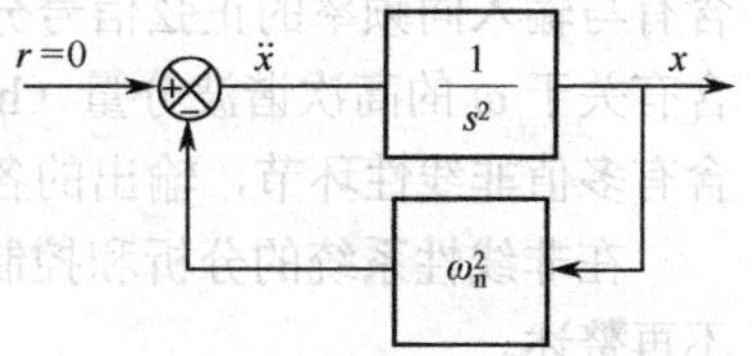

$$X(s) = \frac{sx_0 + \omega_n^2 \dot{x}_0}{s^2 + \omega_n^2} \qquad (7-9)$$

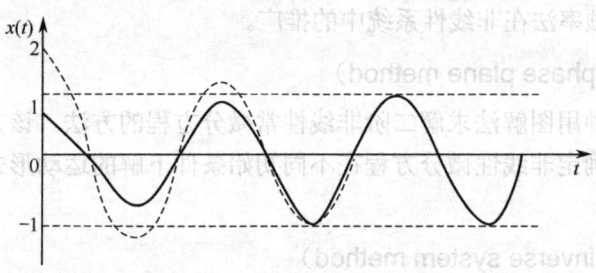

图 7-4 二阶零阻尼线性系统

系统的自由运动方程为

$$x(t) = \sqrt{x_0^2 + \dot{x}_0^2} \sin\left(\omega_n t + \arctan \frac{x_0}{\dot{x}_0}\right) = A \sin(\omega_n t + \varphi) \qquad (7-10)$$

其中，振幅 A 和相角 φ 都依赖于初始条件。此外，根据线性叠加原理，在系统运动过程中，一旦外部扰动使系统输出 $x(t)$ 或 $\dot{x}(t)$ 发生偏离，则 A 和 φ 都随之变化，因而上述周期运动将不能维持。所以，线性系统在无外界周期变化信号作用时所具有的周期运动不是自激振荡。

考虑著名的范德波尔方程

$$\ddot{x} - 2\rho(1-x^2)\dot{x} + x = 0, \quad \rho > 0 \qquad (7-11)$$

该方程描述具有非线性阻尼的非线性二阶系统。当扰动使 $x<1$ 时，因为 $-2\rho(1-x^2) < 0$，该系统具有负阻尼，此时系统从外部获得能量，$x(t)$ 的运动呈发散形式；当 $x>1$ 时，因为 $-2\rho(1-x^2) > 0$，系统具有正阻尼，此时系统消耗能量，$x(t)$ 的运动呈收敛（convergence）形式；而当 $x=1$ 时，系统为零阻尼，系统运动呈振荡（oscillation）形式。上述分析表明，系统能克服扰动对 x 的影响，保持幅值为 1 的等幅振荡（见图 7-5）。

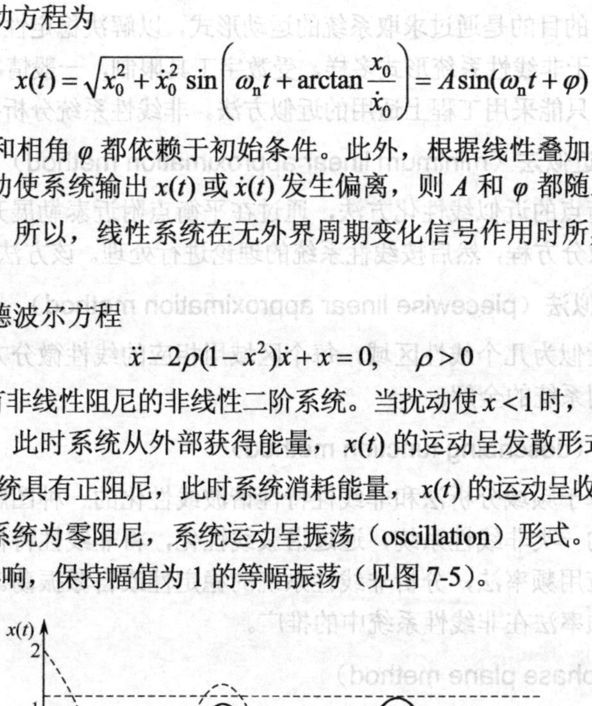

图 7-5 非线性系统的自激振荡

必须指出，长时间大幅度的振荡会造成机械磨损，增加控制误差，因此多数情况下不希望系统有自振发生。但在控制中通过引入高频小幅度的颤振，可克服间隙、死区等非线性因素的不良影响。而在振动试验中，还必须使系统产生稳定的周期运动（cycle motion）。因此，研究自振的产生条件及抑制，确定自振的频率和周期，是非线性系统分析的重要内容。

3. 频率响应发生畸变（distortion）

稳定的线性系统的频率响应，即在正弦信号作用下的稳态输出量是与输入同频率的正弦信号，其幅值 A 和相位 φ 为输入正弦信号频率 ω 的函数。而非线性系统的频率响应除了

含有与输入同频率的正弦信号分量——基频分量（fundamental frequency component）外，还含有关于 ω 的高次谐波分量（harmonic component），使输出波形发生非线性畸变。若系统含有多值非线性环节，输出的各次谐波分量的幅值还可能发生跃变。

在非线性系统的分析和控制中，还会产生一些其他与线性系统明显不同的现象，在此不再赘述。

7.1.3 非线性系统的分析与设计方法

系统分析和设计的目的是通过求取系统的运动形式，以解决稳定性问题为中心，对系统实施有效的控制。由于非线性系统形式多样，受数字工具限制，一般情况下难以求得非线性微分方程的解析解，只能采用工程上适用的近似方法。非线性系统分析有以下几种方法。

1. 小范围线性近似法（minimum linear approximation method）

这是一种在平衡点的近似线性化方法，通过在平衡点附近泰勒展开，可将一个非线性微分方程化为线性微分方程，然后按线性系统的理论进行处理。该方法局限于小区域研究。

2. 逐段线性近似法（piecewise linear approximation method）

将非线性系统近似为几个线性区域，每个区域用相应的线性微分方程描述，将各段的解合在一起即可得到系统的全解。

3. 描述函数法（describing function method）

描述函数法是基于频域分析法和非线性特性谐波线性化的一种图解分析方法。该方法对于满足结构要求的一类非线性系统，通过谐波线性化，将非线性特性近似表示为复变增益环节，然后推广应用频率法，分析非线性系统的稳定性或自激振荡。描述函数法是线性控制系统理论中的频率法在非线性系统中的推广。

4. 相平面法（phase plane method）

相平面法是一种用图解法求解二阶非线性常微分方程的方法。该方法通过在相平面上绘制相轨迹曲线，确定非线性微分方程在不同初始条件下解的运动形式。相平面法仅适用一阶和二阶系统。

5. 逆系统法（inverse system method）

逆系统法是运用内环（inner loop）非线性反馈（feedback）控制，构成伪线性系统，并以此为基础，设计外环控制网络。该方法应用数学工具直接研究非线性控制问题，不必求解非线性系统的运动方程，是非线性系统控制研究的一个发展方向。

6. 李雅普诺夫第二法（Lyapunov direct method）

这是一种对线性与非线性系统都适用的方法。根据非线性系统动态方程的特性，用相关的方法求出李雅普诺夫函数 $V(x)$，然后根据 $V(x)$ 和 $\dot{V}(x)$ 的性质去判断非线性系统的稳定性。

本章只讨论用描述函数法和相平面法对非线性系统的分析。

专业术语中英文对照

非线性函数	nonlinear functions
随动系统	follow-up system/servo
饱和	saturation
死区	dead zone
间隙	gap
小偏差	short offset
叠加原理	principle of superposition
平衡状态	balanced state
收敛	convergence
振荡	oscillation
畸变	distortion
自激振荡	self-oscillation
拉普拉斯变换	Laplace transform
基频分量	fundamental frequency component
谐波分量	harmonic component
描述函数法	describing function method
相平面法	phase plane method

7.2 常见非线性及其对系统运动的影响

继电特性（relay characteristic）、死区、饱和、间隙和摩擦（friction）是实际系统中常见非线性因素。在很多情况下，非线性系统可以表示为在线性系统的某些环节的输入或输出端加入非线性环节。因此，非线性因素的影响使线性系统的运动发生变化。鉴于此，本节从物理概念的角度出发，基于线性系统的分析方法，对这类非线性系统进行定性分析，所得结论虽然不够严谨，但对分析常见非线性因素对系统运动的影响，具有一定的参考价值。以下分析中，采用简单的折线代替实际的非线性曲线，将非线性特性典型化，而由此产生的误差一般处于工程所允许的范围之内。

7.2.1 非线性特性的等效增益

设非线性特性可以表示为

$$y = f(x) \tag{7-12}$$

将非线性特性视为一个环节，环节的输入为 x，输出为 y，仿照线性系统中典型比例环节的描述，定义非线性环节输出 y 和输入 x 的比值为等效增益（equivalence gain），即

$$k = \frac{y}{x} = \frac{f(x)}{x} \tag{7-13}$$

应当指出，典型比例环节的增益为常数，输出和输入呈线性关系，而式（7-12）所示

非线性环节的等效增益为变增益，因而可将非线性特性视为变增益比例环节。当然，典型比例环节是变增益比例环节的特例。

继电器（relay）、接触器（contactor）和可控硅（silicon control）等电气元件的特性通常表现为继电特性。继电特性的等效增益曲线如图 7-6（a）所示。当输入 x 趋于零时，等效增益趋于无穷大；由于输出 y 的幅值保持不变，故当 $|x|$ 增大时，等效增益减小，$|x|$ 趋向于无穷大时，等效增益趋于零。

死区特性一般是由测量元件、放大元件及执行机构的不灵敏区造成的。死区特性的等效增益曲线如图 7-6（b）所示。当 $|x|<\Delta$ 时，$k=0$；当 $|x|>\Delta$ 时，k 为 $|x|$ 的增函数，且 $|x|$ 趋于无穷时，k 趋于 k_0。

放大器及执行机构受电源电压或功率的限制导致饱和现象，等效增益曲线如图 7-6（c）所示。当输入 $|x|\leq a$ 时，输出 y 随输入 x 线性变化，等效增益 $k=k_0$；当 $|x|>a$ 时，输出量保持常值，k 为 $|x|$ 的减函数，且随 $|x|$ 趋于无穷而趋于零。

齿轮（gear）、蜗轮轴系的加工及装配误差或磁滞效应（hysteresis effect）是形成间隙特性的主要原因。以齿轮传动为例，一对啮合齿轮，当主动轮驱动从动轮正向运行时，若主动轮改变方向，则须运行两倍的齿隙才可使从动轮反向运行，如图 7-6（d）所示。间隙特性为非单值函数

$$y=\begin{cases}k_0(x-b),&\dot{x}>0,x>-(a-2b)\\k_0(a-b),&\dot{x}<0,x>(a-2b)\\k_0(x+b),&\dot{x}<0,x<(a-2b)\\k_0(-a+b),&\dot{x}>0,x<-(a-2b)\end{cases} \qquad (7\text{-}14)$$

根据式（7-14）分段确定等效并作等效增益曲线如图 7-6（d）所示。受间隙特性的影响，在主动轮改变方向的瞬间和从动轮由停止变为跟随主动轮转动的瞬时 [$x=\pm(a+2b)$]，等效增益曲线发生转折；当主动轮转角过零时，等效增益发生 $+\infty$ 到 $-\infty$ 的跳变，在其他运动点上，等效增益的绝对值为 $|x|$ 的减函数。

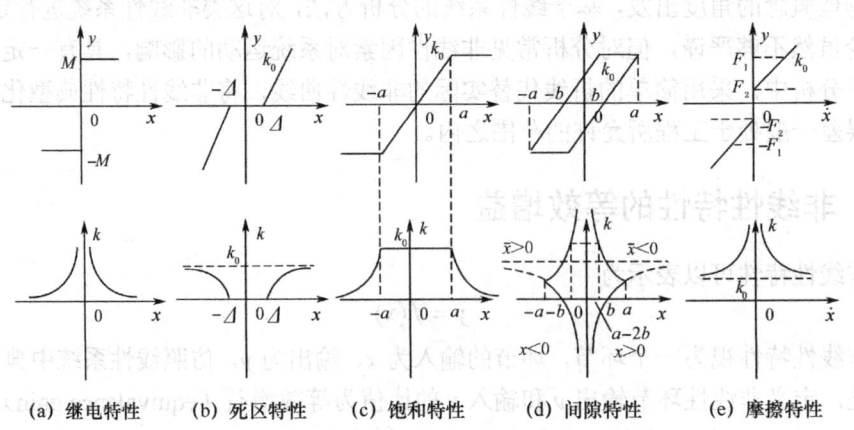

(a) 继电特性　　(b) 死区特性　　(c) 饱和特性　　(d) 间隙特性　　(e) 摩擦特性

图 7-6　常见非线性特性的等效增益曲线

摩擦特性是机械传动（mechanically-driven）机构中普遍存在的非线性特性。摩擦力阻

挠系统的运动，即表现为与物体运动方向相反的制动力。摩擦力一般表示为三种形式的组合，如图 7-6（e）所示。图中，F_1 是物体开始运动须克服的静摩擦力；当系统开始运动后，则变为动摩擦力 F_2；第三种摩擦力为黏性摩擦力，与物体运动的滑动平面相对速率成正比。摩擦特性的等效增益为物体运动速率 $|\dot{x}|$ 的减函数。$|\dot{x}|$ 趋于无穷大时，等效增益趋于 k_0；当 $|\dot{x}|$ 在零附近进行微小变化时，由于静摩擦力和动摩擦力的突变式转变，等效增益变化剧烈。

7.2.2 常见非线性因素对系统运动的影响

非线性特性对系统性能的影响是多方面的，难以一概而论。为了便于定性分析，采用图 7-7 所示的结构形式。图中 k 为非线性特性等效增益，$G(s)$ 为线性部分的传递函数，K^* 为线性部分的开环根轨迹增益。当忽略或不考虑非线性因素，即 k 为常数时，非线性系统表现为线性系统，因此非线性系统的分析可以仿照线性系统分析来进行。由于非线性特性可以用等效增益表示，图 7-7 所示的非线性系统的零极点与开环根轨迹增益为 $k \cdot K^*$ 时的线性系统的零极点相同。非线性因素对系统运动的影响是通过等效增益的变化改变系统的闭环极点的位置实现的，因而仍可采用根轨迹分析法。

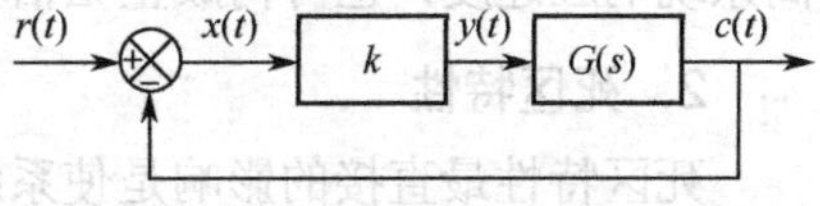

图 7-7 等效增益表示的非线性系统

1. 继电特性

由图 7-6（a）所示继电特性的等效增益曲线知，$0 < k < \infty$，且为 $|x|$ 的减函数。对于图 7-7 所示系统，讨论以下两种情况。

（1）取 $G(s) = \dfrac{K^*}{s(s+2)}$，由于闭环系统对于任意的 k 值均稳定，$|x(t)|$ 将趋向于零。由图 7-8（a）所示根轨迹可知，由 $|x(t)|$ 的减少，k 随之增大，系统闭环极点将沿着根轨迹的方向最终趋于 $-1 \pm j\infty$，因为实际系统中的继电特性总是具有一定的开关速度，因此 $x(t)$ 呈现为零附近的高频小幅度振荡。当输入 $r(t) = 1(t)$ 时，非线性系统的单位阶跃响应的稳态过程亦呈现为 $1(t)$ 叠加高频小幅度振荡的运动形式。

（2）取 $G(s) = \dfrac{K^*}{s(s+2)(s+3)}$，由图 7-8（b）所示，根轨迹与虚轴的交点为 $\pm j\sqrt{6}$。交点处根轨迹增益 $kK^* = 30$，由此可确定此时继电特性的输入幅值 $x_1 = \dfrac{K^*M}{30}$。当 $|x(t)| > x_1$ 时，继电特性的等效增益 $k < \dfrac{30}{K^*}$，由根轨迹曲线可知，系统闭环极点均位于 s 平面的左半平面，系统闭环稳定，故 $x(t)$ 的幅值将减小，等效增益 k 随之增大，系统两个闭环极点将沿根轨迹的方向趋于 $\pm j\sqrt{6}$；当 $|x(t)| < x_1$ 时，继电特性的等效增益 $k > \dfrac{30}{K^*}$，系统有两个闭环极点位于 s 平面的右半平面，系统闭环不稳定，故 $x(t)$ 的幅值将增大，等效增益 k 随之减小，系统两个闭环极点也将沿着根轨迹的反方向趋于 $\pm j\sqrt{6}$。由于系统具有惯性，故 $x(t)$ 最终将保持 $\dfrac{K^*M}{30}\sin\sqrt{6}t$ 的等幅振荡形式。

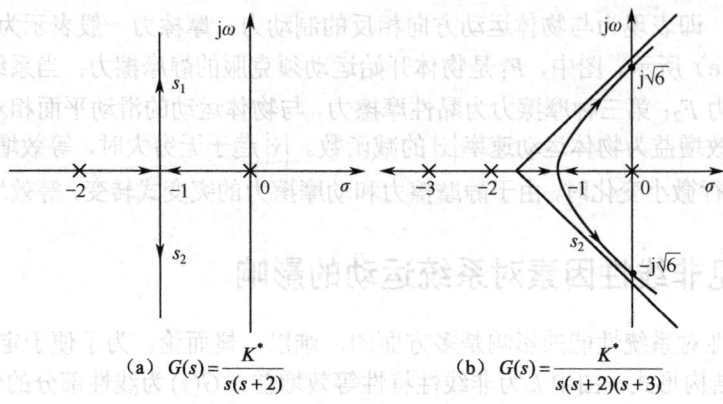

(a) $G(s) = \dfrac{K^*}{s(s+2)}$ (b) $G(s) = \dfrac{K^*}{s(s+2)(s+3)}$

图 7-8 线性系统的根轨迹

上述分析表明，继电特性常常使系统产生振荡现象，但如果选择合适的继电特性可提高系统响应速度，也可构成正弦信号发生器。

2．死区特性

死区特性最直接的影响是使系统存在稳态误差，当 $|x(t)|<\Delta$ 时，由于 $k=0$，系统处于开环状态，失去调节作用。当系统输入为速度信号时，受死区的影响，在 $|r-c|<\Delta$ 时，系统无调节作用，因而导致系统输出在时间上的滞后，降低了系统的跟踪精度。而在另一方面，当系统输入端存在小扰动信号时，在系统动态过程的稳态值附近，死区的作用可减小扰动信号的影响。

考虑死区对图 7-8（a）所示系统动态性能的影响。设无死区特性时，系统闭环极点位于根轨迹曲线上 $s_1,\overline{s}_1$ 处，阻尼比较小，系统动态过程超调量较大。由于死区的存在，使非线性特性的等效增益在 $0\sim k_0$ 之间变化。当 $|x(t)|$ 较大时，闭环极点为阻尼比较小的共轭复极点，系统响应速度快，当 $|x(t)|$ 较小时，等效增益下降，闭环极点为具有较大阻尼比的共轭复极点或实极点，系统振荡性减弱，因而可降低系统的超调量。

3．饱和特性

饱和特性的等效增益曲线表明，饱和现象将使系统的开环增益在饱和区时下降，控制系统设计时，为使功放元件得到充分利用，应力求使功放首先进入饱和；为获得较好的动态性能，应通过合适选择线性区增益和饱和电压，使系统既能获得较小的超调量，又能保证较大的开环增益，减少稳态误差。

4．间隙特性

间隙的存在，相当于死区的影响，会降低系统的跟踪精度。由于间隙为非单值函数，对于相同的输入值 $x(t)$，输出 $y(t)$ 的取值还取决于 $\dot{x}(t)$ 的符号，因而受其影响负载系统的运动变化剧烈。首先分析能量的变化，由于主动轮转向时，需先越过两倍的齿隙，不驱动负载，导致能量的积累。当主动轮越过齿隙重新驱动负载时，积累能量的释放将使负载运动变化加剧。而间隙过大，则蓄能过多，将会造成系统自振。再分析等效增益曲线，可以发现，在主动轮转向和越过齿隙的瞬间，等效增益曲线产生切变。而在 $x(t)$ 过零处，等效增益将产生+∞到−∞的跳变。若取 $G(s) = \dfrac{K^*}{s(s+2)}$，$x(t)$ 信号过零前，k 趋于+∞，$x(t)$ 以高频率振荡形式收敛，而过零后，k 由−∞趋于 0，系统闭环不稳定，表现为迅速发散。上述分析表明，间隙特性将严重影响系统的性能，必须加以克服。通常，可通过提高齿轮的加工和装配精度减小间隙，使用双片齿轮消除齿隙和设计各种校正装置补偿间隙的影响。

5. 摩擦特性

摩擦对系统性能的影响最主要是造成系统低速运动的不平滑性，即当系统的输入轴进行低速平稳运转时，输出轴的旋转呈现跳跃式的变化。这种低速爬行现象是由静摩擦到动摩擦的跳跃产生的。传动机构的结构图如图7-9所示，其中 J 为转动惯量，i 为齿轮系转速比，$\theta(t)$ 为输出轴角度。由于输入转矩须克服静态转矩 F_1 方使输出轴由静止开始转动，而一旦输出轴转动，摩擦转矩即由 F_1 迅速降为动态转矩 F_2，因而造成输出轴在小角度（零附近）产生跳动式变化。反映在等效增益上，在 $x(t)$ 为零处表现为能量为 F_1 的正脉冲和能量为 F_1-F_2 的负脉冲。对于雷达、天文望远镜、火炮等高精度控制系统，这种脉冲式的输出变化产生的低速爬行现象往往导致不能跟踪目标，甚至丢失目标。

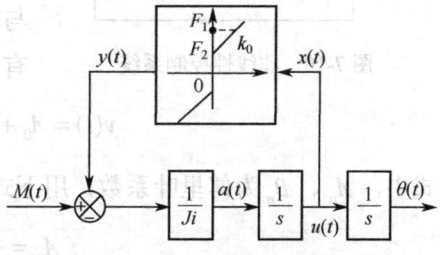

图 7-9 传动机构结构图

以上主要是通过等效增益概念在一般意义上针对特定的系统定性分析了常见非线性因素对系统性能的影响，在其他情况下不一定适用，具体问题必须具体分析。而欲获得较为准确的结论，还应采用有效的方法对非线性系统作进一步的定量分析。

专业术语中英文对照

继电特性	relay characteristic
摩擦	friction
等效增益	equivalence gain
接触器	contactor
可控硅	silicon control
磁滞效应	hysteresis effect
机械传动	mechanically-driven

7.3 描述函数

描述函数法是达尼尔（P. J. Daniel）于1940年首先提出的，其基本思想是：当系统满足一定的假设条件时，系统中非线性环节在正弦信号作用下的输出可用一次谐波分量（harmonic component）来近似，由此导出非线性环节的近似等效频率特性，即描述函数（describing function）。这时非线性系统就近似等效为一个线性系统，并可应用线性系统理论中的频率法对系统进行频域分析。

描述函数法主要用来分析在无外来作用的情况下，非线性系统的稳定性和自激振荡问题，并且不受系统阶次的限制，一般都能给出比较满意的结果，因而获得了广泛的应用。但因其本身也是一种近似的分析方法，所以该方法的应用有一定的限制条件。另外，描述函数法只能用来研究系统的频率响应特性，不能给出时间响应的确切信息。

7.3.1 描述函数的基本概念

设一非线性系统如图 7-10 所示。图中 $G(s)$ 为线性环节，N 表示非线性元件，若在非线性元件 N 的输入端施加一幅值（amplitude）为 X、频率为 ω 的正弦信号，即 $e(t) = X\sin\omega t$，则其输出一般不是与输入信号 $e(t)$ 具有相同频率的正弦信号，而是一个含有高次谐波的周期性函数，用傅氏级数表示为

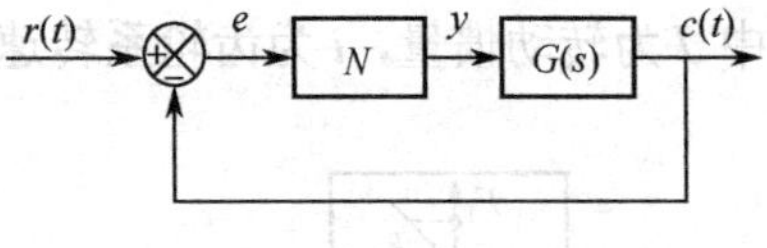

图 7-10 非线性控制系统

$$y(t) = A_0 + \sum_{n=1}^{\infty}(A_n \cos n\omega t + B_n \sin n\omega t) \tag{7-15}$$

式中，A_n、B_n 为傅里叶系数，用下式描述：

$$A_n = \frac{1}{\pi}\int_0^{2\pi} y(t)\cos n\omega t \mathrm{d}(\omega t) \tag{7-16}$$

$$B_n = \frac{1}{\pi}\int_0^{2\pi} y(t)\sin n\omega t \mathrm{d}(\omega t) \tag{7-17}$$

而直流分量

$$A_0 = \frac{1}{\pi}\int_0^{2\pi} y(t)\mathrm{d}(\omega t)$$

假设非线性元件的特性对坐标原点是奇对称的，则直流分量 $A_0 = 0$。由于描述函数主要用来分析非线性系统的稳定性和自激振荡问题，因而可令 $r(t) = 0$，并设系统的线性部分具有良好的低通滤波器（low-pass filter）特性，能把输出 y 中的各项高次谐波滤掉，只剩下一次谐波项，即

$$y(t) = A_1\cos\omega t + B_1\sin\omega t = Y_1\sin(\omega t + \varphi_1) \tag{7-18}$$

式中

$$Y_1 = \sqrt{A_1^2 + B_1^2}, \quad \varphi_1 = \arctan\frac{A_1}{B_1} \tag{7-19}$$

上述的简化过程实质上是对非线性特性线性化的过程。经过上述处理后，非线性元件的输出是一个与其输入信号同频率的正弦函数，仅在幅值和相位上与输入信号有差异。必须注意，上述的线性化是有条件的，这些条件归纳为下面 4 点：

（1）系统的输入 $r(t) = 0$，非线性元件的输入信号为正弦函数，即

$$e(t) = X\sin\omega t$$

（2）非线性元件的静特性不是时间 t 的函数（即非储能元件）。

（3）非线性元件是奇对称的，即

$$f_1(e) = -f_1(-e)$$

因而，在正弦信号作用下，非线性元件输出的平均值（直流分量）等于零。

（4）系统的线性部分具有良好的低通滤波器性能。对控制系统而言，这个条件一般能得到满足。显然线性部分的阶次越高，其低通滤波性能也越好。

经过线性化处理后非线性元件的输出与输入的关系可以用下列的复数比表示

$$N(X) = \frac{Y_1}{X} \angle \varphi_1 = \frac{\sqrt{A_1^2 + B_1^2}}{X} \angle \arctan \frac{A_1}{B_1} \qquad (7\text{-}20)$$

式中，$N(X)$ 称为非线性特性的描述函数，它表示非线性特性输出的一次谐波分量对其正弦输入的复数比；Y_1 为输出一次谐波分量的振幅；X 为正弦输入（sinusoidal input）信号的振幅；φ_1 为输出的一次谐波分量相对于正弦输入信号的相移。用描述函数 $N(X)$ 代替非线性元件后，图 7-10 所示的非线性系统便变为图 7-11 所示。由于图 7-11 为一个近似的线性系统，因而可以用线性控制理论中的频率法对它进行分析。

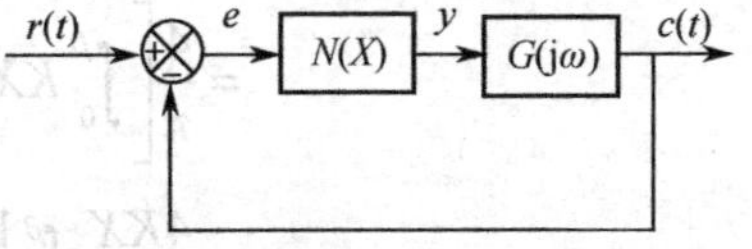

图 7-11 用描述函数表示非线性特性的系统

在一般的情况下，描述函数 $N(X)$ 为正弦输入幅值 X 的函数，与其频率无关。当非线性特性为单值函数时，相应的描述函数 $N(X)$ 为一实数，表示其输出信号的一次谐波与正弦输入信号是同相的。在应用描述函数分析非线性系统之前，先举几个例题，以说明非线性元件描述函数的求解方法。

7.3.2 非线性元件描述函数的举例

1. 饱和非线性

图 7-12（a）所示是饱和非线性元件的输入/输出特性曲线。这种非线性元件对于小信号输入（$x \leq a$）时，其输出与输入是成比例的；对于大的输入信号（$x > a$），其输出为常量。图 7-12（b）所示为正弦波通过饱和非线性元件后的输出波形。

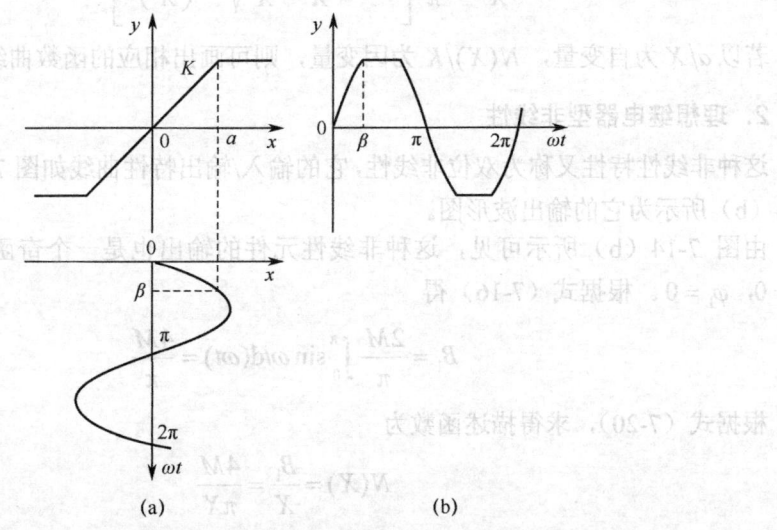

图 7-12 饱和非线性及其输入/输出波形

由图 7-12（b）可知，输出 $y(t)$ 是一个周期性的奇函数，因而它的傅氏级数展开式中既没有直流项，也没有余弦项，即 $A_0 = 0$，$A_1 = 0$，$\varphi_1 = 0$。其中一次正弦谐波分量为

$$y_1(t) = Y_1 \sin \omega t = B_1 \sin \omega t \tag{7-21}$$

式中

$$\begin{aligned}
B_1 &= \frac{1}{\pi} \int_0^{2\pi} y(t) \sin \omega t \, d(\omega t) \\
&= \frac{4}{\pi} \int_0^{\frac{\pi}{2}} y(t) \sin \omega t \, d(\omega t) \\
&= \frac{4}{\pi} \left[\int_0^{\beta} KX \sin^2 \omega t \, d(\omega t) + \int_{\beta}^{\frac{\pi}{2}} Ka \sin \omega t \, d(\omega t) \right] \\
&= \frac{4KX}{\pi} \int_0^{\beta} \frac{1 - \cos 2\omega t}{2} d(\omega t) + \frac{4Ka}{\pi} \int_{\beta}^{\frac{\pi}{2}} \sin \omega t \, d(\omega t) \\
&= \frac{4}{\pi} \left[\frac{KX}{2} \left(\beta - \frac{\sin 2\beta}{2} \right) + Ka \cos \beta \right] \\
&= \frac{2KX}{\pi} (\beta + \sin \beta \cos \beta)
\end{aligned}$$

由于 $X \sin \beta = a$，故 $\sin \beta = \frac{a}{X}$，$\beta = \arcsin \frac{a}{X}$，代入上式得

$$B_1 = \frac{2KX}{\pi} \left[\arcsin \frac{a}{X} + \frac{a}{X} \sqrt{1 - \left(\frac{a}{X} \right)^2} \right] \tag{7-22}$$

据此，求得饱和特性元件的描述函数为

$$N(X) = \frac{B_1}{X} = \frac{2K}{\pi} \left[\arcsin \frac{a}{X} + \frac{a}{X} \sqrt{1 - \left(\frac{a}{X} \right)^2} \right] \quad (X \geq a) \tag{7-23}$$

若以 a/X 为自变量，$N(X)/K$ 为因变量，则可画出相应的函数曲线，如图 7-13 所示。

2. 理想继电器型非线性

这种非线性特性又称为双位非线性，它的输入/输出特性曲线如图 7-14（a）所示。图 7-14（b）所示为它的输出波形图。

由图 7-14（b）所示可见，这种非线性元件的输出也是一个奇函数，因而有 $A_0 = 0$，$A_1 = 0$，$\varphi_1 = 0$。根据式（7-16）得

$$B_1 = \frac{2M}{\pi} \int_0^{\pi} \sin \omega t \, d(\omega t) = \frac{4M}{\pi} \tag{7-24}$$

根据式（7-20），求得描述函数为

$$N(X) = \frac{B_1}{X} = \frac{4M}{\pi X} \tag{7-25}$$

若以 M/X 为自变量，$N(X)$ 为因变量，则可画出相应描述函数的曲线，如图 7-15 所示。

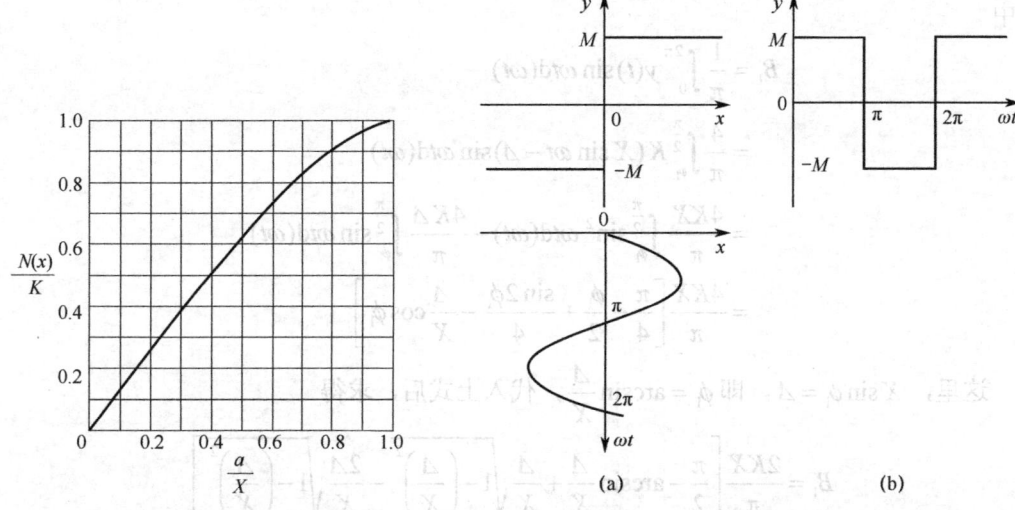

图 7-13 饱和非线性的描述函数　　　图 7-14 理想继电器型非线性及其输入/输出波形

3. 死区非线性

图 7-16（a）所示为非典型的死区非线性特性，图 7-16（b）所示为其输出波形。由图可见，在有死区的元件中，当其输入信号的幅值在死区范围内时，该元件就没有输出。

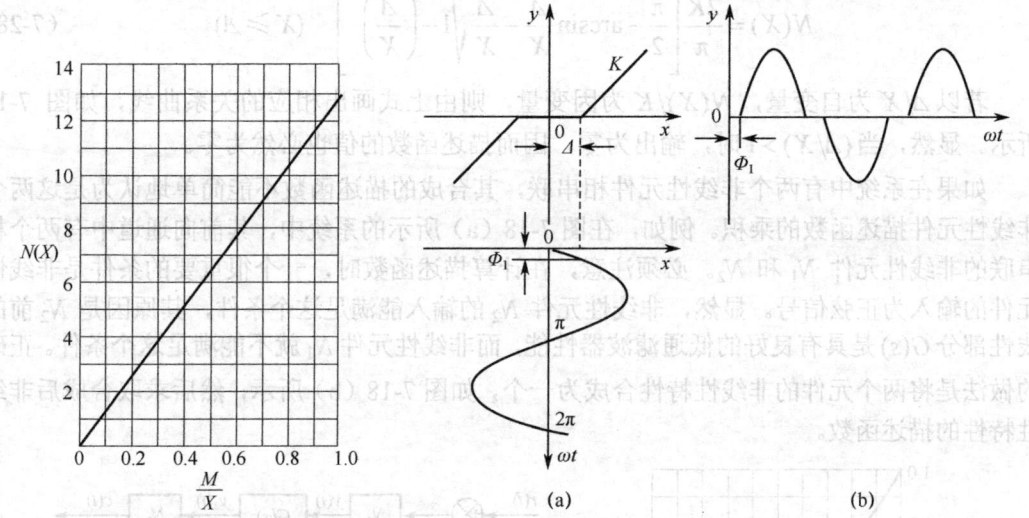

图 7-15 理想继电器型非线性的描述函数　　　图 7-16 死区非线性及其输入/输出波形

对于图 7-16（a）所示的死区非线性特性，当 $0 \leq \omega t \leq \pi$ 时，输出 $y(t)$ 由下式给出

$$y(t) = \begin{cases} 0 & 0 \leq \omega t < \phi_1 \\ K(X\sin\omega t - \Delta) & \phi_1 \leq \omega t < \pi - \phi_1 \\ 0 & \pi - \phi_1 \leq \omega t \leq \pi \end{cases} \quad (7\text{-}26)$$

由输出 $y(t)$ 的波形可知，$A_0 = 0$，$A_1 = 0$，$\phi_1 = 0$。$y(t)$ 中的一次正弦谐波分量为

$$y_1(t) = B_1 \sin\omega t$$

式中

$$B_1 = \frac{1}{\pi}\int_0^{2\pi} y(t)\sin\omega t\,\mathrm{d}(\omega t)$$

$$= \frac{4}{\pi}\int_{\phi_1}^{\frac{\pi}{2}} K(X\sin\omega t - \Delta)\sin\omega t\,\mathrm{d}(\omega t)$$

$$= \frac{4KX}{\pi}\int_{\phi_1}^{\frac{\pi}{2}}\sin^2\omega t\,\mathrm{d}(\omega t) - \frac{4K\Delta}{\pi}\int_{\phi_1}^{\frac{\pi}{2}}\sin\omega t\,\mathrm{d}(\omega t)$$

$$= \frac{4KX}{\pi}\left[\frac{\pi}{4} - \frac{\phi_1}{2} + \frac{\sin 2\phi_1}{4} - \frac{\Delta}{X}\cos\phi_1\right]$$

这里，$X\sin\phi_1 = \Delta$，即 $\phi_1 = \arcsin\dfrac{\Delta}{X}$，代入上式后，求得

$$B_1 = \frac{2KX}{\pi}\left[\frac{\pi}{2} - \arcsin\frac{\Delta}{X} + \frac{\Delta}{X}\sqrt{1-\left(\frac{\Delta}{X}\right)^2} - \frac{2\Delta}{X}\sqrt{1-\left(\frac{\Delta}{X}\right)^2}\right] \quad (7\text{-}27)$$

$$= \frac{2KX}{\pi}\left[\frac{\pi}{2} - \arcsin\frac{\Delta}{X} - \frac{\Delta}{X}\sqrt{1-\left(\frac{\Delta}{X}\right)^2}\right]$$

于是按式（7-20）求得死区非线性元件的描述函数为

$$N(X) = \frac{2K}{\pi}\left[\frac{\pi}{2} - \arcsin\frac{\Delta}{X} - \frac{\Delta}{X}\sqrt{1-\left(\frac{\Delta}{X}\right)^2}\right] \quad (X \geq \Delta) \quad (7\text{-}28)$$

若以 Δ/X 为自变量，$N(X)/K$ 为因变量，则由上式画出相应的关系曲线，如图 7-17 所示。显然，当 $(\Delta/X) > 1$ 时，输出为零，因而描述函数的值也必然为零。

如果在系统中有两个非线性元件相串联，其合成的描述函数不能简单地认为是这两个非线性元件描述函数的乘积。例如，在图 7-18（a）所示的系统中，其前向通道中有两个相串联的非线性元件 N_1 和 N_2。必须注意，在计算描述函数时，一个很重要的条件是非线性元件的输入为正弦信号。显然，非线性元件 N_2 的输入能满足这个条件，其原因是 N_2 前的线性部分 $G(s)$ 是具有良好的低通滤波器性能，而非线性元件 N_1 就不能满足这个条件。正确的做法是将两个元件的非线性特性合成为一个，如图 7-18（b）所示，然后求取合成后非线性特性的描述函数。

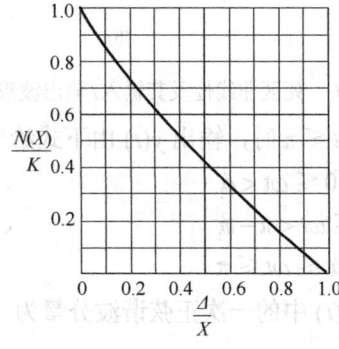

图 7-17 死区非线性的描述函数

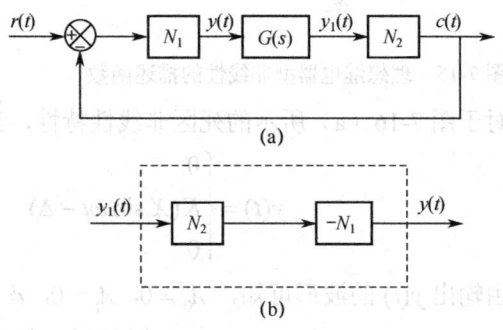

图 7-18 两个非线性元件相串联的系统

表 7-1 列出了常见的典型非线性特性的描述函数和负倒描述函数曲线。

表 7-1　常见典型非线性特性的描述函数和负倒描述函数曲线

非线性类型	非线性特性	描述函数 $N(X)$	负倒描述函数曲线 $-1/N(X)$
理想继电特性		$\dfrac{4M}{\pi X}$	$X=0$ 处, $X\to\infty$ 指向 0 (Re 轴负半轴)
有死区的继电特性		$\dfrac{4M}{\pi X}\sqrt{1-\left(\dfrac{h}{X}\right)^2},\ X\geq h$	负实轴上, 端点 $-\dfrac{\pi h}{2M}$, $X=h$, $X\to\infty$
带滞环的继电特性		$\dfrac{4M}{\pi X}\sqrt{1-\left(\dfrac{h}{X}\right)^2}-j\dfrac{4Mh}{\pi X^2},\ X\geq h$	水平线 $\mathrm{Im}=-j\dfrac{\pi h}{4M}$, $X=h$, $X\to\infty$
饱和特性		$\dfrac{2K}{\pi}\left[\arcsin\dfrac{a}{X}+\dfrac{a}{X}\sqrt{1-\left(\dfrac{a}{X}\right)^2}\right],\ X\geq a$	负实轴, 起点 $-\dfrac{1}{K}$ ($X=a$), $X\to\infty$
有死区的饱和特性		$\dfrac{2K}{\pi}\left[\arcsin\dfrac{a}{X}-\arcsin\dfrac{\Delta}{X}+\dfrac{a}{X}\sqrt{1-\left(\dfrac{a}{X}\right)^2}\right.$ $\left.-\dfrac{\Delta}{X}\sqrt{1-\left(\dfrac{\Delta}{X}\right)^2}\right],\ X\geq a$	$n=\dfrac{a}{\Delta}$, $n=2,\ 3,\ 5$
死区特性		$\dfrac{2K}{\pi}\left[\dfrac{\pi}{2}-\arcsin\dfrac{\Delta}{X}-\dfrac{\Delta}{X}\sqrt{1-\left(\dfrac{\Delta}{X}\right)^2}\right],\ X\geq\Delta$	负实轴, $-\dfrac{1}{K}$, $X=\Delta$, $X\to\infty$
间隙特性		$\dfrac{K}{\pi}\left[\dfrac{\pi}{2}+\arcsin\left(1-\dfrac{2b}{X}\right)+\right.$ $\left.2\left(1-\dfrac{2b}{X}\right)\sqrt{\dfrac{b}{X}\left(1-\dfrac{b}{X}\right)}\right]+$ $j\dfrac{4Kb}{\pi X}\sqrt{\dfrac{b}{X}-1},\ X\geq b$	$-\dfrac{1}{K}$, $X\to\infty$, $X=b$

7.3.3 用描述函数法分析非线性控制系统

描述函数仅表示非线性元件在正弦输入信号作用下，其输出的基波分量与输入正弦信号的关系，因而它不可能像线性系统中的频率特征那样能全面地表征系统的性能，只能近似地用于分析非线性系统的稳定性和自激振荡。

设非线性系统的框图如图 7-19 所示。图中非线性部分用描述函数 $N(X)$ 表示，$G(j\omega)$ 是线性部分的频率特性，基于自激振荡只与非线性系统的结构和参数有关，与外施信号（或初始条件）无关，因而可假设输入 $r(t)=0$。显然，当系统产生自激振荡时，其闭合路径上的各点都会出现相同频率的正弦振荡信号。若把图 7-19 中 $N(X)$ 和 $G(j\omega)$ 间的通路断开，如图 7-20 所示，并在 $G(j\omega)$ 的输入端加一正弦信号 $y_1(t)=Y_1\sin\omega t$，则 $N(X)$ 的输出为

$$y(t)=-G(j\omega)N(X)y_1(t)$$

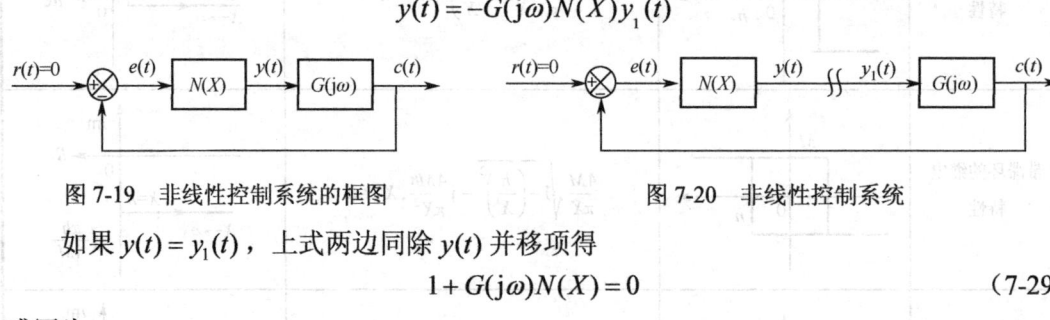

图 7-19 非线性控制系统的框图　　图 7-20 非线性控制系统

如果 $y(t)=y_1(t)$，上式两边同除 $y(t)$ 并移项得

$$1+G(j\omega)N(X)=0 \tag{7-29}$$

或写为

$$G(j\omega)=-\frac{1}{N(X)} \tag{7-30}$$

式中，$-1/N(X)$ 叫做非线性特性的负倒描述函数。依据非线性特性的描述函数 $N(X)$，写出 $-1/N(X)$ 表达式，令 X 从小到大取值，并在复平面上描点，就可以画出对应的负倒描述函数曲线。表 7-1 列出了常见非线性元件的负倒描述函数图，以便使用时查找。

若把 $N(X)$ 与 $G(j\omega)$ 间通路的断点接上，即使撤消外施信号 y_1，系统的振荡也能持续下去。不难看出，式（7-30）就是系统产生自激振荡的条件。上述情况与线性系统中 $G(j\omega)H(j\omega)$ 曲线穿过 GH 平面上的 $(-1,j0)$ 点相类似。用描述函数判别非线性系统的稳定性时，其临界稳定点并不像纯正线性系统那样固定不变，而与非线性元件正弦输入的振幅 X 有关，非线性特性的负倒描述函数曲线 $-\dfrac{1}{N(X)}$ 便是这种稳定临界点的轨迹。这样，乃奎斯特稳定判据就能适应于非线性特性用描述函数表示的非线性系统。

假设系统的线性部分由最小相位元件组成，则乃奎斯特稳定判据为：（1）如果 $-\dfrac{1}{N(X)}$ 轨迹没有被 $G(j\omega)$ 曲线所包围，如图 7-21（a）所示，则非线性系统是稳定的。（2）反之，如果 $-\dfrac{1}{N(X)}$ 轨迹被 $G(j\omega)$ 曲线所包围，如图 7-21（b）所示，则相应的非线性系统为不稳定的。（3）如果 $-\dfrac{1}{N(X)}$ 轨迹与 $G(j\omega)$ 曲线相交，则系统的输出有可能产生自激振荡。严格

地说，这种自激振荡一般不是正弦的，但可以用一个正弦振荡来近似。自激振荡的幅值和频率是由交点处的 $-\dfrac{1}{N(X)}$ 轨迹上的 X 值和 $G(j\omega)$ 曲线上的 ω 值来表示。

然而，并非在所有的交点处都能产生自激振荡。例如在图 7-21（c）中，$G(j\omega)$ 曲线与 $-\dfrac{1}{N(X)}$ 有 A、B 两个交点。下面以乃氏判据为准则，分析产生于 A、B 两点处的自激振荡。

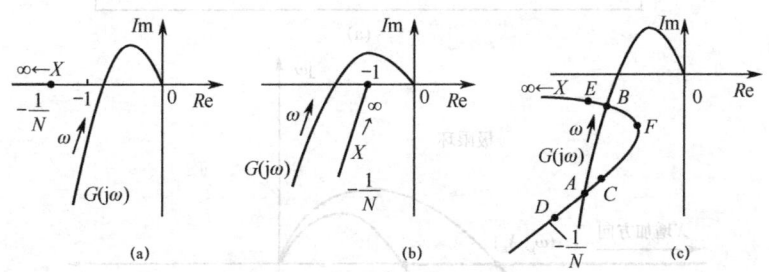

图 7-21 非线性系统的稳定性判别

设系统工作于 A 点，若受到一微小的扰动，使非线性元件正弦输入的幅值略有增大。工作点由 $-\dfrac{1}{N(X)}$ 轨迹上的 A 点移动到 C 点。由于 C 点被 $G(j\omega)$ 曲线所包围，因而相应的系统是不稳定的，从而导致系统振荡的加剧，振幅继续增大，使工作点由 C 点向 B 点移动。反之，若在 A 点受到的扰动使非线性元件输入的幅值略有减小，如使工作点从 $-\dfrac{1}{N(X)}$ 轨迹上的 A 点偏移到 D 点。由于 D 点未被 $G(j\omega)$ 曲线包围，故此时系统处于稳定状态，系统的振荡将减弱，振幅会不断地衰减，使工作点向左下方移动。由此可见，在 A 点处产生的自激振荡是不稳定的。

用同样的方法，可判别系统在 B 点处产生的自激振荡是稳定的。这表示系统工作在 B 点即使受到干扰的作用，使非线性元件正弦输入的幅值不论增大还是减少（由 B 点偏移到 E 点或 F 点），只要干扰信号（disturbing signal）一消失，系统最后仍能回到原来的工作状态 B。由此可见，在 B 处产生的自激振荡是稳定的。

一般来说，控制系统不希望有自激振荡现象产生，为此在设计时，应通过参数的调整和加校正装置（correcting unit）等方法，尽量避免这种现象的出现。

例 7-1 具有饱和放大器的非线性系统如图 7-22（a）所示，其中放大器线性区的增益为 K。试确定系统临界稳定时的 K 值，并计算当 $K=3$ 时，系统产生自激振荡的幅值和频率。

解：令放大器的增益为 1，把其增益 K 归算到系统的线性部分。由式（7-23）得

$$-\dfrac{1}{N(X)} = \begin{cases} -1 & , X < 1 \\ \dfrac{-\pi/2}{\arcsin(1/X)+(1/X)\sqrt{1-(1/X)^2}} & , X \geq 1 \end{cases} \qquad (7\text{-}31)$$

由式（7-31）可知，描述函数的负倒特性 $-\dfrac{1}{N(X)}$ 起始于 $(-1, j0)$，并随着幅值 X 的增大沿着复平面（complex plane）的负实轴（real axis）向左移动，如图 7-22（b）所示。令

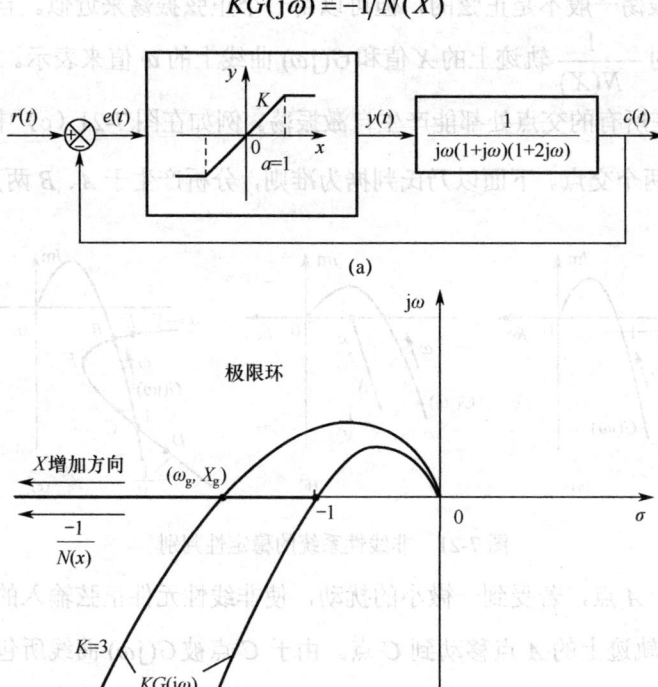

图 7-22 具有饱和放大器的非线性系统

在图中可大致画出负倒描述函数曲线及线性部分的乃氏曲线，在两曲线交点处，$G(j\omega)$ 的相角为

$$\varphi(\omega_g) = -90° - \arctan \omega_g - \arctan 2\omega_g = -180°$$

即有

$$\arctan \omega_g + \arctan 2\omega_g = 90°$$

对上式取正切得

$$\frac{2\omega_g + \omega_g}{1 - 2\omega_g^2} = \infty$$

解之，求得 $\omega_g = 1/\sqrt{2}\, s^{-1}$。

当 $KG(j\omega)$ 曲线通过 $(-1, j0)$ 点，即系统处于临界稳定（marginally stable）状态时，对应的 K 值应满足下式

$$\left|KG(j\omega)\right|_{\omega_g=1/\sqrt{2}} = 1$$

$$\frac{K}{1/\sqrt{2} \times \sqrt{3/2} \times \sqrt{3}} = 1$$

解得 $K = 3/2$。

当 $K=3$ 时，$KG(j\omega)$ 曲线与 $-1/N(X)$ 轨迹相交于负实轴。根据上述判别稳定自激振荡的方法，可知在相交点处系统有稳定的自激振荡，其振荡频率（oscillating frequency）为 $\omega_g = 1/\sqrt{2}s^{-1}$，而振幅 X_g 由下式求得

$$\frac{1}{N(X_g)} = |KG(j\omega)|_{\omega_g = 1/\sqrt{2}} = 3 \times \frac{2}{3} = 2$$

即 $N(X_g) = 1/2$，$N(X_g)/K = 0.5/3 = 0.166$。据此，由图 7-13 所示的曲线查得 $X_g \approx 6.5$。

专业术语中英文对照

频域分析	frequency-domain analysis
幅值	amplitude
低通滤波器	low-pass filter
正弦输入	sinusoidal input
校正装置	correcting unit
振荡频率	oscillating frequency

7.4 相平面法

相平面法由庞加莱（J. H. Poincaré）于 1885 年首先提出。该方法是一种用图解法求解二阶非线性常微分方程的方法。相平面（phase plane）上的轨迹曲线描述了系统状态的变化过程，因此可以在相平面图上分析平衡状态的稳定性和系统的时间响应特性。

用相平面法分析非线性系统时，通常会遇到两类问题。一类是系统的非线性方程可解析处理的，即在奇点附近将非线性方程线性化，然后根据线性方程式根的性质去确定奇点的类型，并用图解法或解析法画出奇点附近的相轨迹。另一类非线性方程是不可以解析处理的，对于这类非线性系统，一般将非线性元件的特性做分段线性化处理，即把整个相平面分成若干个区域，使每一个区域成为一个单独的线性的工作状态，有其相应的微分方程和奇点。如果奇点位于该区域内，则称该奇点为实奇点。反之，若奇点位于该区域外，则表示这个区域内的相轨迹实际上不可能到达该平衡点，因而这种奇点被称为虚奇点。只要把各个区域内的相轨迹做出，然后在各区域的边界线上（边界线又称相轨迹的切换线）把相应的相轨迹依次连接起来，就可得到系统完整的相轨迹图。

7.4.1 相平面的基本概念

考虑可用下列常微分方程描述的二阶时不变系统：

$$\ddot{x} + f(x, \dot{x}) = 0 \tag{7-32}$$

式中，$f(x, \dot{x})$ 是 x 和 $\dot{x}$ 的线性或非线性函数。在一组非全零初始条件下（$\dot{x}(0)$ 和 $x(0)$ 不全为零），系统运动可以用 $x(t)$ 和 $\dot{x}(t)$ 随时间变化的曲线描述，如图 7-23（b）和（c）所示。$x(t)$ 和 $\dot{x}(t)$ 称为系统运动的相变量（状态变量），以 x 为横坐标、以 $\dot{x}$ 为纵坐标构成的直角坐标平面称为相平面。系统的每一个状态均对应于该平面上的一点。当 t 变化时，这一

点在 $x-\dot{x}$ 平面上描绘出的轨迹表征系统状态的演变过程，该轨迹就叫做相轨迹，如图 7-23（a）所示。

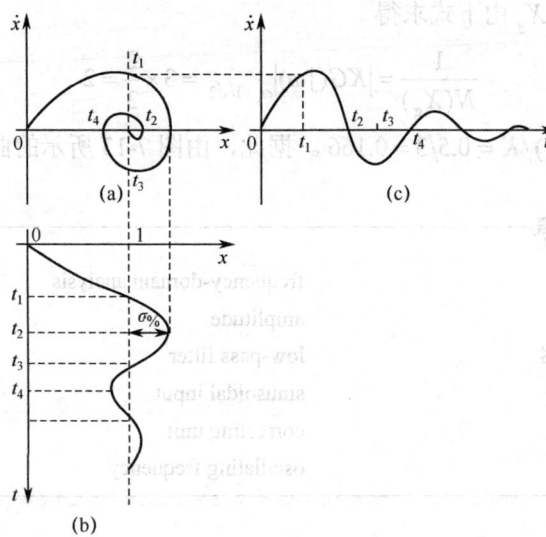

图 7-23 相平面 σ

相平面和相轨迹曲线簇构成相平面图。相平面图清楚地表示了系统在各种初始条件下的运动过程。

相平面的上半平面中，由于 $\dot{x} > 0$，x 随时间的增加而增大，则相轨迹向 x 轴正方向移动，所以上半部分相轨迹箭头向右；同理，下半相平面中 $\dot{x} < 0$，相轨迹箭头向左。总之，相轨迹总是按顺时针方向运动。当相轨迹穿越 x 轴时，与 x 轴交点处有 $\dot{x} = 0$，因此，相轨迹总是以 $\pm 90°$ 方向通过 x 轴的。

相平面上任一点的相轨迹在该点处的斜率 α 的表达式为

$$\alpha = \frac{d\dot{x}}{dx} = \frac{d\dot{x}/dt}{dx/dt} = \frac{-f(x,\dot{x})}{\dot{x}}$$

相平面上任一点 $(x,\dot{x})$，只要不同时满足 $\dot{x} = 0$ 和 $f(x,\dot{x}) = 0$，则 α 是一个确定的值。这样，通过该点的相轨迹不可能多于一条，相轨迹不会在该点相交。这些点就是相平面上的普通点。

相平面上同时满足 $\dot{x} = 0$ 和 $f(x,\dot{x}) = 0$ 的点处，α 不是一个确定的值。

$$\alpha = \frac{d\dot{x}}{dx} = \frac{-f(x,\dot{x})}{\dot{x}} = \frac{0}{0}$$

那么通过该点的相轨迹有一条以上。这些点是相轨迹的交点，称为奇点。显然，奇点只分布在相平面的 x 轴上。由于奇点处 $\ddot{x} = \dot{x} = 0$，故奇点也称为平衡点。

对于二阶线性系统，奇点为坐标原点。

7.4.2 线性二阶系统的相轨迹

描述二阶线性系统自由运动的微分方程为

$$\ddot{x} + 2\xi\omega_n \dot{x} + \omega_n^2 x = 0 \tag{7-33}$$

由于 $\dot{x} = \dfrac{\mathrm{d}x}{\mathrm{d}t}$，$\ddot{x} = \dfrac{\mathrm{d}\dot{x}}{\mathrm{d}t} = \dfrac{\mathrm{d}\dot{x}}{\mathrm{d}x} \cdot \dfrac{\mathrm{d}x}{\mathrm{d}t} = \dfrac{\mathrm{d}\dot{x}}{\mathrm{d}x} \cdot \dot{x}$，则上式又可写为

$$\frac{\mathrm{d}\dot{x}}{\mathrm{d}x} = -\frac{\omega_n^2 x + 2\xi\omega_n \dot{x}}{\dot{x}} \tag{7-34}$$

式（7-34）实际上表示了二阶系统相轨迹上各点的斜率。从式（7-34）可以看出，在相平面原点处，有 $x = 0$，$\dot{x} = 0$，即 $\dfrac{\mathrm{d}\dot{x}}{\mathrm{d}x} = \dfrac{0}{0}$，说明原点是二阶线性系统的奇点（或平衡点）。

二阶线性系统即式（7-33）的特征方程为

$$s^2 + 2\xi\omega_n s + \omega_n^2 = 0$$

其特征根为

$$s_{1,2} = -\xi\omega_n \pm \omega_n \sqrt{\xi^2 - 1}$$

二阶线性系统相轨迹的形状和奇点的性质与特征根在复平面上的位置有关。

（1）当 $\xi = 0$ 时，系统特征根 s_1、s_2 为一对共轭纯虚根，系统的自由运动为等幅正弦振荡，此时

$$\frac{\mathrm{d}\dot{x}}{\mathrm{d}x} = -\frac{\omega_n^2 x}{\dot{x}}$$

分离变量后，对上式两侧分别取积分，得

$$x^2 + \left(\frac{\dot{x}}{\omega_n}\right)^2 = R^2$$

式中，$R^2 = x_0^2 + \left(\dfrac{\dot{x}_0}{\omega_n}\right)^2$，$x_0$、$\dot{x}_0$ 为初始状态。上式表明，系统的相轨迹是一簇围绕坐标原点的同心椭圆，椭圆的横轴和纵轴由初始条件给出，如图 7-24（a）所示。在相平面原点处有一孤立奇点，这种奇点称为中心点。每个椭圆对应一定频率下的等幅振荡过程，线性系统的等幅振荡实际上是不能持续的。

（2）当 $0 < \xi < 1$ 时，系统特征根 s_1、s_2 为一对具有负实部的共轭复根，系统处于欠阻尼状态，其零输入响应为衰减振荡形式，收敛于零。对应的相轨迹是一簇对数螺旋线，收敛于原点，如图 7-24（b）所示。这时原点对应的奇点称为稳定的焦点。

（3）当 $\xi > 1$ 时，系统 s_1、s_2 为两个负实根，系统处于过阻尼状态。其零输入响应呈非振荡衰减形式。对应的相轨迹是一簇趋于原点的抛物线，如图 7-24（c）所示。相平面原点为奇点，称为稳定的节点。

（4）若系统的微分方程为 $\ddot{x} + 2\xi\omega_n \dot{x} + \omega_n^2 x = 0$，系统特征根 s_1、s_2 为两个符号相反的互异实根，此时系统的零输入响应是非周期发散的。对应的相轨迹如图 7-24（d）所示。这时奇点称为鞍点，是不稳定的平衡状态。

（5）当 $-1 < \xi < 0$ 时，系统特征根 s_1、s_2 为一对具有正实部的共轭复根，系统的零输入响应呈振荡发散形式。对应的相轨迹是发散的对数螺旋线，如图 7-24（e）所示。这时奇点称为不稳定的焦点。

（6）当 $\xi<-1$ 时，系统的特征根 s_1、s_2 为两个正实根，系统的零输入响应为非振荡发散的。对应的相轨迹是由原点出发的发散的抛物线簇，如图 7-24（f）所示。相应的奇点称为不稳定的节点。

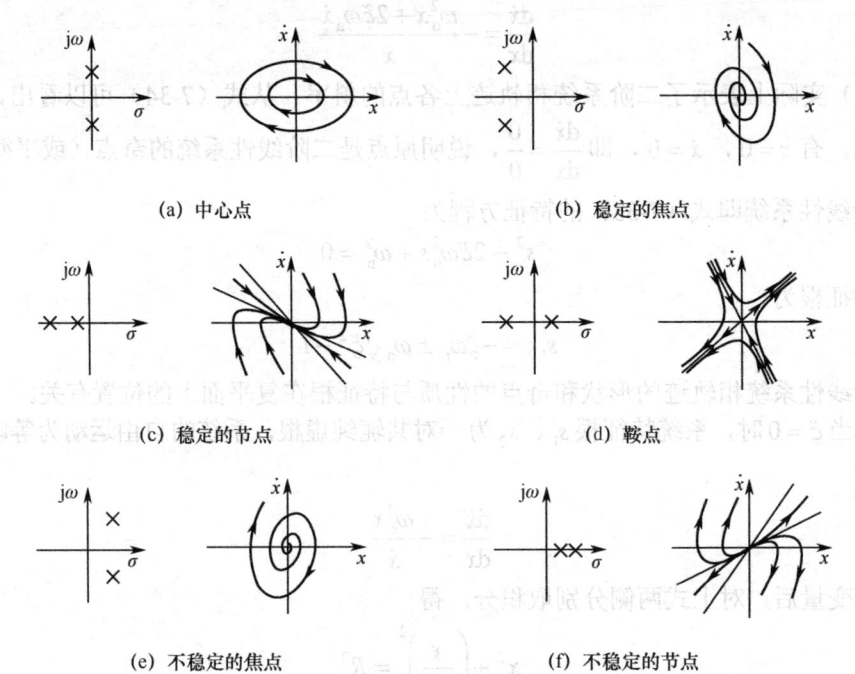

图 7-24 二阶线性系统特征根与奇点

7.4.3 绘制相平面图的等倾斜线法

绘制相平面图可以采用解析法，由方程 $\ddot{x}+f(x,\dot{x})=0$ 解出 $x(t)$ 和 $\dot{x}(t)$，在 $x-\dot{x}$ 平面绘出系统相轨迹。但是一般非线性微分方程求解比较困难，实际中通常采用下面将介绍的"等倾斜线法"绘制系统相平面图。等倾斜线法是求取相轨迹的一种作图方法，不需要求解微分方程。对于求解困难的非线性微分方程，图解方法显得尤为实用。

等倾斜线法的基本思想是先确定相轨迹的等倾线，进而绘出相轨迹的切线方向场，然后从初始条件出发，沿方向场逐步绘制相轨迹。

由系统微分方程式（7-32）可得出

$$\frac{d\dot{x}}{dx}=\frac{-f(x,\dot{x})}{\dot{x}}$$

式中，$d\dot{x}/dx$ 表示相平面上相轨迹的斜率。取斜率为某一常数 α，则上式可改写成

$$\alpha=-\frac{f(x,\dot{x})}{\dot{x}} \tag{7-35}$$

式（7-35）为等倾线斜率方程。相平面上经过满足上式各点的相轨迹的斜率都等于 α。若将这些点连成一线，则此线称为相轨迹的等倾线。若取不同的 α 值，则可在相平面上画出相应的等倾线。在各等倾线上画出斜率为 α 的短直线，并以箭头表示切线方向，则可以

得到相轨迹切线的方向场。沿方向场画连续曲线就可以得到相平面图。下面以一个二阶系统为例具体说明使用等倾斜线法绘制相轨迹的方法。

例 7-2 设一系统方程为

$$\ddot{x} = -(x+\dot{x})$$

改写为

$$\dot{x}\frac{d\dot{x}}{dx} = -(x+\dot{x})$$

设 $\alpha = \dfrac{d\dot{x}}{dx}$,则等倾线方程为

$$\dot{x} = \frac{-x}{1+\alpha} \tag{7-36}$$

式（7-36）是直线方程，称为等倾线。当相轨迹经过该等倾线上任一点时，其切线的斜率都相等，均为 α。给定不同的 α，便可以得出对应的等倾线斜率，等倾线的斜率为 $-1/(1+\alpha)$。表 7-2 列出了不同 α 值下等倾线的斜率以及等倾线与 x 轴的夹角 β。

表 7-2 不同 α 值下等倾斜线的斜率及 β

α	−6.68	−3.75	−2.73	−2.19	−1.84	−1.58	−1.36	−1.18	−1.00
$\dfrac{-1}{1+\alpha}$	0.18	0.36	0.58	0.84	1.19	1.73	2.75	5.67	∞
β	10°	20°	30°	40°	50°	60°	70°	80°	90°
α	−0.82	−0.64	−0.42	−0.16	0.19	0.73	1.75	4.68	∞
$\dfrac{-1}{1+\alpha}$	−5.76	−2.75	−1.73	−1.19	−0.84	−0.58	−0.36	−0.18	0.00
β	100°	110°	120°	130°	140°	150°	160°	170°	180°

在等倾线上各点处作斜率为 α 的短直线，由于相轨迹总是按顺时针方向运动，可以得到各点处的切线方向，从而构成相轨迹的切线场。图 7-25 画出了 α 取不同值时的等倾线和代表相轨迹切线方向的短线段。画出方向场后，很容易绘制出从一点开始的特定的相轨迹。例如，由初始点 A 处出发，按照该点所处等倾线的短直线方向作一条小线段，并与相邻一条等倾线相交于 B 点；由该点起，并按照该点所处等倾线的短直线方向作一条小线段，再与其相邻一条等倾线相交于 C 点；循此步骤依次进行，就可以获得一条从初始点出发，由各小线段组成的折线，最后对该折线进行光滑处理，即得到所求系统的相轨迹。

例 7-3 求由下列方程所描述系统的相轨迹图，并分析该系统奇点的稳定性。

$$\ddot{x} + 0.5\dot{x} + 2x + x^2 = 0 \tag{7-37}$$

解：由上式可知 $\dfrac{d\dot{x}}{dx} = -\dfrac{0.5\dot{x}+2x+x^2}{\dot{x}}$。令 $\dfrac{d\dot{x}}{dx} = \dfrac{0}{0}$，求得系统的奇点为 (0,0) 和 (−2,0)。这两个奇点的性质，可用下述的方法去确定。在原点附近，式（7-37）经线性化后为

$$\ddot{x} + 0.5\dot{x} + 2x = 0$$

特征方程

$$\lambda^2 + 0.5\lambda + 2 = 0$$

的两个根 $\lambda_{1,2} = -0.25 \pm j1.39$。由此可知，相应的奇点是稳定焦点。

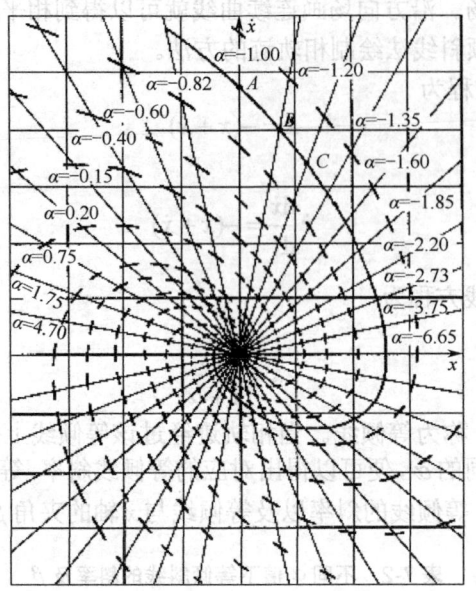

图 7-25 确定相轨迹切线方向的方向场及相平面上的一条相轨迹

在奇点 $(-2,0)$ 附近，对式（7-37）做如下的改写。令 $y = x + 2$，则式（7-37）便改写为

$$\ddot{y} + 0.5\dot{y} - 2y + y^2 = 0 \tag{7-38}$$

在 $x = 0, \dot{y} = 0$ 附近，上式可近似表示为

$$\ddot{y} + 0.5\dot{y} - 2y = 0$$

特征方程

$$\mu^2 + 0.5\mu - 2 = 0$$

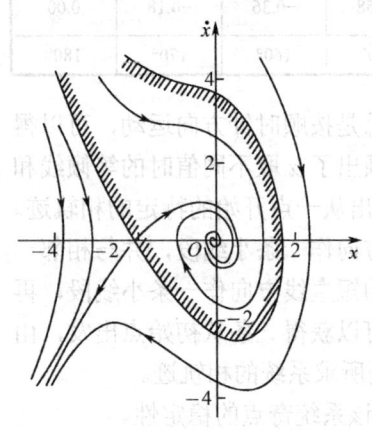

图 7-26 例 7-3 的相轨迹

的两个根 $\mu_1 = 1.19, \mu_2 = -1.69$。由此可知，对应的奇点 $(-2,0)$ 为鞍点。

下面由等倾斜线法做出例 7-3 系统的相轨迹，如图 7-26 所示。进入鞍点 $(-2,0)$ 的两条相轨迹是分割线，它们将相平面分成两个不同的区域。如果状态的初始点位于图中的阴影区域内，则其相轨迹将收敛于坐标原点，相应的系统是稳定的。如果初始点落在阴影区域的外部，则其相轨迹会趋于无穷远，表示相应的系统为不稳定。由此可见，非线性系统的稳定性确与其初始条件有关。

7.4.4 非线性系统的相平面分析

大多数非线性控制系统所含有的非线性特性是分段线性的，或者可以用分段线性特性来近似。用相平面法分析这类系统时，一般采用"分区—衔接"的方法。首先，根据非线性特性的线性分段情况，用几条分界线（开关线）把相平面分成几个线性区域，在各个线性区域内，各自用一个线性微分方程来描述。其次，画出各线性区的相平面图。最后，将相邻区间的相轨迹衔接成连续的曲线，即可获得系统的相平面图。

例 7-4 图 7-27（a）所示为一个具有饱和非线性特性的系统。饱和非线性的输入—输出特性如图 7-27（b）所示。假设开始时系统处于静止状态。试求系统在阶跃输入 $r(t) = R_0$ 和斜坡输入 $r(t) = Vt(V > 0)$ 时的相轨迹。图中 $T = 1\text{s}$，$K = 4$，$e_0 = 0.2$，$M = 0.2$。

解：由图 7-27（a）得
$$T\ddot{c} + \dot{c} = Km$$

因为 $r - e = c$，故上式改写为
$$T\ddot{e} + \dot{e} + Km = T\ddot{r} + \dot{r} \tag{7-39}$$

根据饱和非线性的特点，把相平面由边界线（切换线）$e = e_0$ 和 $e = -e_0$ 分割成三个区域，如图 7-28 所示。

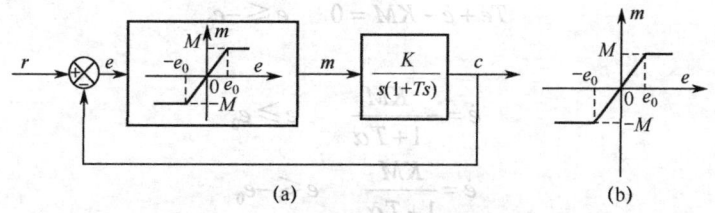

图 7-27 具有饱和非线性的非线性系统

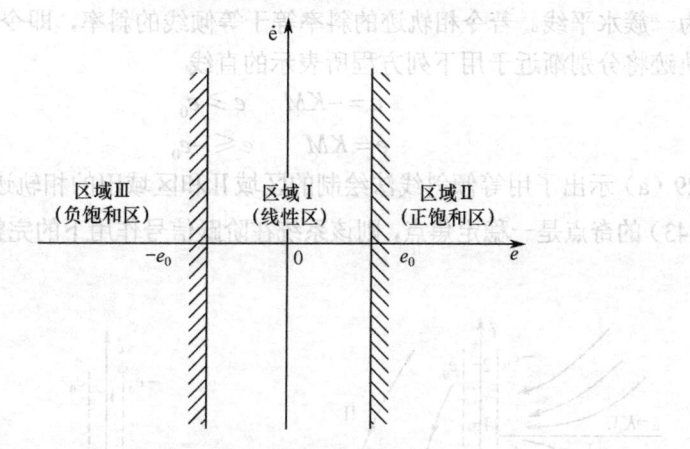

图 7-28 相平面的区域划分

由图 7-27（b）可见，非线性环节的输入、输出间有着下列关系
$$m = e \qquad |e| < e_0$$
$$m = +M \qquad e \geq e_0$$
$$m = -M \qquad e \leq -e_0$$

针对饱和非线性特性的三个不同区域，由式（7-39）可写出它们相应的方程：
$$T\ddot{e} + \dot{e} + Ke = T\ddot{r} + \dot{r} \qquad |e| < e_0 \tag{7-40}$$
$$T\ddot{e} + \dot{e} + KM = T\ddot{r} + \dot{r} \qquad e \geq e_0 \tag{7-41}$$
$$T\ddot{e} + \dot{e} - KM = T\ddot{r} + \dot{r} \qquad e \leq -e_0 \tag{7-42}$$

下面分别讨论该系统在阶跃、斜坡信号作用下的相轨迹图。

1. 阶跃输入（step input）

（1）线性区域 $|e| < e_0$。当 $t > 0$ 时，$\ddot{r} = \dot{r} = 0$，则式（7-40）就简化为

$$T\ddot{e} + \dot{e} + Ke = 0 \tag{7-43}$$

因为 $\ddot{e} = \dot{e}\,d\dot{e}/de$，$\alpha = d\dot{e}/de$，则上式所示相轨迹的等倾线方程分别为

$$\dot{e} = -\frac{Ke}{1+T\alpha} \tag{7-44}$$

由式（7-43）可知，区域内的奇点在坐标原点。基于式（7-43）各项系数均为正值，因而该奇点只能是稳定焦点。

（2）饱和区域 $|e| \geq e_0$。在饱和区域Ⅱ和Ⅲ内，系统的运动方程分别为

$$T\ddot{e} + \dot{e} + KM = 0 \qquad e \geq e_0 \tag{7-45}$$

$$T\ddot{e} + \dot{e} - KM = 0 \qquad e \leq -e_0 \tag{7-46}$$

或写作

$$\dot{e} = -\frac{KM}{1+T\alpha} \qquad e \geq e_0 \tag{7-47}$$

$$\dot{e} = \frac{KM}{1+T\alpha} \qquad e \leq -e_0 \tag{7-48}$$

由式（7-45）和式（7-46）可知，在区域Ⅱ和区域Ⅲ内没有奇点存在，它们相轨迹的等倾线都为一簇水平线。若令相轨迹的斜率等于等倾线的斜率，即令 $\alpha = 0$，则区域Ⅱ和区域Ⅲ的相轨迹将分别渐近于用下列方程所表示的直线

$$\dot{e} = -KM \qquad e \geq e_0$$
$$\dot{e} = KM \qquad e \leq -e_0$$

图 7-29（a）示出了用等倾斜线法绘制的区域Ⅱ和区域Ⅲ的相轨迹。若令 $r(t) = 2 \times 1(t)$，且设式（7-43）的奇点是一稳定焦点，则该系统在阶跃信号作用下的完整相轨迹如图 7-29（b）所示。

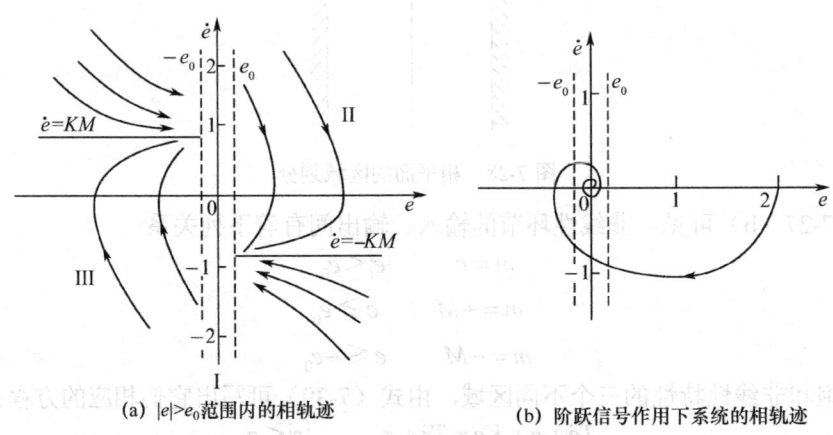

(a) $|e| > e_0$ 范围内的相轨迹　　　　　　(b) 阶跃信号作用下系统的相轨迹

图 7-29　阶跃信号作用下的完整相轨迹

2. 斜坡输入（ramp input）

令 $r(t) = Vt$，其中 V 为常数，则式（7-39）改写为

(1) 线性区 $|e|<e_0$。这个区域的微分方程为

$$T\ddot{e}+\dot{e}+Ke=V \tag{7-49}$$

对应于式（7-49）的奇点位于 $(V/K,0)$，是稳定焦点。由于奇点与 V、K 和 e_0 有关，因而这种奇点有可能落在自己的区域内，成为一个实奇点，但也有可能落在本区域外，而成为一个虚奇点。

(2) 饱和区 $|e|\geqslant e_0$。该区域的微分方程为

$$T\ddot{e}+\dot{e}+KM=V,\ e\geqslant e_0$$
$$T\ddot{e}+\dot{e}-KM=V,\ e\leqslant -e_0$$

或写作

$$\dot{e}=\frac{V-KM}{1+T\alpha},\ e\geqslant e_0$$
$$\dot{e}=\frac{V-KM}{1+T\alpha},\ e\leqslant -e_0$$

显然，上述两式没有奇点存在，当 $e\geqslant e_0$ 时，除了 $V=KM$ 这一特殊情况外，区域Ⅱ中的相轨迹均渐近于直线

$$\dot{e}=V-KM \tag{7-50}$$

当 $e\leqslant -e_0$ 时，区域Ⅲ的相轨迹均渐近于直线

$$\dot{e}=V+KM \tag{7-51}$$

由于式（7-50）存在着 $\dot{e}>0$、$\dot{e}=0$ 和 $\dot{e}<0$ 三种可能的情况，因而相轨迹的形状及其渐近线都会有相应的变化。对此，说明如下。

(1) 当 $V<KM$，即 $V>Ke_0$ 时，渐近线 $\dot{e}=V-KM$ 位于 e 轴的上方。由于 $V/K>e_0$，因而式（7-49）的奇点 $(V/K,0)$ 不是位于区域Ⅰ中，而是落在区域Ⅱ内，这是一个虚奇点，由等倾斜线法做出的相轨迹如图 7-30（a）所示。若令图中的 A 为初始点，则系统运动相轨迹为 $ABCD$ 曲线。由该图可见，从 B 点向 C 点运动的相轨迹本应收敛于稳定焦点 $(V/K,0)$，但当到达 C 点后，就变为按区域Ⅱ的相轨迹运动，最终趋向于渐近线 $\dot{e}=V-KM$。不难看出，这种情况下系统的稳态误差为无穷大。

(2) 当 $V<KM$ 时，则 $\dot{e}<0$，渐近线 $\dot{e}=V-KM$ 位于 e 轴的下方。由于 $V/K<e_0$，奇点 $(V/K,0)$ 位于区域Ⅰ内，因而它是一个实奇点，相应的相轨迹如图 7-30（b）所示。图中示出了由初始点 A 出发的相轨迹 $ABCD$，并收敛于上述的实奇点。由此可知，当 $V<KM$ 时，系统的输出能跟踪斜坡输入，但有稳态误差存在，其值为 V/K。

(3) 当 $V=KM$ 时，在饱和区域Ⅱ内有

$$T\ddot{e}+\dot{e}=0$$

即有

$$\dot{e}\left(T\frac{\mathrm{d}\dot{e}}{\mathrm{d}e}+1\right)=0 \tag{7-52}$$

上式表明，相应的相轨迹或为斜率等于 $-1/T$ 的直线，或为 $\dot{e}=0$ 的直线。由于 $e_0=V/K$，即奇点 $(V/K,0)$ 恰好位于分割线上的点 $(e_0,0)$ 处。图 7-30（c）示出了由初始点 A 出发的相

轨迹 $ABCD$。由图可见，系统的稳态误差由线段 $\overline{OD}$ 来表示，它的大小显然与系统的初始条件有关，这是非线性系统与线性系统又一明显的不同之处。

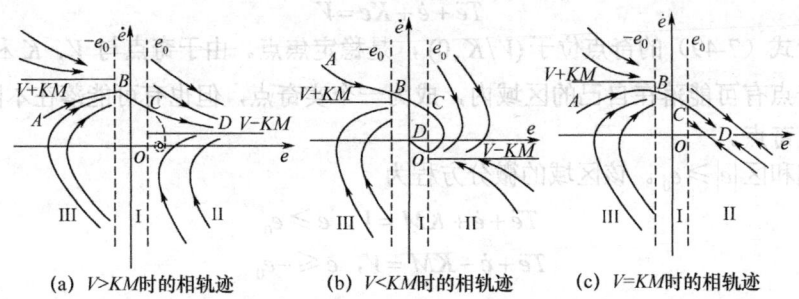

(a) $V>KM$ 时的相轨迹　　(b) $V<KM$ 时的相轨迹　　(c) $V=KM$ 时的相轨迹

图 7-30　等倾斜线法做出的相轨迹

综上所述，具有饱和非线性特性的二阶系统，当输入信号为阶跃函数时，相轨迹收敛于稳定的节点或焦点——坐标原点，系统的稳态误差为零。当输入为斜坡信号时，随着输入信号变化率 V 的大小不同，系统的相轨迹不完全相同，其稳态误差也有很大的差异。当 $V>KM$ 时，系统的输出不能跟踪（track）斜坡输入信号。当 $V<KM$ 时，系统虽也能跟踪斜坡输入信号，但有稳态误差存在，其值为 V/K。当 $V=KM$ 时，系统虽也能跟踪斜坡输入信号，但其平衡状态不是某一固定的点，而是位于 e 轴上的任意位置，具体的数值由初始条件和时间常数 T 确定。

例 7-5　一个具有死区继电器特性的控制系统如图 7-31 所示。已知输入为阶跃信号，试求系统的相轨迹。

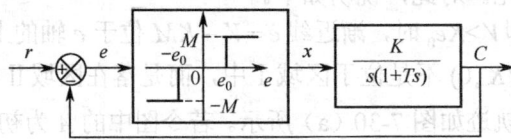

图 7-31　非线性控制系统

解：由图 7-31 得
$$T\ddot{c}+\dot{c}=Kx$$
基于 $r-c=e$，故上式又可改写为
$$T\ddot{c}+\dot{c}+Kx=T\ddot{r}+\dot{r} \tag{7-53}$$
考虑到 $t>0$ 时，$\dot{r}=\ddot{r}=0$ 和死区继电器特性的下列关系
$$x=\begin{cases} 0 & |e|<e_0 \\ M & e>e_0 \\ -M & e<-e_0 \end{cases}$$

式（7-53）可用下列三个方程来表示
$$T\ddot{e}+\dot{e}=0 \qquad |e|<e_0 \tag{7-54}$$
$$T\ddot{e}+\dot{e}+KM=0 \qquad e>e_0 \tag{7-55}$$
$$T\ddot{e}+\dot{e}-KM=0 \qquad e<-e_0 \tag{7-56}$$

以上三式将相平面分为三个区域，如图 7-32 所示。$|e|<e_0$ 为区域 I，由式（7-54）求得相应的相轨迹方程为

$$\dot{e}=0$$

或

$$\dot{e}=-\frac{1}{T}e+C \tag{7-57}$$

式中，C 为积分常数。

类似于例 7-4 的分析，可知在 $e>e_0$ 的区域 II 中，相轨迹最后趋向于渐近线 $\dot{e}=-KM$。而在 $e<-e_0$ 的区域 III 内相轨迹均渐近于直线 $\dot{e}=KM$。图 7-32 中示出了由初始点 A 出发的相轨迹 $ABCDEFG$，最后收敛于区域 I 横轴上的 G 点。线段 OG 表示系统的稳态误差，它与死区的大小和初始条件（initial condition）有关，减少死区和时间常数 T，不仅可改善系统的稳态响应，而且也有利于稳态误差的减小。

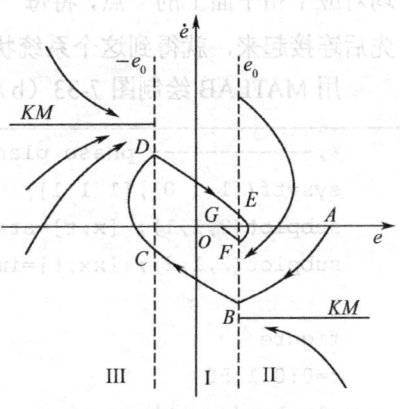

图 7-32　图 7-31 所示系统的相轨迹

专业术语中英文对照	
相平面	phase plane
相轨迹	phase locus
跟踪	track
初始条件	initial condition

7.5　MATLAB 在相平面分析中的应用

用 MATLAB 可以求一阶或二阶线性或非线性系统的相平面图及给定初始状态的相轨迹，具体方法如下。

例 7-6　设二阶线性系统如图 7-33（a）所示。设输入 r 为常数，误差 e 为变量，可以列写微分方程：

$$T\ddot{e}+\dot{e}+Ke=0$$

解：取状态变量 $x_1=e, x_2=\dot{e}$，可列写状态方程：

$$\begin{bmatrix}\dot{x}_1\\\dot{x}_2\end{bmatrix}=\begin{bmatrix}0 & 1\\-\dfrac{K}{T} & -\dfrac{1}{T}\end{bmatrix}\begin{bmatrix}x_1\\x_2\end{bmatrix}$$

给定初始条件 $x_1(0)=e(0), x_2(0)=\dot{e}(0)$，就可以确定解 $e(t)$ 和 $\dot{e}(t)$。图 7-33（b）和（c）分别表示当系统平衡状态在原点 $x_1=x_2=0$，而输入为单位阶跃函数，即上述状态方程的解为 $e(t)$ 和 $\dot{e}(t)$。

现在以 $e(t)$ 和它的导数 $\dot{e}(t)$ 为坐标轴，作二维状态平面，该平面又称相平面。$t=0$ 时的初始条件 $e(0)=1, \dot{e}(0)=0$，对应于相平面上的一个初始点。系统的每一状态（即"相"）

均对应于相平面上的一点,将每一时刻的 $e(t)$ 和 $\dot{e}(t)$ 值构成的点都绘在相平面上,并按时间先后连接起来,就得到这个系统状态的变化轨线,称为相轨迹。

用 MATLAB 绘制图 7-33(b)、(c) 和 (d) 的参考程序如下:

```
%,------------ phase plane plot------------------
sys=tf([1 1 0],[1 1 1])
subplot(2,1,1); [x,t]=step(sys); plot(t,x)
subplot(2,1,2); [xx,t]=impulse(sys); plot(t,xx)

figure
t=0:0.1:50
x1=step(sys,t)
x2=impulse(sys,t)

a=[1 1 1]
n=length(a)-1
p=roots(a)
v=rot90(vander(p))

y0=[0 0]'
c=v\y0
y1=zeros(1,length(t))
y2=zeros(1,length(t))
for k =1:n
y1=y1+c(k)*exp(p(k)*t)
y2=y2+c(k)*p(k)*exp(p(k)*t)
end
plot(x1+y1',x2+y2)
hnd=plot(x1+y1',x2+y2)
set(hnd,'linewidth',1.3)
hold on
y0=[0.5 1]'
c=v\y0
y1=zeros(1,length(t))
y2=zeros(1,length(t))
for k=1:n
y1=y1+c(k)*exp(p(k)*t)
y2=y2+c(k)*p(k)*exp(p(k)*t)
end
plot(x1+y1',x2+y2',':')
```

```
y0=[0.2 0.8]'
c=v\y0
y1=zeros(1,length(t))
y2=zeros(1,length(t))
for k=1:n
y1=y1+c(k)*exp(p(k)*t)
y2=y2+c(k)*p(k)*exp(p(k)*t)
end

plot(x1+y1',x2+y2',':')

y0=[-0.5 -1]'
c=v\y0
y1=zeros(1,length(t))
y2=zeros(1,length(t))
for k=1:n
y1=y1+c(k)*exp(p(k)*t)
y2=y2+c(k)*p(k)*exp(p(k)*t)
end
plot(x1+y1',x2+y2',':')

y0=[-0.8 -1]'
c=v\y0
y1=zeros(1,length(t))
y2=zeros(1,length(t))
for k=1:n
y1=y1+c(k)*exp(p(k)*t)
y2=y2+c(k)*p(k)*exp(p(k)*t)
end
plot(x1+y1',x2+y2',':')
```

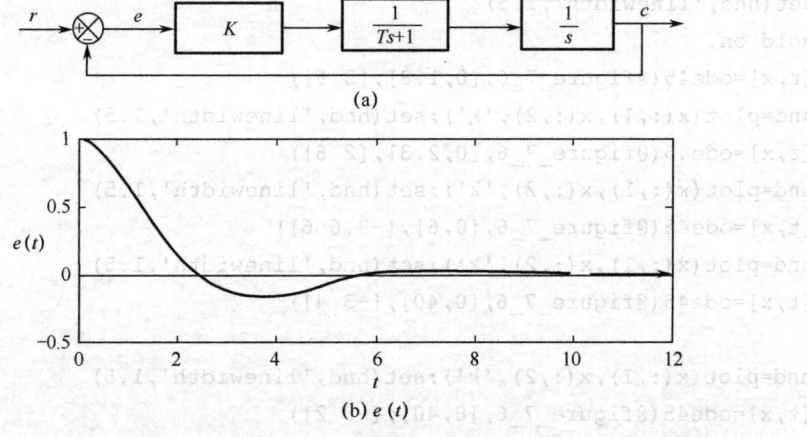

图 7-33 二阶线性系统的状态图及相平面图

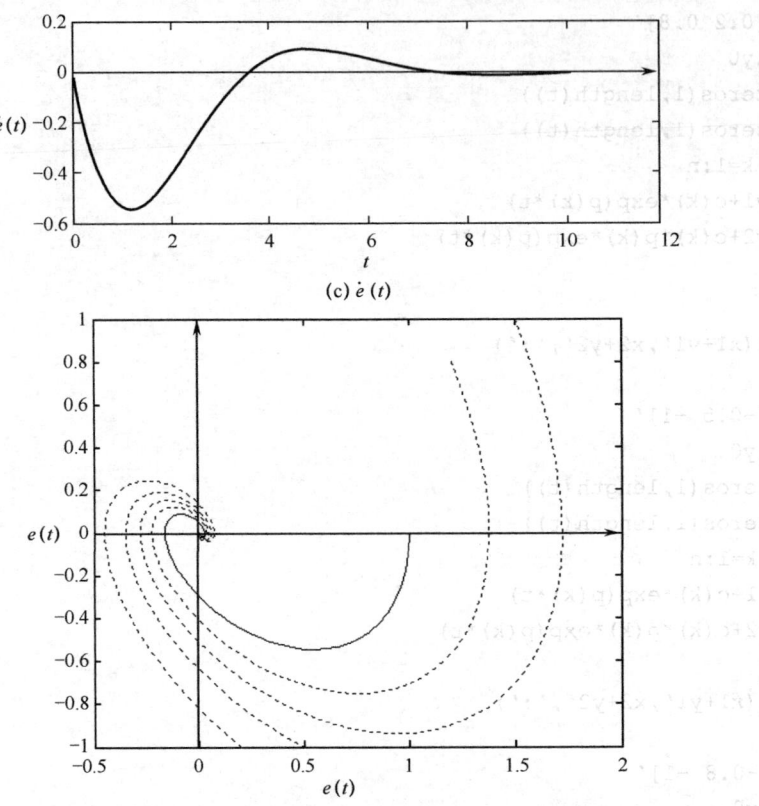

(c) $\dot{e}(t)$

图 7-33　二阶线性系统的状态图及相平面图（续）

例 7-7　已知系统如例 7-3，用 MATLAB 绘制系统的相平面图。

参考程序如下：

```
%,------------ phase plane plot-------------------
[t,x]=ode45(@figure_7_6,[0,1.5],[4,6])
hnd=plot(x(:,1),x(:,2),'k')
set(hnd,'linewidth',1.5)
hold on
[t,x]=ode45(@figure_7_6,[0,1.8],[3 6])
hnd=plot(x(:,1),x(:,2),'k');set(hnd,'linewidth',1.5)
[t,x]=ode45(@figure_7_6,[0,2.3],[2 6])
hnd=plot(x(:,1),x(:,2),'k');set(hnd,'linewidth',1.5)
[t,x]=ode45(@figure_7_6,[0,6],[-3.6 6])
hnd=plot(x(:,1),x(:,2),'k');set(hnd,'linewidth',1.5)
[t,x]=ode45(@figure_7_6,[0,40],[-3 4])

hnd=plot(x(:,1),x(:,2),'k');set(hnd,'linewidth',1.5)
[t,x]=ode45(@figure_7_6,[0,40],[-3 2])
hnd=plot(x(:,1),x(:,2),'k');set(hnd,'linewidth',1.5)
```

第7章 非线性控制系统

```
[t,x]=ode45(@figure_7_6,[0,3.9],[-3.95 4])
hnd=plot(x(:,1),x(:,2),'k');set(hnd,'linewidth',1.5);
[t,x]=ode45(@figure_7_6,[0,1],[-4.5 3])
hnd=plot(x(:,1),x(:,2),'k');set(hnd,'linewidth',1.5);
[t,x]=ode45(@figure_7_6,[0,0.7],[-6 6])
hnd=plot(x(:,1),x(:,2),'k');set(hnd,'linewidth',1.5);
hnd=line([0,0],[-10,6]);set(hnd,'color','black')
hnd=line([-8,6],[0,0]);set(hnd,'color','black')

%,------------ phase plane plot------------------
function xdot=figure_7_6(t,x)
xdot=zeros(2,1);
xdot(2)=-0.5*x(2)-2*x(1)-x(1)^2
xdot(1)=x(2)
```

可以得到系统的相平面图如图 7-34 所示。通过与图 7-26 比较，可以发现二者是相互吻合的。

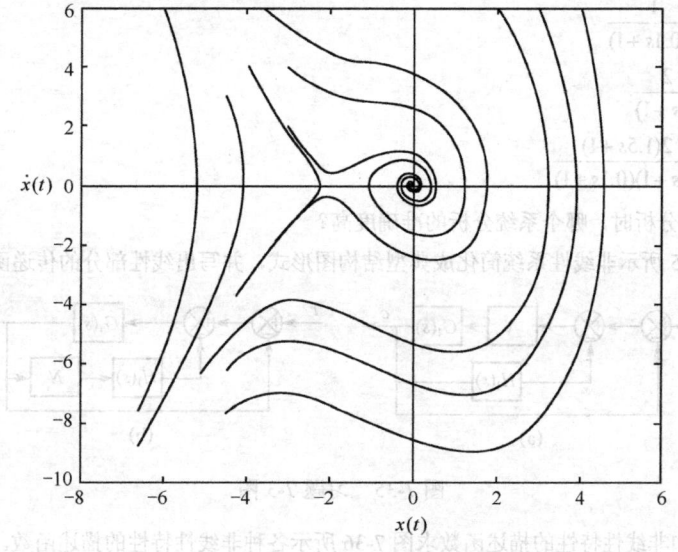

图 7-34 系统的相平面图

小 结

（1）区别于线性系统，非线性系统的数学模型为非线性微分方程，因此不能运用叠加原理，在工程上目前还没有一种通用的方法可以顺利地解决所有的非线性问题。典型的非线性特性包含继电特性、死区特性、饱和特性、间隙特性、摩擦特性等。

（2）分析非线性系统的两种常用方法是描述函数法和相平面法，它们都是用工程作图的方法分析解决问题。

（3）描述函数法只适用于非线性程度较低和奇对称的非线性元件，还要求线性部分具有良好的低通滤波特性。描述函数的核心是计算非线性特性的描述函数和它的负倒描述函数。由于描述函数是对系统状态周期运动的描述，一般没有考虑外作用，所以只能分析稳定性和自激振荡，而不能得到系统的响应。

（4）相平面法适用于一阶、二阶系统，不仅可以判断系统的稳定性、自激振荡，还可以计算系统的动态响应。

习　题

7-1　设一阶非线性系统的微分方程为

$$\dot{x} = -x + x^3$$

试确定系统有几个平衡状态，并分析各平衡状态的稳定性。

7-2　设三个非线性系统的非线性环节一样，其线性部分分别为

（1）$G(s) = \dfrac{1}{s(0.1s+1)}$

（2）$G(s) = \dfrac{2}{s(s+1)}$

（3）$G(s) = \dfrac{2(1.5s+1)}{s(s+1)(0.1s+1)}$

用描述函数法分析时，哪个系统分析的准确度高？

7-3　将图 7-35 所示非线性系统简化成典型结构图形式，并写出线性部分的传递函数。

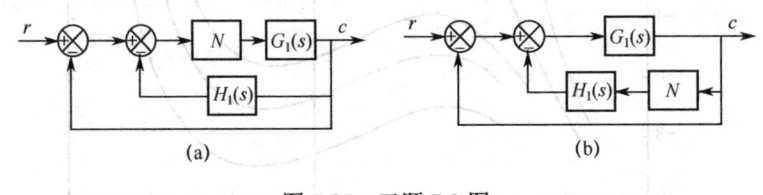

图 7-35　习题 7-3 图

7-4　根据已知非线性特性的描述函数求图 7-36 所示各种非线性特性的描述函数。

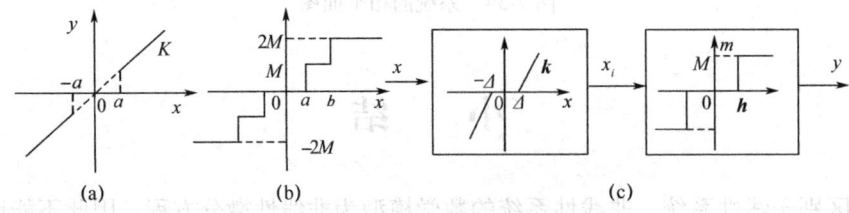

图 7-36　习题 7-4 图

7-5　已知非线性系统的结构图如图 7-37 所示，图中非线性环节的描述函数 $N(X) = \dfrac{X+6}{X+2}(X > 0)$，试用描述函数法确定：

(1) 使该非线性系统稳定、不稳定以及产生周期运动时,线性部分的 K 值范围;
(2) 判断周期运动的稳定性,并计算稳定周期运动的振幅和频率。

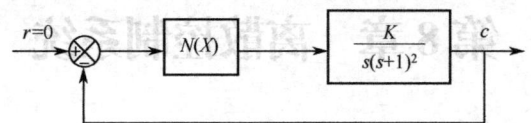

图 7-37 习题 7-5 图

7-6 已知非线性系统的框图如图 7-38 所示。已知 $r=0$, $k=1$, $h=0.3$, $\Delta=0.3$, $M=1$。试用描述函数法确定该系统产生自激振荡的频率和幅值。

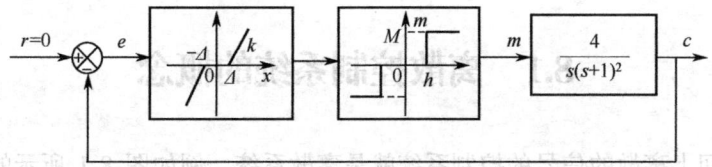

图 7-38 习题 7-6 图

7-7 判别下列方程奇点的性质和位置,并画出相应相轨迹的大致图形。
(1) $\ddot{e}+\dot{e}+e=0$
(2) $\ddot{x}+1.5\dot{x}+0.5x=0$

7-8 画出由下列方程描述系统的相平面图。
$$\ddot{e}+2\dot{e}+5e=0, e(0)=0, \dot{e}(0)=3$$

7-9 一非线性系统如图 7-39 所示。已知 $K=5, J=1, a=1$,试绘制系统在 $r=0$ 时的相轨迹。

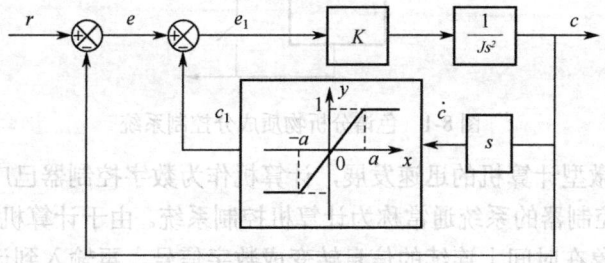

图 7-39 习题 7-9 图

第 8 章 离散控制系统

前面各章所述的系统都是连续控制系统，其中的所有变量均是时间 t 的连续函数。还有一类控制系统，含有在时间上离散的信号，这类系统称为离散系统。离散系统主要研究系统中的变量在离散采样点上的变化，主要分析工具是 Z 变换和脉冲传递函数。

8.1 离散控制系统的概念

含有在时间上离散的信号的控制系统就是离散系统。例如图 8-1 所示的色谱分析物质成分控制系统，由于色谱分析需要一定时间，因此色谱只能每隔一定时间采样一次，控制器得到的不是关于被控对象的连续信息，而是在时间上的离散信息。

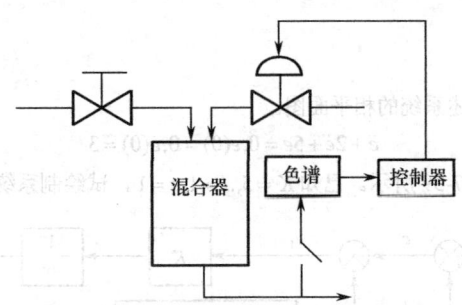

图 8-1 色谱分析物质成分控制系统

近年来，随着微型计算机的迅速发展，计算机作为数字控制器已广泛应用到控制系统中。以计算机作为控制器的系统通常称为计算机控制系统。由于计算机只能处理数字信号，因此必须把被控对象在时间上连续的信息转变成数字信号，再输入到计算机处理，计算机的处理结果是数字信号，必须将它转换成连续信号，再输出到执行器，去控制被控过程。图 8-2 所示是计算机控制系统的基本组成。

其中 A/D 转换器的作用是将连续信号（又称模拟信号）转变为数字信号，D/A 转换器的作用是将数字信号转变为连续信号。由于计算机工作的特点是顺序工作，因此计算机控制系统的工作流程如图 8-3 所示。其中每个过程都需要一定时间，因此计算机无法得到被控对象的连续信息，只能得到在采样时刻的离散信号。

在上述系统中，除了连续的模拟信号外，还有若干部分的信号是离散信号。含有离散信号的控制系统称为离散控制系统。因为这些离散信号是由连续函数经采样形成的，故它又称为采样控制系统。计算机控制系统是典型的离散控制系统。图 8-2 所示的计算机控制系统也是一个闭环控制系统，其方框图如图 8-4 所示，图中采样的间隔时间 T 称为采样周期。

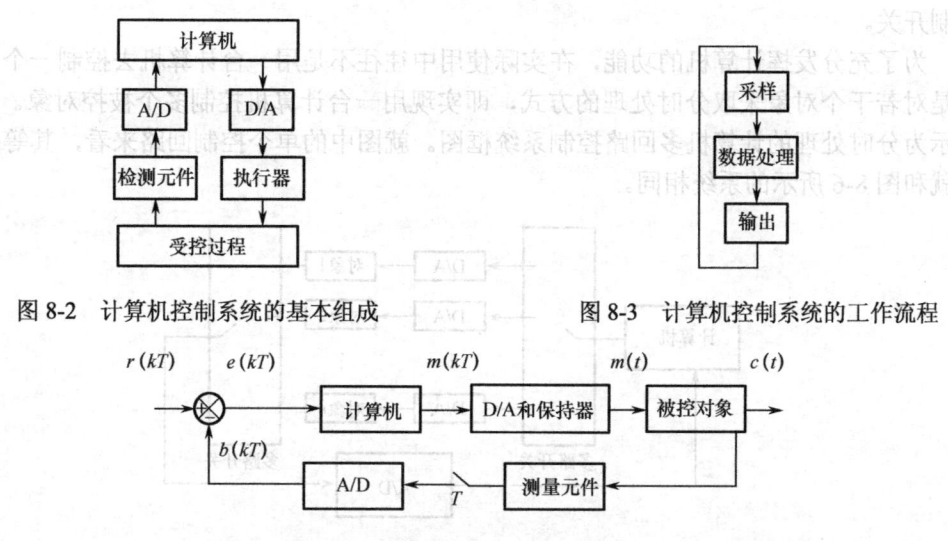

图 8-2 计算机控制系统的基本组成　　图 8-3 计算机控制系统的工作流程

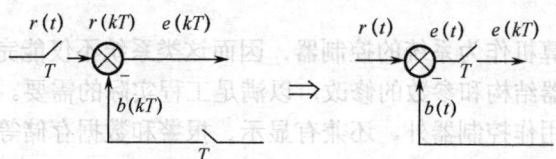

图 8-4 计算机控制系统的方框图

由上述的分析可知，该系统中的信号是混合式的，即计算机的输入/输出信号是数字量，系统其他部分的信号都是模拟量。图中的 A/D 和 D/A 转换器起着模拟量与数字量之间的转换作用，假设这种转换具有足够的精度，即模拟量与数字量之间有着确定的比例关系，这样对系统而言，A/D 和 D/A 转换器相当于系统中的一个比例环节。因而可以把它们同其他元件的比例系数合并起来。这样处理后，A/D 转换器相当于一个采样开关，D/A 转换器等效于一个保持器。$r(kT)$ 可以看作对 $r(t)$ 的（虚拟）采样，一般采样周期与 A/D 的采样周期相同，因此可作图 8-5 的简化。

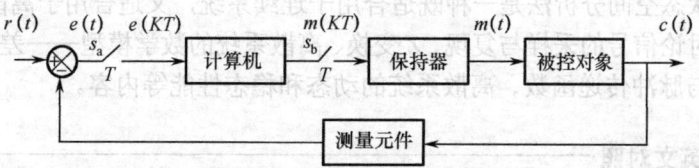

图 8-5 采样环节的简化

计算机的输入和输出是在时间上离散的数字信号，为了便于分析，一般把计算机本身视为与某种算式相对应的传递函数，它和采样开关组成一个等效的串联环节，于是图 8-4 就简化为图 8-6。

图 8-6 计算机控制系统方框图（简化）

图中的采样开关 s_a 与 s_b 是同步的。必须说明，在实际的计算机控制系统中采样开关 s_b 一般并不都存在，只有当一台计算机分时控制多个控制回路时，s_b 才表示实际存在的多路控制开关。

为了充分发挥计算机的功能,在实际使用中往往不是用一台计算机去控制一个对象,而是对若干个对象采取分时处理的方式,即实现用一台计算机控制多个被控对象。图 8-7 所示为分时处理的计算机多回路控制系统框图。就图中的单个控制回路来看,其等效的框图就和图 8-6 所示的系统相同。

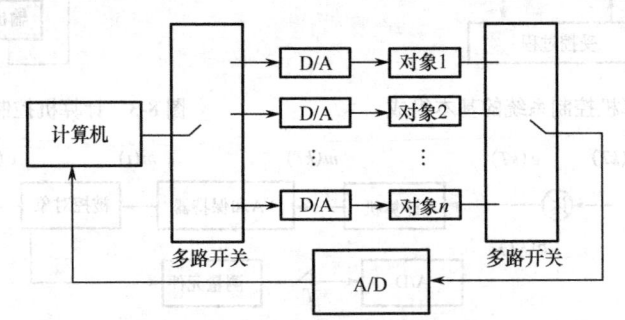

图 8-7 计算机多回路控制系统框图

由于在控制系统中引入计算机,因而使这类系统较一般的连续控制系统具有以下优点:

(1) 有利于系统实现高精度控制。例如钻床工作台移动,要求在 1m 的总距离中误差小于 0.01mm,这就需要有分辨率为 1:100 000 的传感器。显然,应用模拟式传感器(如电位器)作为检验元件,就不可能达到如此高的精度,而用高分辨率的数码式传感器就能达到这个要求。

(2) 采样信号特别是数字信号的传递,能有效地抑制噪声,从而提高了系统的抗干扰能力。

(3) 由于采用计算机作为系统的控制器,因而这类系统不仅能完成复杂的控制任务,而且还易于实现控制器结构和参数的修改,以满足工程实际的需要。

(4) 计算机除了用作控制器外,还兼有显示、报警和数据存储等多种功能。

不难看出,离散控制系统也是一种动态系统,因而和连续控制系统一样,它的性能也是由稳态和动态两个部分组成。由于在这类系统中有采样脉冲或数字信号,因此对这类系统的研究虽然可以借鉴在连续控制系统中应用的那些方法,但还需研究它本身的特殊性。分析离散控制系统常用的方法有两种:一种是 Z 变换(Z-transform),另一种是状态空间(state-space)分析法。Z 变换与线性定常离散系统的关系类似于拉氏变换与线性定常连续系统的关系;状态空间分析法是一种既适合用于连续系统,又适合用于离散系统的方法。

本章主要讨论信号的采样与复现、Z 变换、离散系统的数学模型——差分方程(difference equation)与脉冲传递函数、离散系统的动态和稳态性能等内容。

专业术语中英文对照

状态空间	state-space
Z 变换	Z-transform
差分方程	difference equation

8.2 信号的采样与复现

把连续信号变为脉冲或数字序列的过程称为采样（sampling）。实现采样的装置称为采样器，又名采样开关。反之，把采样后的离散信号恢复为连续信号（continuous-time signal）的过程称为信号的恢复（signal recovery）。

8.2.1 采样过程

图 8-8 展示了一个连续信号 $f(t)$ 经采样开关采样后变为离散信号 $f_s^*(t)$ 的过程。图中采样的间隔时间 T 称为采样周期，采样持续的时间为 τ。由于采样的持续时间 τ 远小于采样周期 T 和对象的时间常数，因而可近似地认为 τ 趋于零，即把实际的窄脉冲信号视为理想脉冲。这样，图 8-8 所示的实际脉冲序列 $f_s^*(t)$ 变为图 8-9 所示的理想脉冲序列 $f^*(t)$。由此可见，理想采样开关的输出 $f^*(t)$ 是一个理想的脉冲序列，它是由单位理想脉冲序列 $\delta_T(t)$ 与被采样信号 $f(t)$ 相乘后产生的，即

$$f^*(t) = f(t)\delta_T(t) \tag{8-1}$$

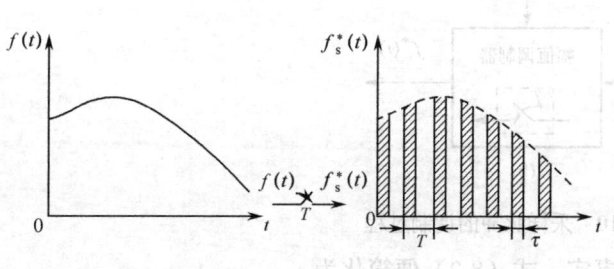

图 8-8 实际脉冲序列

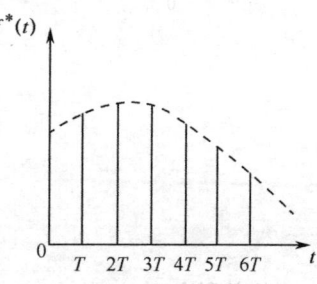

图 8-9 理想脉冲序列

式中，$\delta_T(t) = \sum_{k=-\infty}^{\infty} \delta(t-kT)$，$kT$ 为单位理想脉冲出现的时刻。图 8-10（a）所示为单位理想脉冲序列。由于 $f^*(t)$ 只在脉冲出现的瞬间才有数值，故式（8-1）可改写为

$$f^*(t) = \sum_{k=-\infty}^{\infty} f(kT)\delta(t-kT) \tag{8-2}$$

式中，$\delta(t-kT)$ 为 kT 时刻的单位脉冲，它满足

$$\begin{cases} \delta(t-kT) = \infty, t = kT \\ \delta(t-kT) = 0, t \neq kT \\ \int_{-\infty}^{\infty} \delta(t-kT)dt = 1 \end{cases}$$

单位脉冲函数具有采样性质，即

$$\int_{-\infty}^{\infty} \delta(t-kT)f(t)dt = f(kT)$$

这一性质表明每个采样脉冲的强度等于被采样函数在采样时刻的函数值。

这种理想的采样过程可视为一个幅值的调制过程，如图 8-10（b）所示。其中采样开关相当于一个幅值的调制器，单位理想脉冲序列 $\delta_T(t)$ 作为调制器的载波信号，$f(t)$ 为被调制信号。

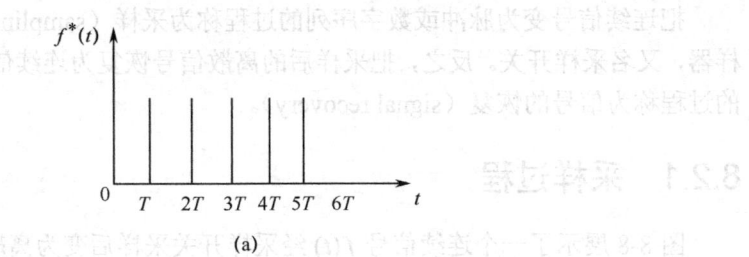

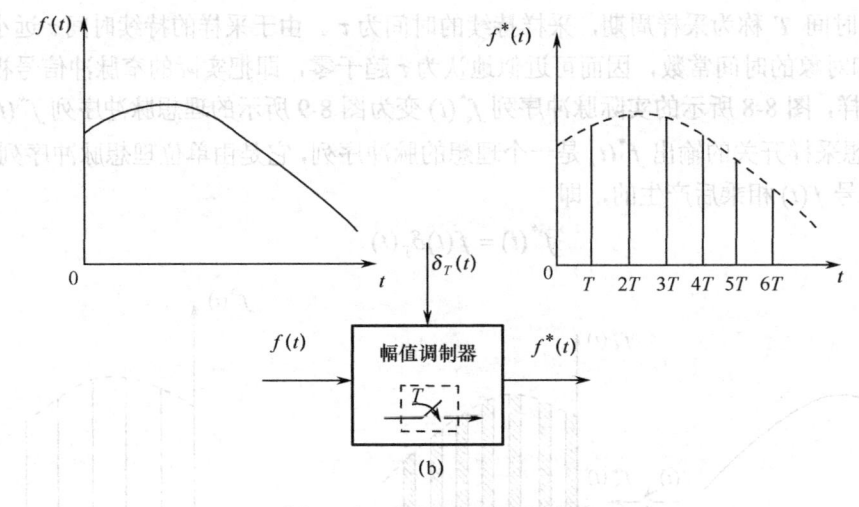

图 8-10 采样脉冲的调制过程

考虑到当 $t<0$ 时，$f(t)=0$ 这一事实，式（8-2）便简化为

$$f^*(t) = \sum_{k=0}^{\infty} f(kT)\delta(t-kT) \tag{8-3}$$

式中，$\delta(t-kT)$ 表示脉冲产生的时刻（采样时刻），$f(kT)$ 为 kT 时刻的脉冲强度。

必须指出，上述把窄脉冲信号当作理想脉冲信号处理是近似的，也是有条件的，即要求采样的持续时间 τ 要远小于采样周期 T 和系统中被控对象的最小时间常数。这一要求在一般的系统中都能得到满足。

8.2.2 采样定理

由图 8-10 可直观地看出，采样周期 T 越小（即采样频率越高），离散信号 $f^*(t)$ 越接近于连续信号 $f(t)$；反之，若 T 过大（即采样频率越低），则 $f^*(t)$ 就不能准确地反映 $f(t)$ 的变化，即由 $f^*(t)$ 无法真实地复现连续信号 $f(t)$。为使离散信号 $f^*(t)$ 能不失真地恢复为连续信号 $f(t)$，应采用多高的采样频率呢？这正是下述的香农采样定理的研究内容。

基于图 8-10（a）中的脉冲是周期性的，因而可用傅里叶级数（Fourier series）表示，即有

$$\delta_{\mathrm{T}}(t) = \sum_{k=-\infty}^{\infty} c_k \mathrm{e}^{jk\omega_s t} \tag{8-4}$$

式中，$\omega_s = 2\pi/T$ 称为采样角频率；c_k 为傅氏系数，即

$$c_k = \frac{1}{T}\int_{-T/2}^{T/2} \delta_{\mathrm{T}}(t)\mathrm{e}^{-jk\omega_s t}\mathrm{d}t = \frac{1}{T}$$

因此

$$\delta_{\mathrm{T}}(t) = \frac{1}{T}\sum_{k=-\infty}^{\infty} \mathrm{e}^{jk\omega_s t} \tag{8-5}$$

将式（8-5）代入式（8-1），得

$$f^*(t) = \frac{1}{T}\sum_{k=-\infty}^{\infty} f(t)\mathrm{e}^{jk\omega_s t} \tag{8-6}$$

对式（8-6）取傅氏变换，得

$$F^*(j\omega) = \int_{-\infty}^{\infty} \mathrm{e}^{-j\omega t} f^*(t)\mathrm{d}t = \int_{-\infty}^{\infty} \mathrm{e}^{-j\omega t}\left[\frac{1}{T}\sum_{k=-\infty}^{\infty} f(t)\mathrm{e}^{jk\omega_s t}\right]\mathrm{d}t$$

$$= \frac{1}{T}\sum_{k=-\infty}^{\infty}\int_{-\infty}^{\infty} \mathrm{e}^{-j\omega t}\left[f(t)\mathrm{e}^{jk\omega_s t}\right]\mathrm{d}t$$

设 $f(t)$ 的傅氏变换为

$$F(j\omega) = \int_{-\infty}^{\infty} \mathrm{e}^{-j\omega t} f(t)\mathrm{d}t$$

由傅氏变换的像函数移位性质可得

$$F^*(j\omega) = \frac{1}{T}\sum_{k=-\infty}^{\infty} F(j\omega - k\omega_s)$$

令 $k = -k$ 代入上式，得

$$F^*(j\omega) = \frac{1}{T}\sum_{k=-\infty}^{\infty} F(j\omega + k\omega_s) \tag{8-7}$$

一般来说，连续信号 $f(t)$ 的频谱是孤立的，其频带宽度也是有限的，即上限频率 $\omega_{\max}$ 为一有限值，如图 8-11（a）所示。而采样后的离散信号 $f^*(t)$ 却具有以采样角频率 ω_s 为周期的无限多个频谱，即采样后的信号附加了很多高频信号，若要保证采样后信号不失真，必须滤掉这些高频信号，如图 8-11(b)所示。在式(8-7)中，若令 $k=0$，则得 $F^*(j\omega) = \frac{1}{T}F(j\omega)$，它被称为 $F^*(j\omega)$ 的主频谱，其幅值只有原来的 $1/T$ 倍，对此，可以通过附加放大器给予补偿。为了使原信号的频谱不发生畸变，要求有较高的采样角频率 ω_s，以拉开相邻各频谱之间的距离，使它们彼此间不相重叠，以便用滤波器滤除高频部分。由图 8-11（b）可见，相邻两频谱不重叠交叉的条件是

$$\omega_s \geqslant 2\omega_{\max} \tag{8-8}$$

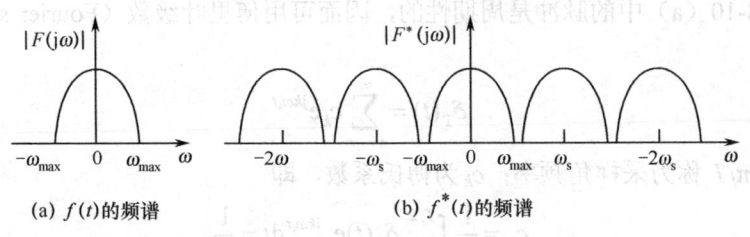

图 8-11　$f(t)$ 和 $f^*(t)$ 的频谱

这就是香农采样定理。它的物理意义是，如果选用的采样角频率 ω_s 能满足上式，则采样后的离散信号 $f^*(t)$ 就含有连续信号 $f(t)$ 的信息。若把 $f^*(t)$ 送到具有图 8-12 所示特征的理想滤波器的输入端，则其输出就是原来的连续信号 $f(t)$。如果 $\omega_s < 2\omega_{max}$，则就会出现图 8-13 所示的相邻频谱重叠的现象。此种情况下即使用上述的理想滤波器，也无法完全将其主频谱不失真地分离出来，即不能做到不失真地再现原有连续信号。

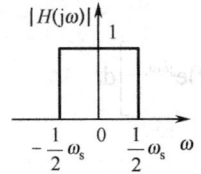

图 8-12　理想滤波器特性

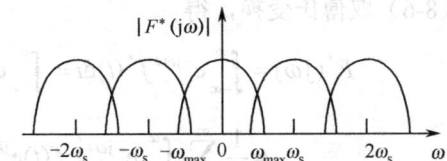

图 8-13　$\omega_s < 2\omega_{max}$ 时的频谱

8.2.3　零阶保持器

为了实现对被控对象的有效控制，必须把离散信号恢复为相应的连续信号。由上述的讨论可知，若满足 $\omega_s \geq 2\omega_{max}$，把采样后的离散信号通过理想的低通滤波器滤去其高频分量，滤波器的输出就是原有的连续信号。但是具有图 8-12 所示特性的理想滤波器，在物理实现上是不能实现的。因此，需要寻求一种既在特性上接近于理想滤波器，又在物理上可实现的滤波器，保持器（holder）就是这种实际的滤波器。

保持器是一种时域的外推装置，即按过去或现在时刻的采样值进行外推。按常数、线性函数和抛物线函数形式外推的保持器分别称为零阶、一阶和二阶保持器。由于一阶和二阶保持器的结构复杂，且在采样频率足够高的情况下，它们的性能并不比零阶保持器具有明显突出的优点，因此，这里只讨论零阶保持器（zero order holder），并用符号 ZOH 来表示。

零阶保持器是把 kT 时刻的采样值原样保持到下一个采样时刻 $(k+1)T$，图 8-14（a）所示为它的单位理想脉冲响应函数。这是一个高度为 1、宽度为 T 的方波。高度为 1 表示采样值通过零阶保持器后既没有被放大也没有被衰减；宽度 T 表示采样值只能持续一个采样周期 T。

为了求 ZOH 的传递函数和频率特性，把图 8-14（a）所示的单位脉冲函数用两个单位阶跃函数之和表示，如图 8-14（b）所示。它的数学表达式为

$$g_h(t) = 1(t) - 1(t-T) \tag{8-9}$$

对式（8-9）取拉氏变换，求得零阶保持器的传递函数为

第 8 章 离散控制系统

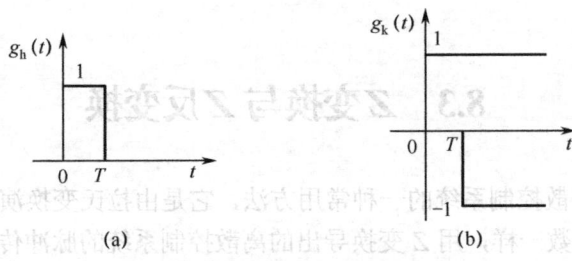

图 8-14 零阶保持器的输出特性

$$G_h(s) = \frac{1-e^{-Ts}}{s} \quad (8\text{-}10)$$

它的频率特性为

$$G_h(j\omega) = \frac{1-e^{-j\omega T}}{j\omega} = T\frac{\sin(\omega T/2)}{\omega T/2}e^{-j\omega T/2}$$

将 $T = 2\pi/\omega_s$ 代入上式,得

$$G_h(j\omega) = \frac{2\pi}{\omega_s}\frac{\sin\pi(\omega/\omega_s)}{\pi(\omega/\omega_s)}e^{-j\pi\left(\frac{\omega}{\omega_s}\right)} \quad (8\text{-}11)$$

由式(8-11)做出零阶保持器的幅频和相频特性,如图 8-15 所示。显然,零阶保持器只是一种近似的低通滤波器,它除了让主频谱分量通过外,还允许部分附加的高频频谱分量通过。因此,由零阶保持器恢复的连续函数 $f_h(t)$ 与原函数 $f(t)$ 是有差别的,如图 8-16 所示。由该图可见,由零阶保持器恢复的函数 $f_h(t)$ 比原函数 $f(t)$ 在相位上要平均滞后 $T/2$。

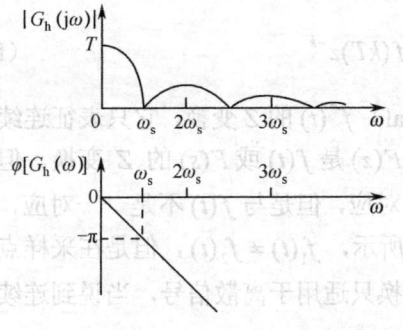

图 8-15 ZOH 的幅频特性和相频特性

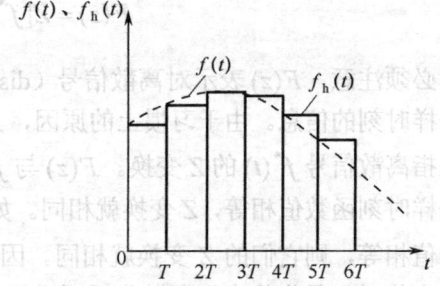

图 8-16 由 ZOH 恢复的 $f_h(t)$ 信号

零阶保持器的相频特性表示了它有相位滞后的作用,由于它的引入,有可能使原来稳定的系统变为不稳定。由于零阶保持器的相位滞后量比一阶和二阶保持器都要小,且其结构简单、易于实现,因而它在控制系统中被广泛地应用。

专业术语中英文对照	
采样	sampling
恢复	recovery
傅里叶级数	Fourier series
零阶保持器	zero order holder

8.3 Z变换与Z反变换

Z变换是分析离散控制系统的一种常用方法，它是由拉氏变换演变而来的。和线性连续控制系统的传递函数一样，用Z变换导出的离散控制系统的脉冲传递函数同样成为研究这种系统的一种非常有效的数学模型。

8.3.1 Z变换

设采样后的离散信号为

$$f^*(t) = \sum_{k=0}^{\infty} f(kT)\delta(t-kT)$$

对上式取拉氏变换，得

$$F^*(s) = L[f^*(t)] = \sum_{k=0}^{\infty} f(kT)e^{-kTs} \tag{8-12}$$

由于式（8-12）中的 e^{-Ts} 是 s 的初等超越函数，它不便于直接计算，为此引入一个新的变量 $z = e^{Ts}$，于是式（8-12）就改写为

$$F(z) = F^*(s)\Big|_{s=\frac{1}{T}\ln z} = \sum_{k=0}^{\infty} f(kT)z^{-k} \tag{8-13}$$

式（8-13）定义为离散信号 $f^*(t)$ 的Z变换，并记为

$$F(z) = Z[f^*(t)] = \sum_{k=0}^{\infty} f(kT)z^{-k} \tag{8-14}$$

必须注意，$F(z)$ 表示对离散信号（discrete signal）$f^*(t)$ 的Z变换，它只表征连续信号在采样时刻的信息。由于习惯上的原因，人们也称 $F(z)$ 是 $f(t)$ 或 $F(s)$ 的Z变换。但其含义是指离散信号 $f^*(t)$ 的Z变换。$F(z)$ 与 $f^*(t)$ 一一对应，但是与 $f(t)$ 不是一一对应，只要在采样时刻函数值相等，Z变换就相同。如图8-17所示，$f_1(t) \neq f_2(t)$，但是在采样点上它们的值相等，则它们的Z变换就相同。因此，Z变换只适用于离散信号，当说到连续信号的Z变换时，是指将它们离散化后再进行Z变换。

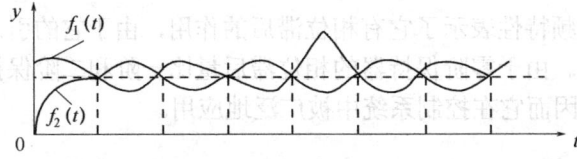

图8-17 $f_1(t)$ 和 $f_2(t)$ 的采样值相同，$F_1(z) = F_2(z)$

下面介绍三种常用的求取Z变换的方法。

1. 级数求和法

如果已知连续函数 $f(t)$ 在各采样时刻的采样值 $f(kT)$，就可以按式（8-14）写出其Z

变换的级数展开式。由于该级数具有无穷多项，如果不把它写为闭合形式，则难于应用。不过，在一定的条件下，常用函数 Z 变换的级数展开式都能写为闭合形式。

例 8-1 求单位阶跃函数的 Z 变换。

解：当 $k \geq 0$ 时，$f(kT)=1$。由式（8-14）得

$$F(z) = Z[1(t)] = \sum_{k=0}^{\infty} z^{-k} = 1 + z^{-1} + z^{-2} + z^{-3} + \cdots \tag{8-15}$$

在式（8-15）中，如果 $|z|>1$，则式（8-15）为递减的等比级数，它的闭合形式为

$$Z[1(t)] = \frac{1}{1-z^{-1}} = \frac{z}{z-1} \tag{8-16}$$

例 8-2 已知 $f(t) = e^{-at}$，$a>0$，求 $Z[e^{-at}]$。

解：首先对 $f(t) = e^{-at}$ 进行采样，得到对应的离散信号为

$$f^*(t) = \sum_{k=0}^{\infty} e^{-akT} \delta(t-kT)$$

它的 Z 变换由式（8-17）表示：

$$Z[e^{-at}] = F(z) = \sum_{k=0}^{\infty} e^{-akT} z^{-k} = 1 + e^{-aT}z^{-1} + e^{-2aT}z^{-2} + e^{-3aT}z^{-3} + \cdots \tag{8-17}$$

令 $|e^{-aT}|<1$，则上式所示的无穷等比级数是收敛的，其闭合形式为

$$Z[e^{-at}] = F(z) = \frac{1}{1-e^{-aT}z^{-1}} = \frac{z}{z-e^{-aT}} \tag{8-18}$$

不难看出，当 $a \to 0$ 时，式（8-18）所得的结果就是式（8-16）所示的单位阶跃函数的 Z 变换。

可以证明，任何 $f(kT)$ 序列的 Z 变换都有一个由 $|z|>R$ 规定的收敛区，其收敛半径 R 取决于序列 $f(kT)$。

2. 部分分式法

设 $f(t)$ 的拉氏变换 $F(s)$ 为

$$F(s) = \frac{b_0 s^m + b_1 s^{m-1} + \cdots + b_m}{a_0 s^n + a_1 s^{n-1} + \cdots + a_n}, \quad n>m$$

将上式展开为部分分式和的形式，即

$$F(s) = \sum_{i=1}^{n} \frac{A_i}{s+p_i}$$

则相应的时间函数为 $f(t) = \sum_{i=1}^{n} A_i e^{-p_i t}$。这样，就可按式（8-18）求取 $f(t)$ 的 Z 变换。

例 8-3 求 $F(s) = \dfrac{1}{s+a}$ 的 Z 变换。

解：$F(s) = \dfrac{1}{s} - \dfrac{1}{s+a}$

对上式取拉氏反变换，得

则
$$F(z) = Z[f(t)] = Z\left[\frac{1}{s} - \frac{1}{s+a}\right]$$
$$= \frac{1}{1-z^{-1}} - \frac{1}{1-e^{aT}z^{-1}} = \frac{(1-e^{-aT})z^{-1}}{(1-z^{-1})(1-e^{-aT}z^{-1})}$$

例 8-4 求 $Z[\sin at]$。

解：因为 $F(s) = L[\sin at] = \dfrac{a}{s^2 + a^2}$

又
$$F(s) = \frac{-\dfrac{1}{2j}}{s+ja} - \dfrac{\dfrac{1}{2j}}{s-ja}$$

所以
$$F(z) = \frac{-\dfrac{1}{2j}}{(1-e^{-jaT}z^{-1})} + \frac{\dfrac{1}{2j}}{(1-e^{jaT}z^{-1})} = \frac{(\sin aT)z^{-1}}{1-(2\cos aT)z^{-1}+z^{-2}} \qquad (8-19)$$

3. 留数（residue）计算法

设 $f(t)$ 的拉氏变换为 $F(s)$，且其为真有理分式，令 $-p_k\ (k=1,2,\cdots,n)$ 为 $F(s)$ 的极点，则 $F(s)$ 的 Z 变换可通过计算下列的留数求得，即

$$F(z) = \sum_{k=1}^{\infty} \mathrm{res}\left[F(s)\frac{z}{z-e^{Ts}}\right]_{s=p_k} = \sum_{k=1}^{n} R_k \qquad (8-20)$$

式中，$R_k = \mathrm{res}\left[F(s)\dfrac{z}{z-e^{Ts}}\right]_{s=p_k}$ 为 $F(s)\dfrac{z}{z-e^{Ts}}$ 在 $s=-p_k$ 上的留数。

当 $F(s)$ 具有 $s=-p$ 的一阶极点时，对应的留数为
$$R = \lim_{s \to p}\left[(s-p)F(s)\frac{z}{z-e^{Ts}}\right] \qquad (8-21)$$

当 $F(s)$ 具有 $s=-p$ 的 q 阶重极点时，则对应的留数为
$$R = \frac{1}{(q-1)!}\lim_{s \to p}\frac{d^{q-1}}{ds^{q-1}}\left[(s-p)^q F(s)\frac{z}{z-e^{Ts}}\right] \qquad (8-22)$$

例 8-5 已知 $F(s) = \dfrac{s+3}{(s+1)(s+2)}$，求 $F(z)$。

解：
$$F(z) = \left[(s+1)\frac{s+3}{(s+1)(s+2)}\frac{z}{z-e^{Ts}}\right]_{s=-1} + \left[(s+2)\frac{(s+3)}{(s+1)(s+2)}\frac{z}{z-e^{Ts}}\right]_{s=-2}$$
$$= \frac{2z}{z-e^{-T}} - \frac{z}{z-e^{-2T}}$$

例 8-6 试求 $F(s) = \dfrac{1}{s^2}$ 的 Z 变换。

解：由于 $F(s)$ 在 $s=0$ 处有二重极点，则按式（8-22）得

$$R = \lim_{s \to 0} \frac{\mathrm{d}}{\mathrm{d}s}\left(s^2 \frac{1}{s^2} \frac{z}{z-\mathrm{e}^{Ts}}\right) = \frac{Tz}{(z-1)^2}$$

表 8-1 所示为常用函数的 Z 变换和拉氏变换对照表，作备查之用。

表 8-1 常用函数的 Z 变换和拉氏变换对照表

$f(t)$	$F(s)$	$F(z)$
$\delta(t)$	1	1
$\delta(t-kT)$	e^{-kTs}	z^{-k}
$1(t)$	$\dfrac{1}{s}$	$\dfrac{z}{z-1}$
t	$\dfrac{1}{s^2}$	$\dfrac{Tz}{(z-1)^2}$
e^{-at}	$\dfrac{1}{s+a}$	$\dfrac{z}{z-\mathrm{e}^{-aT}}$
$1-\mathrm{e}^{-at}$	$\dfrac{a}{s(s+a)}$	$\dfrac{(1-\mathrm{e}^{-aT})z}{(z-1)(z-\mathrm{e}^{-aT})}$
$\sin\omega t$	$\dfrac{\omega}{s^2+\omega^2}$	$\dfrac{z\sin\omega T}{z^2-2z\cos\omega T+1}$
$\cos\omega t$	$\dfrac{s}{s^2+\omega^2}$	$\dfrac{z(z-\cos\omega T)}{z^2-2z\cos\omega T+1}$
$t\mathrm{e}^{-at}$	$\dfrac{1}{(s+a)^2}$	$\dfrac{Tz\mathrm{e}^{-aT}}{(z-\mathrm{e}^{-aT})^2}$
$\mathrm{e}^{-at}\sin\omega t$	$\dfrac{\omega}{(s+a)^2+\omega^2}$	$\dfrac{z\mathrm{e}^{-aT}\sin\omega T}{z^2-2z\mathrm{e}^{-aT}\cos\omega T+\mathrm{e}^{-2aT}}$
$\mathrm{e}^{-at}\cos\omega t$	$\dfrac{s+a}{(s+a)^2+\omega^2}$	$\dfrac{z^2-z\mathrm{e}^{-aT}\cos\omega T}{z^2-2z\mathrm{e}^{-aT}\cos\omega T+\mathrm{e}^{-2aT}}$
$\dfrac{t^2}{2!}$	$\dfrac{1}{s^3}$	$\dfrac{T^3 z(z+1)}{(z-1)^3}$

8.3.2 Z 变换的基本性质

Z 变换也有和拉氏变换相类似的一些性质，熟悉这些性质，对于分析和设计离散系统是很有帮助的。

1. 线性定理

设 $f_1(t)$ 和 $f_2(t)$ 的 Z 变换分别为 $F_1(z)$ 和 $F_2(z)$，a_1 和 a_2 为常数，则有

$$Z[a_1 f_1(t) + a_2 f_2(t)] = a_1 F_1(z) + a_2 F_2(z) \qquad (8-23)$$

证明：由 Z 变换定义得

$$Z[a_1 f_1(t) + a_2 f_2(t)] = \sum_{k=0}^{\infty}[a_1 f_1(kT) + a_2 f_2(kT)]z^{-k}$$

$$= \sum_{k=0}^{\infty} a_1 f_1(kT)z^{-k} + \sum_{k=0}^{\infty} a_2 f_2(kT)z^{-k}$$

$$= a_1 F_1(z) + a_2 F_2(z)$$

2. 滞后定理

设 $t<0$ 时，$f(t)=0$；$Z[f(t)]=F(z)$，则
$$Z[f(t-kT)]=z^{-k}F(z) \tag{8-24}$$

式中，k、T 均为常量。

证明：由 Z 变换定义得
$$Z[f(t-kT)]=\sum_{n=0}^{\infty}f(nT-kT)z^{-n}$$
$$=f(-kT)z^0+f(T-kT)z^{-1}+\cdots+f(0)z^{-k}+$$
$$f(T)z^{-(k+1)}+\cdots+f(nT)z^{-(k+n)}+\cdots$$

考虑到 $n<k$，$f(nT-kT)=0$ 这一事实，即上式中 z^{-k} 前面的各项均为零，于是得
$$Z[f(t-kT)]=z^{-k}[f(0)+f(T)z^{-1}+\cdots+f(nT)z^{-n}+\cdots]=z^{-k}F(z)$$

由此可知，z^{-k} 代表一个延迟环节，它把输入脉冲延迟了 k 个采样周期，如图 8-18 所示。

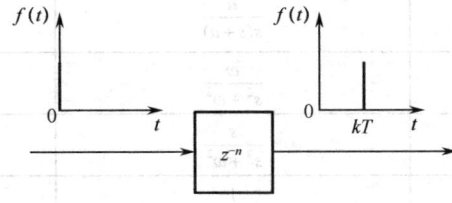

图 8-18　z^{-k} 的滞后特性

3. 超前定理

设 $f(t)$ 的 Z 变换为 $F(z)$，则
$$Z[f(t+kT)]=z^k F(z)-z^k\sum_{n=0}^{k-1}f(nT)z^{-n} \tag{8-25}$$

证明：由 Z 变换的定义得
$$Z[f(t+kT)]=\sum_{n=0}^{\infty}f(nT+kT)z^{-n}=z^k\sum_{n=0}^{\infty}f(nT+kT)z^{-(n+k)}$$
$$=z^k[f(kT)z^{-k}+f(T+kT)z^{-(k+1)}+\cdots]$$
$$=z^k\{f(0)+f(T)z^{-1}+\cdots+f(kT)z^{-k}+f[(k+1)T]z^{-(k+1)}+\cdots\}-$$
$$z^k\{f(0)+f(T)z^{-1}+\cdots+f[(k-1)T]z^{-(k-1)}\}$$
$$=z^k F(z)-z^k\sum_{n=0}^{k-1}f(nT)z^{-n}$$

如果 $f(0)=f(T)=\cdots=f[(k-1)T]=0$，则超前定理可表示为
$$Z[f(t+kT)]=z^k F(z) \tag{8-26}$$

4. 终值定理

设 $f(t)$ 的 Z 变换为 $F(z)$，且 $F(z)$ 不含有 $z=1$ 的二重及其以上的极点和 z 平面上单位圆外的极点，则 $f(t)$ 的终值为

$$\lim_{t\to\infty}f(t) = \lim_{n\to\infty}f(nT) = \lim_{z\to 1}(z-1)F(z) \tag{8-27}$$

证明： $Z\{f[(k+1)T] - f(kT)\} = \lim_{n\to\infty}\sum_{k=0}^{n}\{f(k+1)T - f(kT)\}z^{-k}$

$= \lim_{n\to\infty}\{[f(1)-f(0)] + [f(2)-f(1)]z^{-1} + \cdots + [f(n+1)T - f(nT)]z^{-n}\}$

$= \lim_{n\to\infty}\{-f(0) + (1-z^{-1})f(1) + (z^{-1}-z^{-2})f(2) + \cdots + (z^{-n+1}-z^{-n})f(n) + f(n+1)z^{-n}\}$

由超前定理得

$$Z\{f[(k+1)T] - f(kT)\} = zF(z) - zf(0) - F(z) = (z-1)F(z) - zf(0)$$
$$(z-1)F(z) = zf(0) + Z\{f[(k+1)T] - f(kT)\}$$

对上式取 $z\to 1$ 的极限，则有

$$\lim_{z\to 1}[(z-1)F(z)] = f(0) + \lim_{z\to 1}Z\{f[(k+1)T - f(kT)\}$$
$$= f(0) + \lim_{z\to 1}\lim_{n\to\infty}\{-f(0) + (1-z^{-1})f(1) + (z^{-1}-z^{-2})f(2) + \cdots +$$
$$(z^{-n+1} - z^{-n})f(n) + f(n+1)z^{-n}\}$$
$$= f(0) - f(0) + \lim_{n\to\infty}f[(n+1)T] = \lim_{n\to\infty}f(nT)$$

5. 复数位移定理

设 $Z[f(t)] = F(z)$，则

$$Z[f(t)e^{\mp at}] = F(ze^{\pm aT}) \tag{8-28}$$

证明： 由 Z 变换的定义得

$$Z[f(t)e^{\mp at}] = \sum_{k=0}^{\infty}f(kT)e^{\mp akT}z^{-k} = \sum_{k=0}^{\infty}f(kT)(ze^{\pm aT})^{-k}$$

令 $z_1 = ze^{\pm aT}$，则上式改写为

$$Z[f(t)e^{\mp at}] = \sum_{k=0}^{\infty}f(kT)z_1^{-k} = F(z_1) = F(ze^{\pm aT})$$

例 8-7 试用复数位移定理计算 $Z[te^{-at}]$。

解： 已知 $Z[t] = Tz/(z-1)^2$，由复数位移定理得

$$Z[te^{-at}] = \frac{Tze^{aT}}{(ze^{aT}-1)^2}$$

6. 卷积和定理

设 $c(t)$、$g(t)$ 和 $r(t)$ 的 Z 变换分别为 $C(z)$、$G(z)$ 和 $R(z)$，且当 $t<0$ 时，$c(t) = g(t) = r(t) = 0$。已知

$$c(kT) = \sum_{n=0}^{k}g[(k-n)T]r(nT), \quad k = 0, 1, 2, \cdots$$

则

$$C(z) = G(z)R(z) \tag{8-29}$$

证明： $C(z) = \sum_{k=0}^{\infty} c(kT)z^{-k} = \sum_{k=0}^{\infty}\sum_{n=0}^{k} g[(k-n)T]r(nT)z^{-k}$

基于 $k < n$ 时，$g\big[(k-n)T\big] = 0$，因而上式可改写为

$$C(z) = \sum_{k=0}^{\infty}\sum_{n=0}^{\infty} g[(k-n)T]r(nT)z^{-k}$$

令 $j = k-n$，当 $k = 0$ 时，$j = -n$，于是得

$$C(z) = \sum_{n=0}^{\infty}\sum_{j=-n}^{\infty} g(jT)r(nT)z^{-(j+n)}$$

$$= \sum_{n=0}^{\infty} r(nT) \sum_{j=-n}^{\infty} g(jT)z^{-(j+n)}$$

$$= \sum_{n=0}^{\infty} r(nT)z^{-n} \sum_{j=0}^{\infty} g(jT)z^{-j} = G(z)R(z)$$

8.3.3 Z 反变换

上述把采样信号 $f^*(t)$ 变换为 $F(z)$ 的过程称为 Z 变换；反之，把 $F(z)$ 变换为 $f^*(t)$ 的过程称为 Z 反变换（inverse z-transform），并记为 $Z^{-1}[F(z)]$。显然，由 Z 反变换求得的时间函数是离散的，而不是连续函数。

常用的 Z 反变换求法有三种。

1. 长除法

$F(z)$ 通常为 z 的有理式分式，即

$$F(z) = \frac{b_0 z^m + b_1 z^{m-1} + \cdots + b_m}{a_0 z^n + a_1 z^{n-1} + \cdots + a_n}, \quad n \geq m \tag{8-30}$$

把分子多项式除以分母多项式，使 $F(z)$ 变为按 z^{-1} 升幂排列，用长除法将 $F(z)$ 展开成 z^{-1} 的级数展开式，由 Z 变换定义求得相应采样函数的脉冲序列 $f(kT)$ 或 $f^*(t)$。

例 8-8 求 $F(z) = \dfrac{z^2 + z}{z^2 - 2z + 1}$ 的反变换 $f^*(t)$。

解： 把 $F(z)$ 写成 z^{-1} 的升幂形式，即

$$F(z) = \frac{1 + z^{-1}}{1 - 2z^{-1} + z^{-2}}$$

用 $F(z)$ 的分子除以分母，得

$$F(z) = 1 + 3z^{-1} + 5z^{-2} + 7z^{-3} + 9z^{-4} + \cdots$$

由 Z 变换定义得

$$f(0) = 1, \quad f(1) = 3, \quad f(2) = 5, \quad f(3) = 7, \quad f(4) = 9, \cdots$$

于是

$$f^*(t) = \sum_{k=0}^{\infty} f(kT)\delta(t-kT) = \delta(t-kT) + 3\delta(t-T) + 5\delta(t-2T) + 7\delta(t-3T) + \cdots$$

由例 8-8 可知，通过长除法得到的是 $f^*(t)$ 的开放形式，虽然能使我们直观地了解采样脉冲序列的具体分布，但通常难以给出 $f^*(t)$ 的闭合形式，因而不便于对系统进行分析研究。

2. 部分分式法

用部分分式法求 Z 反变换，与用部分分式法求拉氏反变换的思路相类似。由于 $F(z)$ 的分子中通常含有因子 z，为方便起见，通常先把 $F(z)$ 除以 z，然后将 $F(z)/z$ 展开为部分分式。

对于式（8-30）所示的 $F(z)$，用部分分式法取 Z 反变换的步骤是：

（1）将 $F(z)$ 分母的多项式分解为因式。

（2）把 $F(z)/z$ 展开为部分分式，使所求部分分式的各项能在表 8-1 中查到相应的 $f(t)$。

（3）求各部分分式项的 Z 反变换之和。

例 8-9 已知 $F(z) = \dfrac{z(1-\mathrm{e}^{-aT})}{(z-1)(z-\mathrm{e}^{-aT})}$，试用部分分式法求其 Z 反变换。

解： $\dfrac{F(z)}{z} = \dfrac{(1-\mathrm{e}^{-aT})}{(z-1)(z-\mathrm{e}^{-aT})} = \dfrac{1}{z-1} - \dfrac{1}{z-\mathrm{e}^{-aT}}$

则

$$F(z) = \dfrac{z}{z-1} - \dfrac{z}{z-\mathrm{e}^{-aT}}$$

求 Z 反变换，得

$$f(kT) = 1 - \mathrm{e}^{-akT}, \quad k = 0,1,2,\cdots$$

或写为

$$f^*(t) = \sum_{k=0}^{\infty}(1-\mathrm{e}^{-akT})\delta(t-kT)$$

3. 反演公式

$$f(kT) = \sum_{F(z)\text{的所有极点}} \mathrm{res}\left[F(z)z^{k-1}\right] \tag{8-31}$$

例 8-10 求 $F(z) = \dfrac{10z}{(z-1)(z-2)}$ 的 Z 反变换。

解： $f(kT) = \sum \mathrm{res}\left[\dfrac{10z}{(z-1)(z-2)}z^{k-1}\right] = \sum \mathrm{res}\left[\dfrac{10z^k}{(z-1)(z-2)}\right]$

$= \dfrac{10z^k}{(z-1)(z-2)}(z-1)\bigg|_{z=1} + \dfrac{10z^k}{(z-1)(z-2)}(z-2)\bigg|_{z=2}$

$= -10 + 10 \times 2^k$

即

$$f^*(t) = \sum_{k=0}^{\infty}(-10+10\times 2^k)\delta(t-kT)$$

专业术语中英文对照	
离散信号	discrete signal
留数	residue
Z 反变换	inverse z-transform

8.4 脉冲传递函数

离散系统的输入和输出都是脉冲序列，离散系统的传递函数称为脉冲传递函数，它的作用是将系统的输入脉冲序列转换为输出脉冲序列。与线性连续系统传递函数的定义相类似，离散系统脉冲传递函数的定义是：在零初始条件下，输出离散时间信号的 Z 变换 $C(z)$ 与输入离散时间信号的 Z 变换 $R(z)$ 之比，即

$$\frac{C(z)}{R(z)} = G(z) \tag{8-32}$$

对应于式（8-32）的框图如图 8-19 所示。如果已知 $R(z)$ 和 $G(z)$，根据式（8-32）就可以求得系统输出的脉冲序列（pulse train）为

$$c^*(t) = Z^{-1}[C(z)] = Z^{-1}[R(z)G(z)]$$

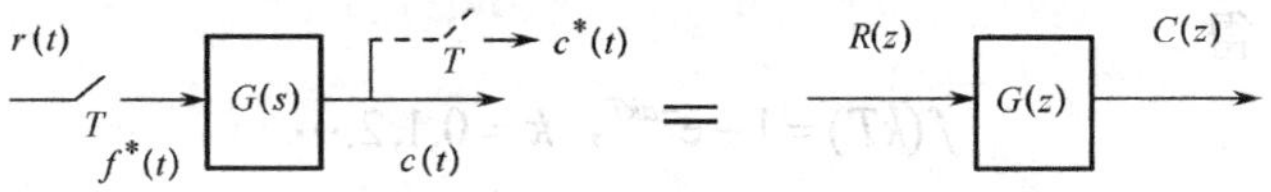

图 8-19 脉冲传递函数

由上式可知，求 $c^*(t)$ 的关键在于如何求取系统的脉冲传递函数 $G(z)$。

由于连续对象 $G(s)$ 的脉冲响应是时间 t 的连续函数，而 Z 变换只能表示连续时间函数在采样时刻的采样值，因而在求取连续对象 $G(s)$ 脉冲传递函数时，应取 $G(s)$ 输出的脉冲序列作为输出量。为此，在系统的输出端可虚拟一个用虚线表示的同步采样开关，如图 8-19 所示。必须说明，虚拟采样开关的设置仅是为了便于分析系统，它在实际系统中并不存在。

为了从概念上阐明脉冲传递函数的物理意义，下面从系统单位脉冲响应的角度出发导出系统的脉冲传递函数。设线性系统的输入为如下的脉冲序列，即

$$r^*(t) = \sum_{n=0}^{\infty} r(nT)\delta(t-nT) = r(0)\delta(t) + r(T)\delta(t-T) + r(2T)\delta(t-2T) + \cdots$$

根据叠加原理（superposition theorem），系统的输出为下列的脉冲响应之和

$$c(t) = r(0)g(t) + r(T)g(t-T) + \cdots + r(nT)g(t-nT) + \cdots$$

式中，$g(t)$ 为系统的单位理想脉冲响应函数，在 $t = kT$ 时刻，系统的输出为

$$c(kT) = r(0)g(kT) + r(T)g[(k-1)T] + \cdots + r(kT)g(0) = \sum_{n=0}^{k} g[(k-n)T]r(nT) \tag{8-33}$$

这就是离散卷积。由于 $t<0$ 时，$g(t)=0$，因而当 $n>k$ 时，式（8-33）的 $g[(k-n)T]=0$。这就是说，在 kT 时刻以后的输入脉冲如 $r[(k+1)T]$、$r[(k+2)T]$ 等，它们不会对 kT 时刻的输出产生任何影响。这样，式（8-33）可改写为

$$c(kT) = \sum_{n=0}^{\infty} g[(k-n)T]r(nT)$$

由卷积和定理得

$$C(z) = G(z)R(z)$$

式中，$C(z)$、$R(z)$ 和 $G(z)$ 分别为 $c^*(t)$、$r^*(t)$ 和 $g^*(t)$ 的 Z 变换。由此可知，离散系统的脉冲传递函数就是系统单位脉冲响应函数采样值的 Z 变换，即

$$G(z) = \sum_{n=0}^{\infty} g(nT)z^{-n} \tag{8-34}$$

当已知图 8-19 中的传递函数 $G(s)$ 时，先用拉氏变换求出系统的单位脉冲响应 $g(t)$，然后对 $g(t)$ 进行 Z 变换，就得到系统的脉冲传递函数 $G(z)$。

和连续系统的传递函数一样，脉冲传递函数也表征离散系统的固有特性，它除了与系统的结构、参数（包括采样周期）有关外，还与采样开关在系统中的具体位置有关。

8.4.1 串联环节的脉冲传递函数

当环节串联时，环节之间有无采样开关存在，其等效的脉冲传递函数是不同的。对于图 8-20（a）所示的连接形式。由于两环节之间有采样开关存在，根据脉冲传递函数的定义得

$$X(z) = G_1(z)R(z)$$
$$C(z) = G_2(z)X(z) = G_1(z)G_2(z)R(z)$$

因而有

$$\frac{C(z)}{R(z)} = G(z) = G_1(z)G_2(z) \tag{8-35}$$

上式表示，当两个串联环节之间有采样开关时，其等效的脉冲传递函数就等于这两个环节脉冲传递函数的乘积。这个结论可推广到 n 个环节相串联且相邻两环节间都有采样开关的场合。

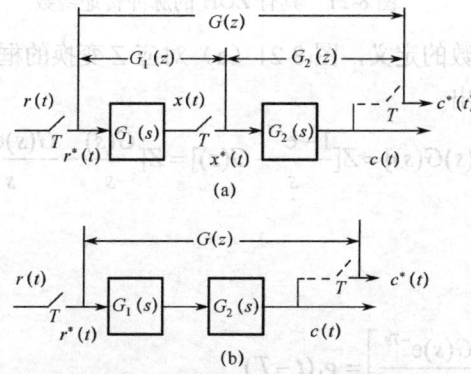

图 8-20 串联环节的两种连接形式

对于图 8-20（b）所示的连续形式，就不能用上面得出的结论。根据脉冲传递函数的定义，这种连接形式的等效脉冲传递函数为

$$G(z) = \frac{C(z)}{R(z)} = Z[G_1(s)G_2(s)] = G_1G_2(z) \tag{8-36}$$

式中，$G_1G_2(z)$ 表示 $G_1(s)G_2(s)$ 乘积的 Z 变换。通常 $G_1(z)G_2(z) \neq G_1G_2(z)$。

例 8-11 设图 8-20 中 $G_1(s) = \dfrac{1}{s}$，$G_2(s) = \dfrac{s}{s+a}$，试求上述两种连接形式的脉冲传递函数。

解：对图 8-20（a），它的脉冲传递函数为

$$G(z) = G_1(z)G_2(z) = \frac{z}{z-1} \times \frac{az}{z-e^{-aT}} = \frac{az^2}{(z-1)(z-e^{-aT})}$$

而对于图 8-20（b），其脉冲传递函数为

$$G(z) = G_1G_2(z) = Z[G_1(s)G_2(s)]$$
$$= Z[\frac{a}{s(s+a)}] = Z[\frac{1}{s} - \frac{1}{s+a}] = \frac{z(1-e^{-aT})}{(z-1)(z-e^{-aT})}$$

显然，$G_1(z)G_2(z) \neq G_1G_2(z)$

例 8-12 求图 8-21（a）所示的系统的脉冲传递函数，图中 $G_h(s)$ 为零阶保持器。

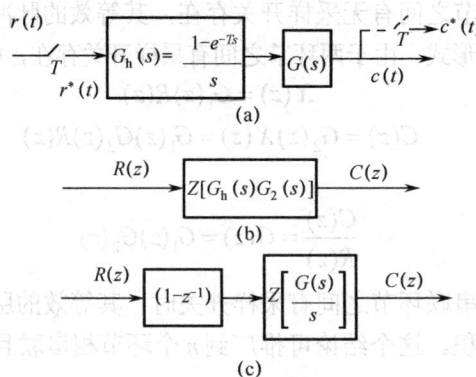

图 8-21 具有 ZOH 的脉冲传递函数

解：根据脉冲传递函数的定义，图 8-21（a）对应 Z 变换的框图如图 8-21（b）所示，其脉冲传递函数由下式给出

$$Z[G_h(s)G(s)] = Z[\frac{1-e^{-Ts}}{s}G(s)] = Z[\frac{G(s)}{s} - \frac{G(s)e^{-Ts}}{s}]$$

令 $L^{-1}\left[\dfrac{G(s)}{s}\right] = g_1(t)$，

则

$$L^{-1}\left[\frac{G(s)e^{-Ts}}{s}\right] = g_1(t-T)$$

第 8 章 离散控制系统

由于

$$Z\left[\frac{G(s)e^{-Ts}}{s}\right] = Z[g_1(t-T)] = z^{-1}Z[g_1(t)] = z^{-1}Z\left[\frac{G(s)}{s}\right]$$

所以

$$Z[G_h(s)G(s)] = (1-z^{-1})Z[\frac{G(s)}{s}] \tag{8-37}$$

这样，图 8-21（b）就由图 8-21（c）来表示。

8.4.2 闭环系统的脉冲传递函数

由于离散控制系统有不同的结构形式，且采样开关在系统中的位置也各不相同，因此，这类系统的闭环脉冲传递函数没有一般的计算公式，而要根据系统的实际结构来求取。同连续系统的闭环传递函数求取方法类似，它的求取步骤是：根据系统的结构列写各变量之间的关系式，然后消去中间变量，求出系统输出量的 Z 变换与输入量的 Z 变换之间的关系。

图 8-22 所示是一种常见的离散控制系统。图中以虚线画出的采样开关是为了便于分析而虚设的，所有采样开关都以相同的周期 T 同步地进行工作。由图 8-22 得

$$C(z) = E(z)G(z) \tag{8-38}$$

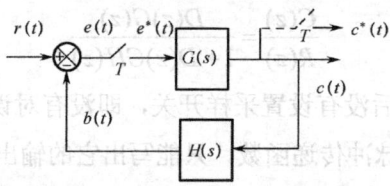

图 8-22 常见的离散控制系统

因为

$$e(t) = r(t) - e^*(t)[G(s)H(s)]$$

对上式取 Z 变换，得

$$E(z) = R(z) - E(z)GH(z) \tag{8-39}$$

把所求的 $E(z)$ 代入式（8-38），得

$$\frac{C(z)}{R(z)} = \frac{G(z)}{1+GH(z)} \tag{8-40}$$

如把式（8-40）中的 $C(z)$ 用 $E(z)G(z)$ 表示，则求得系统的误差 $E(z)$ 对输入 $R(z)$ 的传递函数为

$$\frac{E(z)}{R(z)} = \frac{1}{1+GH(z)} \tag{8-41}$$

对于单位反馈控制系统，上述两式分别简化为

$$\frac{C(z)}{R(z)} = \frac{G(z)}{1+G(z)} \tag{8-42}$$

$$\frac{E(z)}{R(z)} = \frac{1}{1+G(z)} \tag{8-43}$$

图 8-23 所示是一个具有数字控制器的离散系统，它的闭环传递函数的求取过程与上述的过程完全类同。

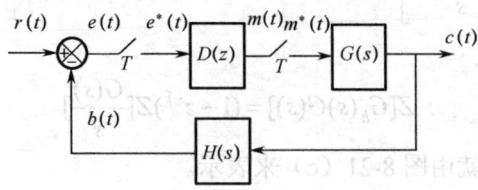

图 8-23 具有数字控制器的离散系统

图中 $D(z)$ 是数字控制器或数字校正装置的脉冲传递函数，这是为了改善闭环系统的性能而设置的。由图 8-23 得

$$E(z) = R(z) - B(z)$$
$$M(z) = E(z)D(z)$$
$$C(z) = M(z)G(z)$$
$$B(z) = M(z)GH(z)$$

消去上述四个公式的中间变量 $E(z)$、$M(z)$、$B(z)$，求得系统的闭环脉冲传递函数为

$$\frac{C(z)}{R(z)} = \frac{D(z)G(z)}{1 + D(z)GH(z)} \tag{8-44}$$

如果在系统的比较环节后没有设置采样开关，即没有对误差信号 $e(t)$ 进行采样，则这种系统不能显式地写出闭环脉冲传递函数，只能写出它的输出离散信号的 Z 变换式。下面以图 8-24 所示的系统为例来说明。

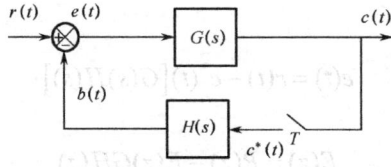

图 8-24 离散系统

由图 8-24 得

$$C(s) = R(s)G(s) - G(s)H(s)C^*(s)$$

对上式等号两边同取采样值，则得

$$C^*(s) = \frac{RG^*(s)}{1 + GH^*(s)}$$

或写作

$$C(z) = \frac{RG(z)}{1 + GH(z)}$$

表 8-2 所示为几种常见的离散控制系统的框图及其输出的 Z 变换。

第 8 章 离散控制系统

表 8-2 几种常见的离散控制系统的框图及其输出的 Z 变换

序号	系统的框图	输出量的 Z 变换
1	$R(s) \to \otimes \to T \to G(s) \to C(s)$, 反馈 $H(s)$	$C(z) = \dfrac{G(z)}{1+GH(z)} R(z)$
2	$R(s) \to \otimes \to T \to G(s) \to T \to C(s)$, 反馈 $H(s)$	$C(z) = \dfrac{G(z)}{1+G(z)H(z)} R(z)$
3	$R(s) \to \otimes \to G(s) \to C(s)$, 反馈 $H(s) \to T$	$C(z) = \dfrac{RG(z)}{1+GH(z)}$
4	$R(s) \to \otimes \to G_1(s) \to T \to G_2(s) \to C(s)$, 反馈 $H(s)$	$C(z) = \dfrac{RG_1(z)G_2(z)}{1+G_1G_2H(z)}$
5	$R(s) \to \otimes \to T \to G_1(s) \to T \to G_2(s) \to C(s)$, 反馈 $H(s)$	$C(z) = \dfrac{G_1(z)G_2(z)}{1+G_1(z)G_2H(z)} R(z)$
6	$R(s) \to \otimes \to G_1(s) \to T \to G_2(s) \to T \to G_3(s) \to C(s)$, 反馈 $H(s)$	$C(z) = \dfrac{G_2(z)G_3(z)RG_1(z)}{1+G_2(z)G_1G_3H(z)}$

例 8-13 求图 8-25 所示系统的闭环脉冲传递函数。

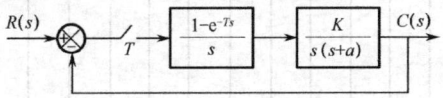

图 8-25 具有 ZOH 的离散控制系统

解：该系统的开环脉冲传递函数为：

$$G(z) = Z\left[\frac{K(1-e^{-Ts})}{s^2(s+a)}\right] = K(1-z^{-1})Z\left[\frac{1}{as^2} - \frac{1}{a^2 s} + \frac{1}{a^2(s+a)}\right]$$

$$= K(1-z^{-1})\left[\frac{Tz}{a(z-1)^2} - \frac{z}{a^2(z-1)} + \frac{z}{a^2(z-e^{-aT})}\right]$$

$$= \frac{K[(aT-1+e^{-aT})z + (1-e^{-aT}-aTe^{-aT})]}{a^2(z-1)(z-e^{-aT})}$$

据此求得系统的闭环脉冲传递函数为

$$\frac{C(z)}{R(z)} = \frac{G(z)}{1+G(z)} = \frac{K[(aT-1+e^{-aT})z+(1-e^{-aT}-aTe^{-aT})]}{a^2z^2+[K(aT-1+e^{-aT})-a^2(1-e^{-aT})]z+K(1-e^{-aT}-aTe^{-aT}+a^2e^{-aT})}$$

例 8-14 求图 8-25 所示系统的单位阶跃响应 $c^*(t)$。图中 $a=1$，$K=1$，$T=1\mathrm{s}$。

解：把 $a=1$，$K=1$，$T=1\mathrm{s}$ 代入上例所求 $G(z)$ 的表达式中，求得

$$G(z) = \frac{e^{-1}z+1-2e^{-1}}{z^2-(1+e^{-1})z+e^{-1}}$$

则相应的闭环脉冲传递函数为

$$\frac{C(z)}{R(z)} = \frac{e^{-1}z+1-2e^{-1}}{z^2-z+(1-e^{-1})} = \frac{0.368z+0.264}{z^2-z+0.632} \quad (8\text{-}45)$$

把 $R(z) = \dfrac{z}{z-1}$ 代入上式，得

$$C(z) = \frac{0.368z^{-1}+0.264z^{-2}}{1-2z^{-1}+1.632z^{-2}-0.632z^{-3}}$$

用长除法将上式展开得

$$C(z) = 0.368z^{-1} + z^{-2} + 1.4z^{-3} + 1.4z^{-4} + 1.147z^{-5} + 0.895z^{-6} + 0.802z^{-7} + \cdots$$

对上式取 Z 反变换，于是得

$$c^*(t) = 0.368\delta(t-T) + 1\delta(t-2T) + 1.4\delta(t-3T) + 1.4\delta(t-4T) + \cdots$$

图 8-26 所示为该系统的单位阶跃响应曲线。由图可知，该系统的单位阶跃响应呈衰减振荡形式，其最大的超调量约为 40%，调整时间 t_s 约为 12s。

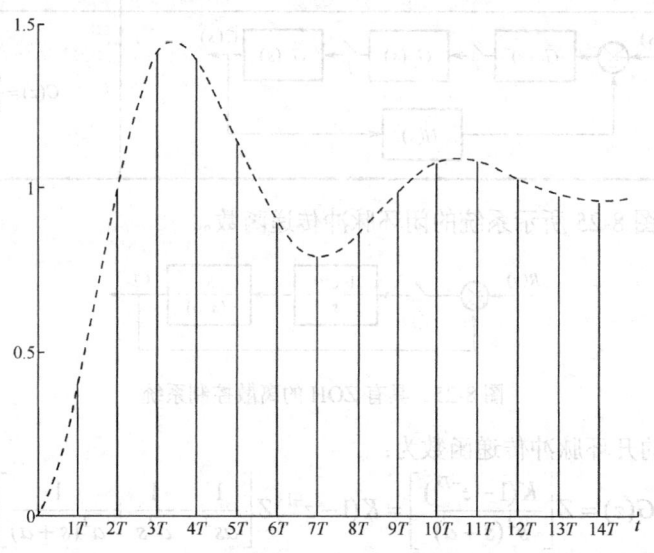

图 8-26 所示系统的单位阶跃响应曲线

专业术语中英文对照

脉冲序列	pulse train
叠加原理	superposition theorem

8.5 差分方程

由于离散系统的输入和输出在时间上是离散的,因而这种系统就不能用时间的微分来描述,而用变量的前后序列之差来表征,这就引出了与微分相似的差分(difference)概念。

8.5.1 差分的定义

设连续函数 $f(t)$ 经采样后为 $f(kT)$,由于 T 为常量,为使表示简单,把 $f(kT)$ 简写作 $f(k)$,省略 T 不写。一阶前向差分(forward difference)定义为

$$\Delta f(k) \stackrel{\text{def}}{=} f(k+1) - f(k)$$

二阶前向差分定义为(差分的差分)

$$\Delta^2 f(k) \stackrel{\text{def}}{=} \Delta f(k+1) - \Delta f(k) = [f(k+2) - f(k+1)] - [f(k+1) - f(k)]$$
$$= f(k+2) - 2f(k+1) + f(k)$$

其余高阶前向差分均以此类推。

同理,一阶后向差分的定义为

$$\Delta f(k) \stackrel{\text{def}}{=} f(k) - f(k-1)$$

二阶后向差分的定义为

$$\Delta^2 f(k) \stackrel{\text{def}}{=} \Delta f(k) - \Delta f(k-1) = [f(k) - f(k-1)] - [f(k-1) - f(k-2)]$$
$$= f(k) - 2f(k-1) + f(k-2)$$

8.5.2 差分方程概述

图 8-27 所示为一阶连续控制系统。由图得

$$\frac{C(s)}{E(s)} = \frac{A}{s} \Rightarrow sC(s) = AE(s) \Rightarrow \frac{dc(t)}{dt} = Ae(t) = A[r(t) - c(t)]$$

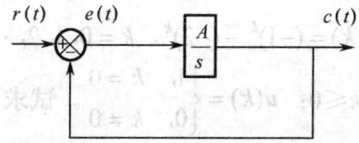

图 8-27 一阶连续控制系统

于是有

$$\frac{dc(t)}{dt} + Ac(t) = Ar(t) \tag{8-46}$$

由于离散系统中的信息都是采样点上的信号值,采样点之间的信号值一般无法知道,因此在离散系统中可用差分来代替微分,并对连续信号采样(采样周期为 T),为不失一般

性，设 $t = KT$，则有

$$\frac{\mathrm{d}c(t)}{\mathrm{d}t} = \frac{c(k) - c(k-1)}{T}, \quad c(t) = c(kT), \quad r(t) = r(kT)$$

代入式（8-46），得

$$\frac{c(k) - c(k-1)}{T} + Ac(k) = Ar(k)$$

整理，得

$$(1 + AT)c(k) - c(k-1) = ATr(k) \tag{8-47}$$

式（8-47）是系统的非齐次差分方程，它是式（8-46）的近似表达式，只能反映系统在采样点上的信息，不能反映采样点之间的信息，因此适合描述离散系统。由于该式输出的最高序列数 k 与最低序列数 $k-1$ 之差为 1，故称式（8-47）为一阶差分方程。注意上述表达式中省略了 T。

8.5.3　用 Z 变换法求解差分方程

用 Z 变换法求解差分方程，与用拉氏变换求解微分方程一样方便。用 Z 变换法求解差分方程的实质是把以 kT 为变量的差分方程变成以 z 为变量的代数方程，求解后再进行 Z 反变换。

例 8-15　已知 $x(0) = 0, x(1) = 1$。求解下式所示的差分方程：

$$x(k+2) + 3x(k+1) + 2x(k) = 0$$

解：对上式取 Z 变换，并利用 Z 变换的超前定理，得

$$z^2 X(z) - z^2 x(0) - zx(1) + 3zX(z) - 3zX(0) + 2X(z) = 0$$

代入初始条件，经整理后为

$$X(z) = \frac{z}{(z+1)(z+2)} = \frac{z}{z+1} - \frac{z}{z+2}$$

因为

$$Z[(-a)^k] = \frac{z}{z+a}$$

所以

$$x(k) = (-1)^k - (-2)^k, \quad k = 0, 1, 2, \cdots$$

例 8-16　已知 $x(k) = 0$，$k \leq 0$；$u(k) = \begin{cases} 1, & k = 0 \\ 0, & k \neq 0 \end{cases}$。试求由下式描述的系统的瞬态响应 $x(k)$。

$$x(k+2) - 3x(k+1) + 2x(k) = u(k)$$

解：上式是一个二阶差分方程，因而在求解时须有两个初始条件 $x(0)$，$x(1)$。其中已知 $x(0) = 0$。将 $k = -1$ 代入方程，求得 $x(1) = 0$。

对方程等号两边同取 Z 变换，并考虑到初始条件 $x(0) = x(1) = 0$，则得

$$(z^2 - 3z + 2)X(z) = U(z)$$

由于

$$U(z) = \sum_{k=0}^{\infty} u(k)z^{-k} = 1$$

所以

$$X(z) = \frac{1}{z^2 - 3z + 2} = \frac{-1}{z-1} + \frac{1}{z-2}$$

为了引用现成的 Z 变换公式，还须对上述的结果进行如下变换。因为

$$Z[x(k+1)] = zX(z) - zx(0) = zX(z)$$

则得

$$Z[x(k+1)] = zX(z) = \frac{-z}{z-1} + \frac{z}{z-2}$$

即

$$x(k+1) = -1 + 2^k, \quad k = 0, 1, 2, \cdots$$

或写作

$$x(k) = -1 + 2^{k-1}, \quad k = 1, 2, \cdots$$

图 8-28 所示为 $x(k)$ 的响应曲线。

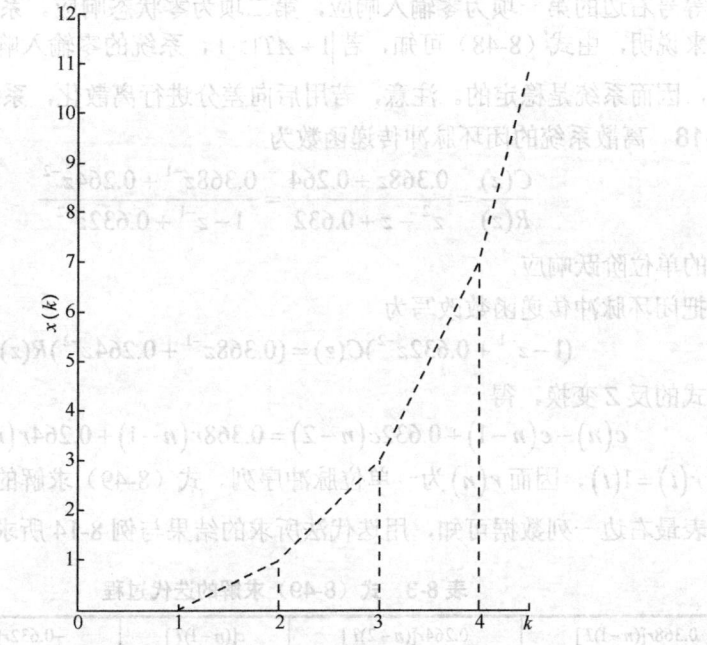

图 8-28　$x(k)$ 的响应曲线

8.5.4　用迭代法求解差分方程

由于系统的输入/输出量在差分方程式中均以脉冲序列形式表示，因而这种方程适合用

迭代法求解。这种求解若在数字计算机上进行，则更为简便、快速。用此方法求解，仅占用计算机有限的内存量，并且只进行简单的四则运算。必须指出，用迭代法求解差分方程，一般难以得到解的闭合形式。

例 8-17 试用迭代法求解式（8-47）。

解：$(1+AT)c(k)-c(k-1)=ATr(k)$，$c(k)=\dfrac{1}{(1+AT)}c(k-1)+\dfrac{AT}{(1+AT)}r(k)$

$$k=1, \quad c(1)=\frac{1}{(1+AT)}c(0)+\frac{AT}{(1+AT)}r(1)$$

$$k=2, \quad c(2)=\frac{1}{(1+AT)}c(1)+\frac{AT}{(1+AT)}r(2)$$

$$=\frac{1}{(1+AT)}\left[\frac{1}{(1+AT)}c(0)+\frac{AT}{(1+AT)}r(1)\right]+\frac{AT}{(1+AT)}r(2)$$

$$=\frac{1}{(1+AT)^2}c(0)+\frac{AT}{(1+AT)^2}r(1)+\frac{AT}{(1+AT)}r(2)$$

$$\vdots$$

$$k=k, \quad c(k)=\frac{1}{(1+AT)^k}c(0)+AT\sum_{i=1}^{k}\frac{1}{(1+AT)^{k+1-i}}r(i) \quad (8\text{-}48)$$

上式等号右边的第一项为零输入响应，第二项为零状态响应。系统的稳定性可用其零输入响应来说明，由式（8-48）可知，若 $|1+AT|>1$，系统的零输入响应将随 k 的增加而不断地衰减，因而系统是稳定的。注意，若用后向差分进行离散化，系统可能不稳定。

例 8-18 离散系统的闭环脉冲传递函数为

$$\frac{C(z)}{R(z)}=\frac{0.368z+0.264}{z^2-z+0.632}=\frac{0.368z^{-1}+0.264z^{-2}}{1-z^{-1}+0.632z^{-2}}$$

求该系统的单位阶跃响应。

解：把闭环脉冲传递函数改写为

$$(1-z^{-1}+0.632z^{-2})C(z)=(0.368z^{-1}+0.264z^{-2})R(z)$$

取上式的反 Z 变换，得

$$c(n)-c(n-1)+0.632c(n-2)=0.368r(n-1)+0.264r(n-2) \quad (8\text{-}49)$$

由于 $r(t)=1(t)$，因而 $r(n)$ 为一单位脉冲序列。式（8-49）求解的迭代过程如表 8-3 所示。由该表最右边一列数据可知，用迭代法所求的结果与例 8-14 所求的完全相同。

表 8-3 式（8-49）求解的迭代过程

n	$0.368r[(n-1)T]$	$0.264r[(n-2)T]$	$c[(n-1)T]$	$-0.632r[(n-2)T]$	$c(nT)$
0	0	0	0	0	0
1	0.368	0	0	0	0.368
2	0.368	0.264	0.368	0	1
3	0.368	0.264	1	−0.233	1.399
4	0.368	0.264	1.399	−0.632	1.399

(续)

n	$0.368r[(n-1)T]$	$0.264r[(n-2)T]$	$c[(n-1)T]$	$-0.632r[(n-2)T]$	$c(nT)$
5	0.368	0.264	1.399	−0.884	1.147
6	0.368	0.264	1.147	−0.884	0.895
7	0.368	0.264	0.895	−0.725	0.802
8	0.368	0.264	0.802	−0.566	0.868
9	0.368	0.264	0.868	−0.566	0.933
10	0.368	0.264	0.933	−0.549	1.076
11	0.368	0.264	1.076	−0.628	1.080
12	0.368	0.264	1.080	−0.680	1.032
13	0.368	0.264	1.032	−0.683	0.981

专业术语中英文对照

差分	difference
前向差分	forward difference
后向差分	backward difference

8.6 离散控制系统的性能分析

和线性连续控制系统一样，离散控制系统也有稳定性、瞬态响应和稳态误差等性能问题。对于这些性能的分析，所涉及的基本概念和方法与连续控制系统基本相同。

8.6.1 离散控制系统的稳定性分析

离散控制系统的稳定性由其特征方程式的根在 z 平面上的位置决定。设系统的输入、输出关系为

$$C(z) = T(z)R(z) \tag{8-50}$$

式中，$T(z)$ 为系统的脉冲传递函数，它一般为 z 的有理分式（rational fraction）。令 $r(t) = \delta(t)$，即 $R(z) = 1$，则得

$$C(z) = T(z) = \sum_{i=1}^{n} \frac{A_i}{z - z_i} \tag{8-51}$$

式中，z_i 为闭环脉冲传递函数的极点。对上式取 Z 反变换，得

$$C(k) = \sum_{i=1}^{n} A_i z_i^{k-1} \tag{8-52}$$

由上式可知，若 $|z_i| < 1$，$i=1,2,\cdots,n$，即系统的所有极点均位于 z 平面上以坐标原点为圆心的单位圆内，在这种情况下，系统的单位脉冲响应最终将衰减到零，即有

$$\lim_{k \to \infty} \sum_{i=1}^{n} A_i z_i^{k-1} = 0$$

由此得出离散控制系统稳定的充要条件是：系统闭环脉冲传递函数的所有极点均位于 z 平面上的单位圆内。

1. s 平面与 z 平面间的映射关系

上述的结论也可以从 s 平面与 z 平面之间的映射关系中得到。因为
$$z = e^{Ts}, \quad s = \sigma + j\omega$$
则得
$$|z| = e^{T\sigma}, \quad \arg z = \omega T = \frac{2\pi\omega}{\omega_s}$$

在 s 左半平面内，由于 $\sigma < 0$，因而 z 的量值在 0 和 1 之间变化。s 平面的虚轴，即 $\sigma = 0$，则 $|z| = 1$，相应于 z 平面上单位圆的圆周。不难看出，当 $j\omega$ 轴上的一个代表点由 $\omega = -\frac{1}{2}\omega_s$ 移动到 $\omega = \frac{1}{2}\omega_s$ 时，则其在 z 平面上的映射为 $|z| = 1$、$\angle z$ 从 $-\pi$ 逆时针变化到 $+\pi$，恰好是一个单位圆的圆周。同理，当代表点从 $j\omega$ 轴上的 $\omega = \frac{1}{2}\omega_s$ 移动到 $\omega = \frac{3}{2}\omega_s$ 时，其相应点在 z 平面上又以逆时针方向沿着单位圆走了一周。由此得出，当代表点的 ω 值每增减一个 ω_s 量，则其在 z 平面上的映射都是相互重叠的单位圆。在 s 左半平面内，由于 $\sigma < 0$，因而 $|z| < 1$，s 的左半平面对应于单位圆的内部。在 s 右半平面内，由于 $\sigma > 0$，因而 $|z| > 1$，s 的右半平面对应于单位圆的外部。

由上述的分析可以清楚地看出，s 左半平面上每一条宽度为 ω_s 的条形带都映射到 z 平面上的单位圆内，如图 8-29 所示。把 ω 从 $-\frac{1}{2}\omega_s \sim \frac{1}{2}\omega_s$ 之间的条形带称为主要带，其余的条形带都称为次要带。由于实际系统的频带宽度总是有限的，其截止频率一般远低于采样频率 ω_s，因而在分析和设计离散系统时最重要的是与主要带相对应的第一个单位圆。

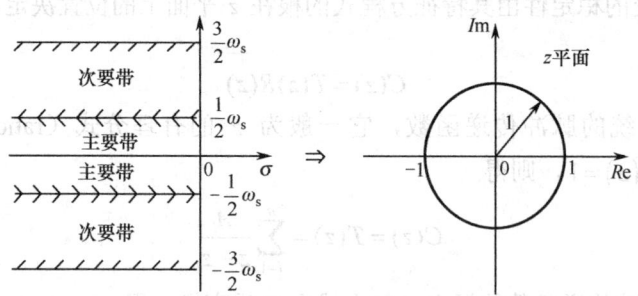

图 8-29 s 平面与 z 平面间的映射关系

2. 劳斯稳定判据

由于离散控制系统的特征方程式是以 z 为变量的代数方程，即为 s 的超越方程，因而就不能直接应用劳斯判据。为此需要寻求一种新的变换，以使 z 平面上的单位圆的圆周变换为另一复变量 w 平面上的虚轴；z 平面上单位圆的内域变换为 w 的左半平面，单位圆的外域变换为 w 的右半平面。这种变换如能实现，则在连续控制系统中用作判别系统稳定性

的方法，如劳斯判据、乃氏判据都可推广并应用于离散控制系统。下面仅介绍劳斯判据在离散控制系统中的应用。

实现上述要求的一种常用的变换是双线性变换，即 w 变换。令

$$z = \frac{w+1}{w-1}$$

或

$$w = \frac{z+1}{z-1} \tag{8-53}$$

再令 $z = x + jy$、$w = u + jv$，则由式（8-53）得

$$w = \frac{z+1}{z-1} = \frac{(x^2+y^2)-1}{(x-1)^2+y^2} - j\frac{2y}{(x-1)^2+y^2} = u + jv \tag{8-54}$$

由式（8-54）可知，w 平面上的虚轴，其 $Re(w) = u = 0$，即有

$$x^2 + y^2 - 1 = 0$$

上式是一个圆的方程，它表示 z 平面上以原点为圆心的单位圆的圆周对应于 w 平面上的虚轴。该单位圆的内域为 $x^2 + y^2 < 1$，对应于 w 的左半平面；反之，单位圆的外域，即 $x^2 + y^2 > 1$，对应于 w 的右半平面。图 8-30 表示了上述的映射关系。

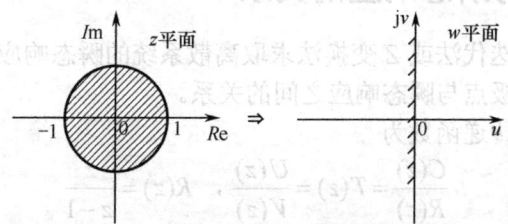

图 8-30 z 平面向 w 平面的映射

经过 w 变换后，离散系统特征方程式的一般形式为

$$b_0 w^n + b_1 w^{n-1} + \cdots + b_{n-1} w + b_n = 0 \tag{8-55}$$

对于式（8-55），可以应用劳斯判据判别特征方程式的根在 w 平面上的分布，即判别对应的离散系统是否稳定。

例 8-19 一离散控制系统如图 8-31 所示。已知采样周期 $T=0.5s$，试用劳斯稳定判据确定使该系统稳定的 K 值范围。

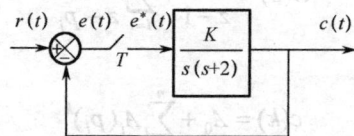

图 8-31 离散控制系统

解：系统的开环脉冲传递函数为

$$G(z) = Z\left[\frac{K}{s(s+2)}\right] = Z\left[\frac{K}{2}\left(\frac{1}{s} - \frac{1}{s+2}\right)\right] = \frac{K}{2}\left(\frac{z}{z-1} - \frac{z}{z-e^{-2T}}\right) = \frac{K}{2}\frac{(1-e^{-2T})z}{(z-1)(z-e^{-2T})}$$

对应的闭环特征方程式为

$$1+G(z)=(z-1)(z-e^{-2T})+K/2(1-e^{-2T})z=0$$

令 $z=\dfrac{w+1}{w-1}$，将此式和 $T=0.5\text{ s}$ 代入上式，经整理后得

$$0.316Kw^2+1.264w+(2.736-0.316K)=0$$

排劳斯表

w^2	0.316	$2.736-0.316K$
w^1	1.264	0
w^0	$2.736-0.316K$	

为使系统稳定，要求劳斯表中第一列的系数均为正值，于是有

$$2.736-0.316K>0$$

即

$$0<K<0.658$$

如果去掉系统中的采样开关，使其变为连续控制系统，则无论 K 为何正值，系统总是稳定的。由此可知，采样具有降低系统稳定性的作用。

8.6.2 闭环极点与瞬态响应的关系

前面已经讨论了由迭代法或 Z 变换法求取离散系统的瞬态响应。下面以系统的单位阶跃响应为例，说明闭环极点与瞬态响应之间的关系。

设系统的闭环脉冲传递函数为

$$\frac{C(z)}{R(z)}=T(z)=\frac{U(z)}{V(z)},\quad R(z)=\frac{z}{z-1}$$

则其输出

$$C(z)=\frac{U(z)}{V(z)}\frac{z}{z-1} \tag{8-56}$$

为使讨论简单，假设 $T(z)$ 无重极点，则上式可改写为

$$\frac{C(z)}{z}=\frac{A_0}{z-1}+\sum_{i=1}^{n}\frac{A_i}{z-p_i}$$

即

$$C(z)=\frac{A_0 z}{z-1}+\sum_{i=1}^{n}\frac{A_i z}{z-p_i}$$

取上式的 Z 反变换，得

$$c(k)=A_0+\sum_{i=1}^{n}A_i(p_i)^k \tag{8-57}$$

式中，p_i 为闭环极点；A_0 为系统响应的稳定分量；$\sum_{i=1}^{n}A_i(p_i)^k$ 为相应的瞬态分量。

1. 实数极点

若实数极点分布在单位圆内，则其对应的瞬态分量呈衰减变化。其中，正实轴上极点

对应的瞬态分量是一个单调的衰减过程；负实轴上极点对应的瞬态分量呈正负交替变化的衰减振荡形式，如图8-32所示。

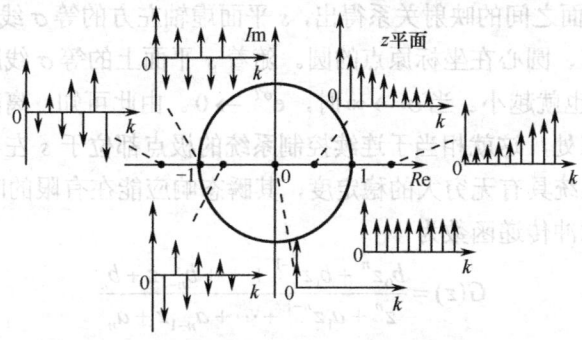

图8-32 闭环实极点分布及其对应的瞬态响应形式

2. 共轭极点

设一对共轭极点为 p_i 和 $\overline{p_i}$，用极坐标表示为

$$p_i = |p_i| e^{j\theta_i}, \quad \overline{p_i} = |p_i| e^{-j\theta_i}$$

共轭极点对引起的瞬态响应形式如图8-33所示。

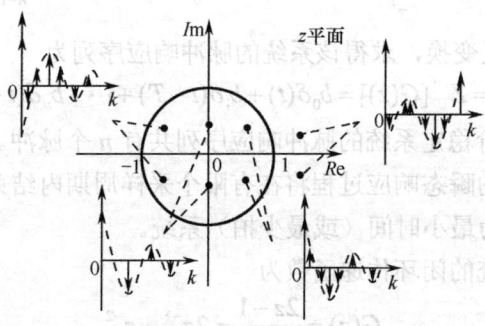

图8-33 闭环共轭极点分布及其对应的瞬态响应形式

由式（8-57）得产生的瞬态分量为

$$c_i(k) = A_i p_i^k + A_i' \overline{p_i}^k \tag{8-58}$$

因为 $c_i(k)$ 是实数，所以它应该是两个共轭复数相加的结果，即

$$c_i(k) = A_i p_i^k + \overline{A_i p_i^k} = A_i p_i^k + \overline{A_i}\,\overline{p_i^k} = A_i p_i^k + \overline{A_i}\, \overline{p_i}^k$$

与式（8-58）对比可知，系数 A_i 和 A_i' 应是共轭的。令 $A_i = |A_i| e^{j\varphi_i}$，$\overline{A_i} = |A_i| e^{-j\varphi_i}$ 代入上式得

$$c_i(k) = |A_i||p_i|^k e^{j(k\theta_i + \varphi_i)} + |A_i||p_i|^k e^{-j(k\theta_i + \varphi_i)} = 2|A_i||p_i|^k \cos(k\theta_i + \varphi_i) \tag{8-59}$$

由上式可知，一对共轭极点所产生的瞬态分量呈振荡形式。当 $|p_i|<1$（即极点位于单位圆内）时，则对应的瞬态分量是一个衰减的振荡函数。极点 p_i 距坐标原点越近，瞬态分量衰减得越快。若 $|p_i|>1$，则对应的瞬态分量呈发散状态，此时系统不稳定。

下面讨论一个离散系统所特有的问题,当系统的闭环极点均位于 z 平面的原点处时,系统的瞬态响应具有什么特点?

由 s 平面和 z 平面之间的映射关系得出,s 平面虚轴左方的等 σ 线,在 z 平面上的映射是一个半径为 $e^{\sigma T}<1$、圆心在坐标原点的圆。随着 s 平面上的等 σ 线距虚轴越远,则其在 z 平面上映射的半径也就越小。当 $\sigma \to \infty$ 时,$e^{\sigma T} \to 0$。由此可知,离散控制系统的闭环极点位于 z 平面的原点处,这就相当于连续控制系统的极点都位于 s 左半平面的无穷远处。因而这种离散控制系统具有无穷大的稳定度,其瞬态响应能在有限的时间内结束。

设系统的闭环脉冲传递函数为

$$G(z) = \frac{b_0 z^n + b_1 z^{n-1} + \cdots + b_{n-1} z + b_n}{z^n + a_1 z^{n-1} + \cdots + a_{n-1} z + a_n} \tag{8-60}$$

当所有的极点均位于 z 平面的原点时,闭环特征多项式

$$V(z) = z^n + a_1 z^{n-1} + a_2 z^{n-2} + \cdots + a_{n-1} z + a_n \tag{8-61}$$

就变为

$$V(z) = z^n$$

即式(8-61)中的 $a_1 = a_2 = \cdots = a_n = 0$。于是式(8-60)所示的闭环脉冲传递函数就简化为

$$G(z) = \frac{b_0 z^n + b_1 z^{n-1} + \cdots + b_{n-1} z + b_n}{z^n} = b_0 + b_1 z^{-1} + \cdots + b_{n-1} z^{-(n-1)} + b_n z^{-n} \tag{8-62}$$

对式(8-62)取 Z 反变换,求得该系统的脉冲响应序列为

$$g(k) = Z^{-1}[G(z)] = b_0 \delta(t) + b_1 \delta(t-T) + \cdots + b_n \delta(t-nT) \tag{8-63}$$

上式表明,一个 n 阶稳定系统的脉冲响应序列共有 n 个脉冲。也就是说,如果在典型输入信号作用下,系统的瞬态响应过程将在有限个采样周期内结束。由于这种系统瞬态响应的时间最短,因此称为最小时间(或最少拍)系统。

例如,一个二阶系统的闭环传递函数为

$$G(z) = \frac{2z-1}{z^2} = 2z^{-1} - z^{-2}$$

由于上式中的两个极点均在 z 平面的原点处,因此是最少拍系统。当输入为单位阶跃信号,即 $r(t) = 1(t)$,$R(z) = \dfrac{z}{z-1}$ 时,系统的输出为

$$C(z) = G(z)R(z) = \frac{2z-1}{z^2} \cdot \frac{z}{z-1} = \frac{2z-1}{z^2-z} = 2z^{-1} + z^{-2} + z^{-3} + \cdots$$

对上式取 Z 反变换,求得

$$c(k) = 2\delta(t-T) + \delta(t-2T) + \delta(t-3T) + \cdots$$

据此,做出系统的单位阶跃响应曲线,如图 8-34 所示。由图可知,系统的输出在 $t = 2T$(第二拍)时就已经完全跟踪输入信号,它的超调量 $\sigma\% = 100\%$。

当输入为单位速度函数时,$r(t) = t$,$R(z) = \dfrac{z}{(z-1)^2}$,此时系统的输出为

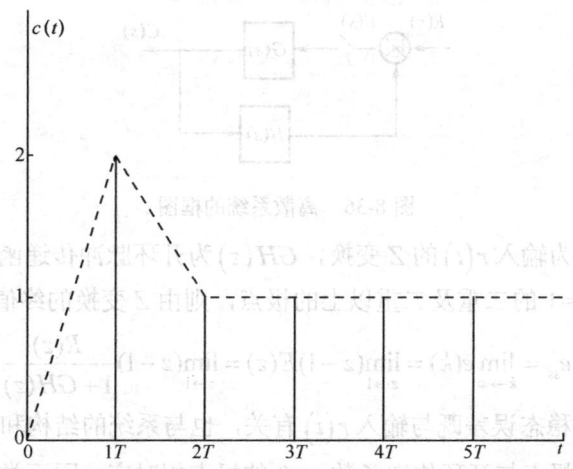

图 8-34 单位阶跃响应曲线

$$C(z) = G(z)R(z) = \frac{2z-1}{z^2} \frac{z}{(z-1)^2} = \frac{2z-1}{z^3 - 2z^2 + z} = 2z^{-2} + 3z^{-3} + 4z^{-4} + \cdots$$

系统的输出在 $t = 2T$ 时就进入稳态。系统的单位速度响应曲线如图 8-35 所示。

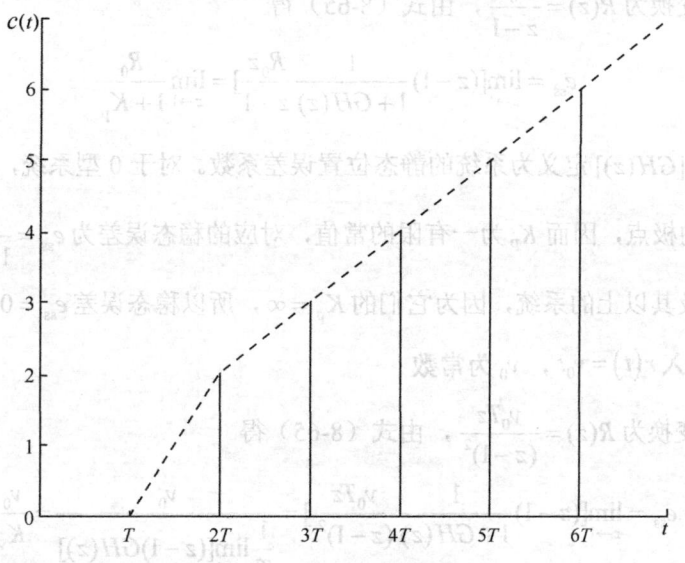

图 8-35 单位速度响应曲线

必须指出,使系统的极点均位于 z 平面的原点处,实际上是很难实现的。因为系统的参数稍微有一点变化,就会使闭环极点偏离坐标原点,系统的性能也将随之变差,甚至不稳定。

8.6.3 离散系统的稳态误差

设离散系统的框图如图 8-36 所示。该系统的误差为

$$E(z) = \frac{1}{1+GH(z)}R(z) \tag{8-64}$$

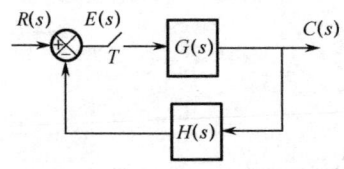

图 8-36 离散系统的框图

式（8-64）中，$R(z)$ 为输入 $r(t)$ 的 Z 变换，$GH(z)$ 为开环脉冲传递函数。假设系统是稳定的，且 $E(z)$ 不含有 $z=1$ 的二重及二重以上的极点，则由 Z 变换的终值定理得

$$e_{ss} = \lim_{k \to \infty} e(k) = \lim_{z \to 1}(z-1)E(z) = \lim_{z \to 1}(z-1)\frac{R(z)}{1+GH(z)} \quad (8-65)$$

上式表明系统的稳态误差既与输入 $r(t)$ 有关，也与系统的结构和参数有关。由于开环脉冲传递函数 $z=1$ 的极点与开环传递函数 $s=0$ 的极点相对应，因而类似于连续系统，离散系统按其开环脉冲传递函数所含 $z=1$ 的极点数分为 0 型、Ⅰ型和Ⅱ型系统。下面讨论在典型输入信号作用下系统稳态误差的计算。

1. 阶跃输入 $r(t) = R_0$，R_0 为常数

$r(t)$ 的 Z 变换为 $R(z) = \dfrac{R_0 z}{z-1}$，由式（8-65）得

$$e_{ss} = \lim_{z \to 1}[(z-1)\frac{1}{1+GH(z)}\frac{R_0 z}{z-1}] = \lim_{z \to 1}\frac{R_0}{1+K_p} \quad (8-66)$$

式中，$K_p \stackrel{\text{def}}{=} \lim\limits_{z \to 1}[GH(z)]$ 定义为系统的静态位置误差系数。对于 0 型系统，由于它的 $GH(z)$ 中不含有 $z=1$ 的极点，因而 K_p 为一有限的常值，对应的稳态误差为 $e_{ss} = \dfrac{R_0}{1+K_p}$。

对于Ⅰ型及其以上的系统，因为它们的 $K_p = \infty$，所以稳态误差 $e_{ss} = 0$。

2. 斜坡输入 $r(t) = v_0 t$，v_0 为常数

$r(t)$ 的 Z 变换为 $R(z) = \dfrac{v_0 T z}{(z-1)^2}$，由式（8-65）得

$$e_{ss} = \lim_{z \to 1}[(z-1)\frac{1}{1+GH(z)}\frac{v_0 T z}{(z-1)^2}] = \frac{v_0}{\dfrac{1}{T}\lim\limits_{z \to 1}[(z-1)GH(z)]} = \frac{v_0}{K_v} \quad (8-67)$$

式中，$K_v \stackrel{\text{def}}{=} \dfrac{1}{T}\lim\limits_{z \to 1}[(z-1)GH(z)]$ 定义为系统的静态速度误差系数。对于 0 型系统，由于 $GH(z)$ 中不含有 $z=1$ 的极点，因而其 $K_v = 0$，对应的 $e_{ss} = \infty$。对于Ⅰ型系统，K_v 为常值，对应的 e_{ss} 也为常值。对于Ⅱ型系统，由于其 $K_v = \infty$，因而对应的 $e_{ss} = 0$。

3. 加速度函数输入 $r(t) = \dfrac{1}{2} a_0 t^2$，$a_0$ 为常数

$r(t)$ 的 Z 变换为 $R(z) = \dfrac{a_0 T^2 (z+1)}{2(z-1)^3}$，由式（8-65）得

$$e_{ss} = \lim_{z \to 1}\left[(z-1)\frac{1}{1+GH(z)}\frac{a_0 T^2(z+1)}{2(z-1)^3}\right] = \frac{a_0}{\frac{1}{T^2}\lim_{z \to 1}[(z-1)^2 GH(z)]} = \frac{a_0}{K_a} \quad (8\text{-}68)$$

式中，$K_a \stackrel{\text{def}}{=} \frac{1}{T^2}\lim_{z \to 1}[(z-1)^2 GH(z)]$ 定义为系统的静态加速度误差系数。对于 0 型和 I 型系统，由于它们的 $K_a = 0$，对应的 $e_{ss} = \infty$。对于 II 型系统，K_a 为常值，对应的稳态误差 e_{ss} 也为常值。表 8-4 列出了图 8-36 所示系统跟踪上述三种典型输入时的稳态误差。

表 8-4 以静态误差系数表示的稳态误差

系统类型 \ 输入	$r(t) = R_0$	$r(t) = v_0 t$	$r(t) = \frac{1}{2}a_0 t^2$
0	$\frac{R_0}{1+K_p}$	∞	∞
I	0	$\frac{v_0}{K_v}$	∞
II	0	0	$\frac{a_0}{K_a}$
静态误差系数	$K_p = \lim_{z \to 1}[GH(z)]$	$K_v = \frac{1}{T}\lim_{z \to 1}[(z-1)GH(z)]$	$K_a = \frac{1}{T^2}\lim_{z \to 1}[(z-1)^2 GH(z)]$

不难看出，上述所得的结果在形式上与连续系统完全相同。离散系统的稳态误差除了与系统的结构、参数和输入信号有关，还与采样周期（sampling period）T 的大小有关。缩小采样周期 T，将使系统的稳态误差减小。

专业术语中英文对照	
有理分式	rational fraction
采样周期	sampling period

8.7 MATLAB 在离散控制系统中的应用

MATLAB 在离散控制系统的分析和设计中起着重要作用。无论将连续系统离散化、对离散系统进行分析（包括性能分析和求响应）、对离散系统进行设计等，都可以应用 MATLAB 具体实现。下面介绍 MATLAB 在离散控制系统的分析和设计中的应用。

8.7.1 利用 Simulink 分析和设计离散控制系统

例 8-20 求图 8-37 所示系统的单位阶跃响应，其中 $K=1$，$T=1\text{s}$。

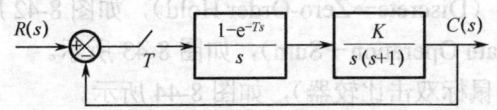

图 8-37 系统框图

解：（1）在命令窗口的工具栏上单击图标 Simulink，启动 Simulink，如图 8-38 所示。
（2）绘制系统方框图。
① 建立 Simulink 模型文件，如图 8-39 所示。

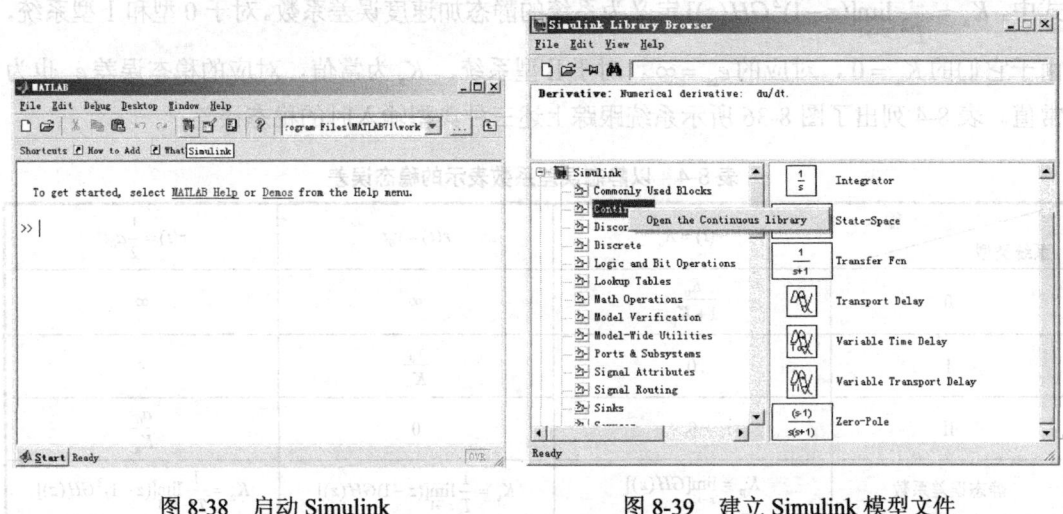

图 8-38 启动 Simulink　　　　　图 8-39 建立 Simulink 模型文件

② 选取对象模型（Continuous→Zero-Pole），如图 8-40 所示。

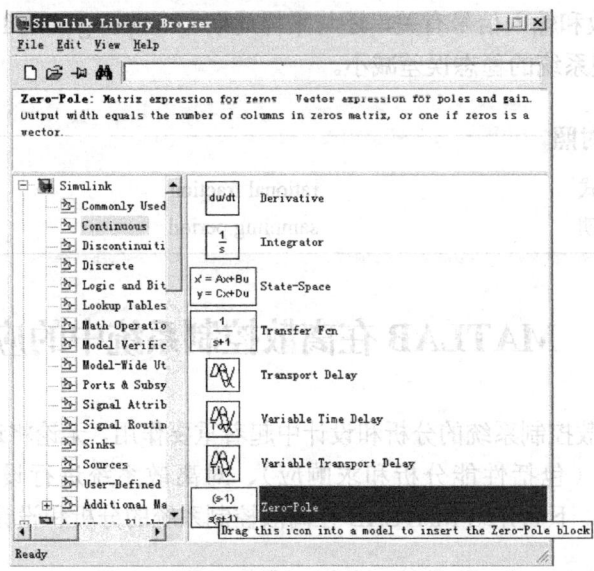

图 8-40 选取对象模型

③ 设置模型的零、极点和增益等模型参数（鼠标双击模型），如图 8-41 所示。
④ 选取零阶保持器（Discrete→Zero-Order Hold），如图 8-42 所示。
⑤ 选取比较器（Math Operation→Sum），如图 8-43 所示。
⑥ 修改反馈符号（鼠标双击比较器），如图 8-44 所示。
⑦ 选取输出观察器（Sinks→Scope），如图 8-45 所示。

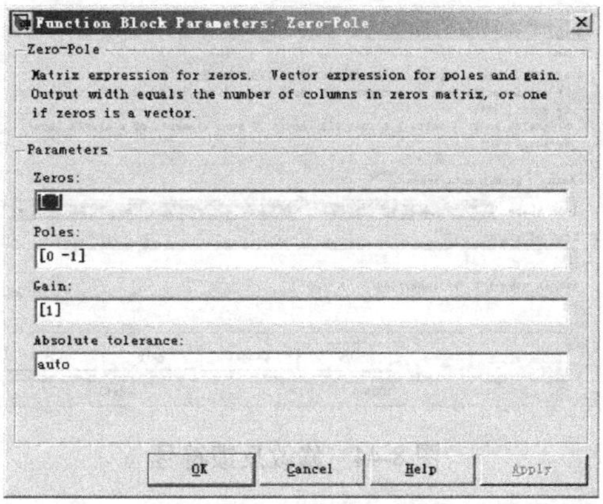

第 8 章 离散控制系统

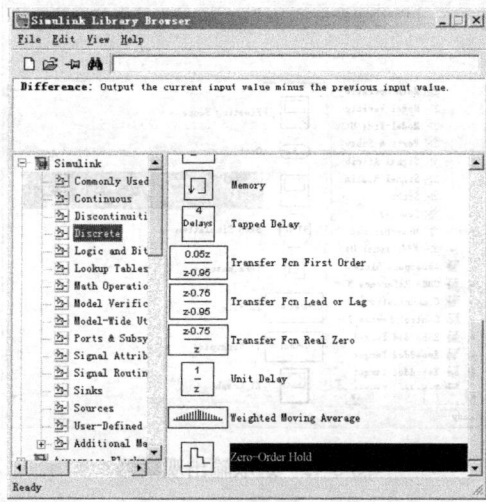

图 8-41　设置模型的零、极点和增益等模型参数

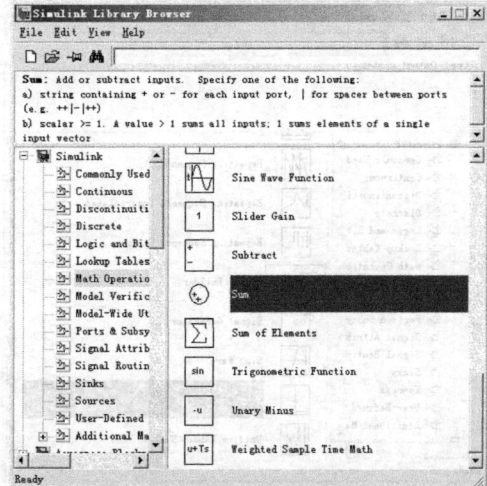

图 8-42　选取零阶保持器

图 8-43　选取比较器

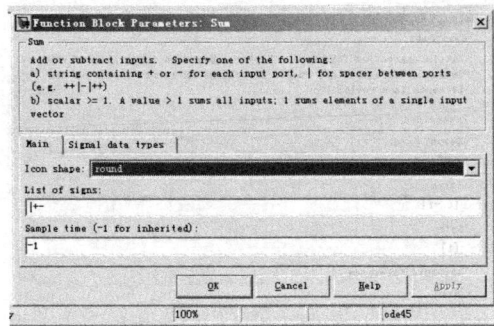

图 8-44 修改反馈符号

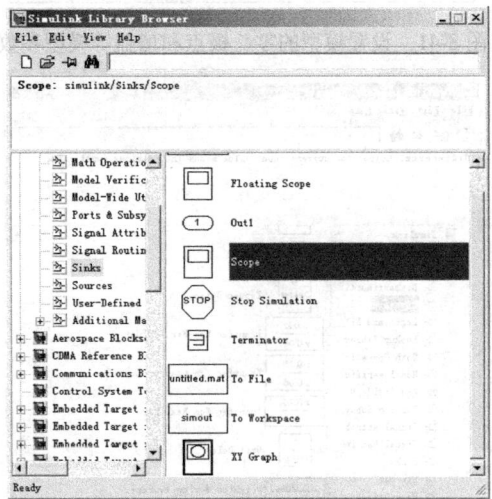

图 8-45 选取输出观察器

⑧ 选取输入信号（Sources→Step），如图 8-46 所示。

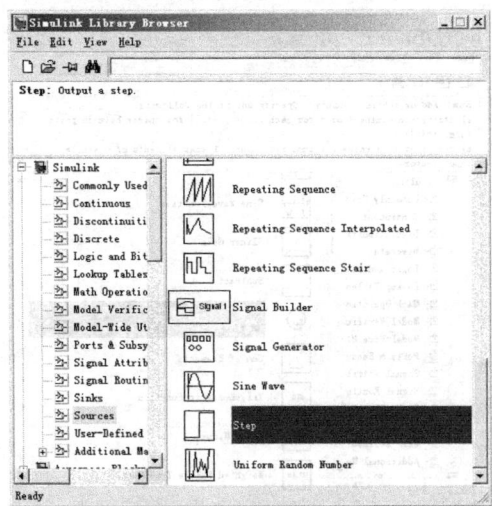

图 8-46 选取输入信号

⑨ 连接各部分，构成反馈系统，如图 8-47 所示。

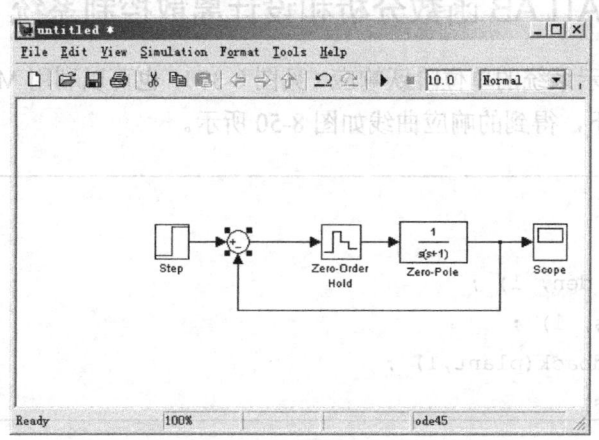

图 8-47 反馈系统

（3）仿真分析（单击工具栏上的 ▶ 按钮），如图 8-48 所示。

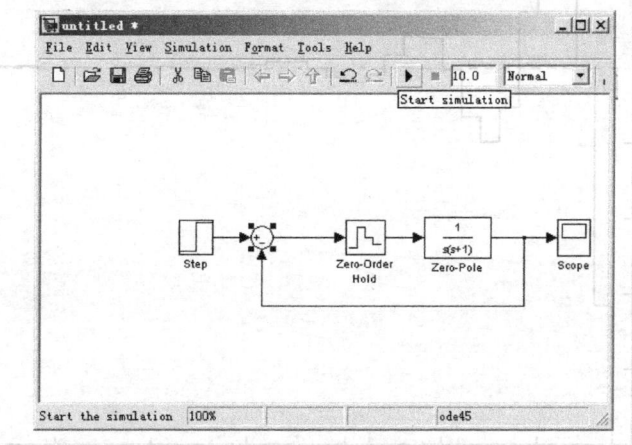

图 8-48 仿真分析

（4）观察仿真结果（双击 Scope），如图 8-49 所示。

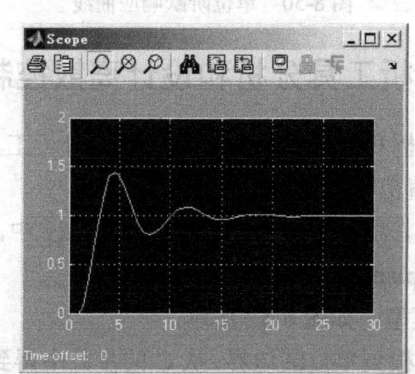

图 8-49 仿真结果

8.7.2 利用 MATLAB 函数分析和设计离散控制系统

对于例 8-20 所示系统的单位阶跃响应（见图 8-37），也可以利用 MATLAB 函数实现分析，其参考程序如下，得到的响应曲线如图 8-50 所示。

```
num=[];
den=[0 -1];
sys=zpk(num, den, 1);
plant=c2d(sys, 1);
closeSys=feedback(plant,1);
step(closeSys)
```

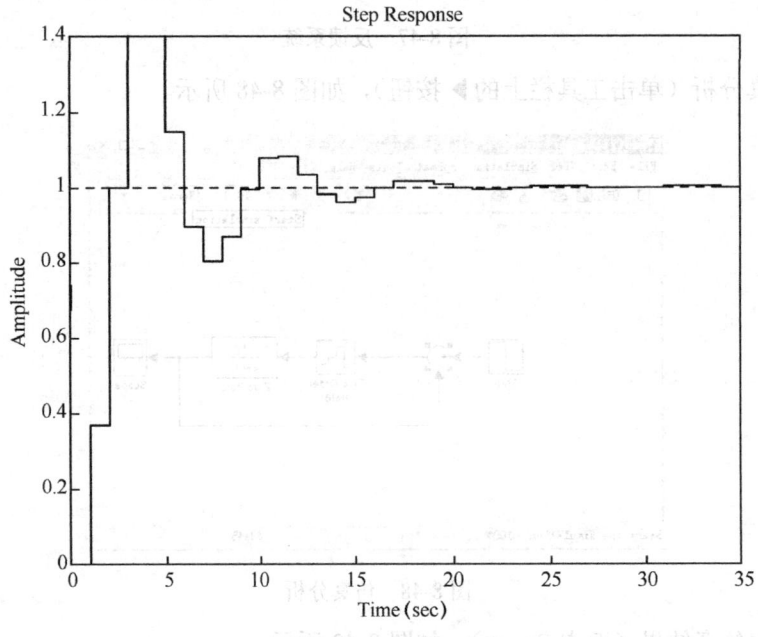

图 8-50　单位阶跃响应曲线

8.7.3 利用 SISO 分析工具分析和设计离散控制系统

对于离散控制系统的分析和设计也可以利用 SISO 分析工具来实现，下面利用求取使例 8-20 所示系统稳定的 K 值范围来说明具体过程。

（1）执行完上述程序后，对象模型 plant 已在 workspace 中，在命令输入 sisotool（plant）窗口中启动 SISO 工具，G=plant，如图 8-51 所示。

（2）单击 G 查看对象模型，如图 8-52 所示。

（3）沿根轨迹拖动当前根到单位圆边界，从 C 的参数中得到临界 K 值为 2.4，如图 8-53 所示。

第 8 章 离散控制系统

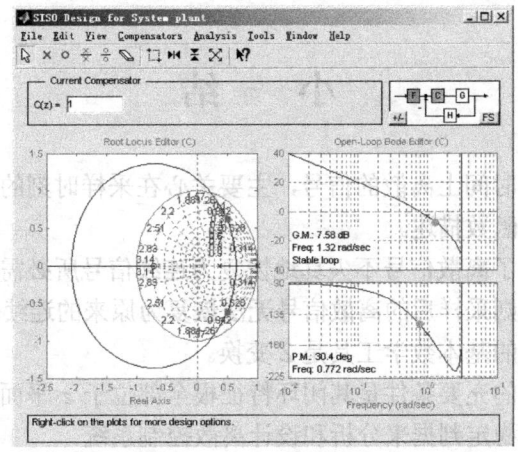

图 8-51　启动 SISO 工具

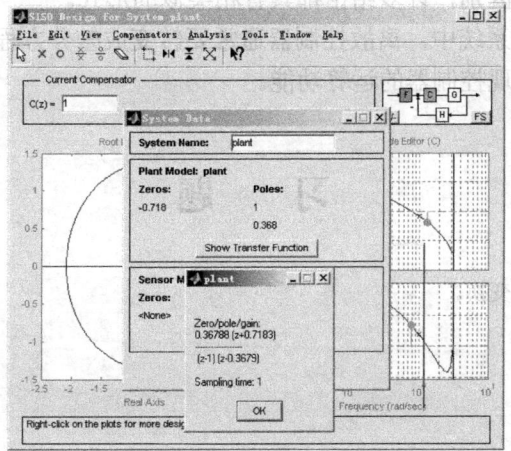

图 8-52　查看对象模型

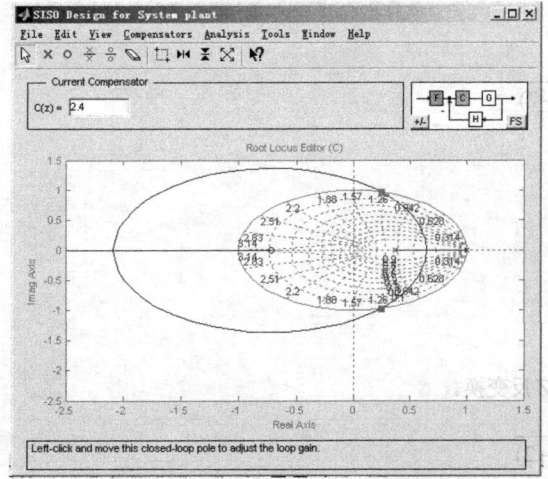

图 8-53　从 C 的参数中得到临界 K 值

小　结

（1）离散系统含有时间上离散的信号，主要关心在采样时刻的变量值，这种系统常用差分方程或脉冲传递函数描述。

（2）采样定理给出了离散信号不失真地恢复为连续信号所必需的最低采样频率，若采样频率低于此最低值，则采样后的离散信号无法恢复为原来的连续信号。

（3）处理离散系统的基本数学工具是 Z 变换。

（4）离散系统稳定的充要条件是其闭环特征根全部位于 z 平面的单位圆内。通过双线性变换，可以利用劳斯稳定判据来分析和设计离散控制系统。

（5）离散系统与连续系统的区别在数学分析工具、稳定性、动态特性、静态特性等方面都具有一定的联系和区别，许多结论都具有相类似的形式。

（6）在计算机控制系统中，离散控制器通常要转变成差分方程形式，再对差分方程进行程序设计，用程序实现控制器的运算功能。

习　题

8-1　求下面函数的 Z 变换。

(1) $f(t) = e^{at}$

(2) $f(t) = \cos\omega t$

(3) $f(t) = 1 - e^{at}$

(4) $f(t) = te^{at}$

(5) $f(t) = e^{at}\cos\omega t$

(6) $F(s) = \dfrac{k}{s(s+a)}$

(7) $F(s) = \dfrac{s+3}{(s+1)(s+2)}$

(8) $F(s) = \dfrac{1}{s^2(s+a)}$

(9) $F(s) = \dfrac{1}{s(s+3)^2}$

(10) $F(s) = \dfrac{\omega}{s^2-\omega^2}$

(11) $f(t) = t^2$

8-2　求下面函数的 Z 反变换。

(1) $F(z) = \dfrac{z}{(z-1)(z-2)}$

(2) $F(z) = \dfrac{z}{(z-a)(z-1)^2}$

(3) $F(z) = \dfrac{z(1-\mathrm{e}^{-aT})}{(z-1)(z-\mathrm{e}^{-aT})}$

(4) $F(z) = \dfrac{z}{z+a}$

(5) $F(z) = \dfrac{z}{(z-\mathrm{e}^{-aT})(z-\mathrm{e}^{-bT})}$

(6) $F(z) = \dfrac{z}{3z^2-4z+1}$

(7) $F(z) = \dfrac{Tz}{(z-1)^2}$

(8) $F(z) = \dfrac{3z^2+2z+1}{z^2-3z+2}$

8-3 证明下列关系成立。

(1) $z[t \cdot f(t)] = -Tz\dfrac{\mathrm{d}}{\mathrm{d}z}F(z)$

(2) $z[\mathrm{e}^{-at} \cdot f(t)] = F(z \cdot \mathrm{e}^{+at})$

8-4 已知某采样系统的输入/输出方程为：
$$y(n+2)+2y(n+1)+y(n)=0,\ y(0)=0,\ y(1)=1$$
求其输出脉冲序列 $y(n)$。

8-5 用递推法求解 $y(n)$ 的前八项。
$$y(n)-4y(n+1)+y(n+2)=0,\ y(0)=0,\ y(1)=1$$

8-6 用 Z 变换法求 $y(n)$。
$$y(n+2)+2y(n+1)+y(n)=x(n),\ y(0)=0,\ y(1)=0,\ x(n)=nT$$

8-7 已知某采样系统的输入输出方程为：
$$y(n+2)+3y(n+1)+4y(n)=x(n+1)-x(n)$$
求系统的脉冲传递函数 $\dfrac{Y(z)}{X(z)}$。

8-8 已知系统的方框图如图 8-54 所示，其中 $K=1$，$T=1\mathrm{s}$。

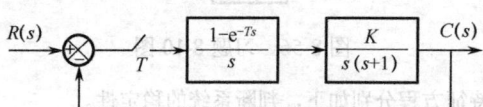

图 8-54 习题 8-8 图

(1) 试求系统的开环 z 传递函数 $G(z)$ 和闭环传递函数 $\Phi(z)$。

(2) 求系统的单位阶跃响应并绘出输出波形。

(3) 求临界放大系数 K。

8-9 设系统的方框图如图 8-55 所示，$T=0.1\mathrm{s}$。

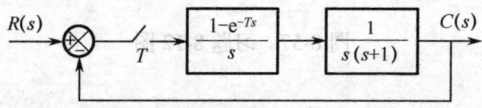

图 8-55 习题 8-9 图

试求在输入信号为 $r(t)=1+t$ 时的稳态误差。

8-10 求图 8-56 中系统的闭环脉冲传递函数。

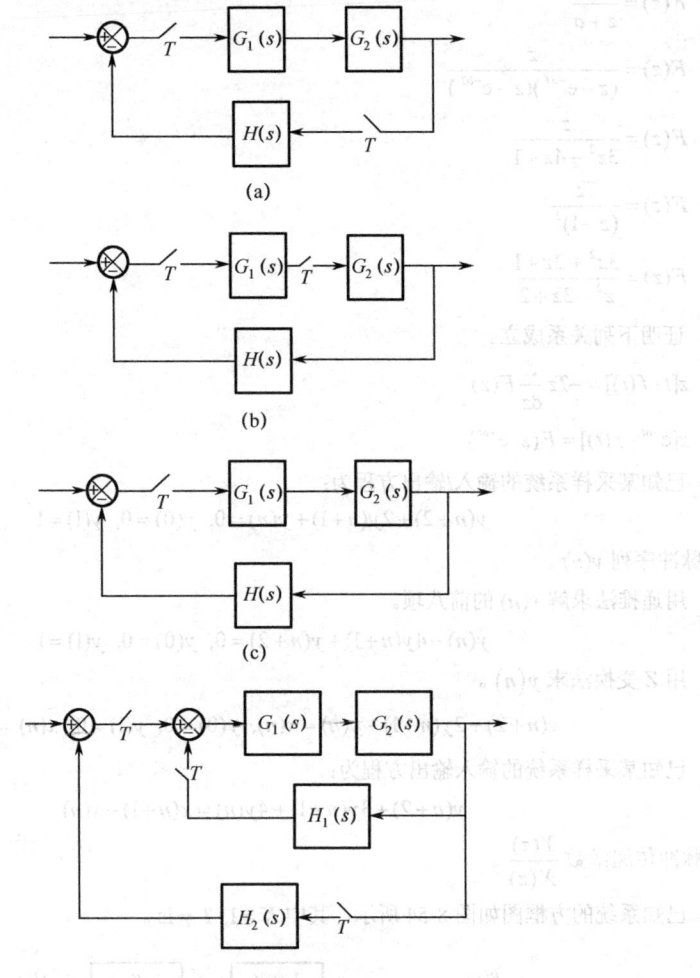

图 8-56 习题 8-10 图

8-11 离散系统的闭环特征方程分别如下，判断系统的稳定性。

（1） $5z^2 - 2z + 2 = 0$

（2） $z^3 - 0.2z^2 - 0.25z + 0.05 = 0$

8-12 设系统的方框图如图 8-57 所示，$T=1\mathrm{s}$，求临界放大系数 K。

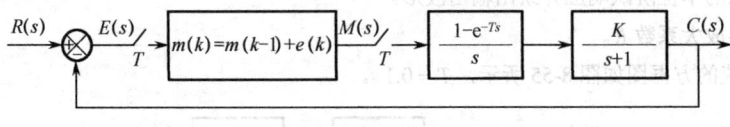

图 8-57 习题 8-12 图

参 考 文 献

[1] 胡松涛. 自动控制原理笔记和课后习题详解. 第 6 版. 北京：中国石化出版社，2016.

[2] 徐颖秦. 自动控制原理学习辅导与习题解答. 第 2 版. 北京：机械工业出版社，2015.

[3] 程鹏. 自动控制原理学习辅导与习题解答. 第 2 版. 北京:高等教育出版社，2011.

[4] 高军伟. 自动控制原理习题精解及 MATLAB 实现. 北京：中国电力出版社，2010.

[5] 郑阿奇. MATLAB 实用教程. 第 2 版. 北京：电子工业出版社，2008.

[6] 田作华，陈学中，翁正新. 工程控制基础. 北京：清华大学出版社，2007.

[7] 王建辉，顾树生. 自动控制原理. 北京：清华大学出版社，2007.

[8] 吴麒，王诗宓. 自动控制原理. 第 2 版. 北京：清华大学出版社，2006.

[9] 刘坤. MATLAB 自动控制原理习题精解. 北京：国防工业出版社，2004.

[10] 黄忠霖. 控制系统 MATLAB 计算及其仿真. 第 2 版. 北京：国防工业出版社，2004.

[11] 胡松涛. 自动控制原理习题集. 第 2 版. 北京：科学出版社，2004.

[12] 胡松涛. 自动控制原理. 第 4 版. 北京：科学出版社，2001.

[13] 顾树生. 自动控制原理. 第 3 版. 北京：冶金工业出版社，2001.

[14] 邹伯敏. 自动控制原理. 北京：机械工业出版社，1999.

[15] N.维纳著. 郝季仁译. 控制论(或关于在动物和机器中控制和通信的科学). 第 2 版. 北京：科学出版社，1985.

[16] 汪谊臣. 自动控制原理习题集. 北京：冶金工业出版社，1983.

[17] 陈小琳. 自动控制原理例题习题集. 北京：国防工业出版社，1982.

[18] H.N.茹科夫著. 徐世京译. 控制论的哲学原理. 上海：上海译文出版社，1981.

[19] 钱学森，宋建. 工程控制论（修订版，上册）. 北京：科学出版社，1980.

[20] 李友善. 自动控制原理. 北京：国防工业出版社，1980.

[21] Kuo.B C. Digital Control Systems. Holt, Rinehart and Winston, Inc., 1980.

[22] Kuo.B C. Automatic Control System. 3rd edition, Prentice-Hall. Inc. , Englewood Cliffs, New Jesey, 1975.

[23] Thaler. G J. Design of Feedback Systems, Naval Postgraduate School Monterey, California, 1973.

[24] Eveleigh V W. Introduction to Control System Design, Syrause, New York, 1973.

[25] Shinner S M. Modern Control System Theory and Application, Addison-Wesley Publishing, Inc., 1972.

[26] Kuo.B C. Analysis and Synthesis of Sampled-Data Control System, Prentice-Hall, Inc. , 1963.